합격자 수가
선택의 기준!

2026

에듀윌 전기
전기응용 및 공사재료
[필기]
+무료특강

YES24 25년 5월
월별 베스트 기준
베스트셀러
1위

YES24 수험서 자격증
한국산업인력공단 전기분야
전기응용 베스트셀러 1위

기본서
- 전기공사기사, 전기공사산업기사
- 전기직 공사, 공단 대비

Ⅳ

19개월 베스트셀러 1위! 산출근거 후면표기

- [끝맺음 노트] 핵심이론 + 빈출문제 + 최신기출 CBT 모의고사 3회
- [무료특강] 최신기출 CBT 모의고사 해설
- [학습자료] 용어 표준화 및 국문순화 신구비교표

에듀윌과 함께 시작하면, 당신도 합격할 수 있습니다!

대학 졸업 후 취업을 위해 바쁜 시간을 쪼개며
전기공사기사 자격시험을 준비하는 취준생

비전공자이지만 더 많은 기회를 만들기 위해
전기공사기사에 도전하는 수험생

전기직 업무를 수행하면서 승진을 위해
전기공사기사에 도전하는 주경야독 직장인

누구나 합격할 수 있습니다.
시작하겠다는 '다짐' 하나면 충분합니다.

마지막 페이지를 덮으면,

**에듀윌과 함께
전기공사기사 합격이 시작됩니다.**

전기기사 1위

꿈을 실현하는 에듀윌
real 합격 스토리

이O름 3주 초단기 동차합격

3주 만에 전기기사 취득, 과목별 전문 교수진 덕분

자격증을 따야겠다고 결심했던 시기가 시험 접수 기간이었습니다. 친구들에게 좋은 이야기를 많이 들었던 에듀윌이 생각나서 상담을 받고 본격적인 준비를 시작했습니다. 에듀윌은 과목별로 교수 라인업이 잘 짜여 있고, 취약한 부분은 교수님 별로 다양한 관점의 강의를 들을 수 있어서 많은 도움이 됐습니다. 또, 이 과정을 통해 학습 내용을 정리할 수 있는 점도 정말 좋았습니다.

이O학 3개월 단기 합격

나를 합격으로 이끌어 준 에듀윌 전기기사

공기업 취업을 준비하던 중에 취업에 도움이 될 거라는 생각에 전기기사 자격증 공부를 시작했습니다. 강의를 듣고 난 당일 복습했던 게 빠르게 합격할 수 있었던 이유라고 생각합니다. 아버지께서 에듀윌에서 전기산업기사 준비를 하셔서 자연스럽게 에듀윌을 선택하게 됐습니다. 전문 교수님들이 에듀윌의 가장 큰 장점이라고 생각합니다. 그리고 학습 상황을 객관적으로 파악할 수 있었던 모의고사 서비스도 만족스러웠습니다.

김O연 비전공자 3개월 합격

에듀윌이라 가능했던 3개월 단기 합격

비전공자임에도 불구하고 3개월 만에 전기기사 자격증을 취득할 수 있었습니다. 제게 맞는 강의를 선택할 수 있도록 다양한 콘텐츠를 지원해 준 에듀윌에 감사드립니다. 일반 물리학 정도의 지식만 있던 상태라 강의를 따라가기가 쉽지만은 않았습니다. 하지만 힘들어서 포기하고 싶을 때마다 용기를 주시고 격려해주신 교수님과 학습 매니저 분들에게 정말 감사 인사를 전하고 싶습니다.

다음 합격의 주인공은 당신입니다!

더 많은 합격 비법

* 2023 대한민국 브랜드만족도 전기(산업)기사 교육 1위(한경비즈니스)

에듀윌 전기기사

1위 에듀윌만의
체계적인 합격 커리큘럼

매일 선착순
100명

쉽고 빠른 합격의 첫걸음
기술자격증 입문서 8권 무료 신청

원하는 시간과 장소에서, 1:1 관리까지 한번에
온라인 강의

① 전 과목 최신 교재 제공
② 업계 최강 교수진의 전 강의 수강 가능
③ 맞춤형 학습플랜 및 커리큘럼으로 효율적인 학습

기술자격증 입문서
무료 신청

친구 추천 이벤트

"친구 추천하고 한 달 만에
920만원 받았어요"

친구 1명 추천할 때마다 현금 10만원 제공
추천 참여 횟수 무제한 반복 가능

※ *a*o*h**** 회원의 2021년 2월 실제 리워드 금액 기준
※ 해당 이벤트는 예고 없이 변경되거나 종료될 수 있습니다.

친구 추천 이벤트
바로가기

* 2023 대한민국 브랜드만족도 전기(산업)기사 교육 1위(한경비즈니스)

eduwill

전기기사 1위

이제 **국비무료 교육**도
에듀윌

수강생을 반겨주는 에듀윌의 환한 복도 (구로)

언제나 전문 학습 매니저와 상담이 가능한 안내데스크 (부평)

고품질 영상 및 음향 장비를 갖춘 최고의 강의실 (구로)

재충전을 위한 카페 분위기의 아늑한 휴게실 (부평)

다용도로 활용이 가능한 휴게실 (성남)

전기/소방/건축/쇼핑몰/회계/컴활 자격증 취득
국민내일배움카드제

에듀윌 국비교육원 대표전화

| 서울 구로 | 02)6482-0600 | 구로디지털단지역 2번 출구 | 인천 부평 | 032)262-0600 | 부평역 5번 출구 |
| 경기 성남 | 031)604-0600 | 모란역 5번 출구 | 인천 부평2관 | 032)263-2900 | 부평역 5번 출구 |

국비교육원 바로가기

* 2023 대한민국 브랜드만족도 전기(산업)기사 교육 1위(한경비즈니스)

에듀윌 전기기사

에듀윌 **직영학원**에서
합격을 수강하세요

언제나 전문 학습 매니저와 상담이 가능한 안내데스크

고품질 영상 및 음향 장비를 갖춘 최고의 강의실

재충전을 위한 카페 분위기의 아늑한 휴게실

에듀윌의 상징 노란색의 환한 학원 입구

에듀윌 직영학원 대표전화

공인중개사 학원 02)815-0600	공무원 학원 02)6328-0600	편입 학원 02)6419-0600
주택관리사 학원 02)815-3388	소방 학원 02)6337-0600	세무사·회계사 학원 02)6010-0600
전기기사 학원 02)6268-1400	부동산아카데미 02)6736-0600	

전기기사 학원 바로가기

* 2023 대한민국 브랜드만족도 전기(산업)기사 교육 1위(한경비즈니스)

시험 직전, CBT 시험 적응을 위한
최신기출 CBT 모의고사

💻 PC로 응시하기

1 │ 최신 출제경향을 반영한 CBT 모의고사

실제 시험과 동일한 시험 환경 구현
CBT 시험 완벽 대비
총 3회 분량의 모의고사 제공

모의고사 입장하기

1회| https://eduwill.kr/vFIp
2회| https://eduwill.kr/tFIp
3회| https://eduwill.kr/RFIp

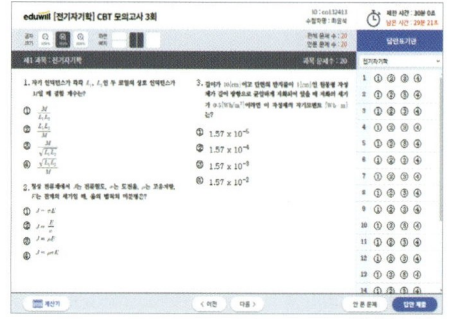

2 │ 학습자 맞춤형 성적분석

전체 응시생의 평균점수 비교를 통한 시험의 난이도와 합격예측 확인
과목별 점수와 난이도를 비교하여 스스로 취약한 부분 확인

STEP 1 모의고사 응시 후 [성적분석] 클릭

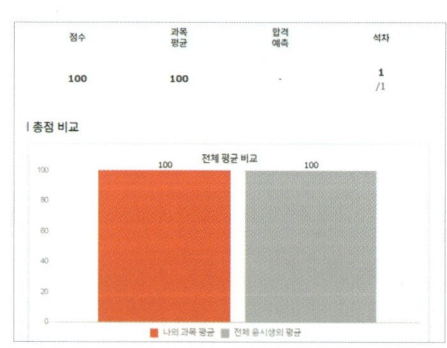

3 │ 쉽고 빠르게 확인하는 오답해설

모의고사 채점을 통한 과목별 성적 및 상세한 해설 제공
문제별 정답률을 확인하여 문제 난이도를 한눈에 파악

STEP 1 모의고사 응시 후 [채점 결과] 클릭
STEP 2 점수 확인 후 [해설 보기] 클릭

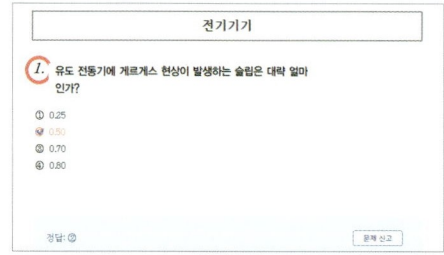

에듀윌 전기
전기응용 및 공사재료 필기
+무료특강

끝맺음 노트

☑ 핵심이론 및 빈출문제
☑ 최신기출 CBT 모의고사 (+무료특강 3강)

eduwill

에듀윌 전기
전기응용 및 공사재료 필기
+무료특강

에듀윌 전기
전기응용 및 공사재료
필기 기본서+유형별 N제

끝맺음 노트

eduwill

PART 01

핵심이론 및 빈출문제

최근 20개년 동안 가장 많이 출제된 핵심이론만 모았습니다.
이론과 관련된 빈출문제를 풀어보면서 개념을 확립할 수 있습니다.

전기응용 및 공사재료 본권 학습 후 마무리를 도와주는 끝맺음 노트

1 시감도

① 시감도: 어느 파장의 에너지가 빛으로 느껴지는 정도를 말한다.
② 최대 시감도: 파장 555[nm]의 황록색에서 발생하며, 그때의 시감도는 683[lm/W]이다.
③ 시감도 = $\dfrac{광속}{방사속} = \dfrac{F[\text{lm}]}{\phi[\text{W}]}$

대표 빈출 문제

가시광선 중에서 시감도가 가장 좋은 광색과 그 때의 시감도[nm]는 얼마인가?

① 황적색, 683[nm]   ② 황록색, 683[nm]
③ 황적색, 555[nm]   ④ 황록색, 555[nm]

해설 시감도
- 어떤 파장의 빛 에너지가 인간의 눈에 느껴지는 정도를 말한다.
- 사람의 눈에 느껴지는 최대 시감도 파장은 555[nm](황록색)이며, 그때의 시감도는 683[nm/W]이다.

| 정답 | ④

2 광속

① 광원에서 나오는 방사속(복사속)을 눈으로 보아 느껴지는 크기를 나타낸 것이다.
② 기호로는 F, 단위로는 [lm](루멘: Lumen)을 사용한다.
③ 광속의 계산
- 구 광원(백열전구): $F = 4\pi I$ [lm]
- 원통 광원(형광등): $F = \pi^2 I$ [lm]
- 평판 광원: $F = \pi I$ [lm](단, I: 광도[cd])

대표 빈출 문제

광속 계산의 일반식 중에서 직선 광원(원통)에서의 광속을 구하는 식은 어느 것인가?(단, I_0는 최대 광도, I_{90}은 $\theta = 90°$ 방향의 광도이다.)

① πI_0 ② $\pi^2 I_{90}$
③ $4\pi I_0$ ④ $4\pi I_{90}$

해설 광속의 계산
- 구광원(백열등): $F = 4\pi I$ [lm]
- 원통 광원(형광등): $F = \pi^2 I$ [lm]
- 평판 광원: $F = \pi I$ [lm](단, I: 광도[cd])

| 정답 | ②

3 조도

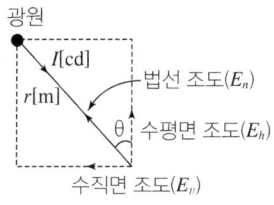

▲ 조도의 종류

(1) 법선 조도

$$E_n = \frac{I}{r^2} [\text{lx}]$$

(2) 수평면 조도

$$E_h = \frac{I}{r^2} \cos\theta \, [\text{lx}]$$

(3) 수직면 조도

$$E_v = \frac{I}{r^2} \sin\theta \, [\text{lx}]$$

대표빈출문제 그림과 같이 광원 L에서 P점 방향의 광도가 $50[\text{cd}]$일 때 P점의 수평면 조도는 약 몇 $[\text{lx}]$인가?

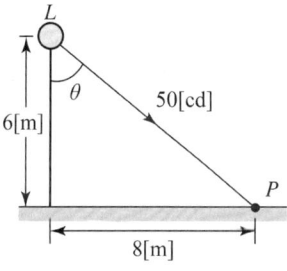

① 0.2 ② 0.3 ③ 0.4 ④ 0.5

해설
- 광원 L에서 P점까지의 거리
  $r = \sqrt{6^2 + 8^2} = 10[\text{m}]$
- 수평면 조도
  $E_h = \dfrac{I}{r^2}\cos\theta = \dfrac{50}{10^2} \times \dfrac{6}{10} = 0.3[\text{lx}]$

|정답| ②

대표빈출문제 $200[\text{cd}]$의 점광원으로부터 $5[\text{m}]$의 거리에서 그 방향과 직각인 면과 $60°$ 기울어진 수평면상의 조도 $[\text{lx}]$는?

① 4 ② 6
③ 8 ④ 10

해설 $E_h = \dfrac{I}{r^2}\cos\theta = \dfrac{200}{5^2} \times \cos 60° = 4[\text{lx}]$

|정답| ①

4 글로브의 효율

(1) 글로브(Globe)
조명기구의 일종으로 광원을 완전히 감싸는 확산성 유백색 재료로 만들어졌으며 램프의 대부분을 덮고 그 배광이나 광색을 바꾸는 기구이다.

(2) 글로브 효율

$$\eta = \frac{\tau}{1-\rho} \times 100 [\%]$$

(τ: 투과율, ρ: 반사율)

대표빈출문제 지름 $40[\text{cm}]$인 완전확산성 구형 글로브의 중심에 모든 방향의 광도가 균일하게 $110[\text{cd}]$이 되는 전구를 넣고 탁상 $2[\text{m}]$의 높이에서 점등하였다. 탁상 위의 조도는 약 몇 $[\text{lx}]$인가?(단, 글로브 내면의 반사율은 $40[\%]$, 투과율은 $50[\%]$이다.)

① 23
② 33
③ 49
④ 53

해설
- 글로브의 효율
$$\eta = \frac{\tau}{1-\rho} = \frac{0.5}{1-0.4} = 0.833$$
- 조도
$$E = \frac{I}{r^2} \times \eta = \frac{110}{2^2} \times 0.833 = 22.91[\text{lx}]$$

| 정답 | ①

대표빈출문제 $100[\text{W}]$ 전구를 유백색 구형 글로브에 넣었을 경우 글로브의 효율$[\%]$은 약 얼마인가?(단, 유백색 유리의 반사율은 $30[\%]$, 투과율은 $40[\%]$이다.)

① 25
② 43
③ 57
④ 81

해설 글로브의 효율 $\eta = \frac{\tau}{1-\rho}$
$$= \frac{0.4}{1-0.3} = 0.5714 (\therefore 57.14[\%])$$

| 정답 | ③

5 필라멘트의 구비조건

① 고유 저항이 커서 줄열이 많이 발생할 것
② 융해점(용융점)이 높을 것
③ 선 팽창 계수가 작을 것
④ 고온에서 증발이 적을 것
⑤ 고온에서의 기계적 강도가 클 것
⑥ 가는 선으로 가공이 용이할 것

대표빈출문제

필라멘트 재료의 구비 조건에 해당되지 않는 것은?

① 융해점이 높을 것
② 고유 저항이 작을 것
③ 선 팽창 계수가 작을 것
④ 높은 온도에서 증발성이 작을 것

해설 필라멘트의 구비 조건
- 용융점(융해점)이 높을 것
- 고유 저항이 클 것
- 선 팽창 계수가 작을 것
- 높은 온도에서 증발이 적을 것
- 가는 선으로 가공이 용이할 것
- 점화 온도에서 주위의 물질과 화합하지 않을 것
- 재료가 풍부하고 가격이 저렴할 것

|정답| ②

6 나트륨등의 특징

① 방전등의 효율이 대단히 높다.
② 빛의 직진성 및 투과성이 우수하다.
③ 안개가 많은 강변 지역의 가로등, 터널 내의 등으로 많이 사용된다.
④ 색 파장: 황색 589[nm]
⑤ 이론 효율: 395[lm/W], 실제 효율: 40~70[lm/W]

대표빈출문제 램프 효율이 우수하고 단색광이므로 안개 지역에서 가장 많이 사용되는 광원은?

① 수은등 ② 나트륨등 ③ 크세논등 ④ 메탈 핼라이드등

해설 나트륨등의 특징
- 등의 효율이 대단히 높다.
- 빛의 직진성 및 투과성이 우수하다.
- 안개가 많은 강변 지역의 가로등, 터널 내의 등으로 많이 사용된다.
- 연색성이 나쁘다.
- 점등 후 10분 정도 후에 방전이 안정된다.
- 실용적인 유일한 단색 광원(등황색)으로 589[nm]의 파장을 낸다.
- 열음극이 설치된 발광관과 외관으로 되어 있다.

|정답| ②

대표빈출문제 가로 조명, 도로 조명 등에 사용되는 저압 나트륨등의 설명으로 틀린 것은?

① 효율은 높고 연색성은 나쁘다.
② 점등 후 10분 정도 후에 방전이 안정된다.
③ 냉음극이 설치된 발광관과 외관으로 되어 있다.
④ 실용적인 유일한 단색 광원으로 589[nm]의 파장을 낸다.

해설 나트륨등의 특징
- 등의 효율이 대단히 높다.
- 빛의 직진성 및 투과성이 우수하다.
- 안개가 많은 강변 지역의 가로등, 터널 내의 등으로 많이 사용된다.
- 연색성이 나쁘다.
- 점등 후 10분 정도 후에 방전이 안정된다.
- 실용적인 유일한 단색 광원(등황색)으로 589[nm]의 파장을 낸다.
- 열음극이 설치된 발광관과 외관으로 되어 있다.

|정답| ③

7 조명방식에 의한 조명설계

구분 \ 분류	직접 조명	반직접 조명	전반 확산 조명	반간접 조명	간접 조명
배광 곡선					
상향 광속	0~10[%]	10~40[%]	40~60[%]	60~90[%]	90~100[%]
조명 기구 형태 (전구형)					
하향 광속	90~100[%]	60~90[%]	40~60[%]	10~40[%]	0~10[%]
특징	• 고조도 • 눈부심 큼	직접 조명에 비해 눈부심이 적고 부드러움	• 상, 하향 휘도 분포 균일 • 유백색 유리, 아크릴 수지 이용	천장을 주광원으로 이용	• 우수한 확산성과 낮은 휘도 • 차분한 분위기
용도	전반 조명용 (공장, 사무실)	일반 사무실, 주택	고급 사무실, 상점	분위기 조명 (병실, 침실)	대합실, 회의실

대표 빈출 문제

상향 광속과 하향 광속이 거의 동일하므로 하향 광속으로 직접 작업면에 직사시키고 상향 광속의 반사광으로 작업면의 조도를 증가시키는 조명 기구는?

① 간접 조명 기구
② 직접 조명 기구
③ 반직접 조명 기구
④ 전반 확산 조명 기구

해설 전반 확산 조명 기구
하향 광속으로 직접 작업면에 직사시키고 상향 광속의 반사광으로 작업면의 조도를 증가시키는 조명 기구 |정답| ④

대표 빈출 문제

직접 조명의 장점이 아닌 것은?

① 설비비가 저렴하며, 설계가 단순하다.
② 그늘이 생기므로 물체의 식별이 입체적이다.
③ 조명률이 크므로, 소비 전력은 간접 조명의 1/2~ 1/3이다.
④ 등기구의 사용을 최소화하여 조명 효과를 얻을 수 있다.

해설 ④는 간접 조명의 장점이다.
참고 직접 조명의 장점
• 조명률이 크므로 소비 전력이 간접 조명의 1/2~1/3이다.
• 설비비가 저렴하며 설계가 단순하다.
• 그늘이 생겨 물체의 식별이 입체적이다.

|정답| ④

8 조도 산출식

$$FUN = EAD$$

(F: 광속[lm], U: 조명률, N: 사용하는 등의 개수, E: 조도[lx], A: 면적[m²], D: 감광 보상률(= $\frac{1}{M}$), M: 보수율(유지율))

대표 빈출 문제

평균 구면 광도 $100[cd]$의 전구 5개를 지름 $10[m]$인 원형의 방에 점등할 때 조명률을 0.5, 감광 보상률을 1.5로 하면 방의 평균 조도[lx]는 약 얼마인가?

① 18
② 23
③ 27
④ 32

해설
- 점광원의 광속
  $F = 4\pi I = 4\pi \times 100 = 1,256.64[\text{lm}]$
- 조도
  $E = \dfrac{FUN}{AD} = \dfrac{1,256.64 \times 0.5 \times 5}{(\pi \times 5^2) \times 1.5} = 26.67[\text{lx}]$

|정답| ③

대표 빈출 문제

폭 $15[m]$의 무한히 긴 가로 양측에 $10[m]$의 간격을 두고 수많은 가로등이 점등되고 있다. 1등당 전광속은 $3,000[\text{lm}]$이고, 이의 $60[\%]$가 가로 전면에 투사한다고 하면 가로면의 평균 조도는 약 몇 [lx]인가?

① 36
② 24
③ 18
④ 9

해설
- 양측 배치인 가로등 1개가 비추는 도로 면적
  $A = \dfrac{SB}{2} = \dfrac{10 \times 15}{2} = 75[\text{m}^2]$
- 조도
  $E = \dfrac{FUN}{AD} = \dfrac{3,000 \times 0.6 \times 1}{75 \times 1} = 24[\text{lx}]$

|정답| ②

9 전열기의 효율

$$\eta = \frac{출력}{입력} \times 100[\%] = \frac{열량}{전기} \times 100[\%] = \frac{mc\theta}{0.24I^2Rt} \times 100[\%][\text{kcal}], \quad 1[\text{kcal}] = \frac{1}{860}[\text{kW}]$$

(m: 물체의 질량[kg], c: 물질의 비열[kcal/kg·℃], θ: 온도차[℃])

대표 빈출 문제

물 7[L]를 14[℃]에서 100[℃]까지 1시간 동안 가열하고자 할 때, 전열기의 용량[kW]은?(단, 전열기의 효율은 70[%]이다.)

① 0.5 ② 1 ③ 1.5 ④ 2

해설 전열기 용량

$$P = \frac{mc(T_2 - T_1)}{860t\eta} = \frac{7 \times 1 \times (100-14)}{860 \times 1 \times 0.7} = 1[\text{kW}]$$

(단, m: 질량[kg], c: 비열[kcal/g·℃], T_1: 초기 온도[℃], T_2: 나중 온도[℃])

|정답| ②

대표 빈출 문제

1[kW]의 전열기를 이용하여 20[℃]의 물 5[L]를 70[℃]까지 올리는 데 요하는 시간[min]은 약 얼마나 되겠는가?

① 14.6 ② 12.1 ③ 17.4 ④ 25.6

해설

$$P = \frac{mc(T_2 - T_1)}{860t\eta}[\text{kW}]$$

$$t = \frac{mc(T_2 - T_1)}{860P\eta} = \frac{5 \times 1 \times (70-20)}{860 \times 1 \times 1} = 0.29[\text{h}]$$

$$= 0.29 \times 60 = 17.4[\text{min}]$$

|정답| ③

대표 빈출 문제

겨울철에 심야 전력을 사용하여 20[kWh] 전열기로 40[℃]의 물 100[L]를 95[℃]로 데우는 데 사용되는 전기 요금은 약 얼마인가?(단, 가열 장치의 효율 90[%], 1[kWh]당 단가는 겨울철 56.10[원], 기타계절 37.90[원]이며, 계산 결과는 원 단위 절삭한다.)

① 260원 ② 290원
③ 360원 ④ 390원

해설
- 사용 전력량

$$W = Pt = \frac{mc(T_2 - T_1)}{860\eta} = \frac{100 \times 1 \times (95-40)}{860 \times 0.9} = 7.11[\text{kWh}]$$

- 전기 요금
  $7.11 \times 56.1 = 399[원]$
  ∴ 원 단위 절사하여 390[원]

|정답| ④

10 저항 가열과 아크 가열

(1) 저항 가열
① 도체 내의 저항손을 이용하여 가열하는 방식으로, 직접 저항 가열 방식과 간접 저항 가열 방식이 있다.
② 직접 저항 가열 방식
- 피열물 자체에 직접 상용 주파수(60[Hz])의 교류나 직류를 인가하여 줄열에 의해 발열시키는 방식이다.
- 열효율이 가장 우수하다.
- 흑연화로, 카보런덤로, 카바이드로, 알루미늄 융해로가 이에 속한다.

③ 간접 저항 가열 방식
- 다른 발열체에서 발생하는 열을 피열물에 전도, 대류, 복사에 의해 전달하여 가열하는 방식이다.
- 발열체로, 크립톨로, 염욕로가 이에 속한다.
- 발열체로: 발열체를 노벽에 설치하고 열의 전도, 대류, 복사에 의해 피열물을 가열하는 전기로이다.(발열체로 탄화규소 사용 시 1,500[℃]까지 가열)
- 크립톨로: 전극 간에 설치된 탄소 입자를 발열체로 하는 전기로이다.(탄소 발열체로 1,800[℃]까지 가열)
- 염욕로
  - 전극 간에 설치된 용융염을 발열체로 하는 전기로이다.(1,300[℃]까지 가열)
  - 형태가 복잡한 금속제 가열을 균일하게 한다.

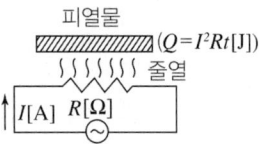

▲ 간접 저항 가열 방식

(2) 아크 가열
① 전극 사이에 발생하는 고온의 아크열을 이용하여 가열하는 방식으로, 직접식과 간접식이 있다.
② 직접식: 피열물을 아크의 한쪽을 전극으로 하여 통전시키는 방식이다.
③ 간접식: 아크의 열을 이용하여 복사에 의해 피열물을 가열하는 방식이다.

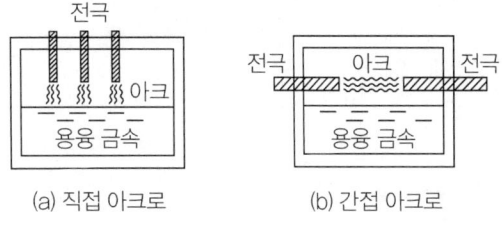

(a) 직접 아크로   (b) 간접 아크로

▲ 아크로의 종류

④ 아크 가열에 사용되는 전극
- 인조 흑연 전극(고유 저항이 가장 작다.)
- 천연 흑연 전극
- 탄소 전극

| 대표빈출문제 | 형태가 복잡하게 생긴 금속 제품을 균일한 온도로 가열하는 데 가장 적합한 전기로는?

① 염욕로 ② 흑연화로
③ 요동식 아크로 ④ 저주파 유도로

해설 저항 가열 방식
- 직접 저항 가열 방식
  - 열효율이 가장 우수하다.
  - 흑연화로, 카보런덤로, 카바이드로, 알루미늄 용해로
- 간접 저항 가열 방식
  - 복잡한 형태의 물질을 균일하게 가열한다.
  - 크립톨로, 염욕로, 발열체로

|정답| ①

| 대표빈출문제 | 피열물에 직접 통전하여 발열시키는 직접식 저항로가 아닌 것은?

① 염욕로 ② 흑연화로
③ 카바이드로 ④ 카보런덤로

해설 저항 가열 방식
- 직접 저항 가열 방식
  - 열효율이 가장 우수하다.
  - 흑연화로, 카보런덤로, 카바이드로, 알루미늄 용해로
- 간접 저항 가열 방식
  - 복잡한 형태의 물질을 균일하게 가열한다.
  - 크립톨로, 염욕로, 발열체로

|정답| ①

| 대표빈출문제 | 노 바닥의 하부 전극은 탄소 덩어리로 되어 있으며 세로형이고, 선철, 페로알로이, 카바이드 등의 제조에 사용되는 전기로는?

① 제선로 ② 아크로
③ 유도로 ④ 지로식 전기로

해설 지로식 전기로(Girod type furnace)
- 직접식 아크로
- 로(노)의 바닥에 하나의 흑연 전극이 있는 단상 수직전극 형태
- 선철, 페로알로이(Ferroalloy), 카바이드 등의 제조에 사용

|정답| ④

11 유도 가열과 유전 가열

(1) 유도 가열

① 교번 자기장 내에 있는 유도성 물체에 유도된 와류손과 히스테리시스손을 이용하여 가열하는 방식이다.

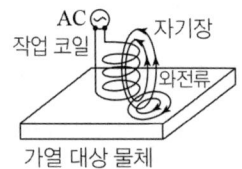
▲ 유도 가열

② 저주파 유도로: 60[Hz]의 상용 주파수를 가한다.
③ 고주파 유도로: 5~20[kHz] 정도의 높은 고주파를 가한다.
④ 유도 가열 전원
  - 고주파 전동 발전기
  - 불꽃 간극식 고주파 발생기
  - 진공관 발전기
⑤ 용도
  - 금속의 표면 가열(표면 담금질, 금속의 표면 처리)
  - 반도체 전해 정련(단결정 제조)
⑥ 특징
  - 피가열물 내에서 직접 열을 발생시키므로 열원이 필요 없다.
  - 전원으로 직류는 사용할 수 없다.
  - 표면층 가열만이 가능하다.
  - 가열시킬 물체의 필요한 부분만 선택하여 가열이 가능하다.
  - 온도 제어가 정확하고 제어하기가 용이하다.
  - 가열된 제품의 품질이 우수하다.

(2) 유전 가열

① 교번 전계 중 절연성의 피열물에 생기는 유전체 손실에 의한 가열 방법이다. (직접식만 있다.)

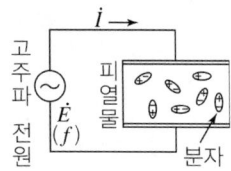
▲ 유전 가열

② 유전 가열의 단위 체적당 발생하는 유전체손

$$P = \frac{5}{9} f \varepsilon_s E^2 \tan\delta \times 10^{-12} \, [\text{W/cm}^3]$$

③ 절연체(유전체)에서 어느 정도의 열을 이용한 예
- 합성수지의 가열 성형
- 베니어판(합판)의 건조
- 고무의 유화
- 비닐막 접착, 목재 접착
- 플라스틱 성형

④ 특징
- 유전체 내의 유전체손에 의해 피열물체 자체에 발생한다.
- 온도 상승 속도가 빠르고 온도 제어가 자유롭다.
- 직류 전원은 사용할 수 없다.
- 전원을 끊으면 가열은 즉시 멈춰지고 축적된 열에 의한 과열이 없다.
- 설비비가 비싸고 효율이 낮은 편이다.
- 피열물의 형상에 따라 내부 전체가 균일하게 가열될 수 없다.
- 가열 중의 전파에 의해 통신 장애를 일으킬 수 있다.

대표 빈출 문제

교번 자계 중에서 도전성 물질 내에 생기는 와류손과 히스테리시스손에 의한 가열 방식은?

① 저항 가열
② 유도 가열
③ 유전 가열
④ 아크 가열

해설 유도 가열
- 와전류손 및 히스테리시스손을 이용한 가열 방법
- 교번 자계 중 도전성의 물체 중에 생기는 와류에 의한 줄열로 가열하는 방식
- 표면 가열(담금질), 반도체 정련 및 국부 가열에 적당한 방식

| 정답 | ②

대표 빈출 문제

고주파 유전 가열을 응용한 사항으로 틀린 것은?

① 고무의 가황
② 합판의 건조, 접착
③ 플라스틱의 성형과 비닐막 접착
④ 강재의 표면 담금질

해설 유전 가열(고주파 가열)
- 교번 전계 중 절연성의 피열물에 생기는 유전체 손실에 의한 가열 방식
- 절연체(유전체)에서 어느 정도의 열을 이용한 예
  - 합성수지의 가열 성형
  - 베니어판(합판)의 건조
  - 고무의 유화
  - 비닐막 접착, 목재 접착
  - 플라스틱 성형

| 정답 | ④

12 열전 현상

(1) 제벡 효과
열전 효과의 가장 기본적인 현상으로 서로 다른 금속체를 접합하여 폐회로를 만들고 두 접합점에 온도차를 두면 그 폐회로에서 열기전력이 발생하는 현상이다.

(2) 펠티에 효과
제벡 효과의 역효과 현상으로 서로 다른 금속체를 접합하여 폐회로를 만들고 이 폐회로에 전류를 흘려주면 그 폐회로의 접합점에서 열의 흡수 및 발생이 일어나는 현상이다.

(3) 톰슨 효과
제벡 효과를 응용한 열전 효과로 똑같은 금속체를 접합한 폐회로에 온도차를 두고 전류를 흘리면 그 폐회로에서 열의 흡수 및 발생이 일어나는 현상이다.

대표빈출문제 열전 온도계의 원리는?

① 홀 효과 ② 핀치 효과
③ 톰슨 효과 ④ 제벡 효과

해설 열전 온도계의 특징
- 제벡 효과의 동작 원리를 이용한 것이다.
- 열전대를 보호할 수 있는 보호관을 필요로 한다.
- 온도가 열기전력으로서 검출되므로 피측온점의 온도를 알 수 있다.
- 적절한 열전대를 선정하면 0~1,600[℃] 온도 범위의 측정이 가능하다.

| 정답 | ④

대표빈출문제 두 도체로 이루어진 폐회로에서 두 접점에 온도차를 주었을 때 전류가 흐르는 현상은?

① 홀 효과 ② 광전 효과
③ 제벡 효과 ④ 펠티에 효과

해설
- 홀 효과: 금속이나 반도체에 전류를 흘리고, 이것과 직각 방향으로 자계를 가하면 전류와 자계가 이루는 면에 직각 방향으로 기전력이 발생하는 현상
- 광전 효과: 반도체에 빛이 가해지면 전기 저항이 변화되는 현상
- 제벡 효과: 열전 효과의 가장 기본적인 현상으로 서로 다른 금속체를 접합하여 폐회로를 만들고 두 접합점에 온도차를 두면 전류가 흐르는 현상
- 펠티에 효과: 제벡 효과의 역효과 현상으로 서로 다른 금속체를 접합하여 폐회로를 만들고 이 폐회로에 전류를 흘려주면 그 폐회로의 접합점에서 열의 흡수 및 발열이 일어나는 현상

| 정답 | ③

13 회전 운동 에너지

$$J = mr^2 = \frac{GD^2}{4} \, [\text{kg} \cdot \text{m}^2]$$

($GD^2[\text{kg} \cdot \text{m}^2]$: 플라이 휠 효과, G: 휠의 질량[kg], D: 회전자 지름[m])

① 회전 운동 시의 에너지는 다음과 같다.
$$W = \frac{1}{2}J\omega^2 = \frac{1}{2} \times \frac{GD^2}{4}\omega^2 = \frac{1}{8}GD^2\omega^2 \, [\text{J}]$$

② 각속도 $\omega = \dfrac{v}{r} = 2\pi n = 2\pi \dfrac{N}{60}$[rad/s]이므로 회전 운동 시의 에너지는 다음과 같이 표현할 수 있다.
$$W = \frac{1}{2} \times \frac{GD^2}{4}\omega^2 = \frac{1}{8}GD^2\left(\frac{2\pi N}{60}\right)^2 = \frac{GD^2 N^2}{730} \, [\text{J}]$$

③ 회전 속도가 N_2[rpm]에서 N_1[rpm]으로 감속될 때의 방출 에너지는 다음과 같이 구할 수 있다.
$$W = W_2 - W_1 = \frac{GD^2 N_2^2}{730} - \frac{GD^2 N_1^2}{730} = \frac{GD^2(N_2^2 - N_1^2)}{730} \, [\text{J}]$$

대표 빈출 문제

플라이 휠 효과가 $GD^2\,[\text{kg} \cdot \text{m}^2]$인 전동기의 회전자가 N_2[rpm]에서 N_1[rpm]으로 감속할 때 방출한 에너지[J]는?

① $\dfrac{GD^2(N_2 - N_1)^2}{730}$
② $\dfrac{GD^2(N_2^2 - N_1^2)}{730}$
③ $\dfrac{GD^2(N_2 - N_1)^2}{375}$
④ $\dfrac{GD^2(N_2^2 - N_1^2)}{375}$

해설
- 원래의 에너지: $W_1 = \dfrac{GD^2 \times N_2^2}{730}$ [J]
- 속도가 저하한 후의 에너지: $W_2 = \dfrac{GD^2 \times N_1^2}{730}$ [J]

따라서 에너지의 차인 방출 에너지는
$\triangle W = W_1 - W_2$
$= \dfrac{GD^2 \times N_2^2}{730} - \dfrac{GD^2 \times N_1^2}{730} = \dfrac{GD^2(N_2^2 - N_1^2)}{730}$ [J]

|정답| ②

14 전동기의 토크

① 토크의 사용 단위는 사용자의 편리성에 따라 [kg·m]나 [N·m]를 사용한다.
② 각각의 단위에 따른 전동기의 토크 식은 다음과 같다.

$$T = \frac{60P}{2\pi N}[\text{N}\cdot\text{m}] \times \frac{1}{9.8} = 0.975\frac{P}{N}[\text{kg}\cdot\text{m}]$$

(P: 출력[W], N: 회전수[rpm])

대표빈출문제 전동기의 출력 15[kW], 속도 1,800[rpm]으로 회전하고 있을 때 발생되는 토크[kg·m]는 약 얼마인가?

① 6.2
② 7.4
③ 8.1
④ 9.8

해설 토크

$$T = 0.975\frac{P}{N} = 0.975 \times \frac{15 \times 10^3}{1,800} = 8.125[\text{kg}\cdot\text{m}]$$

|정답| ③

대표빈출문제 극수 P의 3상 유도 전동기가 주파수 f[Hz], 슬립 s, 토크 T[N·m]로 회전하고 있을 때의 기계적 출력[W]은?

① $\dfrac{4\pi fT}{P}$
② $T\dfrac{2\pi f}{P}(1-s)$
③ $T\dfrac{4\pi f}{P}(1-s)$
④ $T\dfrac{\pi f}{P}(1-s)$

해설 토크

$$T = \frac{P_o}{\omega} = \frac{P_o}{2\pi\dfrac{N}{60}} = \frac{P_o}{\dfrac{2\pi}{60}(1-s)N_s} = \frac{P_o}{\dfrac{2\pi}{60}(1-s)\dfrac{120f}{P}}[\text{N}\cdot\text{m}]$$

∴ 기계적 출력 $P_o = T\dfrac{4\pi f}{P}(1-s)[\text{W}]$

|정답| ③

15 직권 전동기

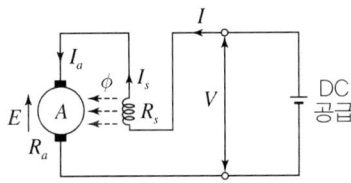

▲ 자여자 직권 전동기

- 역기전력: $E = V - I_a(R_a + R_s)\,[\text{V}]\,(I_a = I = I_s)$
- 토크 관계식: $T \propto I_a^2 \propto \dfrac{1}{N^2}$

(1) 특징

① 계자와 전기자가 직렬로 연결되어 있으며 부하가 증가할 때 부하 전류와 계자 전류의 크기가 동일($\phi \propto I_a = I = I_s$)하므로 기동 토크가 크고 이에 따라 속도 변동도 크기 때문에 가변 속도 특성을 지닌다.

② 정격 전압 상태에서 무부하 운전 시 무한대(위험) 속도에 도달하여 원심력에 의해 기계가 파손될 우려가 있다.(방지 대책: 벨트 운전을 금지하고 톱니 바퀴식으로 부하를 직결한다.)

(2) 용도

- 전동차(전철)
- 권상기, 크레인 등 매우 큰 기동 토크가 필요한 곳

대표 빈출 문제

토크가 증가할 때 가장 급격히 속도가 낮아지는 전동기는?

① 직류 분권 전동기 　　　　② 직류 복권 전동기
③ 직류 직권 전동기 　　　　④ 3상 유도 전동기

해설 직류 직권 전동기의 토크(T)와 속도(N)의 특성

$T \propto I^2 \propto \dfrac{1}{N^2}$

토크는 회전수의 제곱에 반비례하므로 토크가 증가할 때 가장 급격히 속도가 낮아진다.

|정답| ③

16 직류 전동기의 속도 제어

(1) 전압 제어
① 전동기의 외부 단자에서 공급 전압을 조절하여 속도를 제어하는 방법이다.
② 효율이 좋고 광범위한 속도 제어가 가능하다.
③ 워드 레오너드 방식: 정부하 시 사용(광범위한 속도 제어 가능)
④ 일그너 방식: 부하 변동이 심할 경우 사용(플라이 휠 설치)
⑤ 직·병렬 제어법: 직권 전동기에만 사용

(2) 저항 제어
① 전기자 회로에 삽입한 기동 저항으로 속도를 제어하는 방법이다.
② 손실이 커서 잘 사용하지 않는다.

(3) 계자 제어
① 계자 저항을 조절하여 계자 자속을 변화시켜 속도를 제어하는 방법이다.
② 전력 손실이 적고 간단하지만 속도 제어 범위가 적다.
③ 출력을 변화시키지 않고도 속도를 제어할 수 있어 정출력 제어라고도 한다.

대표 빈출 문제 직류 전동기 속도 제어에서 일그너 방식이 채용되는 것은?
① 제지용 전동기
② 특수한 공작기계용
③ 제철용 대형 압연기
④ 인쇄기

해설 일그너 방식
플라이 휠을 사용하여 관성 모멘트를 크게 한 것으로 대형 부하나 부하가 급변하는 장소에 사용(제철용 대형 압연기용 전동기 등)

|정답| ③

대표 빈출 문제 직류 전동기의 속도 제어에서 정출력 제어에 속하는 것은?
① 계자 제어
② 전압 제어
③ 전기자 저항 제어
④ 워드 레오너드 제어

해설 계자 제어

- 전동기 회전수 $N = \dfrac{E}{k\phi} = \dfrac{V - R_a I_a}{k\phi}$ [rpm]
- 토크 $T = \dfrac{P}{\omega}$ [N·m]
- 출력 $P = \omega T = 2\pi \dfrac{N}{60} k\phi I_a$

따라서 ϕ가 증가할 때 N은 감소하므로 항상 정출력을 내는 제어이다.

|정답| ①

17 전동기의 제동

(1) 발전 제동
① 전동기 회전 시 자속을 유지한 상태에서 입력 전원을 끊고 전열 부하를 연결하면 전동기가 발전기로 작동한다.
② 이 전력을 전열 부하에서 열로 소비하며 제동하는 방법이다.

(2) 회생 제동
① 전동기 회전 시 입력 전원을 끊고 자속을 강하게 하면 역기전력이 전원 전압보다 높아져 전류가 역류하게 된다.
② 이 전류를 가까운 부하의 전원으로 사용하면서 제동하는 방법이다.
③ 주로 내리막길에서 전동차의 제동이 이에 속한다.

(3) 역상 제동(역전 제동 또는 플러깅)
① 전동기 회전 시 계자 또는 전기자 전류의 방향을 전환시키거나 전원 3선 중 2선의 접속을 바꾸어 역방향의 토크를 발생시켜 제동한다.
② 주로 전동기를 급제동시킬 때 사용하는 방법이다.

(4) 와전류 제동
① 구리의 원판을 자계 내에 회전시켜 와전류에 의해 제동하는 방법이다.
② 전기 동력계법에 이용된다.

(5) 기계 제동
전동기에 붙인 제동화에 전자력으로 가압하여 마찰 제동하는 방법이다.

대표 빈출 문제

기중기 등으로 물건을 내릴 때 또는 전차가 언덕을 내려가는 경우 전동기가 갖는 운동 에너지를 전기 에너지로 변환하고, 이것을 전원에 반환하면서 속도를 점차로 감속시키는 제동은?

① 발전 제동   ② 회생 제동   ③ 역상 제동   ④ 와전류 제동

해설 회생 제동
- 전동기에 전원을 투입한 상태에서 전동기에 유기되는 역기전력을 전원 전압보다 높게 하여 제동하는 방법
- 회전 운동 에너지로서 발생하는 전력을 전원 측에 반환하면서 제동하는 방법

|정답| ②

대표 빈출 문제

3상 유도 전동기에서 플러깅의 설명으로 가장 옳은 것은?

① 단상 상태로 기동할 때 일어나는 현상
② 플러그를 사용하여 전원을 연결하는 방법
③ 고정자와 회전자의 상수가 일치하지 않을 때 일어나는 현상
④ 고정자 측의 3단자 중 2단자를 서로 바꾸어 접속하여 제동하는 방법

해설 역상 제동
- 전동기의 3선 중 2선을 바꾸어 접속하여 역상 토크를 발생시켜 제동하는 방법이다.
- 역전 제동 또는 플러깅이라고도 한다.
- 가장 쉽고 효과적인 제동 방법이다.

|정답| ④

18 전동기의 용량 계산

(1) 양수 펌프용 전동기 용량

$$P = \frac{9.8QH}{\eta}k\,[\text{kW}]$$

(Q: 양수량[m³/s], H: 양정(양수 높이)[m], k: 여유 계수, η: 효율)

$$P = \frac{QH}{6.12\eta}k\,[\text{kW}]$$

(Q: 양수량[m³/min])

(2) 권상기용 전동기 용량

$$P = \frac{mv}{6.12\eta}k\,[\text{kW}]$$

(m: 물체의 무게[ton], v: 권상 속도[m/min], k: 여유 계수(평형률), η: 효율)

대표 빈출 문제 양수량 30[m³/min], 총 양정 10[m]를 양수하는 데 필요한 펌프용 전동기의 소요 출력[kW]은 약 얼마인가?(단, 펌프의 효율은 75[%], 여유 계수는 1.1이다.)

① 59　　　　　　　　　② 64
③ 72　　　　　　　　　④ 78

해설 $P = \dfrac{QH}{6.12\eta}k = \dfrac{30 \times 10}{6.12 \times 0.75} \times 1.1 = 71.9[\text{kW}]$

| 정답 | ③

대표 빈출 문제 권상 하중 10[t], 매분 24[m/min]의 속도로 물체를 올리는 권상용 전동기의 용량[kW]은 약 얼마인가?(단, 전동기를 포함한 기중기의 효율은 65[%]이다.)

① 41　　　　　　　　　② 73
③ 60　　　　　　　　　④ 97

해설 $P = \dfrac{mv}{6.12\eta}k[\text{kW}] = \dfrac{10 \times 24}{6.12 \times 0.65} \times 1 = 60.33[\text{kW}]$

(단, m: 권상 하중[t], v: 권상 속도[m/min], η: 효율, k: 여유 계수)

| 정답 | ③

19 캔트(고도: Cant)

① 열차가 곡선부 운행 시 원심력에 대비하여 안쪽 레일보다 바깥쪽 레일을 조금 높여주는 것이다. 차량이 곡선부를 달릴 때 원심력을 고려하여 고도를 두게 된다.
② 캔트 크기는 다음 식으로 구한다.

$$h = \frac{GV^2}{127R} \text{[mm]}$$

(G: 궤간[mm], V: 열차 속도[km/h], R: 곡선 반지름[m])

대표빈출문제

바깥쪽 레일은 원심력의 작용으로 지나친 하중이 걸려 탈선하기 쉬우므로 안쪽 레일보다 얼마간 높게 한다. 이 바깥쪽 레일과 안쪽 레일의 높이 차를 무엇이라 하는가?

① 편위
② 확도
③ 캔트
④ 궤간

해설 캔트(고도)
- 운전의 안정성을 확보하기 위해 곡선 시 안쪽 레일보다 바깥쪽 레일을 조금 높게 하는 것을 말한다.
- 차량이 곡선부를 달릴 때 원심력을 생각해서 이런 고도를 두게 된다.

|정답| ③

대표빈출문제

시속 45[km/h]의 열차가 곡률 반지름 1,000[m]인 곡선 궤도를 주행할 때 고도(Cant)는 약 몇 [mm]인가?(단, 궤간은 1,067[mm]이다.)

① 10
② 13
③ 17
④ 20

해설 캔트(고도)

$$h = \frac{GV^2}{127R} \text{[mm]} = \frac{1,067 \times 45^2}{127 \times 1,000} = 17.013 \text{[mm]}$$

(단, G: 궤간[mm], V: 열차 속도[km/h], R: 곡률 반지름[m])

|정답| ③

20 지중 케이블의 전기부식 방지 대책

① 지표 근처는 부식성 물질이 많으므로 매설관을 1.2[m] 이상 깊게 매설한다.
② 습기가 많은 곳, 특히 지하철의 레일 부근을 피한다.
③ 파이프 표면을 코팅 처리(폴리에틸렌, 콜탈)하거나 테이프로 감싼다.
④ 배류법을 실시한다.
  - 전기철도로부터의 누설 전류를 대지에 유출시키지 않고 직접 레일에 되돌려 주는 방법이다.
  - 종류: 직접 배류법, 선택 배류법, 강제 배류법
  - 선택 배류법: 전동차의 회생 제동일 경우와 전류가 반대로 흐를 경우를 대비하여 변전소와 철관 사이에 선택 배류기를 설치하는 것이다.
⑤ 레일 본드를 설치한다.
⑥ 변전소 간격을 좁힌다.
⑦ 귀선을 부(−) 극성으로 한다.

대표빈출문제 전기철도에서 전기부식(전식) 방지법이 아닌 것은?

① 변전소 간격을 짧게 한다.
② 대지에 대한 레일의 절연 저항을 크게 한다.
③ 귀선의 극성을 정기적으로 바꿔 주어야 한다.
④ 귀선 저항을 크게 하기 위해 레일에 본드를 시설한다.

해설 전기철도의 전기부식 방지 대책
- 레일에 본드를 시설하여 귀선 저항을 작게 한다.
- 레일을 따라 보조 귀선을 설치한다.
- 변전소 간 간격을 짧게 한다.
- 귀선의 극성을 정기적으로 바꾼다.
- 3선식 배전법을 채용한다.
- 절연 음극 궤전선을 설치하여 레일과 접속한다.
- 대지에 대한 레일의 절연 저항을 크게 한다.
- 가장 먼 (−) 궤전선에 음극 승압기를 설치한다.

|정답| ④

21 전동차용 전동기

(1) 견인력

① 전기철도가 주 전동기에 전력을 공급하여 그 전동기가 발생하는 토크가 동륜에 전달되어 나타나는 힘을 말한다.

② 최대 견인력(F_m)

$$F_m = 1{,}000\mu W [\text{kg}]$$

(μ: 점착 계수, W: 동륜상의 중량[ton])

(2) 전동기 용량

$$P = \frac{Fv}{367N\eta} [\text{kW}]$$

(F: 전동차의 견인력[kg], v: 전동차의 운전 속도[km/h], N: 전동기 수, η: 효율[%])

대표 빈출 문제 자체중량(자중) $100[\text{t}]$이고 바퀴 위의 무게가 $75[\text{t}]$인 기관차의 최대 견인력[kg]은 얼마인가?(단, 바퀴와 레일의 점착 계수는 0.2이다.)

① 7,500
② 10,000
③ 15,000
④ 20,000

해설 최대 견인력 $F_m = 1{,}000\mu W [\text{kg}]$
(단, μ: 점착 계수, W: 동륜상의 무게[t])
∴ $F_m = 1{,}000\mu W = 1{,}000 \times 0.2 \times 75 = 15{,}000 [\text{kg}]$

| 정답 | ③

대표 빈출 문제 전차를 시속 $100[\text{km}]$로 운전하려할 때, 전동기의 출력[kW]은 약 얼마인가?(단, 차륜상의 견인력은 $400[\text{kg}]$이다.)

① 95
② 10
③ 109
④ 121

해설 전동기 용량
$P = \dfrac{Fv}{367\eta} [\text{kW}] = \dfrac{400 \times 100}{367 \times 1.0} = 108.99 [\text{kW}]$

| 정답 | ③

22 망간 전지

① 감극제: 이산화망간(MnO_2)
② 음극 활성 물질: 아연(Zn)
③ 전해액: 염화암모늄(NH_4Cl) + 염화아연($ZnCl_2$)의 수용액
④ 제조가 쉽고 안정성이 뛰어나다.
⑤ 휴대용 라디오, 손전등, 완구, 시계 등 매우 광범위하게 이용한다.

대표빈출문제 음극에 아연, 양극에 탄소봉, 전해액은 염화암모늄을 사용하는 1차 전지는?

① 수은 전지
② 리튬 전지
③ 망간 건전지
④ 알칼리 건전지

해설 망간 전지
- 감극제: 이산화망간(MnO_2)
- 양극: 탄소, 음극: 아연(Zn)
- 전해액: 염화암모늄(NH_4Cl) + 염화아연($ZnCl_2$)의 수용액
- 제조가 쉽고 안정성이 뛰어나다.
- 휴대용 라디오, 손전등, 완구, 시계 등 매우 광범위하게 이용된다.

|정답| ③

대표빈출문제 망간 건전지에 대한 설명으로 틀린 것은?

① 1차 전지이다.
② 공칭 전압이 1.5[V]이다.
③ 음극으로 아연이 사용된다.
④ 양극으로 이산화망간이 사용된다.

해설 망간 전지
- 감극제: 이산화망간(MnO_2)
- 양극: 탄소, 음극: 아연(Zn)
- 전해액: 염화암모늄(NH_4Cl) + 염화아연($ZnCl_2$)의 수용액
- 제조가 쉽고, 안정성이 뛰어나다.
- 휴대용 라디오, 손전등, 완구, 시계 등 매우 광범위하게 이용된다.

|정답| ④

23 알칼리 축전지

① 알칼리 축전지의 화학 반응

$$2NiOOH + 2H_2O + Cd \underset{\text{충전}}{\overset{\text{방전}}{\rightleftarrows}} 2Ni(OH)_2 + Cd(OH)_2$$

② 양극(+): $Ni(OH)_2$(수산화니켈), 음극(−): 에디슨 전지(철: Fe), 융그너 전지(카드뮴: Cd)
③ 전해액: 수산화칼륨(KOH) 사용
④ 공칭 전압은 1.2[V/cell], 공칭 용량은 5[Ah]이다.
⑤ 수명이 길고 가격이 비싸다.
⑥ 방전 시 전압 변동이 작다.
⑦ 급격한 충전 및 방전 특성이 좋다.
⑧ 진동에 강하다.
⑨ 전해액의 농도 변화는 거의 없는 편이다.
⑩ 연 축전지에 비해 크기가 작다.
⑪ 다소 용량이 감소하여도 못 쓰게 되지는 않는다.

대표 빈출 문제 알칼리 축전지의 전해액은?

① KOH
② PbO_2
③ H_2SO_4
④ NiOOH

해설 알칼리 축전지
- 양극: 수산화니켈
- 음극
  - 융그너 알칼리 축전지: 카드뮴
  - 에디슨 알칼리 축전지: 철
- 전해액: 수산화칼륨(KOH)
- 축전지 수명이 긴 편이다.
- 급격한 충·방전 특성이 좋다.
- 진동에 강하다.
- 전해액의 농도 변화는 거의 없는 편이다.
- 연 축전지에 비해 크기가 작다.

|정답| ①

24 축전지의 충전

(1) 부동 충전
① 축전지의 자기 방전을 보충하는 충전 방식이다.
② 상용 부하에 대한 전력 공급은 충전기가 부담하고 충전기가 공급하기 어려운 일시적인 대전류 사용 부하에 대해서는 축전지로 하여금 부담하게 하는 방식이다.

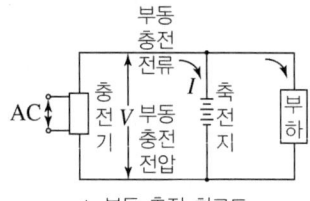

▲ 부동 충전 회로도

(2) 세류 충전
① 자기 방전량만을 항시 충전시키는 방식이다.
② 부동 충전 방식의 일종이다.

대표빈출문제 축전지의 충전 방식 중 전지의 자기 방전을 보충함과 동시에 상용 부하에 대한 전력 공급은 충전기가 부담하도록 하되, 충전기가 부담하기 어려운 일시적인 대전류 부하는 축전지로 하여금 부담하게 하는 충전 방식은?

① 보통 충전　　　　　　　　　② 과부하 충전
③ 세류 충전　　　　　　　　　④ 부동 충전

해설 부동 충전 방식
- 축전지의 자기 방전을 보충하는 충전 방식
- 상용 부하에 대한 전력 공급은 충전기가 부담하고, 충전기가 공급하기 어려운 일시적인 대전류 사용 부하에 대해서는 축전지로 하여금 부담하게 하는 방식

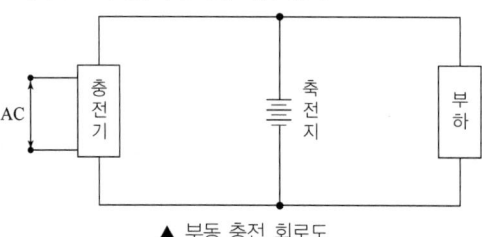

▲ 부동 충전 회로도

| 정답 | ④

25 폐루프 제어계 구성 요소

① 제어 요소: 조절부와 조작부
② 비교부: 입력과 출력 값을 비교하여 오차량을 측정하는 부분
③ 조작량: 제어 요소가 제어 대상에 주는 양
④ 동작 신호: 기준 입력 요소가 제어 요소에 주는 신호로 기준 입력 신호와 검출부가 만나 동작 신호를 만듦

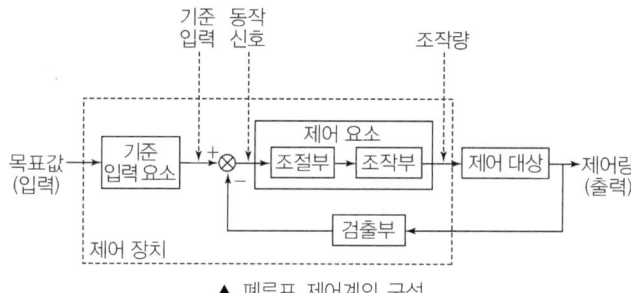

▲ 폐루프 제어계의 구성

대표 빈출 문제

제어 대상을 제어하기 위하여 입력에 가하는 양을 무엇이라고 하는가?

① 외란
② 변환부
③ 목표값
④ 조작량

해설 폐루프 제어계의 구성 요소

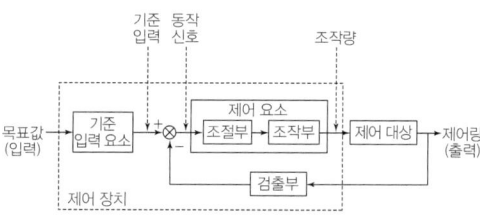

- 제어 요소: 조절부와 조작부
- 비교부: 입력과 출력 값을 비교하여 오차량을 측정하는 부분
- 조작량: 제어 요소가 제어 대상에 주는 양
- 동작 신호: 기준 입력 요소가 제어 요소에 주는 신호로 기준 입력 신호와 검출부가 만나 동작 신호를 만듦

|정답| ④

26 제어량의 종류에 의한 분류

(1) 프로세스 제어
생산 공정에서 주로 사용하는 제어이다. (온도, 압력, 유량, 밀도 등을 제어)

(2) 서보 기구
기계적 변위를 제어량으로 해서 목표값의 변화에 추종하는 제어이다. (물체의 위치, 방위(각도), 자세 등을 제어)

(3) 자동 조정
주로 전기적 신호나 기계적인 양을 제어이다. (전압, 전류, 주파수, 회전수, 힘(토크) 등을 제어)

대표 빈출 문제 프로세스(공정) 제어에 속하지 않는 것은?

① 방위
② 유량
③ 압력
④ 온도

해설 제어량의 종류에 의한 분류
- 서보 기구
  - 기계적 변위를 제어량으로 해서 목표값의 변화에 추종하는 제어
  - 물체의 위치, 방위, 각도, 자세 등을 제어
- 프로세스 제어
  - 생산 공정에서 주로 사용하는 제어
  - 온도, 압력, 유량, 밀도 등을 제어
- 자동 조정 제어
  - 주로 전기적 신호나 기계적인 양을 제어
  - 전압, 전류, 주파수, 회전수, 힘(토크) 등을 제어

| 정답 | ①

대표 빈출 문제 자동 제어에서 제어량에 의한 분류인 것은?

① 정치 제어
② 연속 제어
③ 불연속 제어
④ 프로세스 제어

해설 제어량의 종류에 의한 분류
- 서보 기구
  - 기계적 변위를 제어량으로 해서 목표값의 변화에 추종하는 제어
  - 물체의 위치, 방위, 각도, 자세 등을 제어
- 프로세스 제어
  - 생산 공정에서 주로 사용하는 제어
  - 온도, 압력, 유량, 밀도 등을 제어
- 자동 조정 제어
  - 주로 전기적 신호나 기계적인 양을 제어
  - 전압, 전류, 주파수, 회전수, 힘(토크) 등을 제어

| 정답 | ④

27 목표값의 시간적 성질에 의한 분류

(1) 정치 제어
제어량을 주어진 일정목표로 유지시키기 위한 제어로, 시간이 지나도 목표값이 변하지 않고 일정한 대상을 제어한다. 프로세스 제어, 자동 조정 제어가 이에 해당한다.(예: 연속식 압연기, 항온조 온도 제어)

(2) 추치 제어
목표값이 변할 때 그것에 제어량을 추종시키기 위한 제어를 말하며, 이에 속하는 제어는 다음과 같다.
① 추종 제어: 목표치가 시간에 따라 변화하는 제어
② 프로그램 제어: 목표치가 프로그램대로 변하는 제어(예: 열차의 무인 운전, 엘리베이터 운전)
③ 비율 제어: 목표값이 서로 다른 어떤 양과 일정한 비율 관계를 가지는 제어
④ 시퀀스 제어: 미리 정해진 순서에 따라 각 단계가 순차적으로 진행하는 제어

대표빈출문제 목표값이 시간에 따라 변화하지 않는 제어는?
① 정치 제어
② 비율 제어
③ 추종 제어
④ 프로그램 제어

해설 제어목적에 의한 분류
- 정치 제어: 제어량을 주어진 일정목표로 유지시키기 위한 제어로, 시간이 지나도 목표값이 변하지 않고 일정한 대상을 제어한다. 프로세스 제어, 자동 조정 제어가 이에 해당한다.(예: 연속식 압연기, 항온조 온도 제어)
- 추치 제어: 목표값이 변할 때 그것에 제어량을 추종시키기 위한 제어를 말하며, 이에 속하는 제어는 다음과 같다.
  - 추종 제어: 목표치가 시간에 따라 변화하는 제어
  - 프로그램 제어: 목표치가 프로그램대로 변하는 제어(예: 열차의 무인 운전, 엘리베이터 운전)
  - 비율 제어: 목표값이 서로 다른 어떤 양과 일정한 비율 관계를 가지는 제어
  - 시퀀스 제어: 미리 정해진 순서에 따라 각 단계가 순차적으로 진행하는 제어

| 정답 | ①

대표빈출문제 열차의 무인 운전과 같이 미리 정해진 시간적 변화에 따라 정해진 순서대로 제어하는 방식은?
① 추종 제어
② 비율 제어
③ 정치 제어
④ 프로그램 제어

해설 제어목적에 의한 분류
- 정치 제어: 제어량을 주어진 일정목표로 유지시키기 위한 제어로, 시간이 지나도 목표값이 변하지 않고 일정한 대상을 제어한다. 프로세스 제어, 자동 조정 제어가 이에 해당한다.(예: 연속식 압연기, 항온조 온도 제어)
- 추치 제어: 목표값이 변할 때 그것에 제어량을 추종시키기 위한 제어를 말하며, 이에 속하는 제어는 다음과 같다.
  - 추종 제어: 목표치가 시간에 따라 변화하는 제어
  - 프로그램 제어: 목표치가 프로그램대로 변하는 제어(예: 열차의 무인 운전, 엘리베이터 운전)
  - 비율 제어: 목표값이 서로 다른 어떤 양과 일정한 비율 관계를 가지는 제어
  - 시퀀스 제어: 미리 정해진 순서에 따라 각 단계가 순차적으로 진행하는 제어

| 정답 | ④

28 정류 회로의 특성 비교

종류	직류 출력	PIV	맥동 주파수	정류 효율	맥동률
단상 반파	$E_d = \dfrac{\sqrt{2}}{\pi}E = 0.45E$	$PIV = \sqrt{2}E$	$f[\text{Hz}]$	40.5[%]	121[%]
단상 전파(중간탭)	$E_d = \dfrac{2\sqrt{2}}{\pi}E = 0.9E$	$PIV = 2\sqrt{2}E$	$2f[\text{Hz}]$	57.5[%]	48[%]
단상 전파(브리지)	$E_d = \dfrac{2\sqrt{2}}{\pi}E = 0.9E$	$PIV = \sqrt{2}E$	$2f[\text{Hz}]$	81.1[%]	48[%]
3상 반파	$E_d = \dfrac{3\sqrt{6}}{2\pi}E = 1.17E$	$PIV = \sqrt{6}E$	$3f[\text{Hz}]$	96.7[%]	17[%]
3상 전파(브리지)	$E_d = \dfrac{3\sqrt{6}}{\pi}E = 2.34E$ 또는 $E_d = 1.35E_l$	$PIV = \sqrt{6}E$	$6f[\text{Hz}]$	99.8[%]	4[%]

대표 빈출 문제

같은 크기의 교류 전압을 실리콘, 정류기로 정류하여 직류 전압을 얻는 경우 가장 높은 직류 전압을 얻을 수 있는 정류 방식은?(단, 필터는 없는 것으로 하고 부하는 순저항 부하이다.)

① 단상 반파　　　　　　　　　② 3상 반파
③ 단상 전파　　　　　　　　　④ 3상 전파

해설 각 정류 회로의 특성 비교

종류	직류 출력	정류 효율	맥동률
단상 반파	$E_d = \dfrac{\sqrt{2}}{\pi}E = 0.45E$	40.5[%]	121[%]
단상 전파(중간탭)	$E_d = \dfrac{2\sqrt{2}}{\pi}E = 0.9E$	57.5[%]	48[%]
단상 전파(브리지)	$E_d = \dfrac{2\sqrt{2}}{\pi}E = 0.9E$	81.1[%]	48[%]
3상 반파	$E_d = \dfrac{3\sqrt{6}}{2\pi}E = 1.17E$	96.7[%]	17[%]
3상 전파(브리지)	$E_d = \dfrac{3\sqrt{6}}{\pi}E = 2.34E$ 또는 $E_d = 1.35E_l$	99.8[%]	4[%]

|정답| ④

대표 빈출 문제

교류 200[V], 정류기 전압 강하 10[V]인 단상 반파 정류 회로의 직류 전압[V]은?

① 70　　　　　　　　　　② 80
③ 90　　　　　　　　　　④ 100

해설 단상 반파 정류 회로의 직류 평균 전압

$E_d = \dfrac{\sqrt{2}}{\pi}E = 0.45E[\text{V}]$

$\therefore E_d = 0.45E - e = 0.45 \times 200 - 10 = 80[\text{V}]$

|정답| ②

29 사이리스터 정류기(SCR: Silicon Controlled Rectifier)

(1) SCR의 구조 및 원리
① 일반적인 다이오드 정류기에 제어 단자인 게이트(Gate) 단자를 부착한 3단자 실리콘 반도체 정류기로서 가장 널리 사용되는 정류기이다.
② 실리콘 PNPN 4층 구조(접합층 3개)로 되어 있으며, 전극은 A(Anode), K(Cathode), G(Gate)로 구성한다.
③ SCR에 흐르는 전류의 방향은 A→K로만 흐른다.(단방향)

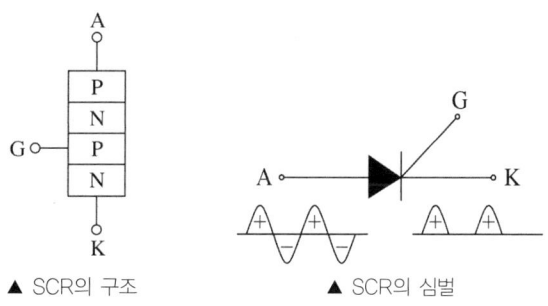

▲ SCR의 구조   ▲ SCR의 심벌

(2) SCR의 직류 출력 및 특징

종류	직류 출력	특징
단상 반파	$E_d = 0.45E\left(\dfrac{1+\cos\alpha}{2}\right)$	• 아크가 생기지 않으므로 발열이 작다. • 대전류용이고, 동작 시간이 짧다. • 작은 게이트 신호로 대전력을 제어한다. • 교류 및 직류 모두를 제어할 수 있다. • 역방향 내전압이 가장 크다. • 과전압에 약하다.
단상 전파(중간탭)	$E_d = 0.9E\cos\alpha$ (전류 연속 조건)	
단상 전파(브리지)	$E_d = 0.9E\left(\dfrac{1+\cos\alpha}{2}\right)$ (전류 단속 조건)	
3상 반파	$E_d = 1.17E\cos\alpha$	
3상 전파	$E_d = 2.34E\cos\alpha$ 또는 $E_d = 1.35E_l\cos\alpha$	

※ α: 점호 제어각, E_l: 선간 전압, E: 상전압

(3) SCR의 동작 상태에 관련된 용어 정리
① 턴-온(Turn-on): SCR이 Off 상태에서 On 상태의 도통 상태로 되는 것
② 래칭 전류: SCR이 턴-온되기 위한 최소 전류
③ 유지 전류: SCR이 턴-온된 후 게이트 전류가 흐르지 않더라도 On 상태를 유지하는 최소 전류
④ SCR 턴-오프(Turn-off) 조건
  • SCR에 역전압을 인가하거나 유지 전류 이하가 되게 한다.
  • 애노드 전압을 0 또는 (−)로 한다.

대표빈출문제

3상 반파 정류 회로에서 변압기의 2차 상전압 $220[\text{V}]$를 SCR로써, 제어각 $\alpha = 60°$로 위상 제어할 때, 약 몇 $[\text{V}]$의 직류 전압을 얻을 수 있는가?

① 108.7
② 118.7
③ 128.7
④ 138.7

해설 $E_d = 1.17 E \cos\alpha = 1.17 \times 220 \times \cos 60° = 128.7[\text{V}]$

| 정답 | ③

대표빈출문제

SCR에 대한 설명 중 틀린 것은?

① 위상 제어의 최대 조절 범위는 $0° \sim 90°$이다.
② 3개 접합면을 가진 4층 다이오드 형태로 되어 있다.
③ 게이트 단자에 펄스 신호가 입력되는 순간부터 도통된다.
④ 제어각이 작을수록 부하에 흐르는 전류 도통각이 커진다.

해설 **실리콘 제어 정류기(SCR: Silicon Controlled Rectifier)**
- SCR의 구조 및 원리: 일반적인 다이오드 정류기에 제어 단자인 게이트(Gate) 단자를 부착한 3단자 실리콘 반도체 정류기로서 가장 널리 사용되는 정류기이다.
- SCR의 특징
  - 아크가 생기지 않으므로 열 발생이 적다.
  - 대전류용이고 동작 시간이 짧다.
  - 작은 게이트 신호로 대전력을 제어한다.
  - 교류 및 직류 모두를 제어할 수 있다.
  - 역방향 내전압이 가장 크다.
  - 과전압에 약하다.
  - 위상 제어의 최대 조절 범위는 $\theta = 0° \sim 180°$이다. (θ: 역률각)

| 정답 | ①

30 사이리스터의 종류

(1) 단방향 사이리스터
① SCR(3단자)   ② LASCR(3단자)   ③ GTO(3단자)   ④ SCS(4단자)

(2) 쌍방향 사이리스터
① SSS, DIAC(2단자)   ② TRIAC(3단자)

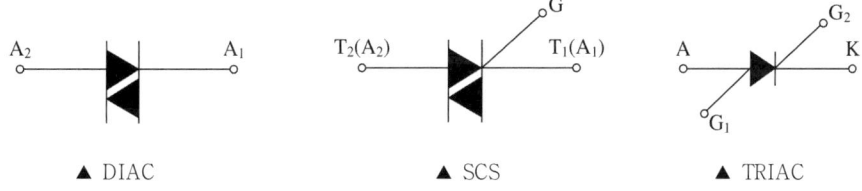

▲ DIAC   ▲ SCS   ▲ TRIAC

대표빈출문제

다음 중 쌍방향 2단자 사이리스터는?

① SCR   ② TRIAC
③ SSS   ④ SCS

해설 사이리스터의 종류
- 단방향 사이리스터
  SCR(3단자), LASCR(3단자), GTO(3단자), SCS(4단자)
- 쌍방향 사이리스터
  DIAC(2단자), SSS(2단자), TRIAC(3단자)

|정답| ③

대표빈출문제

2개의 SCR을 역병렬로 접속한 것과 같은 특성의 소자는?

① GTO   ② TRIAC
③ 광 사이리스터   ④ 역전용 사이리스터

해설 TRIAC
- 직류, 교류에 모두 사용할 수 있는 3단자 스위칭 소자이다.
- 2개의 SCR을 역병렬로 접속한 구조이다.
- 무접점 스위치, 위상 제어 회로, 전기로의 온도 조절, 전동기의 속도 제어 등에 널리 응용된다.

|정답| ②

31 전선의 구비조건

전선은 그 본래의 목적인 전류를 잘 흐를 수 있는 도체로서 인장력에 충분한 강도를 가져야 하므로 다음과 같은 조건을 갖추어야 한다.
① 전류를 잘 흘릴 것(도전율이 커서 고유 저항이 작을 것)
② 기계적 강도가 충분할 것
③ 가요성이 풍부하여 접속이 용이할 것
④ 비중(중량)이 작아 설치가 쉬울 것
⑤ 가격이 저렴하면서 대량 생산이 가능할 것

대표빈출문제 전선의 구비 조건으로 틀린 것은?

① 비중이 클 것
② 도전율이 클 것
③ 내구성이 클 것
④ 기계적 강도가 클 것

해설 전선의 구비 조건
- 도전율이 클 것(고유 저항이 작을 것)
- 기계적 강도가 클 것(내구성이 클 것)
- 가요성이 풍부할 것
- 비중이 작을 것(중량이 가벼울 것)
- 가격이 저렴하고 대량 생산이 가능할 것

| 정답 | ①

대표빈출문제 전선 재료의 구비 조건 중 틀린 것은?

① 접속이 쉬울 것
② 도전율이 작을 것
③ 가요성이 풍부할 것
④ 내구성이 크고 비중이 작을 것

해설 전선의 구비 조건
- 도전율이 클 것(고유 저항이 작을 것)
- 기계적 강도가 클 것(내구성이 클 것)
- 가요성이 풍부할 것
- 비중이 작을 것(중량이 가벼울 것)
- 가격이 저렴하고 대량 생산이 가능할 것

| 정답 | ②

32 분전함

(1) 분전함 설치기준

① 반의 옆쪽 또는 이면에 설치하는 가터(분전반 내 소형 덕트)는 강판제로서 전선을 구부리거나 눌리지 않을 정도로 충분히 큰 크기이어야 한다.
② 난연성 합성수지로 된 것은 두께 1.5[mm] 이상으로 내아크성인 것이어야 한다.
③ 강판제의 것은 일반적으로 1.2[mm] 이상이어야 한다.

(2) 분전반 및 배전반 설치기준

① 개폐기를 쉽게 개폐할 수 있는 장소에 시설하여야 한다.
② 옥측 또는 옥외 시설하는 경우는 방수형을 사용하여야 한다.
③ 노출하여 시설되는 분전반 및 배전반의 재료는 불연성의 것이어야 한다.

대표빈출문제 배전반 및 분전반의 설치 장소로 적합하지 않은 곳은?

① 안정된 장소
② 노출되어 있지 않은 장소
③ 개폐기를 쉽게 개폐할 수 있는 장소
④ 전기회로를 쉽게 조작할 수 있는 장소

해설 배전반 및 분전반 설치기준
- 개폐기를 쉽게 개폐할 수 있는 장소에 시설하여야 한다.
- 옥측 또는 옥외 시설하는 경우는 방수형을 사용하여야 한다.
- 노출하여 시설되는 분전반 및 배전반의 재료는 불연성의 것이어야 한다.
- 난연성 합성수지로 된 것은 두께가 최소 1.5[mm] 이상으로 내(耐)아크성인 것이어야 한다.
- 절연 저항 측정 및 전선 접속 단자의 점검이 용이한 구조이어야 한다.
- 기구 및 전선은 쉽게 점검할 수 있어야 한다.
- 한 개의 분전반에는 한 가지 전원(1회선의 간선)만 공급하여야 한다.

|정답| ②

대표빈출문제 다음 중 배전반 및 분전반을 넣은 함의 요건으로 적합하지 않은 것은?

① 반의 옆쪽 또는 뒤쪽에 설치하는 분·배전반의 소형 덕트는 강판제이어야 한다.
② 난연성 합성수지로 된 것은 두께가 최소 1.6[mm] 이상으로 내(耐)수지성인 것이어야 한다.
③ 강판제의 것은 두께 1.2[mm] 이상이어야 한다. 다만, 가로 또는 세로의 길이가 30[cm] 이하인 것은 두께 1.0[mm] 이상으로 할 수 있다.
④ 절연 저항 측정 및 전선 접속 단자의 점검이 용이한 구조이어야 한다.

해설 배전반 및 분전반을 넣은 함의 요건
- 반의 옆쪽 또는 뒤쪽에 설치하는 분·배전반의 소형 덕트는 강판제이어야 한다.
- 난연성 합성수지로 된 것은 두께가 최소 1.5[mm] 이상으로 내아크성인 것이어야 한다.
- 강판제의 것은 두께 1.2[mm] 이상이어야 한다. 다만, 가로 또는 세로의 길이가 30[cm] 이하인 것은 두께 1.0[mm] 이상으로 할 수 있다.
- 절연 저항 측정 및 전선 접속 단자의 점검이 용이한 구조이어야 한다.

|정답| ②

33 금속관 공사 방법

(1) 금속관 공사의 특징
① 전기적으로 완전히 접지할 수 있어 누전 화재의 우려가 적다.
② 폭발방지(방폭) 공사를 시설할 수 있어 그만큼 안전하다.
③ 모든 공사 방법에 적용할 수 있다.

(2) 금속관의 종류 및 규격

종류	관의 규격[mm]
후강 전선관(안지름)	(짝수) 16, 22, 28, 36, 42, 54, 70, 82, 92, 104
박강 전선관(바깥지름)	(홀수) 19, 25, 31, 39, 51, 63, 75

(3) 금속관 규격
① 금속관 1본의 길이: 3.66[m]
② 금속관의 두께
  - 콘크리트 매설용: 1.2[mm] 이상
  - 기타: 1.0[mm] 이상
    (단, 이음매가 없는 길이 4[m] 이하인 것을 전개된 곳에 시설하는 경우에는 0.5[mm]까지로 감할 수 있다.)

(4) 금속관 공사의 규정
① 전선은 절연 전선(옥외용 비닐 절연 전선을 제외)일 것
② 전선은 연선일 것. 다만, 다음의 것은 적용하지 않는다.
  - 짧고 가는 금속관에 넣은 것
  - 단면적 10[mm^2](알루미늄선은 단면적 16[mm^2]) 이하의 것
③ 전선은 금속관 안에서 접속점이 없도록 시공할 것
④ 전선을 병렬로 사용하는 경우에는 전자적 불평형이 생기지 않도록 시설할 것
⑤ 전선 및 케이블의 피복절연물 등을 포함한 단면적의 총 합계는 관의 굵기의 $\frac{1}{3}$ 을 넘지 않을 것
⑥ 금속관은 접지 공사를 할 것. 다만, 사용전압이 400[V] 이하로서 다음 중 하나에 해당하는 경우에는 그러하지 아니하다.
  - 관의 길이(2개 이상의 관을 접속하여 사용하는 경우에는 그 전체의 길이)가 4[m] 이하인 것을 건조한 장소에 시설하는 경우
  - 옥내배선의 사용전압이 직류 300[V] 또는 교류 대지 전압 150[V] 이하로서 그 전선을 넣는 관의 길이가 8[m] 이하인 것을 사람이 쉽게 접촉할 우려가 없도록 시설하는 경우 또는 건조한 장소에 시설하는 경우

대표빈출문제 콘크리트 매입 금속관 공사에 사용하는 금속관의 두께는 최소 몇 [mm] 이상이어야 하는가?

① 1.0　　　　② 1.2
③ 1.5　　　　④ 2.0

해설 콘크리트 매입 금속관 공사에 사용하는 금속관의 두께는 최소 1.2[mm] 이상이어야 한다. | 정답 | ②

34 완금

① 지지물에 전선을 고정시키기 위해 사용하는 금구로 아연 도금을 한 앵글을 많이 사용한다.
② 완금이 상하로 움직이는 것을 방지하기 위해 암타이(Arm tie)를 사용한다.
③ 가공 전선로의 장주에 사용하는 완금의 표준 길이[mm]

전선 조수	특고압	고압	저압
2조	1,800	1,400	900
3조	2,400	1,800	1,400

대표 빈출 문제

가선 금구 중 완금에 특고압 전선의 조수가 3일 때 완금의 길이[mm]는?

① 900
② 1,400
③ 1,800
④ 2,400

해설 완금의 표준 길이
- 전선 개수 2조
  - 특고압용(1,800[mm])
  - 고압용(1,400[mm])
  - 저압용(900[mm])
- 전선 개수 3조
  - 특고압용(2,400[mm])
  - 고압용(1,800[mm])
  - 저압용(1,400[mm])

|정답| ④

대표 빈출 문제

가공 전선로에서 $22.9[kV-Y]$ 특고압 가공 전선 2조를 수평으로 배열하기 위한 완금의 표준 길이[mm]는?

① 1,400
② 1,800
③ 2,000
④ 2,400

해설 완금의 표준 길이
- 전선 개수 2조
  - 특고압용(1,800[mm])
  - 고압용(1,400[mm])
  - 저압용(900[mm])
- 전선 개수 3조
  - 특고압용(2,400[mm])
  - 고압용(1,800[mm])
  - 저압용(1,400[mm])

|정답| ②

35 애자

① 애자는 전선을 전기적으로 절연시켜 지지물에 취부하기 위한 절연 지지체이다.
② 애자의 구비 조건
- 충분한 절연 내력을 가질 것
- 충분한 기계적 강도를 가질 것
- 누설 전류가 적을 것
- 온도 변화에 잘 견디고 습기를 흡수하지 말 것
- 가격이 저렴하고 다루기 쉬울 것
③ 애자의 종류
- 핀 애자: 직선 전선로를 지지하기 위한 곳
- 현수 애자: 철탑에서 여러 개의 애자를 연결하여 내려뜨려 사용하는 애자(송전 선로용 애자로서 주로 사용)
- 사용 전압별 현수 애자 개수(250[mm] 표준)

전압[kV]	22.9	66	154	345	765
애자 개수	2~3	4~6	9~11	18~23	38~43

- 긴 애자(장간 애자): 장경간이나 해안 지대에서 염진해 대책으로 개발된 애자
- 내무 애자: 해안, 공장 지대에서 염분이나 먼지, 매연 대책용 애자

④ 애자의 색상
- 특고압용 핀 애자: 빨간색(적색)
- 저압용 애자(접지 측 제외): 흰색(백색)
- 접지 측 애자: 파란색(청색)

⑤ 애자의 연결 방법

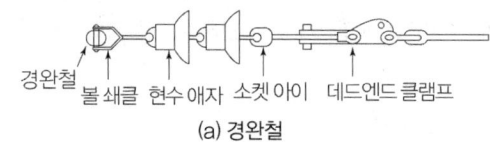
(a) 경완철

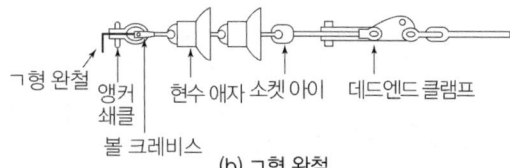
(b) ㄱ형 완철

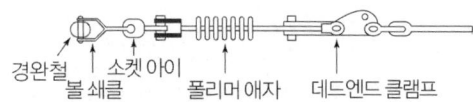
(c) 폴리머 애자

▲ 애자와 부속 자재의 연결 방법

대표빈출문제

가공 전선로에 사용하는 애자가 구비해야 할 조건이 아닌 것은?

① 이상 전압에 견디고, 내부 이상 전압에 대해 충분한 절연 강도를 가질 것
② 전선의 장력, 풍압, 빙설 등의 외력에 의한 하중에 견딜 수 있는 기계적 강도를 가질 것
③ 비, 눈, 안개 등에 대하여 충분한 전기적 표면 저항이 있어 누설 전류가 흐르지 못하게 할 것
④ 온도나 습도의 변화에 대해 전기적 및 기계적 특성의 변화가 클 것

해설 애자의 구비 조건
- 충분한 절연 내력을 가질 것
- 충분한 기계적 강도를 가질 것
- 누설 전류가 적을 것
- 온도 변화에 잘 견디고 습기를 흡수하지 말 것
- 가격이 저렴하고 다루기 쉬울 것

|정답| ④

대표빈출문제

저압 전선로 등의 중성선 또는 접지 측 전선의 식별에서 애자의 빛깔에 의하여 식별하는 경우에는 어떤 색의 애자를 접지 측으로 사용하는가?

① 파란색 애자
② 흰색 애자
③ 노랑색 애자
④ 검은색 애자

해설 애자의 색상
- 특고압용 핀 애자: 빨간색(적색)
- 저압용 애자(접지 측 제외): 흰색(백색)
- 접지 측 애자: 파란색(청색)

|정답| ①

대표빈출문제

경완철에 현수 애자를 설치할 경우에 사용되는 자재가 아닌 것은?

① 볼 쇄클
② 소켓 아이
③ 인장 클램프
④ 볼크레비스

해설 경완철의 현수 애자 설치 부속 자재

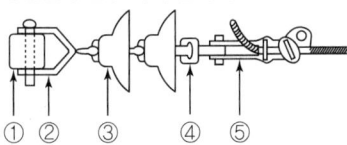

① 경완철 ② 볼 쇄클 ③ 현수 애자 ④ 소켓 아이 ⑤ 데드엔드(인장) 클램프

|정답| ④

36 차단기

① 차단기는 부하 전류는 물론 고장 시에 발생하는 대전류를 신속하게 차단하여 고장 구간을 신속하게 건전 구간으로부터 분리시키는 역할을 수행한다.

② 소호 원리에 따른 차단기의 종류
- 유입 차단기(OCB): 소호실에서 아크의 열에 의한 절연유의 분해에 따른 가스의 소호력을 이용
- 공기 차단기(ABB): 압축 공기의 강한 소호력을 이용
- 진공 차단기(VCB): 진공 상태에서의 아크의 급속한 확산 효과를 이용하여 소호
- 자기 차단기(MBB): 자기 회로에서의 자기력에 의해 아크를 끌어당겨 소호
- 가스 차단기(GCB): 절연 특성이 매우 뛰어난 SF_6 가스의 강력한 소호 작용을 이용
- 기중 차단기(ACB): 대기(공기)의 자연 소호력을 이용

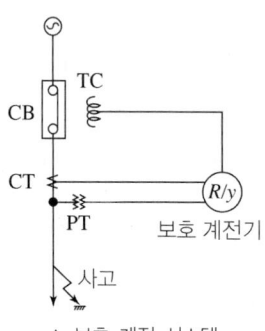

▲ 보호 계전 시스템 내의 차단기

대표 빈출 문제 차단기 중 자연 공기 내에서 개방할 때 접촉자가 떨어지면서 자연 소호에 의한 소호 방식을 가지는 기능을 이용한 것은?

① 공기 차단기
② 가스 차단기
③ 기중 차단기
④ 유입 차단기

해설 소호 원리에 따른 차단기의 종류
- 기중 차단기(ACB): 자연 공기 내에서 개방할 때 접촉자가 떨어지면서 자연 소호
- 유입 차단기(OCB): 소호실에서 아크의 열에 의한 절연유의 분해에 따른 가스의 소호력을 이용
- 공기 차단기(ABB): 압축 공기의 강한 소호력을 이용
- 진공 차단기(VCB): 진공 상태에서의 아크의 급속한 확산 효과를 이용하여 소호
- 자기 차단기(MBB): 자기 회로에서의 자기력에 의해 아크를 끌어당겨 소호
- 가스 차단기(GCB): 절연 특성이 매우 뛰어난 SF_6 가스의 강력한 소호 작용을 이용

|정답| ③

대표 빈출 문제 고장 전류 차단 능력이 없는 것은?

① LS
② VCB
③ ACB
④ MCCB

해설 단로기
- 내부에 소호 장치가 없어 고장의 전류를 끊을 수 없다.
- LS, DS는 단로기의 종류이다.

|정답| ①

37 피뢰침의 구성

(1) 돌침부
① 뇌 방전을 직접 받아내기 위해 공중으로 돌출시킨 막대기 모양의 금속체 수뢰부
② 구리(동), 알루미늄, 용융 아연 도금한 철 등의 재질

(2) 인하도선
① 피뢰도선의 일부분으로 뇌격 전류를 대지로 끌어들이는 부분
② 최소 단면적이 피복이 없는 구리선(동선)을 기준으로 50[mm^2] 이상
③ 재료: 구리(동), 주석 도금한 구리, 알루미늄, 알루미늄 합금, 용융아연도금강, 스테인리스강

(3) 접지극
① 뇌격 전류를 대지로 신속하게 방전시키는 부분
② 동판: 두께 0.7[mm] 이상, 면적 900[cm^2] 이상
③ 동봉, 동피복강봉: 지름 8[mm] 이상, 길이 0.9[m] 이상
④ 철봉: 지름 12[mm] 이상, 길이 0.9[m] 이상의 아연 도금 철봉
⑤ 동복강판: 두께 1.6[mm] 이상, 길이 0.9[m] 이상, 면적 250[cm^2] 이상
⑥ 탄소피복강봉: 지름 8[mm] 이상인 강심, 길이 0.9[m] 이상

대표빈출문제 피뢰침을 접지하기 위한 피뢰도선을 구리(동)선으로 할 경우, 단면적은 최소 몇 [mm^2] 이상으로 해야 하는가?

① 14 ② 22
③ 30 ④ 50

해설
- 피뢰설비
  피뢰설비의 재료는 최소 단면적이 피복이 없는 구리(동)선을 기준으로 수뢰부, 인하도선 및 접지극은 50[mm^2] 이상이거나 이와 동등 이상의 성능을 갖출 것
- 피뢰도선
  - 뇌격 전류를 대지로 흐르게 하기 위한 수뢰부와 접지극을 접속하는 도선
  - 돌침을 상호 연결하는 도선, 돌침으로부터 접지극으로 인하하는 데 사용되는 인하도선, 본딩 접속에 사용되는 도선

| 정답 | ④

대표빈출문제 피뢰침용 인하도선으로 가장 적당한 전선은?

① 구리(동)선 ② 고무 절연 전선
③ 비닐 절연 전선 ④ 캡타이어 케이블

해설 피뢰침용 인하도선의 재료
- 구리(동)
- 주석 도금한 구리
- 알루미늄
- 알루미늄 합금
- 용융아연도금강
- 스테인리스강

| 정답 | ①

최신기출 CBT 모의고사

시험 전 최신 기출문제를 풀며 최종 점검을 할 수 있습니다.
CBT 모의고사로 학습하면 온라인 시험 방식에 적응할 수 있습니다.
무료특강과 함께하면 소화력은 배가 됩니다.(무료특강은 2025년 11월 중 오픈 예정입니다.)

전기응용 및 공사재료 본권 학습 후 마무리를 도와주는 끝맺음 노트

2025년 1회 최신기출 CBT 모의고사

01
직류 방식 전차용 전동기로 적당한 전동기는?
① 분권형   ② 직권형
③ 가동 복권형   ④ 차동 복권형

02
콘크리트 매입 금속관 공사에 사용하는 금속관의 두께는 최소 몇 [mm] 이상이어야 하는가?
① 1.0   ② 1.2
③ 1.5   ④ 2.0

03
가로 12[m], 세로 20[m]인 사무실에 평균 조도 400[lx]를 얻고자 32[W] 전광속 3,000[lm]인 형광등을 사용하였을 때 필요한 등수는?(단, 조명률은 0.5, 감광 보상률은 1.25이다.)
① 50   ② 60
③ 70   ④ 80

04
인버터(Inverter)의 용도는?
① 교류를 교류로 변환
② 직류를 직류로 변환
③ 교류를 직류로 변환
④ 직류를 교류로 변환

05
전선 설치 금속 부속품(가선 금구) 중 완금에 특고압 전선의 조수가 3일 때 완금의 길이[mm]는?
① 900   ② 1,400
③ 1,800   ④ 2,400

06
배전반 및 분전반에 대한 설명으로 틀린 것은?
① 기구 및 전선은 쉽게 점검할 수 있어야 한다.
② 옥외에 시설할 때는 방수형을 사용해야 한다.
③ 모든 분전반은 최소 간선 용량보다는 작은 정격의 것이어야 한다.
④ 한 개의 분전반에는 한 가지 전원(1회선의 간선)만 공급하여야 한다.

07
점광원으로부터 원뿔의 밑면까지의 거리가 4[m]이고 밑면의 반경이 3[m]인 원형면의 평균 조도가 100[lx]라면, 이 점광원의 평균 광도[cd]는?

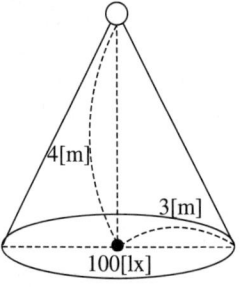

① 225   ② 250
③ 2,250   ④ 2,500

08
궤도의 확도(slack)를 표시하는 식은?(단, R: 곡선 반지름 [m], l: 고정차축 거리[m])

① $\dfrac{l^2}{5R}$ ② $\dfrac{l^2}{R}$

③ $\dfrac{l^2}{8R}$ ④ $\dfrac{l^2}{2.5R}$

09
한국전기설비규정에 따른 플로어 덕트 공사의 시설 조건 중 연선을 사용해야만 하는 전선의 최소 단면적 기준은?(단, 전선의 도체는 구리선이며 연선을 사용하지 않아도 되는 예외 조건은 고려하지 않는다.)

① $6[mm^2]$ 초과 ② $10[mm^2]$ 초과
③ $16[mm^2]$ 초과 ④ $25[mm^2]$ 초과

10
피뢰기의 접지도체에 사용하는 연동선 굵기는 최소 몇 $[mm^2]$ 이상인가?

① 2.5 ② 4
③ 6   ④ 3.2

11
무인 엘리베이터의 자동 제어는?

① 정치 제어 ② 추종 제어
③ 비율 제어 ④ 프로그램 제어

12
열전도율을 표시하는 단위는?

① $[J/℃]$ ② $[℃/W]$
③ $[W/m·℃]$ ④ $[m·℃/W]$

13
누전 차단기의 동작 시간으로 틀린 것은?

① 고감도 고속형: 정격 감도 전류에서 0.1초 이내
② 중감도 고속형: 정격 감도 전류에서 0.2초 이내
③ 고감도 고속형: 인체 감전 보호용은 0.03초 이내
④ 중감도 시연형: 정격 감도 전류에서 0.1초를 초과하고 2초 이내

14
지지선(지선)으로 사용되는 전선의 종류는?

① 경동연선 ② 중공연선
③ 아연도강연선 ④ 강심알루미늄연선

15
방전등의 일종으로 빛의 투과율이 크고 등황색의 단색광이며 안개 속을 잘 투과하는 등은?

① 나트륨등   ② 할로겐등
③ 형광등   ④ 수은등

16
망간 건전지에 대한 설명으로 틀린 것은?

① 1차 전지이다.
② 공칭 전압이 1.5[V]이다.
③ 음극으로 아연이 사용된다.
④ 양극으로 이산화망간이 사용된다.

17
변압기유로 쓰이는 절연유에 요구되는 특성이 아닌 것은?

① 점도가 클 것
② 절연 내력이 클 것
③ 인화점이 높을 것
④ 비열이 커 냉각 효과가 클 것

18
철주의 주주재로 사용하는 강관의 두께는 몇 [mm] 이상이어야 하는가?

① 1.6   ② 2.0
③ 2.4   ④ 2.8

19
금속의 표면 열처리에 이용하며 도체에 고주파 전류를 통하면 전류가 표면에 집중하는 현상은?

① 표피 효과   ② 톰슨 효과
③ 핀치 효과   ④ 제벡 효과

20
전선의 구비 조건으로 틀린 것은?

① 비중이 클 것   ② 도전율이 클 것
③ 내구성이 클 것   ④ 기계적 강도가 클 것

2025년 1회 정답과 해설

1회	SPEED CHECK 빠른정답표								
01	02	03	04	05	06	07	08	09	10
②	②	④	④	④	③	③	③	②	③
11	12	13	14	15	16	17	18	19	20
④	③	②	③	①	④	①	②	①	①

01 | ②
직권 전동기
- 특징
  - 계자와 전기자가 직렬로 연결되어 있다.
  - 부하가 증가할 때 부하 전류와 계자 전류의 크기가 동일하므로 ($I_a = I = I_s \propto \phi$) 기동 토크가 크다.
  - 속도 변동이 큰 가변속도 특성이 있다.
  - 정격 전압 상태에서 무부하 운전 시 무한대(위험) 속도에 도달하여 원심력에 의해 기계가 파손될 우려가 있다.
    → 방지 대책: 벨트 운전 금지, 톱니바퀴식으로 부하를 직결
- 용도
  - 전동차(전철)
  - 권상기, 크레인 등 매우 큰 기동 토크가 필요한 곳

02 | ②
콘크리트 매입 금속관 공사에 사용하는 금속관의 두께는 최소 1.2[mm] 이상이어야 한다.

03 | ④
등수 $N = \dfrac{EAD}{FU}$

$= \dfrac{400 \times (12 \times 20) \times 1.25}{3{,}000 \times 0.5} = 80$ [등]

04 | ④
전력 변환 기기

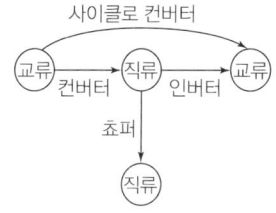

▲ 전력 변환 장치의 종류

- 컨버터: 교류(AC)를 직류(DC)로 변환하는 장치
- 인버터: 직류(DC)를 교류(AC)로 변환하는 장치
- 쵸퍼: 직류(DC)를 직류(DC)로 직접 제어하는 장치
- 사이클로 컨버터: 교류(AC)를 교류(AC)로 주파수 변환하는 장치

05 | ④
완금의 표준 길이
- 전선 개수 2조
  - 특고압용(1,800[mm])
  - 고압용(1,400[mm])
  - 저압용(900[mm])
- 전선 개수 3조
  - 특고압용(2,400[mm])
  - 고압용(1,800[mm])
  - 저압용(1,400[mm])

06 | ③
배전반 및 분전반 설치기준
- 개폐기를 쉽게 개폐할 수 있는 장소에 시설하여야 한다.
- 옥측 또는 옥외 시설하는 경우는 방수형을 사용하여야 한다.
- 노출하여 시설되는 분전반 및 배전반의 재료는 불연성의 것이어야 한다.
- 난연성 합성수지로 된 것은 두께가 최소 1.5[mm] 이상으로 내(耐)아크성인 것이어야 한다.
- 절연 저항 측정 및 전선 접속 단자의 점검이 용이한 구조이어야 한다.
- 기구 및 전선은 쉽게 점검할 수 있어야 한다.
- 한 개의 분전반에는 한 가지 전원(1회선의 간선)만 공급하여야 한다.

07 | ③

- 광속

$$F = \omega I = 2\pi(1-\cos\theta)I [\text{lm}]$$

- 조도

$$E = \frac{F}{A} = \frac{2\pi(1-\cos\theta)I}{A} [\text{lx}]$$

- 광도

$$I = \frac{EA}{2\pi(1-\cos\theta)} = \frac{100 \times \pi \times 3^2}{2\pi\left(1-\frac{4}{5}\right)} = 2{,}250 [\text{cd}]$$

08 | ③

확도(Slack)

열차가 곡선 궤도를 운행할 때 차바퀴(차륜)의 플랜지와 레일 사이의 측면 마찰을 피하고 원활히 통과하기 위해 내측 레일의 궤간을 넓히는 것을 말한다.

확도 $S = \dfrac{l^2}{8R} [\text{m}]$

(단, R: 곡선 반지름[m], l: 고정차축 거리[m])

09 | ②

플로어 덕트 공사(KEC 232.32.1)

- 전선은 절연 전선(옥외용 비닐 절연 전선을 제외한다)일 것
- 전선은 연선일 것. 다만, 단면적 10[mm²](알루미늄선은 단면적 16[mm²]) 이하인 것은 그러하지 아니하다.
- 플로어 덕트 안에는 전선에 접속점이 없도록 할 것. 다만, 전선을 분기하는 경우에 접속점을 쉽게 점검할 수 있을 때에는 그러하지 아니하다.

10 | ③

피뢰기의 접지(KEC 341.14)

공칭단면적 6[mm²] 이상인 연동선 또는 이와 동등 이상의 세기 및 굵기의 쉽게 부식하지 않는 금속선을 사용한다.

11 | ④

제어 목적에 의한 분류

- 정치 제어: 제어량을 주어진 일정 목표로 유지하는 제어로, 시간이 지나도 목표값이 변하지 않고 일정한 대상을 제어한다. 프로세스 제어, 자동 조정 제어가 이에 해당한다.(예: 연속식 압연기, 항온조 온도 제어)
- 추치 제어: 목표값이 변할 때 목표값의 변화에 제어량을 추종시키는 제어를 말하며, 이에 속하는 제어는 다음과 같다.
  - 추종 제어: 목표치가 시간에 따라 변화하는 제어
  - 프로그램 제어: 목표치가 프로그램대로 변하는 제어(예: 열차의 무인 운전, 엘리베이터 운전)
  - 비율 제어: 목표값이 서로 다른 어떤 양과 일정한 비율 관계를 가지는 제어
  - 시퀀스 제어: 미리 정해진 순서에 따라 각 단계가 순차적으로 진행하는 제어

12 | ③

- [kcal/h]: 발열량 단위
- [kcal/kg·℃]: 비열 단위
- [m·h·℃/kcal]: 열전도, 비저항 단위
- [kcal/m·h·℃] 또는 [W/m·℃]: 열전도율 단위

13 | ②

누전 차단기의 동작 시간에 의한 분류

- 고감도형(정격 감도 전류 5, 10, 15, 30[mA])
  - 고속형: 정격 감도 전류에서 0.1초 이내, 인체 감전 보호용은 0.03초 이내
  - 시연형: 정격 감도 전류에서 0.1초를 초과하고 2초 이내
  - 반한시형: 정격 감도 전류에서 0.2초를 초과하고 1초 이내
- 중감도형(정격 감도 전류 50, 100, 200, 500, 1,000[mA])
  - 고속형: 정격 감도 전류에서 0.1초 이내
  - 시연형: 정격 감도 전류에서 0.1초를 초과하고 2초 이내
- 저감도형(정격 감도 전류 3,000, 5,000, 10,000, 20,000[mA])
  - 고속형: 정격 감도 전류에서 0.1초 이내
  - 시연형: 정격 감도 전류에서 0.1초를 초과하고 2초 이내

14 | ③

지지선은 전주 등을 기계적으로 지지하는 역할을 하므로, 높은 인장 강도·내부식성·경제성을 모두 갖추어야 한다. 보기 중 이러한 조건을 충족하는 것은 아연도강연선이다.

구분	특징	이용 분야
경동연선	높은 전기 전도성	전력선
중공연선	도체 중심이 비어 있음	코로나 방지용 특수 전선
아연도강연선	고강도, 내부식성	지지선, 가공 접지선
강심알루미늄연선	고강도, 경량	전력선

15 | ①

나트륨등의 특징
- 등의 효율이 대단히 높다.
- 빛의 직진성 및 투과성이 우수하다.
- 안개가 많은 강변 지역의 가로등, 터널 내 등으로 많이 사용한다.
- 연색성이 나쁘다.
- 나트륨등의 이론적 발광 효율: 395[lm/W]
- 실용적인 유일한 단색 광원(등황색)으로, 파장 589[nm]의 빛을 낸다.

16 | ④

망간 전지
- 공칭 전압: 1.5[V]
- 감극제: 이산화망간(MnO_2)
- 양극: 탄소, 음극: 아연(Zn)
- 전해액: 염화암모늄(NH_4Cl) + 염화아연($ZnCl_2$)의 수용액
- 제조가 쉽고 안정성이 뛰어나다.
- 라디오, 손전등, 완구, 시계 등 광범위한 분야에서 사용한다.

암기
1차 전지는 보통 건전지 또는 망간 전지라고 부른다.

17 | ①

절연유 구비 조건
- 점도가 작을 것
- 절연 내력이 클 것
- 비열이 커 냉각 효과가 클 것
- 인화점은 높고 응고점은 낮을 것
- 고온에서 산화되지 않고 석출물이 생기지 않을 것

18 | ②

철주 또는 철탑의 구성

구분	재료에 따른 두께	
	강판, 형강, 평강, 봉강	강관
철주의 주주재	4[mm]	2[mm]
철탑의 주주재	5[mm]	2.4[mm]
기타의 부재	3[mm]	1.6[mm]

19 | ①

표피 효과
- 도체에 고주파의 교류를 인가하면 전류가 도체의 표면 쪽으로 집중되어 흐르는데, 이를 표피 현상이라고 한다.
- 금속 표면을 열처리할 때 표피 효과를 이용하기도 한다.

20 | ①

전선의 구비 조건
- 가요성이 풍부할 것
- 비중이 작을 것(중량이 가벼울 것)
- 도전율이 클 것(고유 저항이 작을 것)
- 기계적 강도가 클 것(내구성이 클 것)
- 가격이 저렴하고 대량 생산이 가능할 것

2025년 2회 최신기출 CBT 모의고사

01
자기 부상식 철도에서 자석에 의해 부상하는 방법으로 틀린 것은?
① 영구 자석 간의 흡인력에 의한 자기 부상 방식
② 고온 초전도체와 영구 자석 조합에 의한 자기 부상 방식
③ 자석과 전기 코일 간의 유도 전류를 이용하는 유도식 자기 부상 방식
④ 전자석의 흡인력을 제어하여 일정한 간격을 유지하는 흡인식 자기 부상 방식

02
전동기의 정격(Rate)에 해당하지 않는 것은?
① 연속 정격 ② 반복 정격
③ 단시간 정격 ④ 중시간 정격

03
다음 중 금속의 이온화 경향이 가장 큰 것은?
① Ag ② Pb
③ Na ④ Sn

04
KS C IEC 62305-3에 의해 피뢰침의 재료로 테이프형 단선 형상의 알루미늄을 사용하는 경우 최소 단면적[mm²]은?
① 25 ② 35
③ 50 ④ 70

05
저항 용접에 속하지 않는 것은?
① 탄소 아크 용접
② 점용접
③ 심용접
④ 프로젝션 용접

06
풍압 $500[\text{mmAq}]$, 풍량 $0.5[\text{m}^3/\text{s}]$인 송풍기용 전동기의 용량[kW]은 얼마인가?(단, 여유 계수는 1.23, 팬 효율은 0.6이다.)
① 5 ② 7
③ 9 ④ 11

07
극수 P의 3상 유도 전동기가 주파수 $f[\text{Hz}]$, 슬립 s, 토크 $T[\text{N}\cdot\text{m}]$로 회전하고 있을 때 기계적 출력[W]은?
① $\dfrac{4\pi fT}{P}$
② $T\dfrac{2\pi f}{P}(1-s)$
③ $T\dfrac{4\pi f}{P}(1-s)$
④ $T\dfrac{\pi f}{P}(1-s)$

08
철도 차량이 운행하는 곡선부의 종류가 아닌 것은?
① 단 곡선
② 복 곡선
③ 반향 곡선
④ 완화 곡선

09
공업용 온도계로서 가장 높은 온도를 측정할 수 있는 것은?
① 철 – 콘스탄탄
② 동 – 콘스탄탄
③ 크로멜 – 알루멜
④ 백금 – 백금 로듐

10
나트륨등의 이론적 발광 효율은 약 몇 [lm/W]인가?
① 255
② 300
③ 395
④ 500

11
케이블 접속 상자의 충진 등에 이용하는 컴파운드 재료로 사용되지 않는 것은?
① 에폭시수지
② 아스팔트
③ 폴리염화비닐
④ 휘발유

12
완금 또는 앵글류의 지지물에 COS 또는 핀애자를 고정하는 부속 재료는?
① 풀스템
② 행거밴드
③ U볼트
④ 앵글베이스

13
물탱크의 물의 양에 따라 동작하는 스위치로, 건물 등의 옥상에 설치된 물탱크의 유량을 제어하는 데 사용하는 스위치는?
① 부동스위치
② 타임스위치
③ 리미트스위치
④ 압력스위치

14
금속관 공사에서 부싱을 쓰는 목적은?
① 관의 끝이 터지는 것을 방지
② 관의 끝부분에서 전선 피복의 손상을 방지
③ 박스 내에서 전선의 접속을 방지
④ 관의 끝부분에서 조영재의 접속을 방지

15
한국전기설비규정에 따른 상별 전선의 색상으로 틀린 것은?
① L1: 백색　　② L2: 흑색
③ L3: 회색　　④ N: 청색

16
KS C 4610에 따른 고압 피뢰기의 정격 전압[kV]이 아닌 것은?(단, 전압은 RMS 값이다.)
① 7.5　　② 24
③ 74　　④ 174

17
네온방전등에 대한 설명으로 틀린 것은?
① 네온방전등에 공급하는 전로의 대지 전압은 300[V] 이하로 하여야 한다.
② 네온변압기 2차 측은 병렬로 접속하여 사용해야 한다.
③ 관등회로의 배선은 애자 공사로 시설하여야 한다.
④ 관등회로의 배선에서 전선 상호 간의 간격은 60[mm] 이상으로 하여야 한다.

18
공칭 전압 345[kV]인 경우 현수 애자 일련의 개수는?
① 10~11　　② 18~20
③ 25~30　　④ 40~45

19
차단기 중 자연 공기 내에서 개방할 때 접촉자가 떨어지면서 자연 소호에 의한 소호 방식을 가지는 기능을 이용한 것은?
① 공기 차단기　　② 가스 차단기
③ 기중 차단기　　④ 유입 차단기

20
투광기와 수광기로 구성되고 물체가 광로를 차단하면 접점이 개폐되는 스위치는?
① 압력 스위치　　② 광전 스위치
③ 리밋 스위치　　④ 근접 스위치

2025년 2회 정답과 해설

2회 SPEED CHECK 빠른정답표

01	02	03	04	05	06	07	08	09	10
①	④	③	④	①	①	③	②	④	③
11	12	13	14	15	16	17	18	19	20
④	④	①	②	①	③	②	②	③	②

01 | ①

자기 부상식 철도의 부상 방식은 크게 흡인식과 반발식으로 나눌 수 있다.
- 흡인식
  열차 내 전자석에 전류가 흐르면 레일 쪽으로 흡인력이 발생하여 전자석과 함께 열차가 부상하며, 이때 발생한 전자석과 차체 사이 간격이 일정하도록 전류를 제어하는 상전도 흡인식
- 반발식
  - 열차에 장착한 자석과 레일에 연속적으로 배치된 코일 사이의 반발력으로 부상하는 유도 반발식
  - 영구 자석을 이용한 영구 자석 반발식
  - 초전도체를 이용한 초전도 전자석 반발식

02 | ④

전동기의 정격
- 연속 정격: 전동기를 장시간 연속으로 운전할 때 규정된 온도 상승 한도를 초과하지 않는 정격
- 단시간 정격: 전동기를 단시간 운전할 때 규정된 온도 상승 한도를 초과하지 않는 정격
- 반복 정격: 전동기를 일정한 운전, 정지를 반복하는 운전 시에도 규정된 온도 상승 한도를 초과하지 않는 정격

03 | ③

금속의 이온화 경향
K(칼륨) > Ca(칼슘) > Na(나트륨) > Mg(마그네슘) > Al(알루미늄) > Zn(아연) > Fe(철) > Ni(니켈) > Sn(주석) > Pb(납) > H(수소) > Cu(구리) > Hg(수은) > Ag(은) > Pt(백금) > Au(금)

04 | ④

KS C IEC 62305-3에서, 피뢰침의 재료로 테이프형 단선 형상의 알루미늄을 사용하는 경우 최소 단면적은 $70[mm^2]$이다.

05 | ①

저항 용접
- 의미: 모재의 접합부에 대전류를 흘려 발생하는 저항열로 접합부를 반용융 상태로 만들고, 이것에 압력을 가하여 접합하는 용접
- 겹치기 저항 용접
  - 점용접: 전구의 필라멘트 용접이나 열전대 용접에 이용
  - 돌기 용접: 프로젝션 용접
  - 심용접
- 맞대기 저항 용접
  - 업셋 맞대기 용접
  - 플래시 맞대기 용접
  - 충격 용접

06 | ①

$$P = \frac{QH}{6,120\eta}k\,[\text{kW}]$$

$$= \frac{0.5 \times 60[\text{m}^3/\text{min}] \times 500[\text{mmAq}]}{6,120 \times 0.6} \times 1.23$$

$$= 5.02[\text{kW}]$$

(단, Q: 풍량$[\text{m}^3/\text{min}]$, P: 전동기 용량$[\text{kW}]$, H: 풍압$[\text{mmAq}]$, η: 효율, k: 여유 계수)

07 | ③

유도 전동기 토크

$$T = \frac{P_0}{\omega} = \frac{P_0}{2\pi\frac{N}{60}} = \frac{P_0}{\frac{2\pi}{60}(1-s)N_s} = \frac{P_0}{\frac{2\pi}{60}(1-s)\frac{120f}{P}}$$

$$= \frac{P_0}{4\pi(1-s)\frac{f}{P}}[\text{N·m}]$$

∴ 기계적 출력 $P_0 = T\frac{4\pi f}{P}(1-s)[\text{W}]$

08 | ②
곡선부의 종류
- 단 곡선
- 반향 곡선
- 완화 곡선

09 | ④
열전대 종류별 측정 온도 범위
- 철 – 콘스탄탄: $-200 \sim 700[℃]$
- 동(구리) – 콘스탄탄: $-200 \sim 400[℃]$
- 크로멜 – 알루멜: $-200 \sim 1,000[℃]$
- 백금 – 백금 로듐: $0 \sim 1,400[℃]$

10 | ③
나트륨등의 특징
- 등의 효율이 대단히 높다.
- 빛의 직진성 및 투과성이 우수하다.
- 안개가 많은 강변 지역의 가로등, 터널 내의 등으로 많이 사용한다.
- 연색성이 나쁘다.
- 나트륨등의 이론적 발광 효율: $395[\text{lm/W}]$

11 | ④
휘발유는 인화성이 매우 높은 물질로, 절연 성능이 없어 충진재로 사용할 수 없다.

12 | ④
앵글베이스
앵글, 즉 'ㄱ'자 모양의 강재에 COS 또는 핀애자를 수직으로 단단히 고정할 때 사용하는 부속 자재이다.

13 | ①
부동스위치
물 위 부표의 위치에 따라 전기 회로를 열거나 닫는 스위치로, 물탱크의 수위가 올라가면 부표가 떠올라 스위치를 차단하여 급수를 제어한다.

14 | ②
부싱
금속관 배선에서 금속관 끝에 설치하여 전선 피복 손상을 방지하는 배관 자재이다.

15 | ①
전선의 색상

상(문자)	색상
L1	갈색
L2	흑색
L3	회색
N	청색
보호 도체	녹색 – 노란색

암기
갈흑회청

16 | ③
고압 피뢰기의 정격 전압[kV]

0.175	6	18	36	75	126
0.280	7.5	21	39	84	138
0.5000	9	24	42	96	150
0.660	10.5	27	51	102	174
3	12	30	54	108	186
4.5	15	33	60	120	198

17 | ②

네온방전등(KEC 234.12)
- 네온방전등에 공급하는 전로의 대지전압은 300[V] 이하로 한다.
- 네온변압기는 2차 측을 직렬 또는 병렬로 접속하여 사용하지 말 것. 다만, 조광장치 부착과 같이 특수한 용도에 사용되는 것은 적용하지 않는다.
- 관등회로의 배선은 애자공사로 할 것
  - 전선 상호간의 간격은 60[mm] 이상일 것

18 | ②

사용 전압별 현수 애자 개수(250[mm] 표준)

전압[kV]	22.9	66	154	345	765
애자 개수	2~3	4~6	9~11	18~23	38~43

19 | ③

소호 원리에 따른 차단기의 종류
- 기중 차단기(ACB): 자연 공기 내에서 개방할 때 접촉자가 떨어지면서 자연 소호
- 유입 차단기(OCB): 소호실에서 아크의 열로 절연유가 분해되며 발생하는 가스의 소호력을 이용
- 공기 차단기(ABB): 압축 공기의 강한 소호력을 이용
- 진공 차단기(VCB): 진공 상태에서의 아크의 급속한 확산 효과를 이용하여 소호
- 자기 차단기(MBB): 자기 회로의 자기력으로 아크를 끌어당겨 소호
- 가스 차단기(GCB): 절연 특성이 매우 뛰어난 SF_6 가스의 강력한 소호 작용을 이용

20 | ②

광전 스위치
투광기와 수광기로 구성되며, 물체가 광로를 차단하면 접점이 개폐되는 스위치이다.

2025년 3회 최신기출 CBT 모의고사

01
바닥 면적 $200[m^2]$의 교실에 전광속 $2,500[lm]$인 $40[W]$ 형광등을 시설하여 평균 조도를 $150[lx]$로 하려고 할 때 설치할 전등 수는?(단, 조명률 $50[\%]$, 감광 보상률 1.25이다.)
① 18등
② 20등
③ 26등
④ 30등

02
다음 중 회전 운동에서 관성 모멘트의 단위는?
① $[rad/s^2]$
② $[I]$
③ $[kg \cdot m^2]$
④ $[N \cdot m]$

03
리튬 전지의 특징이 아닌 것은?
① 자기 방전이 크다.
② 에너지 밀도가 높다.
③ 기전력이 약 $3[V]$ 정도로 높다.
④ 동작 온도 범위가 넓고 장기간 사용이 가능하다.

04
레이저 가열의 특징으로 틀린 것은?
① 파장이 짧은 레이저는 미세 가공에 적합하다.
② 에너지 변환 효율이 높아 원격가공이 가능하다.
③ 필요한 부분에 집중하여 고속으로 가열할 수 있다.
④ 레이저의 조사 면적을 광범위하게 제어할 수 있다.

05
전지에서 자체 방전 현상이 일어나는 것은 다음 중 무엇과 가장 관련이 있는가?
① 전해액 농도
② 전해액 온도
③ 이온화 경향
④ 불순물

06
전차의 경제적인 운전 방법이 아닌 것은?
① 가속도를 크게 한다.
② 감속도를 크게 한다.
③ 표정 속도를 작게 한다.
④ 가속도 · 감속도를 작게 한다.

07
전기철도의 매설관 측에서 시설하는 전식 방지 방법은?
① 임피던스 본드 설치
② 보조 귀선 설치
③ 이선율 유지
④ 강제 배류법 사용

08
SCR에 대한 설명 중 틀린 것은?

① 위상 제어의 최대 조절 범위는 0°~90°이다.
② 세 접합면을 가진 4층 다이오드 형태로 되어 있다.
③ 게이트 단자에 펄스 신호가 입력되는 순간부터 도통된다.
④ 제어각이 작을수록 부하에 흐르는 전류 도통각이 커진다.

09
순금속 발열체의 종류가 아닌 것은?

① 백금(Pt)
② 텅스텐(W)
③ 몰리브덴(Mo)
④ 탄화규소(SiC)

10
자기 소호 기능이 가장 좋은 소자는?

① GTO
② SCR
③ DIAC
④ TRIAC

11
다음 중 기체의 무기질 절연 재료는 어느 것인가?

① 알드레이
② 운모
③ 실리콘유
④ 육불화황(SF_6)

12
애자 사용 공사 시 놉애자는 소, 중, 대, 특대의 것을 사용한다. 이때 대 놉애자 시공에 사용하는 전선의 최대 굵기는 몇 [mm²]인가?

① 16[mm²]
② 50[mm²]
③ 95[mm²]
④ 240[mm²]

13
다음 중 보호선과 중성선의 기능을 겸한 전선은?

① PEN선
② PEM선
③ PEL선
④ IT 계통선

14
행거 밴드란 무엇인가?

① 완금을 전주에 설치하는 데 필요한 밴드
② 완금에 암타이를 고정하기 위한 밴드
③ 전주 자체에 변압기를 고정하기 위한 밴드
④ 전주에 COS 또는 LA를 고정하기 위한 밴드

15
전선의 굵기가 $95[\text{mm}^2]$ 이하인 경우 배전반과 분전반의 소형 덕트의 폭은 최소 몇 [cm]인가?
① 8 ② 10
③ 15 ④ 20

16
다음 중 $0.6/1[\text{kV}]$ 가교 폴리에틸렌 절연 비닐시스 전력 케이블의 기호는?
① 0.6/1[kV] CCV ② 0.6/1[kV] CVV
③ 0.6/1[kV] CV ④ 0.6/1[kV] CE

17
과전류차단기로 시설하는 퓨즈 중 고압 전로에 사용하는 포장 퓨즈는 정격 전류의 몇 배의 전류에서 2시간 이내에 용단되지 않아야 하는가?(단, 퓨즈 이외의 과전류차단기와 조합하여 하나의 과전류차단기로 사용하는 것은 제외한다.)
① 1.1 ② 1.3
③ 1.5 ④ 1.7

18
3[MVA] 이하 H종 건식 변압기에서 절연 재료로 사용하지 않는 것은?
① 명주 ② 마이카
③ 유리섬유 ④ 석면

19
장력이 걸리지 않는 개소의 알루미늄선 상호 간 또는 알루미늄선과 동선의 압축 접속에 사용하는 분기 슬리브는?
① 알루미늄 전선용 압축 슬리브
② 알루미늄 전선용 보수 슬리브
③ 알루미늄 전선용 분기 슬리브
④ 분기 접속용 동 슬리브

20
플로어 덕트 설치 그림(약식) 중 블랭크 와셔를 사용해야 하는 부분은?

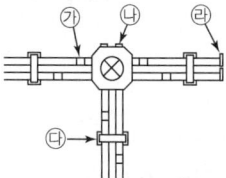

① ㉮ ② ㉯
③ ㉰ ④ ㉱

2025년 3회 정답과 해설

무료 해설 강의

3회 SPEED CHECK 빠른정답표										
01	02	03	04	05	06	07	08	09	10
④	③	①	②	④	④	④	①	④	①
11	12	13	14	15	16	17	18	19	20
④	③	①	③	②	③	②	①	③	②

01 | ④

$FUN = EAD$ 에서

$$N = \frac{EAD}{FU} = \frac{150 \times 200 \times 1.25}{2,500 \times 0.5} = 30[\text{등}]$$

02 | ③

회전 운동 관성 모멘트(플라이 휠)

$$J = \frac{GD^2}{4} [\text{kg} \cdot \text{m}^2]$$

(단, G: 휠의 질량[kg], D: 회전자의 지름[m])

03 | ①

리튬 전지의 특징
- 자기 방전량이 작다.
- 에너지 밀도가 높다.
- 동작 온도 범위가 넓다.
- 전지의 기전력은 약 3[V]이다.
- 전지를 장기간 사용할 수 있다.

04 | ②

레이저 가열의 특징
- 에너지 밀도를 높게 할 수 있다.
- 파장이 짧아 미세 가공에 적합하다.
- 필요한 부분에 집중하여 고속으로 가열할 수 있다.
- 레이저의 출력과 조사 면적을 광범위하게 제어할 수 있다.

05 | ④

전지의 전극 또는 전해액에 불순물이 포함된 경우 전지의 용량이 서서히 감소하는 자체 방전 현상이 일어난다.

06 | ④

전차의 경제적인 운전법
- 가속도를 크게 한다.
- 감속도를 크게 한다.
- 표정 속도를 작게 한다.

07 | ④

전식 방지 대책
매설 금속체 측의 누설 전류에 의한 전식 피해가 예상되는 곳은 다음 방법을 고려하여야 한다.
- 배류 장치 설치
- 절연 코팅
- 매설 금속체 접속부 절연
- 저준위 금속체를 접속
- 궤도와의 간격 증대
- 금속판 등의 도체로 차폐
- 강제 배류법 사용

08 | ①

실리콘 제어 정류기(SCR: Silicon Controlled Rectifier)
- SCR의 구조 및 원리: 일반적인 다이오드 정류기에 제어 단자인 게이트(Gate) 단자를 부착한 3단자 실리콘 반도체 정류기로, 가장 널리 사용되는 정류기이다.
- SCR의 특징
  - 아크가 생기지 않으므로 발열이 작다.
  - 대전류용이고 동작 시간이 짧다.
  - 작은 게이트 신호로 대전력을 제어한다.
  - 교류 및 직류 모두를 제어할 수 있다.
  - 역방향 내전압이 가장 크다.
  - 과전압에 약하다.
  - 위상 제어의 최대 조절 범위는 $\theta = 0° \sim 180°$이다.
    (θ: 역률각)

09 | ④

- 금속 발열체
  - 순금속 발열체: 몰리브덴(Mo), 텅스텐(W), 백금(Pt), 탄탈럼(Ta)
  - 합금 발열체: Fe-Cr, Ni-Cr, Fe-Cr-Al
- 비금속 발열체
  - 탄화규소(SiC), 지르코니아

10 | ①

GTO(Gate Turn-off Thyristor)
- 게이트 단자에 점호 때와 반대의 전류를 가하면 쉽게 소호(Turn-off)할 수 있는 소자이다.
- 다른 소자보다 쉽게 자기 소호할 수 있다.

11 | ④

육불화황(SF_6)
무색, 무취, 불연성의 기체로, 황(S)과 불소(F)로 이루어진 무기 화합물이다. 공기보다 약 3배 뛰어난 절연 내력을 가지고 있어 가스 절연 개폐 장치(GIS) 등 고전압 기기의 절연 매체 등에 사용한다.

12 | ③

놉애자 시공 시 전선의 최대 굵기와 애자의 높이

놉애자	굵기[mm^2]	높이[mm]
소형	16	42
중형	50	50
대형	95	57
특대형	240	65

13 | ①

- PEN 도체(protective earthing conductor and neutral conductor)는 교류 회로에서 중성선 겸용 보호도체를 말한다.
- PEM 도체(protective earthing conductor and a mid-point conductor)는 직류 회로에서 중간선 겸용 보호도체를 말한다.
- PEL 도체(protective earthing conductor and a line conductor)는 직류 회로에서 선도체 겸용 보호도체를 말한다.

14 | ③

행거 밴드
변압기를 전주 자체에 고정하는 밴드이다.

15 | ②

전선의 굵기가 95[mm^2] 이하인 경우 배전반과 분전반의 소형 덕트의 폭은 최소 10[cm]이다.

16 | ③

케이블 기호
- CCV: 가교 폴리에틸렌 절연 비닐시스 제어 케이블
- CVV: 비닐 절연 비닐시스 제어 케이블
- CV: 가교 폴리에틸렌 절연 비닐시스 전력 케이블
- CE: 가교 폴리에틸렌 절연 폴리에틸렌시스 전력 케이블

17 | ②

고압 및 특고압 전로 중의 과전류차단기의 시설(KEC 341.10)
과전류차단기로 시설하는 퓨즈 중 고압 전로에 사용하는 포장 퓨즈는 정격 전류의 1.3배의 전류에 견디고 또한 2배의 전류로 120분 안에 용단되어야 한다.

18 | ①
절연 계급의 종류

절연 계급	허용 온도	사용 재료
Y	90[℃]	면, 견, 종이, 요소수지, 폴리아미드섬유 등
A	105[℃]	상기 재료와 절연유 혼합
E	120[℃]	에폭시수지, 폴리우레탄, 합성수지 등
B	130[℃]	유리, 마이카, 석면 등과 바니스 조합
F	155[℃]	상기 재료와 에폭시수지 등과의 조합
H	180[℃]	상기 재료와 실리콘수지 등과의 조합
C	180[℃] 초과	열안정 유기재료(200[℃] 이상)

암기
허용 온도에 따른 절연 계급의 종류와 사용 재료는 실기에서도 자주 나오므로 반드시 암기한다.

19 | ③
알루미늄 전선용 분기 슬리브
가공 배전선로 알루미늄 전선의 장력이 걸리지 않는 개소에서 알루미늄선 상호 간 또는 알루미늄선과 동선의 압축 접속에 사용한다.

20 | ②
㉣는 플로어 덕트가 설치되는 개소가 아니므로 블랭크 와셔로 막아야 한다.

암기
블랭크 와셔: 플로어 덕트의 정크션 박스에 덕트를 접속하지 않은 곳을 막기 위해 사용하는 부속품이다.

여러분의 작은 소리
에듀윌은 크게 듣겠습니다.

본 교재에 대한 여러분의 목소리를 들려주세요.
공부하시면서 어려웠던 점, 궁금한 점,
칭찬하고 싶은 점, 개선할 점, 어떤 것이라도 좋습니다.

에듀윌은 여러분께서 나누어 주신 의견을
통해 끊임없이 발전하고 있습니다.

에듀윌 도서몰 book.eduwill.net
- 부가학습자료 및 정오표: 에듀윌 도서몰 → 도서자료실
- 교재 문의: 에듀윌 도서몰 → 문의하기 → 교재(내용, 출간) / 주문 및 배송

끝맺음 노트

에듀윌 전기
전기응용 및 공사재료 필기
+무료특강

📱 Mobile로 응시하기

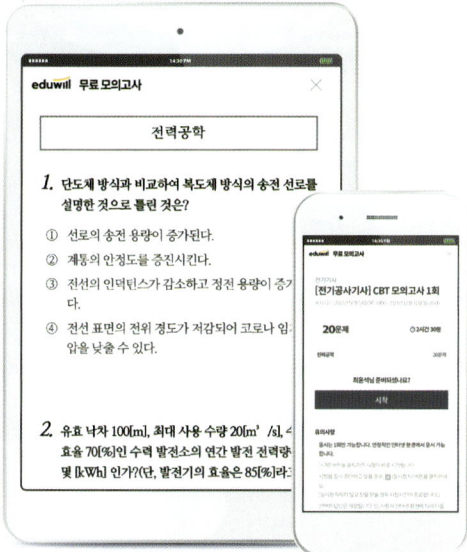

PC 버전 CBT 모의고사의 장점만을 그대로 담았습니다.
QR코드를 스캔하여 더욱 쉽고 빠르게 서비스를 이용할 수 있습니다.

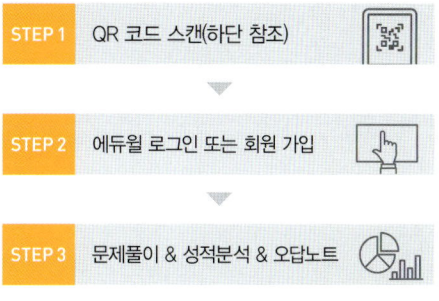

STEP 1 QR 코드 스캔(하단 참조)
STEP 2 에듀윌 로그인 또는 회원 가입
STEP 3 문제풀이 & 성적분석 & 오답노트

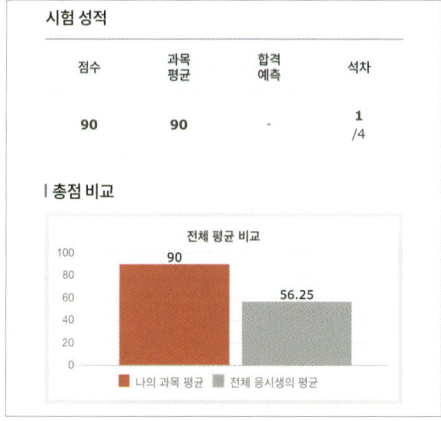

맞춤형 성적 분석

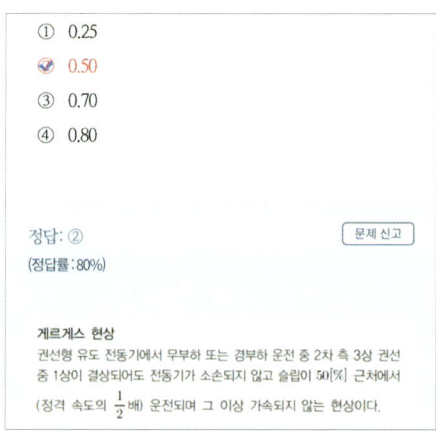

쉽고 빠른 오답해설

CBT 모의고사 3회 QR 코드

 →  →

1회   2회   3회

* CBT 모의고사는 2026년 1회차 시험 한달 전에 제공됩니다.
* CBT 모의고사 유효기간은 2027년 12월 31일까지이며, 이후 서비스 제공이 중단될 수 있습니다.

2026 에듀윌 전기 전기응용 및 공사재료
6주 플래너

기초부터 탄탄하게 학습한다!
꼼꼼하게 학습하는 사람에게
추천하는 플래너

WEEK	DAY		차례	페이지	공부한 날	완료
1주	DAY 1	기본서	CHAPTER 01 조명	기본서 p.26	__월 __일	☐
	DAY 2		CHAPTER 01 조명	기본서 p.26	__월 __일	☐
	DAY 3		CHAPTER 01 조명	기본서 p.26	__월 __일	☐
	DAY 4		CHAPTER 01 조명	기본서 p.26	__월 __일	☐
	DAY 5		CHAPTER 02 전열	기본서 p.64	__월 __일	☐
	DAY 6		CHAPTER 02 전열	기본서 p.64	__월 __일	☐
	DAY 7		CHAPTER 02 전열	기본서 p.64	__월 __일	☐
2주	DAY 8		CHAPTER 03 전동기	기본서 p.86	__월 __일	☐
	DAY 9		CHAPTER 03 전동기	기본서 p.86	__월 __일	☐
	DAY 10		CHAPTER 04 전기철도	기본서 p.108	__월 __일	☐
	DAY 11		CHAPTER 04 전기철도	기본서 p.108	__월 __일	☐
	DAY 12		CHAPTER 05 전기화학	기본서 p.132	__월 __일	☐
	DAY 13		CHAPTER 05 전기화학	기본서 p.132	__월 __일	☐
	DAY 14		CHAPTER 06 자동제어 및 전력용 반도체	기본서 p.148	__월 __일	☐
3주	DAY 15		CHAPTER 06 자동제어 및 전력용 반도체	기본서 p.148	__월 __일	☐
	DAY 16		CHAPTER 07 전선 및 케이블	기본서 p.170	__월 __일	☐
	DAY 17		CHAPTER 08 배관·배선 공사	기본서 p.184	__월 __일	☐
	DAY 18		CHAPTER 09 배전 선로 및 고압·저압 배전반 공사	기본서 p.204	__월 __일	☐
	DAY 19		CHAPTER 10 피뢰설비 및 접지·공사 재료	기본서 p.222	__월 __일	☐
	DAY 20		전기응용 및 공사재료 기본서 전체 복습		__월 __일	☐
	DAY 21				__월 __일	
4주	DAY 22	유형별 N제	CHAPTER 01	유형별 N제 p.8	__월 __일	☐
	DAY 23		CHAPTER 02	유형별 N제 p.36	__월 __일	☐
	DAY 24		CHAPTER 03	유형별 N제 p.60	__월 __일	☐
	DAY 25		CHAPTER 04	유형별 N제 p.74	__월 __일	☐
	DAY 26		CHAPTER 05 ~ 06	유형별 N제 p.88	__월 __일	☐
	DAY 27		CHAPTER 07	유형별 N제 p.120	__월 __일	☐
	DAY 28		CHAPTER 08	유형별 N제 p.126	__월 __일	☐
5주	DAY 29		CHAPTER 09	유형별 N제 p.140	__월 __일	☐
	DAY 30		CHAPTER 10 1회독 완료	유형별 N제 p.150	__월 __일	☐
	DAY 31		CHAPTER 01 ~ 02	유형별 N제 p.8	__월 __일	☐
	DAY 32		CHAPTER 03 ~ 04	유형별 N제 p.60	__월 __일	☐
	DAY 33		CHAPTER 05 ~ 06	유형별 N제 p.88	__월 __일	☐
	DAY 34		CHAPTER 07 ~ 08	유형별 N제 p.120	__월 __일	☐
	DAY 35		CHAPTER 09 ~ 10 2회독 완료	유형별 N제 p.140	__월 __일	☐
6주	DAY 36		CHAPTER 01 ~ 04	유형별 N제 p.8	__월 __일	☐
	DAY 37		CHAPTER 05 ~ 07	유형별 N제 p.88	__월 __일	☐
	DAY 38		CHAPTER 08 ~ 10 3회독 완료	유형별 N제 p.126	__월 __일	☐
	DAY 39		전기응용 및 공사재료 유형별 N제 전체 복습		__월 __일	☐
	DAY 40				__월 __일	
	DAY 41		전기응용 및 공사재료 전체 복습		__월 __일	☐
	DAY 42				__월 __일	

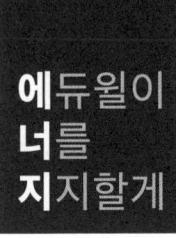

세상을 움직이려면
먼저 나 자신을 움직여야 한다.

– 소크라테스(Socrates)

에듀윌 전기
전기응용 및 공사재료

필기 기본서

ISSUE I
전기설비기술기준 & KEC 용어표준화 및 국문순화

어떻게 변했는가?

- 산업통상자원부에서 전기설비기술기준 및 한국전기설비규정(KEC) 내 일본식 한자, 어려운 축약어, 외래어 등의 순화에 관한 사항을 2023년 10월 12일에 공고하였습니다.
- 용어표준화 및 국문순화는 공고 즉시 시행되었으며 순화된 용어는 다음과 같이 총 177개입니다. 순화 대상이 된 용어는 앞으로 전기 관련 시험에 반영되어 출제될 것으로 예상됩니다.

*산업통상자원부 고시 제 2023-197호(전기설비기술기준 변경)
*산업통상자원부 공고 제 2023-768호(한국전기설비규정 변경)

*용어표준화 및 국문순화 대상

용어 변경에 따른 학습의 방향

- 2022년 3회차 전기기사 필기 시험부터 적용된 CBT 시험 방식의 특성상 용어의 변경이 시험 문제 전반에 걸쳐 모두 반영되지 않을 수 있습니다.
- 그러나 전기설비기술기준, 한국전기설비규정(KEC)에서 순화된 용어로 개정된 것은 명백한 사실이므로 용어표준화 및 국문순화에 따른 시험 문제 및 보기의 문항이 바뀔 가능성이 높습니다.
- 따라서 변경된 용어 위주로 학습하되 변경되기 전의 용어는 무엇이었는지 알고 넘어간다면 더욱 완벽한 시험 대비를 할 수 있습니다.

2026 에듀윌 전기응용 및 공사재료 변경사항

1 용어 변경 완벽 반영

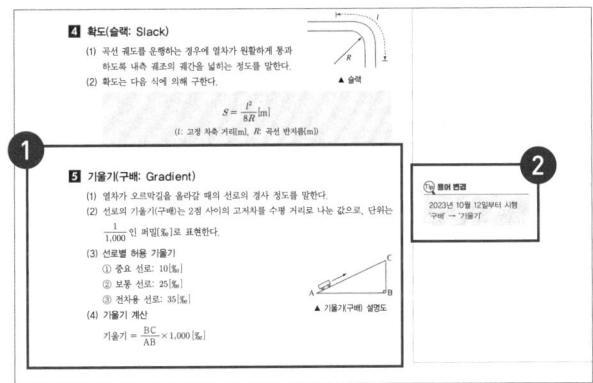

- ① 이론에 용어 변경사항을 완벽하게 반영하였습니다.
- ② 변경 전 용어가 무엇인지 한눈에 알 수 있도록 표시하였습니다.

2 변경 사항을 한눈에 확인

248 ★★☆
전기철도에서 통신 유도 장해의 경감 대책으로 통신선의 케이블화, 전차선과 통신선의 간격(이격거리) 증대 등의 방법은 어느 측에 하는 대책인가?
① 전철   ② 통신선
③ 전기차   ④ 지중 매설관

해설 통신선 측에서의 유도 장해 방지 대책
- 통신선의 케이블 포설
- 전차선과 통신선의 간격(이격거리) 증대
- 배류 코일, 중화 코일, 절연 변압기 설치
- 통신선에 고성능 피뢰기 설치

- 과거에 실제로 어떻게 출제되었는지 확인할 수 있도록 문제 및 보기에 변경된 용어 뒤에 괄호( )로 변경 전 용어를 함께 표시하였습니다.

3 용어 신구 비교표 활용(PDF 제공)

용어 표준화 및 국문순화 적용 신구비교표(2023. 10. 12 시행)

변경 전	변경 후	적용 예시
가선	전선 설치	가선(→ 전선 설치)방식
경간	지지물 간 거리	지지물이 목주일 경우 그 경간(→ 지지물 간 거리)은 150[m] 이하일 것
교량	다리	전선의 높이를 교량(→ 다리)의 노면상 5[m] 이상으로 하여 시설할 것
금구류	금속 부속품	케이블을 지지하는 금구류(→ 금속 부속품)은 제외
동선	구리선	선도체의 단면적이 16[mm²] 이하인 다심 회로 동선(→구리선)인 경우
리드선	연결선	발열선 또는 리드선(→ 연결선)의 피복에 사용하는 금속체
만곡	굴힘	브래킷의 애자는 최대 만곡(→ 굴힘)하중에 대하여 2.5 이상
말구	위쪽 끝	목주의 굵기는 말구(→ 위쪽 끝) 지름이 0.09[m] 이상일 것
메시	그물망	돌침, 수평도체, 메시(→ 그물망)도체의 요소
방식조치	부식방지조치	방식조치(→ 부식방지조치)를 한 부분에 대하여는 제외
배기	공기배출 /공기를 배출	연료전지내의 연료가스를 자동적으로 배기(→ 공기를 배출)하는 장치를 시설할 것

*상기 이미지는 실제 제공되는 신구 비교표(PDF)와 다를 수 있습니다.

- 우측 하단의 QR 코드를 스캔하여 신구 비교표(PDF)를 확인할 수 있습니다.
  *PC 다운경로 | https://eduwill.kr/XmVe

- 교재 내 전체 변경된 용어에 대해 신구 비교표를 제공하여 무엇이 변했는지 한눈에 알 수 있도록 하였습니다.

신구 비교표
확인하기

ISSUE II

2022 제3회 시험부터 CBT시험 전격 시행

CBT 시험이란?

'Computer Based Test'의 약자로 컴퓨터 화면에서 시험 문제를 확인하고 그에 따른 정답을 클릭하면 네트워크를 통하여 감독자 PC에 자동으로 수험자의 답안이 저장되는 방식의 시험을 말합니다.

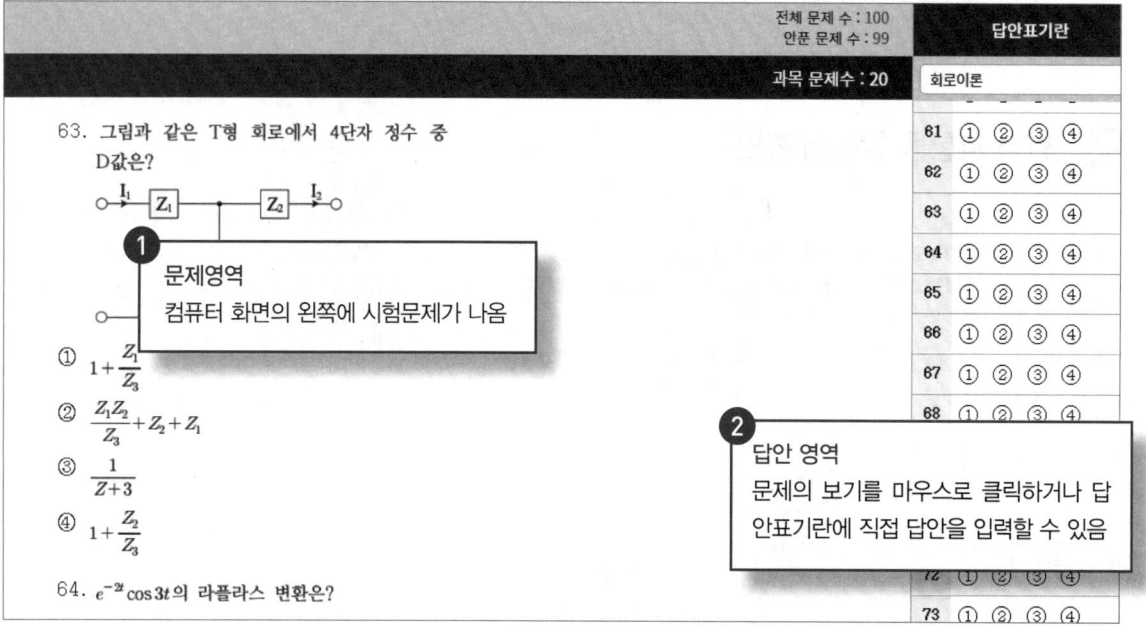

한눈에 보는 시험방식별 차이점

일반 필기시험 VS CBT 필기시험

일반 필기시험
- 시험문제를 종이에 인쇄하여 출제
- 수험자 모두 동일한 문제 출제
- 출제자가 직접 문제 출제
- 합격자 발표일까지 시간 소요

CBT 필기시험
- 컴퓨터 모니터에 시험문제를 출제
- 수험자별 다른 문제 출제
- 문제은행에서 출제
- 답안 제출 즉시 합격 여부 확인 가능

수험자별 다르게 출제되는 CBT시험 어떻게 준비해야 할까요?

 수험자별 출제되는 문제가 다르므로 원리학습을 할 필요가 있습니다.

 문제은행 식이므로 유형별로 문제가 랜덤으로 출제됩니다. 따라서, 빈출 유형별로 이론과 문제를 정리·학습해야 시험에 잘 대응할 수 있습니다.

 실전과 비슷한 방법으로 컴퓨터 시험 환경에 익숙해져야 합니다.

2026년 대비 CBT 맞춤 개정판 출간

CBT 시험에 강한 유형별 N제	문제은행 방식으로 출제됨에 따라 과년도 기출문제가 더욱 중요해졌습니다. 최신 기출문제는 물론 2000년도 이전에 시행된 시험까지 분석하여, 엄선한 문제들로 유형별 N제를 구성하였습니다. 반복학습을 통해 빠르게 합격이 가능합니다.
THEME별 핵심이론	과년도 기출문제를 분석하여 자주 출제된 문제 유형을 THEME별로 정리하였습니다. 시험대비에 꼭 필요한 내용으로만 구성하여 효율적으로 학습이 가능합니다.
최종 점검 CBT 실전 모의고사	실제 시험과 유사한 CBT 실전 모의고사로 시험 직전 최종 점검을 할 수 있습니다. 출제 비중이 높은 문제 위주로 엄선하여 구성하였으며, 상세한 해설 및 동영상 강의도 활용해 보세요.

이 책의 구성
2026 에듀윌 전기 기본서

비전공자도 이해하기 쉬운, 기초개념

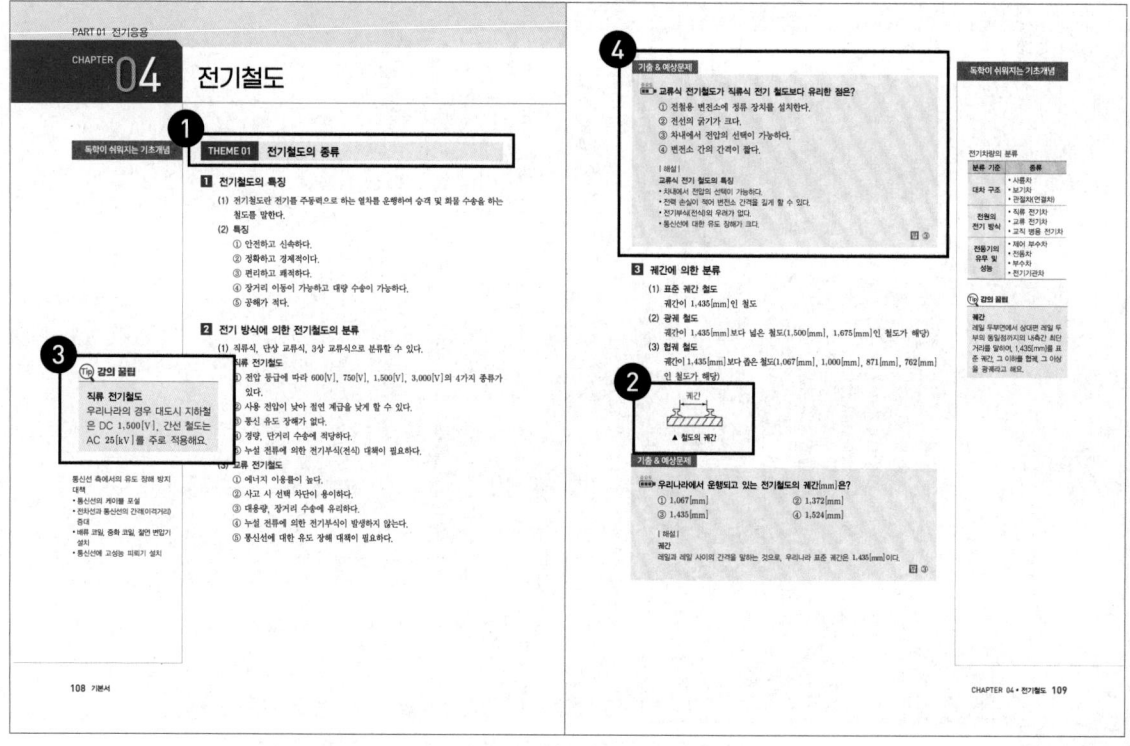

❶ CBT 시험 대비에 꼭 필요한 내용을 THEME로 구분하였습니다.
❷ 이론 학습에 꼭 필요한 다양한 그림을 제공하여 이해를 돕습니다.
❸ 비전공자부터 전공자까지 누구나 쉽게 이해할 수 있도록 어려운 개념을 알기 쉽게 풀어서 쓴 강의꿀팁을 제공합니다.
❹ 기출예제를 통해 이론 학습 후 바로 실전 적용이 가능합니다.

"시험에 출제되는 이론을 탄탄하게 학습할 수 있습니다."

합격에 꼭 필요한, 유형별 N제

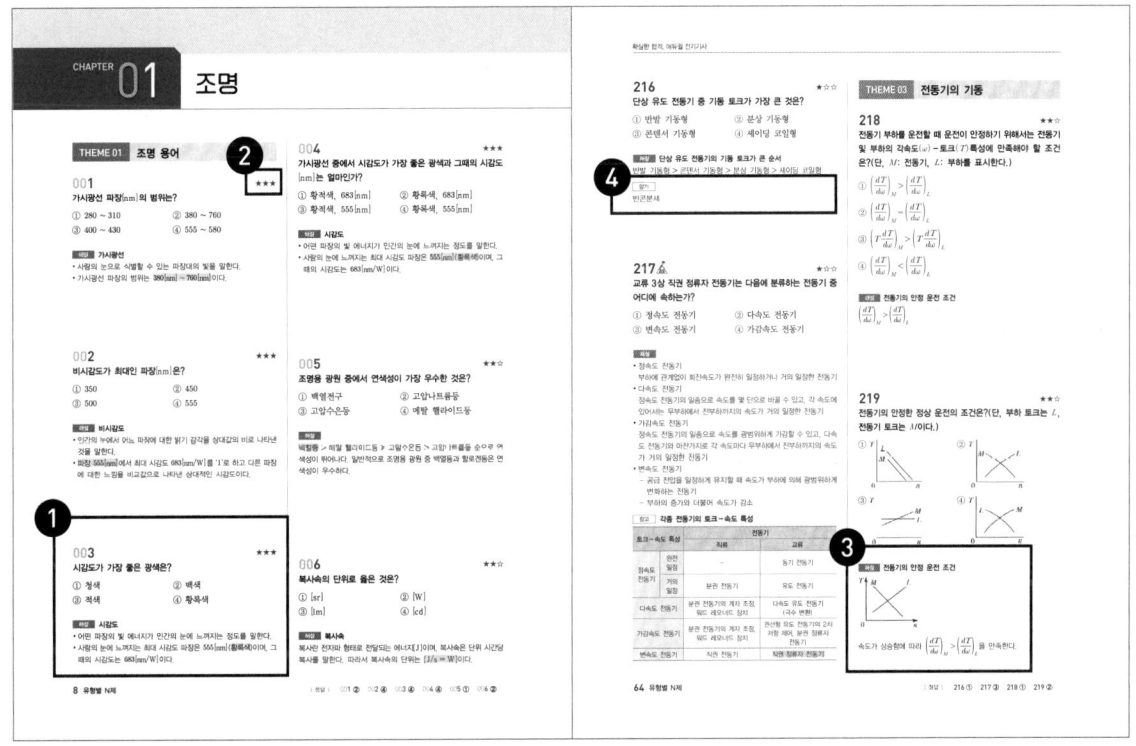

❶ 유형별 쉬운 문제부터 어려운 문제까지 엄선하여 수록하였습니다.

❷ 출제 비중을 ★~★★★로 표시하여 중요도를 한눈에 알 수 있습니다.

❸ 누구나 쉽게 이해할 수 있도록 친절한 해설을 제공하였습니다.

❹ 중요한 이론이나 공식은 암기 로 수록하였습니다.

"유형별 N제 3회독 학습으로 쉽고 빠른 합격이 가능합니다."

이 책의 구성

2026 에듀윌 전기 기본서

마무리 학습을 위한, 끝맺음 노트

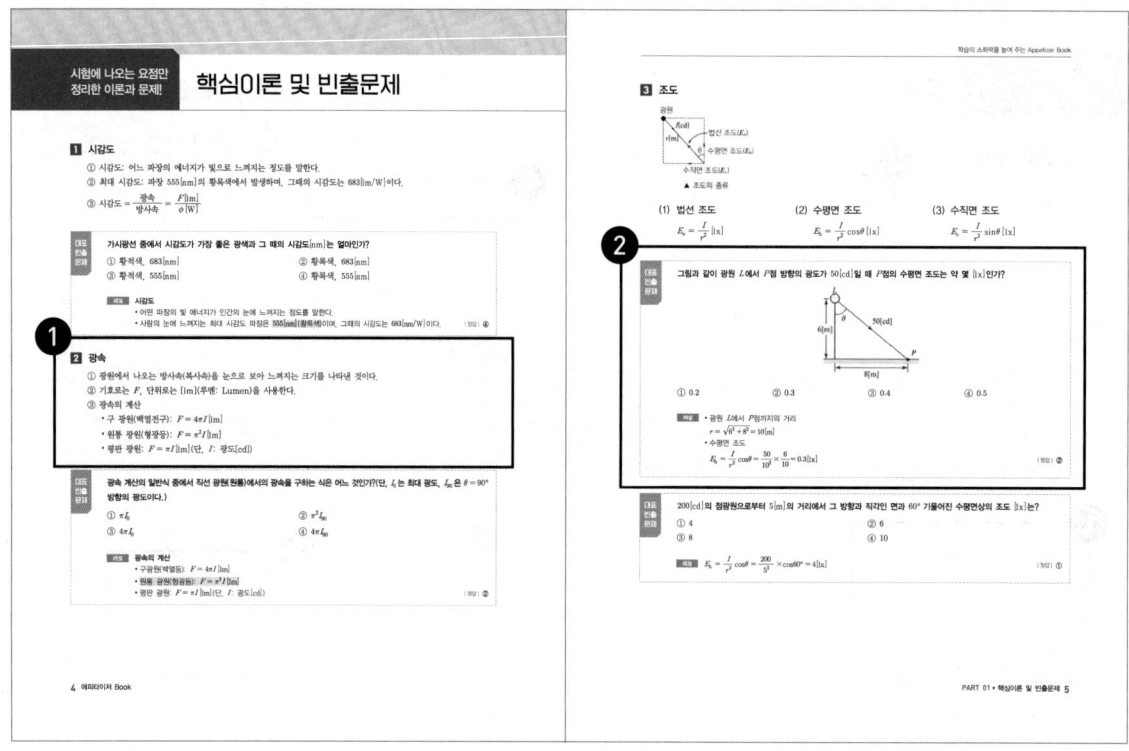

❶ 시험에 나오는 요점만 정리한 핵심이론을 제공합니다.
❷ 대표 빈출문제를 수록하여 핵심이론에 관련된 문제를 바로 풀어볼 수 있습니다.

"시험 전, **끝맺음 노트**와 함께 최종 점검하면 좋습니다."

시험 전에 준비하는, 최신기출 CBT 모의고사

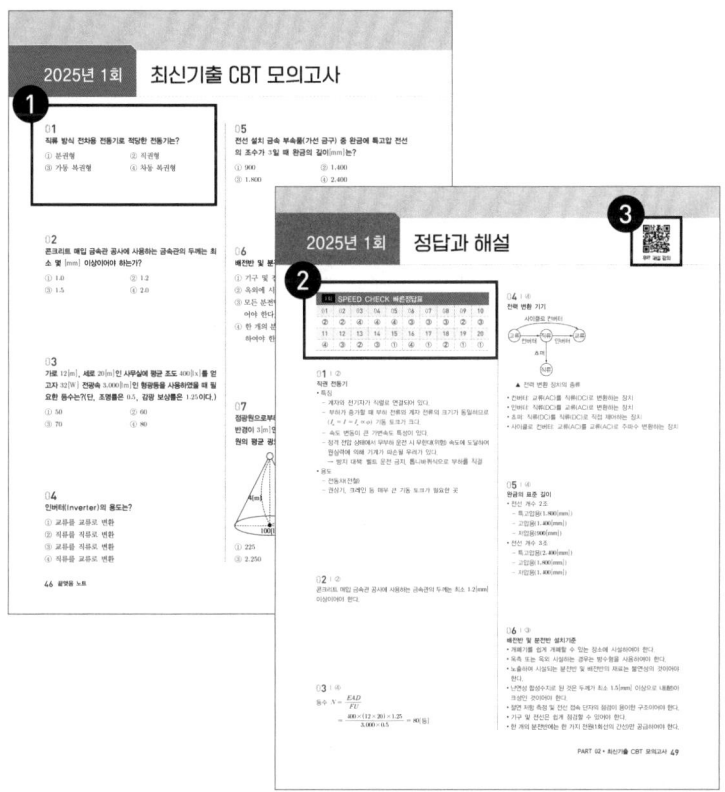

최신기출 CBT 모의고사 편

❶ 기출문제를 기반으로 실제 시험에 출제될 만한 문제들로 구성하여 모의고사 3회를 제공합니다.

하단의 링크를 입력하거나 QR코드를 스캔하여 온라인 CBT 모의고사에 응시해 보세요!

정답과 해설 편

❷ 정답을 한눈에 확인할 수 있도록 빠른 정답표를 제공합니다.

❸ QR코드를 스캔하여 무료 해설 특강으로 접근할 수 있으며, 강의를 통해 효율적인 학습이 가능합니다.

CBT 모의고사 빠른 입장

PC 버전
- 1회 | https://eduwill.kr/vFIp
- 2회 | https://eduwill.kr/tFIp
- 3회 | https://eduwill.kr/RFIp

모바일 버전 | 1회 ▶ 2회 ▶ 3회

※ CBT 모의고사 유효기간은 2027년 12월 31일까지이며, 이후 서비스 제공이 중단될 수 있습니다.

합격의 연장선
전기직 취업

전기기사 과목별 출제 정보

과목	전기(산업)기사	전기공사(산업)기사	전기직 공사·공단	전기직 공무원
회로이론	O	O	O	O
제어공학	O	O	O	O
전기기기	O	O	O	O
전기자기학	O	X	O	O
전력공학	O	O	O	X
전기설비기술기준	O	O	O	X
전기응용 및 공사재료	X	O	O	X
전기설비 설계 및 관리	O	X	X	X
전기설비 견적 및 시공	X	O	X	X

※ 단, 전기산업기사 및 전기공사산업기사는 제어공학이 출제되지 않음
※ 전기직 공사·공단 출제 정보는 회사마다 다름

- 회로이론
- 제어공학
- 전력공학
- 전기자기학
- 전기기기
- 전기설비기술기준
- 전기응용 및 공사재료

- 전기설비 설계 및 관리
- 전기설비 견적 및 시공

전기직 취업 정보

전기직군 공사·공단 취업

- 회로이론
- 제어공학
- 전기기기
- 전기자기학
- 전력공학
- 전기설비기술기준

➔ 최근 전기직군 공사 공단 채용이 많아지면서 한국전력, 코레일, 발전회사 위주로 큰 단위의 채용이 이루어짐.

전기직 공무원 취업

직렬	선발예정인원	시험과목(선택형 필기시험)	
전기직 (7급)	• 일반: 14명 • 장애인: 1명	언어논리영역, 자료해석영역, 상황판단영역, 영어(영어능력검정시험으로 대체), 한국사(한국사능력검정시험으로 대체), 물리학개론, 전기자기학, 회로이론, 전기기기	• 회로이론 • 제어공학 • 전기기기 • 전기자기학
전기직 (9급)	• 일반: 43명 • 장애인: 4명 • 저소득: 1명	국어, 영어, 한국사, 전기이론, 전기기기	

➔ 2023년 7·9급 전기직 공무원, 군무원 시험과목에 전기 기초 과목이 포함됨.

**결국 최종 목표는 취업, 전기기사 자격증부터 취업까지
에듀윌 전기기사 시리즈로 한번에 해결!**

Why? 전기기사
취업의 치트키 전기기사 자격증

취업 기회가 늘어나는 전기 관련 시장

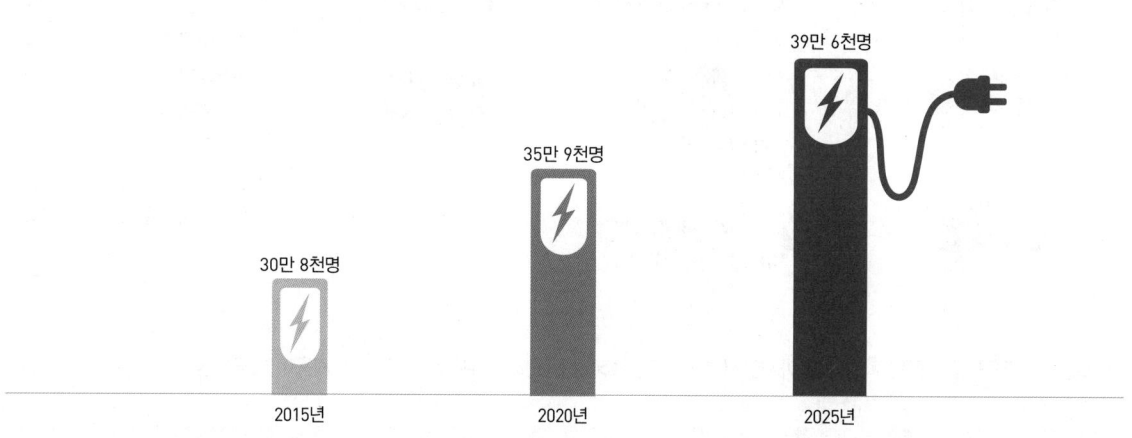

전기전자 관련직 수요증가

- 2015년: 30만 8천명
- 2020년: 35만 9천명
- 2025년: 39만 6천명

※ 출처: 고용노동부 직종별 사업체 노동력 조사

취업 부담이 줄어드는 다양한 가산점

한국전력공사 채용	한국철도공사 일반직 6급 채용
전기기사 10점 + 전기공사기사 10점 총 20점까지 부여	전기기사 4점 가산 전기산업기사 2.5점 가산

6급 이하 및 기술직공무원 채용	경찰공무원 채용
과목별 만점의 3~5% 가산	전기기사 4점 가산 전기산업기사 2점 가산

알아 두면 쓸데 있는 전기기사 시험 Q&A

 Q 전기기사와 전기공사기사 시험, 무엇이 다를까요?

A 전기기사와 전기공사기사의 필기시험은 총 5과목이며, 이중 1개의 과목만 서로 다르고 나머지 4개의 과목은 같습니다. 따라서 전기기사 취득 후 1개의 과목만 더 준비하면 전기공사기사 준비가 가능합니다. 전기기사와 전기공사기사 실기의 출제범위 중 50%도 서로 같기 때문에 실기에서도 연계하여 학습하기 유리합니다.

 Q 필기시험과 실기시험, 무엇이 다른가요?

A 필기는 5개 과목이고, 실기는 단답, 시퀀스, 수변전 설비의 3개 과목으로 필기가 실기보다 과목수가 더 많습니다.
그러나 시험 및 학습 난도는 실기가 더 높은 편입니다. 필기는 객관식 4지선다형의 문제 형태를 갖지만 실기는 논술식으로 치루어지기 때문에 더 실기가 어렵다고 느껴질 수 있습니다. 따라서 필기를 학습함에 있어서도 실기와 연관된 이론 학습은 확실히 알고 넘어갈 필요가 있습니다.

 Q CBT 시험으로 변경된 후 어떤 출제 경향을 보이나요?

A 2022년 제3회 시험부터 CBT 시험 방식이 도입되었습니다. CBT 시험 특성상 수험자별로 출제되는 문제가 다르기 때문에 출제 경향을 예측하기는 쉽지 않은 상황입니다. 그러나 문제은행 방식으로 출제된다는 특징이 있기 때문에, THEME별로 이론과 문제들을 반복학습하면 쉽게 합격할 수 있습니다.

How? 전기기사

전기기사 합격전략

효율 UP 학습순서

전략 UP 과목별 맞춤학습법

회로이론	• 모든 과목의 바탕이 되는 중요한 과목 • 기사는 회로이론 전체를 학습 • 산업기사는 회로이론 앞부분을 중심으로 학습
제어공학	• 70점 이상의 점수를 얻기 쉬운 과목 • 전기기사는 회로이론의 기본만 학습하고 제어공학을 중심으로 학습
전력공학	• 고득점을 얻어야 유리한 과목 • 실기시험에도 영향을 미치는 과목 • 발전보다는 전력 부분에 초점을 맞추어 학습
전기자기학	• 고난도 문제가 자주 출제되는 과목 • 출제 기준에 맞추어서 학습
전기기기	• 어려운 내용에 비해 문제는 비교적 쉽게 출제되는 과목 • 기본공식을 암기하는 것에 집중하여 학습 • 기출문제를 중심으로 학습
전기응용 및 공사재료	• 난이도가 높지 않은 과목 • 기출문제 위주로 학습
전기설비기술기준	• 암기가 중요한 과목 • 고득점을 얻어야 하는 쉬우면서도 중요한 과목 • 내용을 요약하여 정리한 후 문제를 풀면서 학습

전기응용 및 공사재료 흐름을 잡는

완벽한 출제분석

전기응용 및 공사재료 출제기준

전기응용	세부 출제기준
1. 광원·조명 이론과 계산 및 조명설계	조명의 기초 / 백열전구 / 방전등 / 조도계산 / 조명설계 / LED 조명
2. 전열 방식의 원리, 특성 및 전열설계	전열의 기초 / 전기용접 / 전기로 / 전기건조 / 열펌프
3. 전동력 응용	전동기 응용의 기초 / 전동기 운전 및 제어 / 전동기의 선정 및 보수 / 전동기 응용
4. 전력용 반도체소자의 응용	전력용 반도체소자의 기초 / 전력용 반도체소자 종류별 특징 / 광전소자 및 집적회로소자 / 전력용 반도체소자 응용 제어회로
5. 전지 및 전기화학	전기화학의 기초 / 전지 및 충전 방식 / 금속의 부식 / 전기분해의 응용
6. 전기철도	전기철도의 기초 / 전차선 / 주전동기의 구동 및 제어 / 열차운전 및 제어 / 전기철도용 전기설비 / 전식 및 전기방식 / 유도장해

공사재료	세부 출제기준
1. 전선 및 케이블	전선·케이블 / 절연 및 보호재료의 특성 / 시설장소 / 나전선 / 절연전선 / 코드 / 꼬임2선식 / 광케이블 / 동축케이블 / 특수전선
2. 애자 및 애관 / 전선관 및 덕트류 / 배전·분전함 / 배선기구·접속재료	애자의 종류 / 애관의 종류 / 각종 전선관 및 전선관용 부속품 / 각종 덕트 및 덕트용 부속품 / 배전함의 종류 / 분전함의 종류 / 배선기구류에 관한 사항 / 전기절연재료에 관한 사항 / 전기결선의 종류와 특성
3. 조명기구 / 전기기기 / 전지·축전기 / 피뢰기·피뢰침·접지재료·지지물·장주재료	조명기구의 분류 및 종류 / 관련 재료(전동기, 변압기, 전력용 콘덴서, 예비 발전기, 전지, 축전지, 피뢰기, 피뢰침, 접지설비, 서지보호장치, 지지물, 장주)

전기응용 및 공사재료 최근 20개년 출제비중

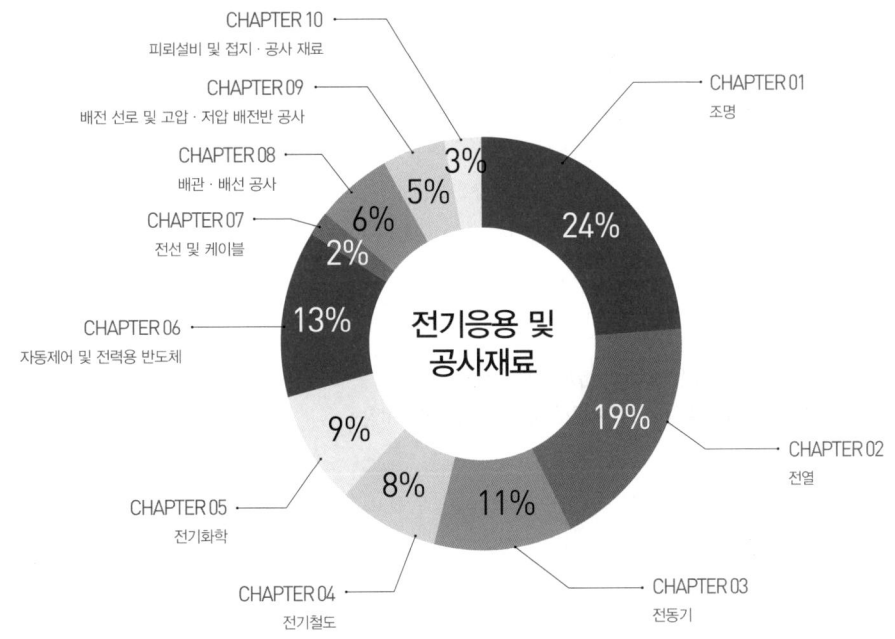

GUIDE
전기기사 시험안내

2026 시험 예상 일정

1. 전기(산업) 기사, 전기공사(산업)기사

구분	필기시험	필기합격 (예정자)발표	실기시험	최종합격 발표일
제1회	2~3월	3월	4~5월	6월
제2회	5월	6월	7~8월	9월
제3회	7월	8월	10~11월	12월

※ 정확한 시험 일정은 한국산업인력공단(Q-net) 참고

2. 빈자리 추가 접수기간

구분	필기시험	실기시험
제1회	2월	4월
제2회	5월	7월
제3회	6월	-

※ 정확한 시험 일정은 한국산업인력공단(Q-net) 참고

3. 공통사항

(1) 원서접수 시간은 원서접수 첫날 10:00부터 마지막 날 18:00까지 임
(2) 필기시험 합격(예정)자 및 최종합격자 발표시간은 해당 발표일 09:00임

검정기준 및 응시자격

1. 검정기준

등급	검정기준
기사	해당 국가기술자격의 종목에 관한 공학적 기술이론 지식을 가지고 설계 · 시공 · 분석 등의 업무를 수행할 수 있는 능력 보유
산업기사	해당 국가기술자격의 종목에 관한 기술기초이론 지식 또는 숙련기능을 바탕으로 복합적인 기초기술 및 기능 업무를 수행할 수 있는 능력 보유

※ 국가기술자격 검정의 기준(제14조 제1항 관련)

2. 응시자격

등급		응시자격 조건
기능사	자격제한 없음	
산업기사	자격증 + 경력	기능사 + 실무경력 1년
		실무경력 2년
	관련학과 졸업	관련학과 4년제 대졸 또는 졸업 예정
		관련학과 2, 3년제 대졸 또는 졸업 예정
기사	자격증 + 경력	산업기사 + 실무경력 1년
		기능사 + 실무경력 3년
		실무경력 4년
	관련학과 졸업	관련학과 4년제 대졸 또는 졸업 예정
		관련학과 3년제 대졸 + 실무경력 1년
		관련학과 2년제 대졸 + 실무경력 2년

GUIDE
전기기사 시험안내

전기기사

구분	시험과목	검정방법	합격기준
필기	· 전기자기학 · 전력공학 · 전기기기 · 회로이론 및 제어공학 · 전기설비기술기준	객관식 4지 택일형, 과목당 20문항(30분)	과목당 40점 이상, 전과목 평균 60점 이상(100점 만점 기준)
실기	전기설비 설계 및 관리	필답형(2시간 30분)	60점 이상(100점 만점 기준)

분류	종목	인정학점	표준교육과정 해당 전공	
			전문학사	학사
전기일반	전기기사	20(30)	시스템제어, 자동제어, 전기, 전기공사, 전자기기	메카트로닉스학, 전기공학, 제어계측공학
	전기산업기사	16(24)		
전기설비	전기공사기사	20(30)	시스템제어, 자동제어, 전기, 전기공사	전기공학, 제어계측공학
	전기공사산업기사	16(24)		

※ 인정학점 옆 괄호 학점은 2009년 3월 1일 이전 취득한 자격에 한해 인정

전기산업기사

구분	시험과목	검정방법	합격기준
필기	· 전기자기학 · 전력공학 · 전기기기 · 회로이론 · 전기설비기술기준	객관식 4지 택일형, 과목당 20문항(30분)	과목당 40점 이상, 전과목 평균 60점 이상(100점 만점 기준)
실기	전기설비 설계 및 관리	필답형(2시간)	60점 이상(100점 만점 기준)

분류	종목	인정학점	표준교육과정 해당 전공	
			전문학사	학사
전기일반	전기기사	20(30)	시스템제어, 자동제어, 전기, 전기공사, 전자기기	메카트로닉스학, 전기공학, 제어계측공학
	전기산업기사	16(24)		
전기설비	전기공사기사	20(30)	시스템제어, 자동제어, 전기, 전기공사	전기공학, 제어계측공학
	전기공사산업기사	16(24)		

※ 인정학점 옆 괄호 학점은 2009년 3월 1일 이전 취득한 자격에 한해 인정

전기공사기사

구분	시험과목	검정방법	합격기준
필기	· 전기응용 및 공사재료 · 전력공학 · 전기기기 · 회로이론 및 제어공학 · 전기설비기술기준	객관식 4지 택일형, 과목당 20문항(30분)	과목당 40점 이상, 전과목 평균 60점 이상(100점 만점 기준)
실기	전기설비 견적 및 시공	필답형(2시간 30분)	60점 이상(100점 만점 기준)

분류	종목	인정학점	표준교육과정 해당 전공	
			전문학사	학사
전기일반	전기기사	20(30)	시스템제어, 자동제어, 전기, 전기공사, 전자기기	메카트로닉스학, 전기공학, 제어계측공학
	전기산업기사	16(24)		
전기설비	전기공사기사	20(30)	시스템제어, 자동제어, 전기, 전기공사	전기공학, 제어계측공학
	전기공사산업기사	16(24)		

※ 인정학점 옆 괄호 학점은 2009년 3월 1일 이전 취득한 자격에 한해 인정

전기공사산업기사

구분	시험과목	검정방법	합격기준
필기	· 전기응용 · 전력공학 · 전기기기 · 회로이론 · 전기설비기술기준	객관식 4지 택일형, 과목당 20문항(30분)	과목당 40점 이상, 전과목 평균 60점 이상(100점 만점 기준)
실기	전기설비 견적 및 시공	필답형(2시간)	60점 이상(100점 만점 기준)

분류	종목	인정학점	표준교육과정 해당 전공	
			전문학사	학사
전기일반	전기기사	20(30)	시스템제어, 자동제어, 전기, 전기공사, 전자기기	메카트로닉스학, 전기공학, 제어계측공학
	전기산업기사	16(24)		
전기설비	전기공사기사	20(30)	시스템제어, 자동제어, 전기, 전기공사	전기공학, 제어계측공학
	전기공사산업기사	16(24)		

※ 인정학점 옆 괄호 학점은 2009년 3월 1일 이전 취득한 자격에 한해 인정

CONTENTS
기본서 차례

CHAPTER 01 조명
THEME 01. 조명 용어 26
THEME 02. 광원의 종류 33
THEME 03. 조명의 설계 41
CBT 적중문제 47

CHAPTER 02 전열
THEME 01. 전열 공학의 기초 64
THEME 02. 전기 가열 67
THEME 03. 공업용 온도계 및 전기 용접기 73
CBT 적중문제 76

CHAPTER 03 전동기
THEME 01. 전동기 운동 역학 86
THEME 02. 전동기의 종류 87
THEME 03. 전동기의 기동 90
THEME 04. 전동기의 속도 제어 및 제동 92
THEME 05. 전동기의 형식 및 용량 계산 94
CBT 적중문제 97

CHAPTER 04 전기철도
THEME 01. 전기철도의 종류 108
THEME 02. 전기철도의 선로 110
THEME 03. 전차 선로 113
THEME 04. 급전 방식 116
THEME 05. 전기철도에 의한 전기부식 현상 117
THEME 06. 전기철도의 운전 119
THEME 07. 전동차용 전동기 120
THEME 08. 보안 설비 122
CBT 적중문제 123

CHAPTER 05 전기화학
THEME 01. 전기화학의 기본 용어 132
THEME 02. 전지의 종류 133
THEME 03. 축전지의 충전 136
THEME 04. 전기화학의 이용 138
CBT 적중문제 140

CHAPTER 06 자동제어 및 전력용 반도체
THEME 01. 제어계의 종류 148
THEME 02. 제어 장치의 분류 149
THEME 03. 제어 시스템에서의 전달 함수 151
THEME 04. 회로망에서의 전달 함수 153
THEME 05. 블록 선도에서의 전달 함수 154
THEME 06. 전력 변환 기기 155
CBT 적중문제 160

CHAPTER 07 전선 및 케이블

THEME 01. 전선	170
THEME 02. 케이블	175
CBT 적중문제	179

CHAPTER 09 배전 선로 및 고압 · 저압 배전반 공사

THEME 01. 지지물	204
THEME 02. 완금 및 애자	205
THEME 03. 장주, 건주 및 전선 설치 공사	206
THEME 04. 개폐기	209
THEME 05. 보호 장치	210
CBT 적중문제	213

CHAPTER 08 배관 · 배선 공사

THEME 01. 배선 기구	184
THEME 02. 분전함	185
THEME 03. 누전 차단기(ELB)	186
THEME 04. 전기설비에 관련된 공구 및 측정 도구	188
THEME 05. 애자 사용 공사 방법	189
THEME 06. 금속관 공사 방법	190
THEME 07. 버스 덕트 공사 방법	192
THEME 08. 그 외 공사	193
CBT 적중문제	194

CHAPTER 10 피뢰설비 및 접지 · 공사 재료

THEME 01. 피뢰기(LA)	222
THEME 02. 피뢰침	224
THEME 03. 접지 공사	225
THEME 04. 전기 재료	226
CBT 적중문제	227

※ 전기공사산업기사 시험을 준비하시는 분들은 CHAPTER 06까지만 학습하시면 됩니다.

PART 01 전기응용

조명

1. 조명 용어
2. 광원의 종류
3. 조명의 설계

학습 전략

CHAPTER 01 조명은 전기응용 과목에서 특히 출제가 많이 됩니다. 분량도 가장 많은 편으로 집중적인 학습이 필요합니다. 또한 실기 조명 설비편에서 필요한 내용이 다수 포함되어 있기 때문에 일정 수준까지 학습 수준을 끌어올려야 이후 학습에서 유리합니다.

CHAPTER 01 | 흐름 미리보기

1. 조명 용어
2. 광원의 종류
3. 조명의 설계

NEXT **CHAPTER 02**

PART 01 전기응용

CHAPTER 01 조명

THEME 01 조명 용어

독학이 쉬워지는 기초개념

$1[\text{nm}]$(나노미터) $= 10^{-9}[\text{m}]$
$1[\text{Å}]$(옹스트롬) $= 10^{-10}[\text{m}]$

1 빛(Lighting)

(1) 파장
① 빛은 전자파의 일부로서, 눈으로 느낄 수 있는 파장은 약 380~760[nm]이다.
② 가장 밝게 느껴지는 빛의 파장: 555[nm]

(2) 가시광선의 파장
① 가시광선: 사람의 눈으로 식별할 수 있는 파장대의 빛을 말한다.
② 가시광선의 파장

색	보라	파랑	초록	노랑	주황	빨강
파장[nm]	380~430	430~452	452~550	550~590	590~640	640~760

(3) 시감도
① 시감도: 어느 파장의 에너지가 빛으로 느껴지는 정도를 말한다.
② 최대 시감도: 파장 555[nm]의 황록색에서 발생하며, 그때의 시감도는 683[lm/W]이다.
③ 시감도 $= \dfrac{\text{광속}}{\text{방사속}} = \dfrac{F[\text{lm}]}{\phi[\text{W}]}$

(4) 비시감도
① 인간의 눈에서 어느 파장에 대한 밝기 감각을 상대값의 비로 나타낸 것을 비시감도라고 한다.
② 파장 555[nm]에서 최대 시감도 683[lm/W]를 '1'로 하고 다른 파장의 밝기에 대한 느낌을 비교값으로 나타낸 상대적인 시감도이다.
③ 비시감도 $= \dfrac{\text{임의의 파장의 시감도}}{\text{최대 시감도}} = \dfrac{\text{임의의 파장의 시감도}[\text{lm/W}]}{683[\text{lm/W}]}$

기출 & 예상문제

시감도가 가장 좋은 광색은?
① 적색
② 등색
③ 청색
④ 황록색

| 해설 |
- 시감도: 어느 파장의 에너지가 빛으로 느껴지는 정도를 말한다.
- 최대 시감도: 파장 555[nm]의 황록색에서 발생하며, 그때의 시감도는 683[lm/W]이다.

답 ④

(5) 명시
  ① 명시: 물체가 명확하게 보이는 것을 말한다.
  ② 명시의 조건: 물체가 보이는 것을 결정하는 가장 중요한 조건으로는 밝음, 색, 대비, 크기, 시간(속도)의 5가지 조건이 적정하게 만족되어야 한다.
(6) 연색성
  ① 물체는 분광 분포가 다른 광원을 비추면 그 여건에 따라 물체의 원래 색이 다른 색으로 보인다. 이와 같이 조명에 의한 물체의 색을 결정하는 광원의 성질을 연색성이라고 한다.
  ② 크세논등 > 백색 형광등 > 형광 수은등 > 나트륨등 순으로 연색성이 뛰어나다.

기출 & 예상문제

광원의 연색성이 좋은 순으로 바르게 배열한 것은?
① 크세논등, 백색 형광등, 형광 수은등, 나트륨등
② 백색 형광등, 형광 수은등, 나트륨등, 크세논등
③ 형광 수은등, 나트륨등, 크세논등, 백색 형광등
④ 나트륨등, 크세논등, 백색 형광등, 형광 수은등

| 해설 |
크세논등 > 백색 형광등 > 형광 수은등 > 나트륨등 순으로 연색성이 뛰어나다.

답 ①

2 빛의 양에 관련된 용어 정리

(1) 방사속(복사속)
  ① 단위 시간에 어떤 면을 통과하는 방사 에너지의 양이다.
  ② 기호로는 ϕ, 단위로는 [W](와트: Watt)를 사용한다.
(2) 광속
  ① 광원에서 나오는 방사속(복사속)을 눈으로 보아 느껴지는 크기를 나타낸 것이다.
  ② 기호로는 F, 단위로는 [lm](루멘: Lumen)을 사용한다.
  ③ 광속의 계산
    • 구 광원(백열전구): $F = 4\pi I$ [lm]
    • 원통 광원(형광등): $F = \pi^2 I$ [lm]
    • 평판 광원: $F = \pi I$ [lm] (단, I: 광도[cd])
(3) 광도
  ① 모든 방향으로 나오는 광속 중에서 어느 임의의 방향인 단위 입체각에 포함되는 광속수로서, 빛의 세기라고 한다.
  ② 기호로는 I, 단위로는 [cd](칸델라: Candela)를 사용한다.

독학이 쉬워지는 기초개념

방사속(복사속)
복사란 전자파 형태로 전달되는 에너지[J]이며, 복사속은 단위 시간당 복사를 말한다. 따라서 복사속의 단위는 [J/s = W]이다.

독학이 쉬워지는 기초개념

③ 광도의 계산

$$I = \frac{F}{\omega} \text{ [cd]}$$

(ω: 입체각[sr] (원뿔의 입체각: $\omega = 2\pi(1-\cos\theta)$ [sr]))

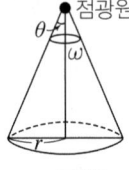
▲ 입체각

기출 & 예상문제

중요도
완전 확산 평판 광원의 최대 광도가 I[cd]일 때의 전광속[lm]은?

① $\frac{I}{\pi}$ ② πI

③ $2\pi I$ ④ $4\pi I$

| 해설 |
광속의 계산
- 구 광원(백열등): $F = 4\pi I$ [lm]
- 원통 광원(형광등): $F = \pi^2 I$ [lm]
- 평판 광원: $F = \pi I$ [lm]

답 ②

구분	광속 F	광도 I	입체각 ω
구형 광원	$4\pi I$	$\frac{F}{4\pi}$	4π
원통 광원	$\pi^2 I$	$\frac{F}{\pi^2}$	π^2
평판 광원	πI	$\frac{F}{\pi}$	π

$1[\text{nt}] = 10^{-4}[\text{sb}]$
$1[\text{sb}] = 10^4[\text{nt}]$

(4) 광속 발산도
① 단위 면적에서 나가는 빛의 양을 말한다.
② 기호로는 R, 단위로는 [rlx](레드럭스: radlux)를 사용한다.
③ 광속 발산도의 계산

$$R = \frac{F}{A} \text{ [rlx]}$$

(A: 발산 면적[m²], F: 면적 A에서 발산하는 광속[lm])

(5) 휘도
① 단위 면적당 광도로, 눈부심의 정도를 나타낸다.
② 기호로는 B, 단위로는 [cd/cm² = sb](스틸브: stilb) 또는 [cd/m² = nt] (니트: nit)를 사용한다.
③ 휘도의 계산

$$B = \frac{I}{A} \text{ [cd/m}^2 = \text{nt]}$$

④ 눈부심을 일으키는 휘도의 한계: 0.5[cd/cm²]

Tip 강의 꿀팁
햇빛은 휘도가 너무 높아 눈으로 직접 볼 수 없어요!

Tip 강의 꿀팁
조도
실제로 우리가 사용하는 빛의 양이에요.

(6) 조도
① 어떤 물체에 광속이 입사하면 그 면이 밝게 빛나게 되는 정도로, 어떤 면에 입사되는 광속의 밀도를 나타낸다.
② 기호로는 E, 단위로는 [lx](럭스: lux)를 사용한다.
③ 조도의 계산: 조도는 광원의 광도(I)에 비례하고, 거리(r)의 제곱에 반비례한다.

$$E = \frac{F}{A} = \frac{I}{r^2} \text{ [lx]}$$

④ 법선 조도

$$E_n = \frac{I}{r^2} [\text{lx}]$$

⑤ 수평면 조도

$$E_h = \frac{I}{r^2} \cos\theta \, [\text{lx}]$$

⑥ 수직면 조도

$$E_v = \frac{I}{r^2} \sin\theta \, [\text{lx}]$$

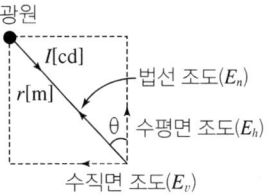

▲ 조도의 종류

독학이 쉬워지는 기초개념

노출
$K[\text{lx} \cdot \sec] = E[\text{lx}] \times t[\sec]$

기출 & 예상문제

조도는 광원으로부터의 거리와 어떠한 관계가 있는가?

① 거리에 비례한다.
② 거리에 반비례한다.
③ 거리의 제곱에 반비례한다.
④ 거리의 제곱에 비례한다.

|해설|
$E = \dfrac{F}{A} = \dfrac{I}{r^2} [\text{lx}]$

조도는 광원의 광도(I)에 비례하고, 거리(r)의 제곱에 반비례한다.

답 ③

3 광원의 효율

(1) 반사율, 투과율, 흡수율

① 반사율 ρ

$$\rho = \frac{\text{반사 광속}}{\text{입사 광속}} = \frac{F_\rho}{F}$$

② 투과율 τ

$$\tau = \frac{\text{투과 광속}}{\text{입사 광속}} = \frac{F_\tau}{F}$$

③ 흡수율 α

$$\alpha = \frac{\text{흡수 광속}}{\text{입사 광속}} = \frac{F_\alpha}{F}$$

④ 반사율, 투과율, 흡수율의 관계
$\rho + \tau + \alpha = 1$

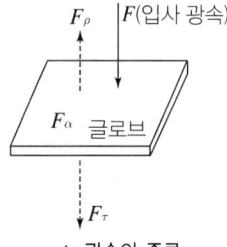

▲ 광속의 종류

(2) 전등(램프) 효율

$$\eta = \frac{F}{P} [\text{lm/W}]$$

(F: 광원의 광속[lm], P: 소비 전력[W])

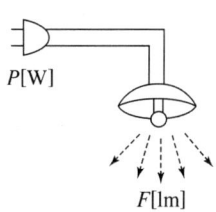

▲ 전등의 입·출력

독학이 쉬워지는 기초개념

(3) 글로브 효율
① 글로브(Globe): 조명 기구의 일종으로 광원을 완전히 감싸는 확산성 유백색 재료로 만들어졌으며 램프의 대부분을 덮고 그 배광이나 광색을 바꾸는 기구이다.
② 글로브 효율

$$\eta = \frac{\tau}{1-\rho} \times 100 [\%]$$

(τ: 투과율, ρ: 반사율)

기출 & 예상문제

반사율 $41[\%]$, 흡수율 $13[\%]$의 종이의 투과율은?
① $59[\%]$ ② $46[\%]$
③ $87[\%]$ ④ $77[\%]$

| 해설 |
$\rho + \tau + \alpha = 1$에서
$\tau = 1 - \rho - \alpha = 1 - 0.41 - 0.13 = 0.46 (\therefore\ 46[\%])$

답 ②

4 루소 선도

(1) 배광 곡선
광원의 중심을 지나는 평면상의 광속 분포를 극좌표로 나타낸 것을 말한다.
(2) 루소 선도
배광 곡선을 이용하여 전광속을 구하는 선도를 말한다.

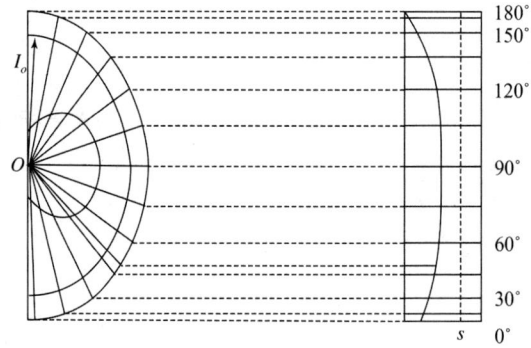

▲ 루소 선도

(3) 루소 선도에 의한 광속 계산

① 총 광속: $F = \dfrac{2\pi}{r} \times S\ [\text{lm}]$ (S: 루소 선도 전체 면적)

② 하반구 광속: $F_1 = \dfrac{2\pi}{r} \times S\ [\text{lm}]$ (S: 루소 선도 0°~90° 사이 면적)

③ 상반구 광속: $F_2 = \dfrac{2\pi}{r} \times S\ [\text{lm}]$ (S: 루소 선도 90°~180° 사이 면적)

> 기출 & 예상문제

루소 선도가 그림과 같이 표시되는 광원의 하반구 광속[lm]은 약 얼마인가?

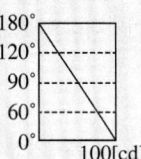

① 471   ② 940   ③ 1,880   ④ 7,500

| 해설 |
루소 선도에서 광원의 광속 $F[\text{lm}]$와 면적 S 사이에는
$$F = \frac{2\pi}{r} S$$
하반구 광속(0°~90°)에 대한 루소 선도 면적 S는
$$S = 100r - \frac{50r}{2} = 75r$$
$$\therefore F = \frac{2\pi}{r} \times 75r = 471[\text{lm}]$$
또한 상반구 광속(90°~180°)에 대한 루소 선도 면적 S는
$$S = \frac{1}{2}(r \times 50) = 25r$$
$$\therefore F = \frac{2\pi}{r} \times 25r = 157[\text{lm}]$$

답 ①

5 조명 관련 법칙

(1) 스테판-볼츠만의 법칙
  ① 흑체에 복사되는 전 복사 에너지는 절대 온도 네제곱에 비례한다는 법칙이다.
  ② 복사 에너지

$$W = \sigma T^4 [\text{W/m}^2]$$
(σ: 스테판-볼츠만 상수(= $5.67 \times 10^{-8}[\text{W/m}^2 \cdot \text{K}^4]$), T: 절대 온도[K])

  ③ 흑체(Black body): 입사하는 모든 복사선을 완전히 흡수하는 물체이다.

(2) 빈의 변위 법칙
  ① 흑체의 분광 방사 발산도가 최대가 되는 파장은 흑체의 절대 온도에 반비례한다는 법칙이다.
  ② 분광 방사 발산도가 최대가 되는 파장

$$\lambda_m \propto \frac{1}{T}$$
(λ_m: 최대 파장, T: 절대 온도[K])

(3) 플랑크의 복사 법칙
  ① 분광 복사속의 발산도를 나타내는 법칙이다.
  ② 광고온계의 측정 원리로 사용된다.

독학이 쉬워지는 기초개념

생물 루미네선스
반딧불, 야광 벌레, 오징어 발광

Tip 강의 꿀팁

네온관등
네온가스를 봉입하면 유리관 색이 투명할 때에는 등적색이, 유리관 색이 청색일 때에는 등색이 돼요.

---

(4) 발광
   ① 형광: 자극이 작용하는 동안만 발광하고 자극이 없어지면 발광이 사라지는 것을 말한다.
   ② 인광: 자극이 작용하는 동안에도 발광하며 자극이 없어지더라도 어느 일정한 시간 동안 발광이 지속되는 것을 말한다.

(5) 루미네선스(Luminescence)
   ① 백열등과 같이 물체의 온도를 높여 빛을 발생시키는 온도 복사 이외의 모든 발광을 루미네선스라고 한다.
   ② 전기 루미네선스: 기체 중의 방전(네온관등, 수은등)
   ③ 복사 루미네선스: 자외선, X선 등의 조사(형광등)
   ④ 파이로 루미네선스: 불꽃 속의 기체의 발광(발염 방전등)
   ⑤ 열 루미네선스: 고온에 의한 흑체보다 강한 복사(금강석, 대리석)
   ⑥ 화학 루미네선스: 화학 변화 및 산화(황인의 완만한 산화)
   ⑦ 생물 루미네선스: 특수 산화에 의한 루미네선스

(6) 파센의 법칙
   ① 방전에 관한 법칙으로서 평등 자계하에서 방전 개시 전압은 기체의 압력과 전극 거리의 곱에 비례한다는 법칙이다.
   ② 파센의 법칙에 의한 방전 개시 전압은 다음과 같다.

$$V = kpd\,[\text{V}]$$
(k: 고유 상수, p: 기압[mmHg], d: 거리[m])

(7) 스토크스의 정리
   발광되는 파장은 발광시키기 위해 가한 파장과 같거나 길다는 것이다.

(8) 코로나 방전
   전극을 뾰족하게 침전 극으로 한 후 인가 전압을 어느 일정 값 이상이 되도록 하면 부분적(국부적)인 방전이 발생하여 절연이 파괴되고 방전이 발생하는 현상을 말한다.

(9) 아크 방전
   ① 전극 사이의 이온에 의한 전류를 아크라고 하고, 이 아크가 일어나는 방전을 아크 방전이라고 한다.
   ② 아크 방전은 조명, 전기로, 용접 등에 이용되고 있다.

(10) 글로우 방전
   ① 가늘고 긴 유리관을 진공으로 한 다음에 수[mmHg]의 압력으로 어떠한 기체를 봉입한 후 양단에 전극을 설치하고 전극 간에 고전압을 가하면 방전이 이루어져 전류가 흘러 발광하는 것을 말한다.
   ② 전극 간을 좁게 하면 음극 부근의 상태는 변함이 없으나 양광주가 짧게 되고 더욱 전극 간을 단축하면 양광주가 없어진다. 따라서 이러한 경우에는 음극에서 부(−) 글로우만이 발광하게 된다.
      • 네온관등, 수은등, 형광등: 관을 길게 하여 양광주를 이용
      • 네온등: 전극 간을 짧게 하여 부(−) 글로우 이용

기출 & 예상문제

다음 광원 중 루미네선스에 의한 발광 현상을 이용하지 않는 것은?

① 형광등 ② 수은등
③ 백열전등 ④ 네온등

| 해설 |
루미네선스(Luminescence)
- 백열등과 같이 물체의 온도를 높여 빛을 발생시키는 온도 복사 이외의 모든 발광을 루미네선스라고 한다.
- 루미네선스(Luminescence)의 종류
  - 전기 루미네선스: 기체 중의 방전(네온관등, 수은등)
  - 복사 루미네선스: 자외선, X선 등의 조사(형광등)

답 ③

독학이 쉬워지는 기초개념

THEME 02 광원의 종류

1 백열등

(1) 발광 원리
① 필라멘트에 전류를 흘려 필라멘트가 줄열에 의하여 고온으로 가열되고 이때의 열방사에 의해 발생하는 빛을 이용한 광원이다.
② 저출력용 전구: 진공 전구(전구 안을 진공 상태로 두는 것)
③ 고출력용 전구: 가스입 전구(아르곤과 질소 등의 불활성 가스 봉입)

(2) 백열등의 구조

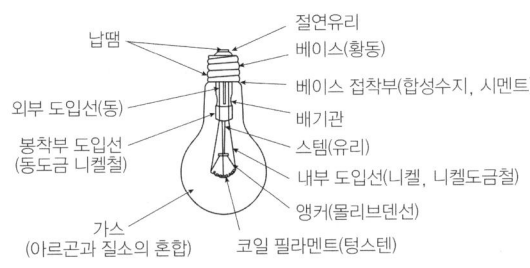

▲ 백열등의 구조

① 필라멘트
- 줄열에 의해 고온으로 가열되고 이때의 열방사에 의해 발생하는 빛을 직접 내는 부분이다.
- 필라멘트를 2중 코일로 하는 이유: 수명을 길게 하고, 효율을 높이기 위해서이다.

▲ 필라멘트 종류(좌: 단일 코일형, 우: 이중 코일형)

Tip 강의 꿀팁

백열등은 효율이 나쁜 광원으로 점차 사용이 감소하는 추세예요.

독학이 쉬워지는 기초개념

Tip 강의 꿀팁

봉착부에서는 도입선이 유리구를 통과하므로 공기가 새지 않도록 유리와 밀착성을 증가시키기 위해 팽창 계수가 거의 같은 듀밋선(Dumet wire)이 사용돼요.

백열전구의 동정 곡선
- 전구를 사용할수록 필라멘트가 증발하여 가늘어지고 필라멘트의 저항은 점점 커지게 된다.
- 필라멘트의 저항이 커지면 전류는 감소하고, 광속은 저하되고 효율도 저하된다.
- 이러한 변화 상태를 그린 곡선을 동정 곡선이라고 한다.

- 필라멘트의 구비 조건
  - 고유 저항이 커서 줄열이 많이 발생할 것
  - 융해점(용융점)이 높을 것
  - 선 팽창 계수가 작을 것
  - 고온에서 증발이 적을 것
  - 고온에서의 기계적 강도가 클 것
  - 가는 선으로 가공이 용이할 것

② 도입선
  - 외부 도입선: 구리선(동선)
  - 봉착부 도입선: 듀밋선(철-니켈 합금선에 동 피복을 한 선)
  - 내부 도입선: 니켈, 니켈 도금철

③ 앵커(지지선): 몰리브덴 사용

④ 봉입 가스
  - 아르곤: 증발 억제 효과가 크고 열손실이 적다.
  - 질소: 산화 방지 및 아크를 억제하여 수명을 연장한다.
  - 봉입 가스의 압력
    - 상온 상태: 570[mmHg] 정도
    - 점등 상태: 760[mmHg] 정도

⑤ 게터
  - 전구의 수명을 길게 하고 흑화를 방지하기 위하여 사용되는 것
  - 적린 게터: 40[W] 미만의 저출력 전구에 사용
  - 질화 바륨 게터: 40[W] 이상의 전구에 사용

(3) 에이징(Aging)
  ① 제작을 마친 새 백열등은 처음 점등하면 필라멘트의 결정 구조가 안정화될 때까지 처음 수십 분 동안은 광속, 전류 등의 변화가 심하다.
  ② 새 백열등의 제작을 마친 다음 약간 높은 전압으로 1시간 정도 점등하여 특성을 안정화시키는데, 이러한 특성 안정 조작을 에이징이라고 한다.

기출 & 예상문제

□□▶ 전구에 가스를 봉입하는 이유로 적합하지 않은 사항은?
① 광색의 개선을 위해서이다.
② 필라멘트 증발 억제 작용을 한다.
③ 수명을 길게 한다.
④ 발광 효율이 높아진다.

| 해설 |
봉입 가스
- 아르곤: 증발 억제 효과가 크고, 열손실이 적다.
- 질소: 산화 방지 및 아크를 억제하여 수명을 연장한다.
- 봉입 가스의 압력
  - 상온 상태: 570[mmHg] 정도
  - 점등 상태: 760[mmHg] 정도

답 ①

2 형광등

(1) 발광 원리
   ① 진공으로 된 유리관에 수은과 아르곤을 넣고 수은의 방전으로부터 파장 2,537[Å]의 자외선을 발생시켜 유리관 내면의 형광체에 조사하면 그 형광체에서 가시광선으로 바꾸어 발광하는 방전등이다.
   ② 형광체의 종류에 따라 여러 가지 광원의 색을 낼 수 있다.

(2) 구조

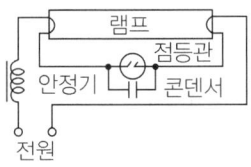

▲ 형광등의 구조

① 형광등
   • 전극: 열을 발생시켜 수은 기체를 방전시키는 부분이다.
   • 수은: 직접 여기 및 전리되어 방전된다.
   • 아르곤: 불활성 완충 기체로서 방전 개시를 용이하게 하고 전극의 수명을 길게 하며 발광 효율을 향상시킨다.

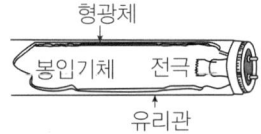

▲ 형광등 내부 구조

② 안정기
   • 형광등과 같은 방전등의 전압-전류 특성은 부(-) 저항 특성이므로 안정기를 일정한 전압의 전원에 연결하면 전류가 급속히 증가되어 방전등이 파괴되는 것을 방지하는 역할을 한다.
   • 보통 형광등용 안정기의 효율은 55~65[%] 정도이다.

(3) 특징(장·단점)
   ① 장점
      • 수명이 길고 효율이 좋다.
      • 휘도가 낮다.
      • 임의의 광색을 얻을 수 있다.

형광체	텅스텐산 칼슘	텅스텐산 마그네슘	규산 아연	규산 카드뮴	붕산 카드뮴
광색	청색	청백색	녹색	등색	분홍색

   • 열방사가 백열등에 비해 $\frac{1}{4}$ 정도로 작다.

독학이 쉬워지는 기초개념

Tip 강의 꿀팁

형광등은 안정기를 사용하므로 역률이 좋지 않아요!

독학이 쉬워지는 기초개념

효율이 최대가 되는 온도
- 주위 온도: 약 20~25[℃]
- 관벽 온도: 약 40~45[℃]

3파장 형광등
청색, 녹색, 적색

---

② 단점
- 역률이 나쁘다.
- 점등에 시간이 걸린다.
- 여러 가지 부속 장치가 필요하여 가격이 비싸다.
- 플리커(빛의 깜박임) 현상이 있다.
- 주위 온도의 영향을 받는다.

(4) 형광등의 수명과 동정
① 동정 곡선: 점등 시간에 따라 전류, 전압, 전력 및 효율 등의 관계를 광속으로 나타내는 곡선이다.
② 형광등의 특성
- 유효 수명: 점등 개시 후 처음 광속의 80[%]로 되었을 때의 시간과 형광등이 방전 불능이 되었을 때까지의 시간 중 짧은 시간
- 전광속: 점등 100시간 후 광속(초특성)
- 동정 특성 광속: 점등 500시간 후 광속

기출 & 예상문제

중요도 방전등의 전압-전류 특성은 부(-) 특성이므로 일정 전압의 전원에 연결하면 전류가 급속히 증가되어 방전등을 파괴한다. 이것을 방지하기 위하여 필요한 장치는?
① 점등관
② 콘덴서
③ 안정기
④ 초크 코일

| 해설 |
안정기
- 형광등과 같은 방전등의 전압-전류 특성은 부(-) 특성이므로 안정기를 일정한 전압의 전원에 연결하면 전류가 급속히 증가되어 방전등이 파괴되는 것을 방지하는 역할을 한다.
- 보통 형광등용 안정기의 효율은 55~65[%] 정도이다.

답 ③

3 할로겐등

(1) 발광 원리
① 할로겐등은 소량의 할로겐 물질을 포함한 불활성 가스를 봉입하여 할로겐 물질의 화학 반응을 이용한 가스입 텅스텐 전구이다.
② 일반 백열등에 비해 소형이고 효율, 수명을 개선시킨 전구이다.

(2) 용도
① 옥외의 투광 조명, 고천장 조명, 광학용, 비행장 활주로용, 자동차용, 복사기용으로 주로 사용된다.
② 상점의 스포트라이트, 백라이트 등에도 사용된다.
③ 용량: 500~1,500[W], 효율: 20~22[lm/W], 수명: 2,000시간 이상

(3) 특징

① 백열등에 비해 크기가 $\frac{1}{10}$ 정도밖에 되지 않는 초소형 전구이다.
② 수명이 백열등에 비해 2배 이상으로 길다.
③ 광속이 크다.
④ 점등 장치가 필요 없어 구조가 간단하다.
⑤ 열충격에 강하다.
⑥ 배광 제어가 용이하다.
⑦ 연색성이 우수하다.
⑧ 흑화가 거의 발생하지 않는다.
⑨ 휘도가 높다.
⑩ 온도가 높다.

기출 & 예상문제

방전등에 속하지 않는 것은?

① 수은등
② 할로겐등
③ 형광 수은등
④ 메탈 핼라이드등

| 해설 |
발광 원리에 따른 램프의 종류
- 온도 복사: 백열등, 할로겐등
- 방전등: 형광등, 수은등, 나트륨등, 메탈 핼라이드등

답 ②

4 나트륨등

(1) 발광 원리

① 나트륨 증기 중의 방전을 이용한 것으로 분광 분포는 D선이라 불리는 $5,890 \sim 5,896 [\text{Å}]$의 황색선이 대부분(76[%])을 차지한다.
② 인공 광원 중 최대 발광 효율을 나타내는 광원이다.($80 \sim 150 [\text{lm/W}]$ 정도)

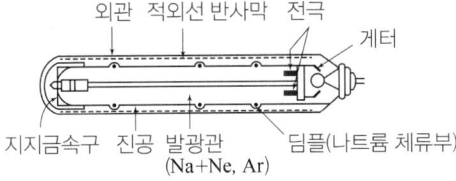

▲ 나트륨등의 구조

(2) 특징

① 방전등의 효율이 대단히 높다.
② 빛의 직진성 및 투과성이 우수하다.
③ 안개가 많은 강변 지역의 가로등, 터널 내의 등으로 많이 사용된다.
④ 색 파장: 황색 589[nm]
⑤ 이론 효율: 395[lm/W], 실제 효율: 40~70[lm/W]

도로의 터널등
나트륨등

기출 & 예상문제

램프 효율이 우수하고 단색광이므로 안개 지역에서 가장 많이 사용되는 광원은?

① 나트륨등 ② 메탈 핼라이드등
③ 수은등   ④ 크세논등

| 해설 |
나트륨등의 특징
• 방전등의 효율이 대단히 높다.
• 빛의 직진성 및 투과성이 우수하다.
• 안개가 많은 강변 지역의 가로등, 터널 내의 등으로 많이 사용된다.

답 ①

5 수은등

(1) 발광 원리
 ① 수은 증기 중의 아크 방전을 이용한 램프이다.
 ② 수은의 압력에 따라 저압 수은등, 고압 수은등과 초고압 수은등이 있다.
  • 저압 수은등: 수은 증기 압력 0.01[mmHg] 정도
  • 고압 수은등: 수은 증기 압력 1기압(760[mmHg]) 정도
  • 초고압 수은등: 수은 증기 압력 10~200기압 정도

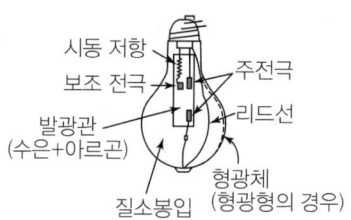

▲ 수은등의 구조

(2) 용도
 ① 저압 수은등: 자외선이 많이 나오므로 의료용, 살균용, 물질 감별용으로 많이 사용된다.
 ② 고압 수은등: 가로등 조명이나 광장 조명용으로 많이 사용된다.
 ③ 초고압 수은등: 가로등 조명, 공장 조명, 영화 촬영, 영사기 등에 많이 사용된다.

(3) 특징
 ① 주로 수은의 선스펙트럼으로 연색성은 나쁘다.
 ② 형광 수은등은 일반형에 비해 다량의 가시광선을 방사한다.
 ③ 시동, 재시동 시간: 10분 이내
 ④ 효율: 35~55[lm/W]

Tip 강의 꿀팁

수은등을 사용한 가로등 밑에서는 연색성이 좋지 않아 옷 색깔이 다르게 보여요!

6 메탈 핼라이드등

(1) 발광 원리
① 고압 수은등에 금속 할로겐 화합물을 첨가하여 효율 및 연색성을 개선시킨 방전등이다.
② 첨가물 종류에 따라 용도에 적합한 분광 에너지 분포를 변화시킨다.

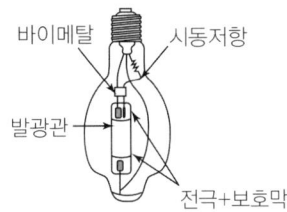

▲ 메탈 핼라이드등의 구조

(2) 특징
① 연색성이 비교적 뛰어나고 효율도 수은등의 1.5배에 이르며, 수명은 6,000~9,000시간이다.
② 옥내·외의 스포츠 시설, 높은 천장으로 된 공장의 내부, 사무실이나 홀·점포 등의 조명으로 널리 쓰인다.

7 크세논등

(1) 발광 원리
① 크세논 가스 속에서 일어나는 방전에 의한 발광을 이용한 램프로, 각종의 광원(光源) 중에서 자연광에 가장 가까운 빛을 낸다.
② 석영관(石英管) 속에 한 쌍의 전극을 넣고 이 전극 사이에 방전이 일어나게 한다.

(2) 특징
① 수 [kW]에 이르는 대형 램프도 있으며, 발광 효율은 1[W]당 20~40[lm]에 달하며, 백열등의 효율 1[W]당 10~20[lm]에 비해 훨씬 높다.
② 쇼트 아크 크세논등은 직류용으로 점광원(點光源)에 가까운 것을 얻을 수 있으므로 영사기에 사용되며, 자연광에 가까우므로 천연색 영화 촬영용의 광원으로 사용된다.
③ 석영관을 길게 해서 그 양쪽 끝에 전극을 설치한 것을 롱 아크 크세논등이라고 하며, 이는 교류로 점등하는 것이 보통인데 대형 램프를 만들 수 있는 20[kW]가 되는 것도 있다.
④ 이 밖에 소형은 카메라에 부속시켜서 촬영용 스트로보 광원으로 사용된다.

8 네온등(네온전구)

(1) 발광 원리
① 글로우 방전등의 일종으로 네온의 음극광을 사용한 전구이다.
② 네온사인에 쓰이는 네온관등과 마찬가지로 글로우 방전을 이용한 것이다. 다만, 네온관등에서는 양광주(陽光柱)를 광원으로 이용하지만, 네온등은 부(−) 글로우의 빛을 이용한다.

독학이 쉬워지는 기초개념

Tip 강의 꿀팁

• 방전 발광
 - 형광등
 - 고압수은등
 - 메탈 핼라이드등
 - 크세논등
 - 나트륨등
• 온도 복사
 - 백열등
 - 할로겐등

전압특성

$$\frac{F}{F_o} = \frac{E}{E_o} = \frac{I}{I_o} = \left(\frac{V}{V_o}\right)^{3.6}$$

F, E, I, V: 측정값
F_o, E_o, I_o, V_o: 정격

---

(2) 특징
① 크기가 작고 전력의 소비가 적어 적은 양의 전류로도 점등된다. 따라서 형광등처럼 많은 양의 전류보다는 높은 전압이 필요하다.
② 전구의 수명이 길고 사용할 수 있는 전압의 범위가 넓은 것이 특징이다. 광원은 등적색의 빛을 내며 발광 효율은 $0.3[lm/W]$로 낮은 편이다.
③ 빛의 관성이 없고 일정 범위 내에서는 전류와 광도가 비례하므로 오실로그래프, 스트로보 스코프용에 이용된다.
④ 음극만 빛나므로 전류의 극성을 판별하는 데 이용된다.
⑤ 이 외에도 배전반의 파일럿 램프나 휴대용 검전기, 라디오 표시등, 타이머 회로 등에 많이 쓰인다.

9 램프의 효율 비교

(1) 램프의 종류별 효율
① 나트륨등: $80 \sim 150[lm/W]$
② 메탈 핼라이드등: $75 \sim 105[lm/W]$
③ 형광등: $48 \sim 80[lm/W]$
④ 수은등: $35 \sim 55[lm/W]$
⑤ 할로겐등: $20 \sim 22[lm/W]$
⑥ 백열등: $7 \sim 20[lm/W]$

(2) 램프의 효율이 좋은 순서
나트륨등 > 메탈 핼라이드등 > 형광등 > 수은등 > 할로겐등 > 백열등

기출 & 예상문제

다음 중 네온등의 용도로서 틀린 것은?

① 소비 전력이 적으므로 배전반의 표시등에 적합하다.
② 부(-) 글로우를 이용하고 있어 직류의 극성 판별에 사용된다.
③ 일정한 전압에서 점등되므로 검전기, 교류 파고값의 측정에 이용할 수 없다.
④ 네온등은 전극 간의 길이가 짧으므로 부(-) 글로우를 발광으로 이용한 것이다.

| 해설 |
네온등
• 소비 전력이 적으므로 배전반의 표시등에 적합하다.
• 부(-) 글로우를 이용하고 있어 직류의 극성 판별에 사용된다.
• 일정한 전압에서 점등되므로 검전기, 교류 파고값의 측정에 이용할 수 있다.
• 네온등은 전극 간의 길이가 짧으므로 부(-) 글로우를 발광으로 이용한 것이다.
• 광도가 전류에 비례한다.
• 음극에서 발광하므로 직류 극성 판별에 사용한다.
• 빛의 관성이 없다.

답 ③

THEME 03 조명의 설계

1 조명 기구에 의한 조명 설계

(1) 조명의 목적
   ① 명시 조명: 어떤 작업에 지장이 없는 순수한 조도 확보만을 위해 물체를 명확하게 식별하기 위한 조명이다.
   ② 분위기 조명: 순수한 조도 확보만의 목적뿐만 아니라 전체적인 공간의 분위기를 적절하게 하기 위한 조명이다.

(2) 조명 기구
   ① 조명 기구: 반사기, 전등갓, 글로브, 투광기 등
   ② 루버: 빛을 아래쪽으로 확산시켜 눈부심을 적게 하는 조명 기구

(3) 조명 기구 배치에 따른 조명 방식
   ① 전반 조명
      • 상당히 넓은 실내에 적당한 크기의 광원을 규칙적으로 배치하여 조도 분포를 고르게 한다.
      • 공장, 사무실, 백화점 등에 많이 쓰인다.
   ② 국부 조명
      • 필요한 곳만을 강하게 조명하는 조명법이다.
      • 정밀한 작업을 할 때 혹은 높은 조도를 필요로 할 때에는 전반 조명과 병용하여 경제적인 조명으로 쓰인다.
      • 매우 높은 조명도를 가지려면 국부 조명을 택해야 한다.
      • 실내의 특정 장소, 특히 그 주위의 휘도를 비교하는 것 등에 적용한다.
   ③ 전반 국부 조명
      • 어떤 특정 위치, 예를 들면 특정한 시작업(視作業)이 행하여지고 있는 장소를 그 공간의 전반 조명보다 고조도가 되도록 전반을 포함해서 설계된 조명 방식이다.
      • 작업면 전체는 비교적 낮은 조도의 전반 조명을 실시하고 필요한 장소에만 높은 조도가 되도록 국부 조명을 하는 방식이다.

▲ 조명 방식

독학이 쉬워지는 기초개념

Tip 강의 꿀팁

• **반사기**(Reflector): 램프의 배광을 교환하는 데 반사 현상을 이용하는 조명 기구 또는 기구의 구성 부분
• **갓**(Shade): 조명 기구의 램프 베이스의 접촉으로부터 사용자를 보호하기 위한 원통형 부속품
• **투광기**(Projector): 투사기 또는 프로젝터라고도 하며 반사경 또는 렌즈를 사용하여 어떤 범위의 방향에 고광도의 빛이 얻어지도록 한 조명 기구로서 주로 옥외 조명 기구로 사용
• **루버**(Louver): 주어진 범위 이외에서는 램프에서의 직사광을 차단하도록 한 확산 투과 또는 불투명 차광판으로 이루어지는 조명 용구

Tip 강의 꿀팁

일반 사무실에서 가장 많이 사용하는 조명 방식이 전반 조명이에요.

기출 & 예상문제

중요도 빛을 아래쪽에 확산, 복사시키며 눈부심을 적게 하는 조명 기구는?
① 루버   ② 글로브
③ 반사볼 ④ 투광기

| 해설 |
루버
빛을 아래쪽에 확산, 복사시키며 눈부심을 적게 하는 조명 기구

답 ①

독학이 쉬워지는 기초개념

2 조명 방식에 의한 조명 설계

분류 구분	직접 조명	반직접 조명	전반 확산 조명	반간접 조명	간접 조명
배광 곡선					
상향 광속	0~10[%]	10~40[%]	40~60[%]	60~90[%]	90~100[%]
조명 기구 형태 (전구형)					
하향 광속	90~100[%]	60~90[%]	40~60[%]	10~40[%]	0~10[%]
특징	• 고조도 • 눈부심 큼	직접 조명에 비해 눈부심이 적고 부드러움	• 상, 하향 휘도 분포 균일 • 유백색 유리, 아크릴 수지 이용	천장을 주광원으로 이용	• 우수한 확산성과 낮은 휘도 • 차분한 분위기
용도	전반 조명용 (공장, 사무실)	일반 사무실, 주택	고급 사무실, 상점	분위기 조명 (병실, 침실)	대합실, 회의실

기출 & 예상문제

중요도 발산 광속이 상향으로 90~100[%] 정도 발산하며 직사 눈부심이 없고 낮은 휘도를 얻을 수 있는 조명 방식은?

① 직접 조명
② 간접 조명
③ 국부 조명
④ 전반 확산 조명

| 해설 |
간접 조명
• 등의 상향 방향의 광속이 90[%] 이상이고, 하향 광속은 10[%] 이하인 조명 방식이다.
• 거의 대부분의 발산 광속을 조명의 윗방향 천장 쪽으로 조사시키는 방식이다.

답 ②

3 건축화 조명

(1) 정의
   ① 천장·벽·기둥 등 건축물의 내부에 조명 기구를 붙여 건물의 내부 일체를 만드는 조명 방식이다.
   ② 시설비가 비싸지만 쾌적한 환경을 만들 수 있다.

(2) 종류
   ① 광천장(Luminous ceiling) 조명: 천장 전면을 발광면으로 하는 조명으로, 재료는 유백색 합성수지판이 사용된다.
   ② 루버(Louver) 천장 조명: 루버를 천장에 부착하고 그 위쪽에 광원을 배치한 조명으로, 직접 조명의 일종이다.
   ③ 코브(Cove) 조명: 천장이나 벽 상부에 빛을 보내기 위한 조명 장치로, 광원이 선반이나 오목한 부분에 의해 가려져 있고, 휘도가 균일하다.
   ④ 다운 라이트(Down light) 조명
   • 천장에 작은 구멍을 뚫고 그 속에 광원을 매입하는 조명 방식이다.
   • 건물의 일부에 광원을 매입하여 조명과 건물을 일체화하는 건축화 조명 가운데 하나로, 가장 많이 쓰이는 조명 방식이다.
   • 광원으로는 백열등이나 할로겐등이 많이 사용된다.
   • 매입형이므로 조명 기구의 노출이 거의 없어 천장면이 잘 정돈되어 보이는 것이 장점이다.
   • 개구부가 특히 적은 것을 핀홀 라이트(Pinhole light), 반원 모양의 구멍을 뚫고 그 속에 광원을 설치한 것을 코퍼 라이트(Coffer light)라고 한다.
   ⑤ 코너(Corner) 조명: 천장과 벽면 사이에 조명 기구를 배치하여 천장과 벽면을 동시에 조명하는 방법이다.
   ⑥ 코니스(Cornice) 조명: 실내의 코너를 이용하여 코니스라는 자재를 15~20[cm] 정도 내려 아래쪽의 벽 또는 커튼을 조명하도록 하는 방법이다.
   ⑦ 밸런스(Valance) 조명: 광원의 전면에 밸런스 판을 설치하여 천장면이나 벽면으로 반사시켜 조명하는 방식이다.

▲ 건축화 조명의 종류

독학이 쉬워지는 기초개념

Tip 강의 꿀팁

건축화 조명은 건물을 지을 때부터 조명 설계를 검토해요.

• Down light: 천장에 작은 홀을 뚫고 조명 기구를 매입하여 빛을 아래로 향하게 하는 조명
• Pinhole light: Down light의 일종으로 아래로 반사되는 구멍을 적게 하거나 렌즈를 달아서 복도에 집중되도록 하는 조명
• Coffor light: 대형 Down light라고도 하며 천장에 원형 또는 사각으로 매입하여 설치하는 것
• Line light: 매입등을 1열로 나열하여 설치하는 방식

• 코브 조명:
  벽의 가장자리에서 벽 상부 또는 천장을 비춤
• 코니스 조명
  천장 가장자리에서 아래쪽으로 비춤
• 밸런스 조명
  위/아래로 비춤

> **독학이 쉬워지는 기초개념**

> **기출 & 예상문제**
>
> 🔋 다운 라이트(Down-light)의 일종으로 아래로 조사되는 구멍을 적게 하거나 렌즈를 달아 복도에 집중되도록 한 조명은?
> ① Pinhole light   ② Coffer light
> ③ Line light   ④ Cornish light
>
> | 해설 |
> 다운 라이트 조명
> • 건물의 일부에 광원을 매입하여 조명과 건물을 일체화하는 건축화 조명 중 하나로, 가장 많이 쓰이는 조명 방식이다.
> • 광원으로는 백열등이나 할로겐등이 많이 사용된다.
> • 매입형이므로 조명 기구의 노출이 거의 없어 천장면이 잘 정돈되어 보이는 것이 장점이다.
> • 개구부가 특히 적은 것을 핀홀 라이트(Pinhole light), 반원 모양의 구멍을 뚫고 그 속에 광원을 설치한 것을 코퍼 라이트(Coffer light)라고 한다.
>
> 답 ①

4 조명 설계

(1) 전등의 설치 높이와 간격

① 등의 높이(등고)
- 직접 조명 방식: 등 높이 H = (작업면에서 광원까지의 높이)
- 간접 조명 방식: 등 높이 H = (작업면에서 천장까지의 높이)

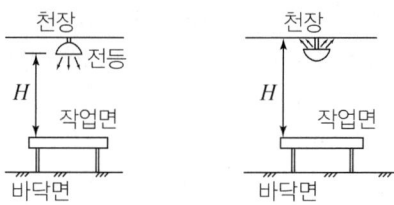

(a) 직접 조명 방식   (b) 간접 조명 방식

▲ 전등의 등고

② 등 간격
- 등기구와 등기구의 간격: $S \leq 1.5H$
- 벽과 등기구의 간격

  $S \leq \dfrac{H}{2}$ (벽면을 사용하지 않을 경우)

  $S \leq \dfrac{H}{3}$ (벽면을 사용할 경우)

(2) 실지수 또는 방지수(RI: Room Index)

① 광속법에 의해 실내의 전등 조명 계산을 하는 경우, 조명 기구의 이용률(조명률) U를 구하기 위한 하나의 지수로서 방의 모양에 의한 영향을 나타낸 것이다.

② 실지수 RI는 방의 폭 X[m], 길이 Y[m], 등고 H[m]의 함수로서 나타낸다.

③ 실지수 계산식

$$RI = \frac{XY}{H(X+Y)}$$

(X[m]: 방의 폭, Y[m]: 방의 길이, H[m]: 등고)

(3) 조명률
① 조명률은 전광속에 대한 작업면에 입사되는 광속의 백분율로 나타낸다.
② 조명률을 결정하는 요소
- 방의 크기와 모양에 따른 실지수(RI)
- 조명 기구의 종류
- 천장, 벽, 바닥 등의 반사율

③ 조명률 계산식

$$U = \frac{F}{F_0} \times 100\,[\%]$$

(F_0[lm]: 전광속, F: 작업면의 입사 광속)

(4) 감광 보상률
① 광원으로부터의 광속 수는 광원의 수명과 더불어 감소하고 광원 표면, 반사면 등의 먼지(보수 상태)에 의해서도 감소한다.
② 감광 보상률은 광원의 광속 감소의 비율을 말하며, 조명 설계 시 예상해 둘 필요가 있는 요소이다.

$$\text{감광 보상률: } D = \frac{1}{M}$$

(M: 보수율(유지율))

(5) 조도(E)의 산출

$$FUN = EAD$$

(F: 광속[lm], U: 조명률, N: 사용하는 등의 개수, E: 조도[lx], A: 면적[m²],
D: 감광 보상률($= \frac{1}{M}$))

(6) 도로 조명 설계
① 직선 도로: 양측 배열(대칭 배열), 지그재그 배열, 한쪽(일렬) 배열, 중앙 배열로 등기구 배치를 한다.
② 곡선 도로: 멀리서 보더라도 곡선 도로의 굴곡된 모양을 쉽게 알 수 있도록 직선 도로보다 등기구 간격을 조밀하게 배치한다.

독학이 쉬워지는 기초개념

Tip 강의 꿀팁

똑같은 조명 기구라도 실지수에 따라 조도의 정도가 차이가 나요.

Tip 강의 꿀팁

실제 도로에서 조명을 관찰해 보세요.

독학이 쉬워지는 기초개념

③ 등기구 1개당 도로를 비추는 면적
- 양측 대칭 배열, 양측 지그재그 배열
$$A = \frac{a \times b}{2} [m^2] \, (a: \text{도로의 폭}, \, b: \text{등간격})$$
- 한쪽 배열, 중앙 배열
$$A = a \times b \, [m^2] \, (a: \text{도로의 폭}, \, b: \text{등간격})$$

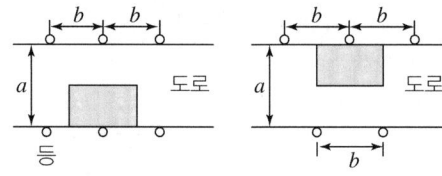

(a) 양측 대칭 배열   (b) 양측 지그재그 배열

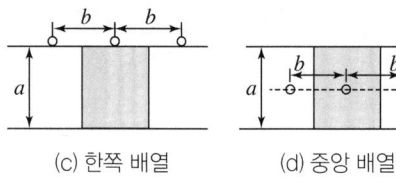

(c) 한쪽 배열   (d) 중앙 배열

▲ 도로 조명 배열 방식

④ 도로의 평균 조도(E)의 산출

$$FUN = EAD \text{ 또는 } E = \frac{FUN}{AD}$$

(F: 광속[lm], U: 조명률, N: 사용하는 등의 개수(보통 1개로 계산), E: 조도[lx], A: 등기구 1개당 비추는 도로의 면적[m²], D: 감광 보상률($= \frac{1}{M}$))

기출 & 예상문제

중요도
폭 6[m], 길이 10[m], 높이 4[m]인 교실에 32[W] 형광등 20개를 점등하였다. 교실의 평균 조도는 약 몇 [lx]인가?(단, 조명률 0.45, 감광 보상률 1.3, 32[W] 형광등의 광속은 1,500[lm]이다.)

① 153
② 163
③ 173
④ 183

| 해설 |
$FUN = EAD$에서
$$\therefore E = \frac{FUN}{AD} = \frac{1,500 \times 0.45 \times 20}{(6 \times 10) \times 1.3} = 173[lx]$$

답 ③

CHAPTER 01 CBT 적중문제

01
사람의 눈이 가장 밝게 느낄 때의 최대 시감도는 약 몇 [lm/W]인가?

① 540
② 555
③ 683
④ 760

해설 시감도
- 어느 파장의 에너지가 빛으로 느껴지는 정도를 말한다.
- 최대 시감도는 파장 555[nm]의 황록색에서 발생하며, 그 때의 시감도는 683[lm/W]이다.

02
시감도가 가장 좋은 광색은?

① 청색
② 백색
③ 적색
④ 황록색

해설 시감도
- 어느 파장의 에너지가 빛으로 느껴지는 정도를 말한다.
- 최대 시감도는 파장 555[nm]의 황록색에서 발생하며, 그 때의 시감도는 683[lm/W]이다.

03
광속에 대한 설명으로 옳은 것은?

① 가시 범위의 방사속을 눈의 감도를 기준으로 측정한 것
② 하나의 점광원으로부터 임의의 방향을 나타낸 것
③ 단위 시간당 복사되는 에너지
④ 피조면의 단위 면적당 입사되는 에너지

해설 광속
가시 범위의 방사속을 눈의 감도를 기준으로 측정한 것이다.

04
광도의 단위는 무엇인가?

① 루멘[lm]
② 칸델라[cd]
③ 스틸브[sb]
④ 럭스[lx]

해설 조명 용어 및 사용 단위
- 광속: 루멘[lm]
- 광도: 칸델라[cd]
- 휘도: 스틸브[sb]
- 조도: 럭스[lx]

05
눈부심을 일으키는 램프의 휘도 한계는 얼마인가?

① $0.5[cd/cm^2]$
② $1.5[cd/cm^2]$
③ $2.5[cd/cm^2]$
④ $3[cd/cm^2]$

해설 사람의 눈이 눈부심을 느끼는 휘도 한계
$0.5[cd/cm^2]$

06
평균 구면 광도가 90[cd]인 전구로부터의 총 발산 광속[lm]은?

① 1,130
② 1,230
③ 1,330
④ 1,440

해설
$F = 4\pi I = 4\pi \times 90 = 1,130[lm]$

| 정답 | 01 ③ 02 ④ 03 ① 04 ② 05 ① 06 ①

07

광도가 $312[\text{cd}]$인 전등을 지름 $3[\text{m}]$의 원탁 중심 바로 위 $2[\text{m}]$ 되는 곳에 놓았다. 원탁 가장 자리의 조도는 약 몇 $[\text{lx}]$인가?

① 30 ② 40
③ 50 ④ 60

해설

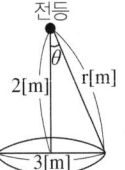

- 전등에서 원탁 가장 자리까지의 거리
  $r = \sqrt{2^2 + 1.5^2} = 2.5[\text{m}]$
- 수평면 조도
  $E_h = \dfrac{I}{r^2}\cos\theta = \dfrac{312}{2.5^2} \times \dfrac{2}{2.5} = 40[\text{lx}]$

08

완전 확산 평판 광원의 최대 광도가 $I[\text{cd}]$일 때의 전광속$[\text{lm}]$은?(단, 보통 한 면에서 광속이 나오는 것으로 한다.)

① $2\pi I$ ② πI
③ $3\pi I$ ④ $4\pi I$

해설 완전 확산 평판 광원의 광도

- 휘도
  $B = \dfrac{I}{A}\,[\text{cd/m}^2]$
- 광속 발산도
  $R = \pi B = \dfrac{\pi I}{A}\,[\text{lm/m}^2]$
- 전광속
  $F = RA = \dfrac{\pi I}{A} \times A = \pi I\,[\text{lm}]$

09

점광원 $150[\text{cd}]$에서 $5[\text{m}]$ 떨어진 곳의 그 방향과 직각인 면과 기울기 $60°$로 설치된 간판의 조도는 몇 $[\text{lx}]$인가?

① 1 ② 2
③ 3 ④ 4

해설

$E = \dfrac{I}{r^2}\cos\theta = \dfrac{150}{5^2} \times \cos 60° = 3[\text{lx}]$

10

$150[\text{W}]$ 백열등을 반경 $20[\text{cm}]$, 투과율 $80[\%]$의 글로브 속에서 점등시켰을 때의 휘도 $[\text{sb}]$는 약 얼마인가?(단, 글로브의 반사는 무시하고, 전구의 광속은 $2{,}450[\text{lm}]$이라 한다.)

① 0.124 ② 0.390
③ 0.487 ④ 0.496

해설

- 외구에서 나오는 광속
  $F_0 = 4\pi I = \tau F = 0.8 \times 2{,}450 = 1{,}960[\text{lm}]$
- 휘도
  $B = \dfrac{I}{S} = \dfrac{I}{\pi r^2} = \dfrac{F_0}{4\pi \times \pi r^2} = \dfrac{1{,}960}{4\pi \times \pi \times 20^2}$
  $= 0.124[\text{sb}]$

11

그림과 같이 광원 L에 의한 모서리 B의 조도가 $20[\text{lx}]$일 때, B로 향하는 방향의 광도 $[\text{cd}]$는 약 얼마인가?

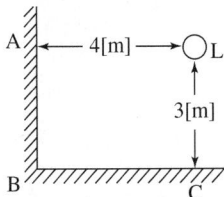

① 780 ② 833
③ 900 ④ 950

해설

$\overline{LB} = r = \sqrt{3^2 + 4^2} = 5[\text{m}]$

$I = \dfrac{E_h \times r^2}{\cos\theta} = \dfrac{20 \times 5^2}{0.6} = 833[\text{cd}]$

12

정격 전압 $220[\text{V}]$, $100[\text{W}]$의 전구를 점등한 방의 조도가 $120[\text{lx}]$이다. 이 부하에 전압을 $218[\text{V}]$ 인가하면 이 방의 조도는 약 몇 $[\text{lx}]$인가?(단, 여기서 광속의 전압 지수는 3.6으로 한다.)

① 119
② 118
③ 116
④ 124

해설 조도와 전압 특성 관계
$E \propto I \propto F \propto V^{3.6}$
새로운 조도는
$E_2 = E_1 \left(\dfrac{V_2}{V_1}\right)^{3.6} = 120 \times \left(\dfrac{218}{220}\right)^{3.6} = 116[\text{lx}]$

13

그림과 같이 간판을 비추는 광원이 있다. 간판면상 P점의 조도를 $200[\text{lx}]$로 하려면 광원의 광도$[\text{cd}]$는?

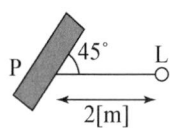

① 400
② 500
③ $800\sqrt{2}$
④ $500\sqrt{2}$

해설
• 수평면 조도
$E = \dfrac{I}{r^2}\cos\theta\ [\text{lx}]$
• 광원이 이루는 각도
$\theta = 90° - 45° = 45°$
따라서 광도는
$I = \dfrac{E \times r^2}{\cos\theta} = \dfrac{200 \times 2^2}{\cos 45°} = \dfrac{200 \times 2^2}{\dfrac{\sqrt{2}}{2}} = \dfrac{200 \times 2^3}{\sqrt{2}} = \dfrac{1{,}600\sqrt{2}}{2}$
$= 800\sqrt{2}\ [\text{cd}]$

14

광도가 $160[\text{cd}]$인 점광원으로부터 $4[\text{m}]$ 떨어진 거리에서 그 방향의 직각인 면과 기울기 $60°$로 설치된 간판의 조도$[\text{lx}]$는?

① 3
② 5
③ 10
④ 20

해설
$E = \dfrac{I}{r^2}\cos\theta = \dfrac{160}{4^2} \times \cos 60° = 5[\text{lx}]$

15

그림과 같이 광원 S로 단면의 중심이 O인 원통형 연돌을 비추었을 때 원통의 표면상의 한 점 P에서의 조도는 약 몇 $[\text{lx}]$인가? (단, SP의 거리는 $10[\text{m}]$, $\angle OSP = 10°$, $\angle SOP = 20°$, 광원의 SP 방향의 광도를 $1{,}000[\text{cd}]$라고 한다.)

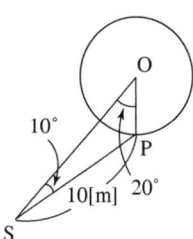

① 4.3
② 6.7
③ 8.6
④ 9.9

해설
$E = \dfrac{I}{r^2}\cos\theta = \dfrac{1{,}000}{10^2} \times \cos 30° = 8.66[\text{lx}]$
(∵ $30°$는 삼각형 SOP에서 점 P의 외각)

16
정격 전압 $100[V]$, 평균 구면 광도 $100[cd]$의 진공 텅스텐 전구를 $97[V]$로 점등한 경우의 광도는 몇 $[cd]$인가?

① 90
② 100
③ 110
④ 120

해설 광도와 전압 특성 관계
$I \propto F \propto V^{3.6}$
$I' = I\left(\dfrac{V'}{V}\right)^{3.6}$ 이므로
$I' = 100 \times \left(\dfrac{97}{100}\right)^{3.6} = 90[cd]$

17
반경 r, 휘도가 B인 완전 확산성 구면 광원의 중심에서 h 되는 거리의 점 P에서 이 광원의 중심으로 향하는 조도의 크기는 얼마인가?

① πB
② $\pi B r^2$
③ $\pi B r^2 h$
④ $\dfrac{\pi B r^2}{h^2}$

해설 완전 확산성 구면 광원에서 h 되는 거리의 점 P에서 이 광원의 중심으로 향하는 조도는
$E_h = \pi B \sin^2\theta$, $\sin\theta = \dfrac{r}{h}$
$\therefore E_h = \pi B \sin^2\theta = \pi B \times \left(\dfrac{r}{h}\right)^2$
$= \dfrac{\pi B r^2}{h^2}[\mathrm{lx}]$

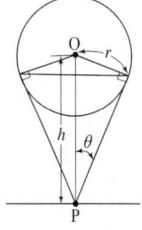

18
완전 확산면의 휘도(B)와 광속 발산도(R)의 관계식은?

① $R = 4\pi B$
② $R = 2\pi B$
③ $R = \pi B$
④ $R = \pi^2 B$

해설 완전 확산면의 휘도(B)와 광속 발산도(R)의 관계식
$R = \pi B$

19
$60[\mathrm{m}^2]$의 정원에 평균 조도 $20[\mathrm{lx}]$를 얻기 위해 필요한 광속 $[\mathrm{lm}]$은?(단, 유효한 광속은 전광속의 $40[\%]$이다.)

① 3,000
② 4,000
③ 4,500
④ 5,000

해설
$F = \dfrac{EA}{\eta} = \dfrac{20 \times 60}{0.4} = 3,000[\mathrm{lm}]$

20
반지름 $20[\mathrm{cm}]$인 완전 확산성 반구를 사용하여 평균 휘도가 $0.4[\mathrm{cd/cm^2}]$인 천장등을 가설하려고 한다. 기구 효율이 0.8이라 하면 약 몇 $[\mathrm{lm}]$의 광속이 나오는 전등을 사용하면 되는가?

① 1,985
② 3,944
③ 7,946
④ 10,530

해설
• 광도
$I = BS = B \times \pi r^2 = 0.4 \times \pi \times 20^2 = 502.4[\mathrm{cd}]$
• 광속
$F = \dfrac{2\pi I}{\eta} = \dfrac{2\pi \times 502.4}{0.8} = 3,944[\mathrm{lm}]$

21
높이 3[m]의 가로등 A, B가 8[m]의 간격으로 배치되어 있고, 그 중앙 P점에서 조도계를 A를 향하여 측정한 법선 조도가 1[lx], B를 향하여 측정한 법선 조도가 0.8[lx]라 한다. P점의 수평면 조도는 몇 [lx]인가?

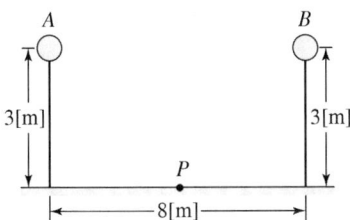

① 0.8
② 1.8
③ 1.08
④ 2.08

해설

A에 의한 법선 조도를 E_{nA}, B에 의한 법선 조도를 E_{nB}라 하고, 입사각을 θ라 하면 각각의 수평면 조도 E_{hA}, E_{hB}는

$E_{hA} = E_{nA}\cos\theta$, $E_{hB} = E_{nB}\cos\theta$, $\cos\theta = \dfrac{3}{\sqrt{3^2+4^2}} = \dfrac{3}{5}$

P점의 수평면 조도 E_h는 A점의 수평면 조도와 B점의 수평면 조도의 합이므로

$$\begin{aligned}E_h &= E_{hA} + E_{hB} \\ &= E_{nA}\cos\theta + E_{nB}\cos\theta \\ &= (E_{nA} + E_{nB})\cos\theta \\ &= (1+0.8)\times\dfrac{3}{5} \\ &= 1.08[\text{lx}]\end{aligned}$$

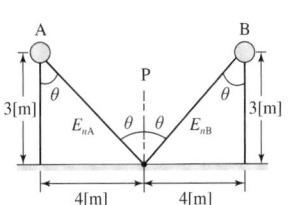

22
어떤 종이는 반사율이 50[%], 흡수율이 20[%]이다. 여기에 1,200[lm]의 광속을 비추었을 때 투과 광속은 몇 [lm]인가?

① 360
② 430
③ 580
④ 960

해설

- $\rho + \tau + \alpha = 1$
- 투과율
  $\tau = 1 - \rho - \alpha = 1 - 0.5 - 0.2 = 0.3$
- 투과 광속
  $F_\tau = \tau F = 0.3 \times 1,200 = 360[\text{lm}]$

23
반사율 60[%], 흡수율 20[%]를 가지고 있는 물체에 2,000[lm]의 빛을 비추었을 때 투과되는 광속은 몇 [lm]인가?

① 100
② 200
③ 300
④ 400

해설

- $\rho + \tau + \alpha = 1$
- 투과율
  $\tau = 1 - \rho - \alpha = 1 - 0.6 - 0.2 = 0.2$
- 투과 광속
  $F_\tau = \tau \times F = 0.2 \times 2,000 = 400[\text{lm}]$

24
200[W] 전구를 우유색 구형 글로브에 넣었을 경우 우유색 유리의 반사율은 40[%], 투과율은 50[%]라고 할 때 글로브의 효율은 약 몇 [%]인가?

① 23
② 43
③ 53
④ 83

해설 글로브의 효율

$\eta = \dfrac{\tau}{1-\rho} = \dfrac{0.5}{1-0.4} = 0.83 (\therefore 83[\%])$

25
200[W]의 전구를 우유색 구형 글로브에 넣었을 경우 우유색 유리 반사율이 30[%], 투과율이 60[%]라고 할 때 글로브의 효율은 약 몇 [%]인가?

① 75
② 85.7
③ 116.7
④ 133.3

해설 글로브의 효율

$\eta = \dfrac{\tau}{1-\rho} = \dfrac{0.6}{1-0.3} = 0.857 (\therefore 85.7[\%])$

26

지름 $40[\text{cm}]$인 완전 확산성 구형 글로브의 중심에 모든 방향의 광도가 균일하게 $130[\text{cd}]$ 되는 전구를 넣고 탁상 $3[\text{m}]$의 높이에서 점등하였을 때, 탁상 위의 조도는 약 몇 $[\text{lx}]$인가? (단, 글로브 내면의 반사율은 $40[\%]$, 투과율은 $5[\%]$이다.)

① 1.2　　② 2.0
③ 2.5　　④ 3.2

해설
- 글로브의 효율
$$\eta = \frac{\tau}{1-\rho} = \frac{0.05}{1-0.4} = 0.083$$
- 조도
$$E = \frac{\eta I}{r^2} = \frac{0.083 \times 130}{3^2} = 1.2[\text{lx}]$$

27

루소 선도에서 하반구 광속 $[\text{lm}]$은 약 얼마인가? (단, 그림에서 곡선 BC는 4분원이다.)

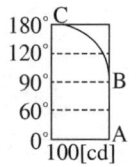

① 528　　② 628
③ 728　　④ 828

해설
- 루소 선도에서의 광속
$$F = \frac{2\pi}{r} S$$
- 하반구 광속(0°~90°)
$S = 100 \times r$
$$\therefore F = \frac{2\pi}{r} S = \frac{2\pi}{r} \times (100 \times r) = 628[\text{lm}]$$

28

루소 선도에서 전광속 F와 면적 S 사이의 관계식으로 옳은 것은? (단, a와 b는 상수이다.)

① $F = \dfrac{a}{S}$　　② $F = aS$
③ $F = aS + b$　　④ $F = aS^2$

해설　**루소 선도에서의 광속**
- 총 광속
$$F = aS = \frac{2\pi}{r} \times S\ [\text{lm}]$$
(단, S: 루소 선도의 전체 면적$[\text{m}^2]$)
- 하반구 광속
$$F_1 = aS = \frac{2\pi}{r} \times S_1\ [\text{lm}]$$
(단, S_1: 루소 선도의 0°~90° 사이의 면적$[\text{m}^2]$)
- 상반구 광속
$$F_2 = aS = \frac{2\pi}{r} \times S_2\ [\text{lm}]$$
(단, S_2: 루소 선도의 90°~180° 사이의 면적$[\text{m}^2]$)

29

방전 개시 전압을 나타낸 법칙은?

① 빈의 변위 법칙　　② 스테판 – 볼츠만의 법칙
③ 톰슨의 법칙　　④ 파셴의 법칙

해설　**파셴의 법칙**
- 방전 개시 전압을 나타낸 법칙이다.
- 일정한 전극 금속과 기체의 조합에서는 압력과 관의 길이의 곱에 관계한다는 법칙이다.

| 정답 | 26 ① 27 ② 28 ② 29 ④

30
다음 광원 중 루미네선스에 의한 발광 현상을 이용하지 않는 것은?

① 형광등   ② 수은등
③ 백열등   ④ 네온등

해설 루미네선스
- 물체의 온도를 높여 발광시키는 온도 복사 이외의 모든 발광 작용을 루미네선스라고 한다.
- 백열등은 온도 복사를 이용한 광원으로, 루미네선스 발광 원리가 아니다.

31
온도 $T[K]$의 흑체의 단위 표면적으로부터 단위 시간에 방사되는 전방사 에너지는?

① 그 절대 온도에 비례한다.
② 그 절대 온도에 반비례한다.
③ 그 절대 온도의 네제곱에 비례한다.
④ 그 절대 온도의 네제곱에 반비례한다.

해설 스테판-볼츠만 법칙
- 흑체의 복사량과 절대 온도의 관계를 나타낸 법칙이다.
- 흑체의 복사 발산량 W는 절대 온도 $T[K]$의 네제곱에 비례한다.
  $W = \sigma T^4 \, [\text{W/m}^2]$
  (단, σ: 스테판-볼츠만 고유 상수)

32
새로 제작한 전구의 최초의 점등에서 필라멘트의 특성을 안정화시키는 작업을 무엇이라고 하는가?

① 초 특성   ② 동정 특성
③ 전압 특성   ④ 에이징(Aging)

해설 에이징(Aging)
새로 제작한 전구를 최초의 점등에서 필라멘트의 특성을 안정화시키는 작업이다.

33
필라멘트 재료의 구비 조건에 해당하지 않는 것은?

① 융해점이 높을 것
② 고유 저항이 작을 것
③ 선 팽창 계수가 작을 것
④ 높은 온도에서 증발성이 적을 것

해설 필라멘트의 구비 조건
- 융해점이 높을 것
- 고유 저항이 클 것
- 선 팽창 계수가 작을 것
- 높은 온도에서 증발성이 적을 것
- 가는 선으로 가공이 용이할 것
- 점화 온도에서 주위의 물질과 화합하지 않을 것
- 재료가 풍부하고 가격이 저렴할 것

34
백열 전구의 동정 곡선은 다음 중 어느 것을 결정하는 중요한 요소가 되는가?

① 전류, 광속, 전압   ② 전류, 광속, 효율
③ 전류, 광속, 휘도   ④ 전류, 광도, 전압

해설 동정 곡선
- 전구를 사용할수록 필라멘트가 증발하여 가늘어지고 필라멘트의 저항은 점점 커지게 된다.
- 필라멘트의 저항이 커지면 전류는 감소하고, 광속은 저하되고 효율도 저하된다.
- 이러한 변화 상태를 그린 곡선을 동정 곡선이라고 한다.

| 정답 | 30 ③ 31 ③ 32 ④ 33 ② 34 ②

35
형광체로 쓰이지 않는 것은?

① 텅스텐산 칼슘 ② 규산 아연
③ 붕산 카드뮴 ④ 황산 나트륨

해설 형광체의 종류
- 텅스텐산 칼슘
- 텅스텐산 마그네슘
- 규산 아연
- 규산 카드뮴
- 붕산 카드뮴

36
녹색 형광등의 형광체로 옳은 것은?

① 텅스텐산 칼슘 ② 규산 카드뮴
③ 규산 아연 ④ 붕산 카드뮴

해설 형광체의 종류에 따른 광색

형광체	텅스텐산 칼슘	텅스텐산 마그네슘	규산 아연	규산 카드뮴	붕산 카드뮴
광색	청색	청백색	녹색	등색	분홍색

37
형광등의 전압 특성과 온도 특성으로 틀린 것은?

① 전원 전압의 변화에 민감하므로 정격 전압의 ±10[%]의 범위 내에서 사용하는 것이 바람직하다.
② 전원 전압의 변화 시 광속, 전류 및 전력은 전원 전압에 비례하여 변화한다.
③ 전원 전압 상승으로 전극이 과열되어 램프 양끝에서 흑화가 촉진된다.
④ 전원 전압이 낮은 경우 시동이 불확실하게 되어 전극 물질의 스파크 등으로 수명이 짧아진다.

해설 형광등의 전압 특성과 온도 특성
- 백열등에 비해 전압 특성의 변동이 적으나 전압이 낮아지면 시동이 곤란해지고 방전 특성이 불안정해진다.
- 전원 전압의 변화 시 광속, 전류 및 전력은 전원 전압에 비례하여 변화한다.
- 전원 전압 상승으로 전극이 과열되어 램프 양끝에서 흑화가 촉진된다.
- 전원 전압이 낮은 경우 시동이 불확실하게 되어 전극 물질의 스파크 등으로 수명이 짧아진다.

38
FL-20D 형광등의 전압이 $100[V]$, 전류가 $0.35[A]$, 안정기의 손실이 $6[W]$일 때 역률[%]은?

① 57 ② 65
③ 74 ④ 85

해설
- 입력 전력
  $P = 20 + 6 = 26[W]$
  ($\because$ FL-20D에서 형광등의 출력이 20[W]이고, 입력=출력+손실)
- 역률($\cos\theta$)
  $\cos\theta = \dfrac{P}{VI} = \dfrac{26}{100 \times 0.35} = 0.7429 (\therefore 74.29[\%])$

| 정답 | 35 ④ 36 ③ 37 ① 38 ③

39
형광등의 광속이 감소하는 원인이 아닌 것은?

① 전극의 소모에 의한 열전자 방출의 감소
② 램프 양단의 흑화 현상
③ 형광체의 열화
④ 형광등의 부특성

해설 형광등의 광속이 감소하는 원인
- 전극의 소모에 의한 열전자 방출의 감소
- 램프 양단의 흑화 현상
- 형광체의 열화

40
전원을 넣자마자 곧바로 점등되는 형광등용의 안정기는?

① 점등관식
② 래피드 스타트식
③ 글로우 스타트식
④ 필라멘트 단락식

해설 래피드 스타트식
- 필라멘트가 예열되는 회로를 가진 구조로 전극을 가열함과 동시에 전극 사이에 자기 누설 변압기에 의한 고전압을 가하여 단시간 내에 형광등을 시동시키는 방식이다.
- 전원을 넣자마자 곧바로 점등되는 형광등용의 안정기이다.

41
파장폭이 좁은 3가지의 빛을 조합하여 효율이 높은 백색 빛을 얻는 3파장 형광등에서 3가지 빛이 아닌 것은?

① 청색
② 녹색
③ 황색
④ 적색

해설 3파장 형광등
청색, 녹색, 적색의 3가지 색 파장을 이용한다.

42
형광등은 주위 온도가 약 몇 [℃]일 때 가장 효율이 높은가?

① 5~10
② 10~15
③ 20~25
④ 35~40

해설 형광 램프의 최대 효율 운전 조건
- 주위 온도: 20~25[℃]
- 관벽 온도: 40~45[℃]

43
형광 방전등의 효율이 가장 좋으려면 관벽 온도[℃]는 어느 정도가 적당한가?

① 30[℃]
② 40[℃]
③ 50[℃]
④ 60[℃]

해설 형광 램프의 최대 효율 운전 조건
- 주위 온도: 20~25[℃]
- 관벽 온도: 40~45[℃]

| 정답 | 39 ④ 40 ② 41 ③ 42 ③ 43 ②

44
광질과 특색이 고휘도이고 광색은 적색 부분이 많고 배광제어가 용이하며 흑화가 거의 일어나지 않는 램프는?

① 수은등 ② 형광등
③ 크세논등 ④ 할로겐등

해설 할로겐등
- 단위 광속이 크다.
- 수명이 일반 백열등에 비해 길다.
- 열충격에 강하다.
- 배광 제어가 용이하다.
- 연색성이 좋다.
- 휘도가 매우 높다.
- 흑화 발생이 없다.

45
방전등의 일종으로 효율이 좋으며 빛의 투과율이 크고, 등황색의 단색광이며 안개 속을 잘 투과하는 등은?

① 나트륨등 ② 할로겐등
③ 형광등 ④ 수은등

해설 나트륨등의 특징
- 등의 효율이 대단히 높다.
- 빛의 직진성 및 투과성이 우수하다.
- 안개가 많은 강변 지역의 가로등, 터널 내의 등으로 많이 사용된다.
- 연색성이 나쁘다.
- 점등 후 10분 정도에서 방전이 안정된다.
- 실용적인 유일한 단색 광원으로 $589[\text{nm}]$의 파장을 낸다.
- 열음극이 설치된 발광관과 외관으로 되어 있다.

46
터널 내의 배기 가스 및 안개 등에 대한 투과력이 우수하여 터널 조명, 다리(교량) 조명, 고속도로 인터체인지 등에 많이 사용되는 방전등은?

① 수은등 ② 나트륨등
③ 크세논등 ④ 메탈 핼라이드등

해설 나트륨등의 특징
- 등의 효율이 대단히 높다.
- 빛의 직진성 및 투과성이 우수하다.
- 안개가 많은 강변 지역의 가로등, 터널 내의 등으로 많이 사용된다.
- 연색성이 나쁘다.
- 점등 후 10분 정도에서 방전이 안정된다.
- 실용적인 유일한 단색 광원으로 $589[\text{nm}]$의 파장을 낸다.
- 열음극이 설치된 발광관과 외관으로 되어 있다.

47
저압 나트륨등에 대한 설명으로 옳지 않은 것은?

① 광원의 효율은 방전등 중에서 가장 우수하다.
② 가시광의 대부분이 단일 광색이므로 연색 지수가 낮다.
③ 물체의 형체나 요철의 식별에 우수한 효과가 있다.
④ 연색성이 우수하여 도로, 터널의 조명등에 쓰인다.

해설 나트륨등의 특징
- 등의 효율이 대단히 높다.
- 빛의 직진성 및 투과성이 우수하다.
- 안개가 많은 강변 지역의 가로등, 터널 내의 등으로 많이 사용된다.
- 연색성이 나쁘다.
- 점등 후 10분 정도에서 방전이 안정된다.
- 실용적인 유일한 단색 광원으로 $589[\text{nm}]$의 파장을 낸다.
- 열음극이 설치된 발광관과 외관으로 되어 있다.

48
가로등 조명, 도로등 조명 등에 사용되는 저압 나트륨등의 설명으로 옳지 않은 것은?

① 효율은 높고 연색성은 나쁘다.
② 점등 후 10분 정도에서 방전이 안정된다.
③ 냉음극이 설치된 발광관과 외관으로 되어 있다.
④ 실용적인 유일한 단색 광원으로 589[nm]의 파장을 낸다.

해설 나트륨등의 특징
- 등의 효율이 대단히 높다.
- 빛의 직진성 및 투과성이 우수하다.
- 안개가 많은 강변 지역의 가로등, 터널 내의 등으로 많이 사용된다.
- 연색성이 나쁘다.
- 점등 후 10분 정도에서 방전이 안정된다.
- 실용적인 유일한 단색 광원으로 589[nm]의 파장을 낸다.
- 열음극이 설치된 발광관과 외관으로 되어 있다.

49
네온등에 대한 설명으로 옳지 않은 것은?

① 소비 전력이 적으므로 배전반의 파이롯트등 등에 적합하다.
② 전극 간의 길이가 짧으므로 부(-) 글로우를 발광으로 이용한 것이다.
③ 음극 글로우를 이용하고 있어 직류의 극성 판별용에 이용된다.
④ 광학적 검사용에 이용된다.

해설 네온등(네온전구)
- 소비 전력이 적으므로 배전반의 표시등(파이롯트)에 적합하다.
- 부(-) 글로우를 이용하고 있어 직류의 극성 판별에 사용된다.
- 일정한 전압에서 점등되므로 검전기, 교류 파고 값의 측정에 이용할 수 있다.
- 네온등은 전극 간의 길이가 짧으므로 부(-) 글로우를 발광으로 이용한다.
- 광도가 전류에 비례한다.
- 음극에서 발광하므로 직류 극성 판별에 사용한다.
- 빛의 관성이 없다.

50
음극만 발광하므로 직류 극성을 판별하는 데 이용되는 것은?

① 네온등
② 크립톤등
③ 크세논등
④ 나트륨등

해설 네온등(네온전구)
- 소비 전력이 적으므로 배전반의 표시등에 적합하다.
- 부(-) 글로우를 이용하고 있어 직류의 극성 판별에 사용된다.
- 일정한 전압에서 점등되므로 검전기, 교류 파고 값의 측정에 이용할 수 있다.
- 네온전구는 전극 간의 길이가 짧으므로 부(-) 글로우를 발광으로 이용한 것이다.
- 광도가 전류에 비례한다.
- 음극에서 발광하므로 직류 극성 판별에 사용한다.
- 빛의 관성이 없다.

| 정답 | 48 ③ 49 ④ 50 ①

51
투명 네온관등에 네온가스를 봉입하였을 때 광색은?

① 등색 ② 황갈색
③ 고동색 ④ 등적색

해설 네온관등
- 유리관 색이 투명일 때 네온가스를 봉입하면 등적색이 나온다.
- 유리관 색이 청색일 때 네온가스를 봉입하면 등색이 나온다.

52
발광에 양광주를 이용하는 조명등은?

① 네온등 ② 네온관등
③ 탄소아크등 ④ 텅스텐아크등

해설
네온관등, 수은등, 형광등은 관을 길게 하여 양광주를 이용한다. 네온등은 전극 간을 짧게 하여 부(-) 글로우를 이용한다.

53
등기구 용량 앞에 특별히 표시할 경우 각각의 기호를 표시한다. 다음 중 등기구 종류별 기호가 옳은 것은?

① 형광등: F ② 수은등: N
③ 나트륨등: T ④ 메탈 핼라이드등: H

해설
- 형광등: F
- 수은등: H
- 나트륨등: N
- 메탈 핼라이드등: M

54
다음 중 방전등의 종류가 아닌 것은?

① 할로겐등 ② 고압 수은등
③ 메탈 핼라이드등 ④ 크세논등

해설 방전등
- 고압 수은등
- 메탈 핼라이드등
- 크세논등
- 나트륨등

| 정답 | 51 ④ 52 ② 53 ① 54 ①

55
주로 옥외 조명 기구로 사용되며 실내에서는 체육관 등 넓은 장소에 사용되는 조명 기구는?

① 다운 라이트 ② 트랙 라이트
③ 투광기 ④ 펜던트

해설 투광기
- 주로 옥외 조명 기구로 사용된다.
- 실내에서는 체육관 등 넓은 장소에 사용되는 조명 기구이다.

56
병실이나 침실에서 시설할 조명 기구로 적합한 것은?

① 반간접 조명 기구 ② 반직접 조명 기구
③ 직접 조명 기구 ④ 전반 확산 조명 기구

해설 병실·침실 조명
- 분위기가 차분하고 아늑하며 어느 정도의 조도는 조사되어야 한다.
- 직접 조명과 간접 조명을 병용한 반간접 조명 방식이 가장 적합하다.

57
조명 기구나 소형 전기 기구에 전력을 공급하는 것으로 상점이나 백화점, 전시장 등에서 조명 기구의 위치를 빈번하게 바꾸는 곳에 사용되는 것은?

① 라이팅 덕트 ② 다운라이트
③ 코퍼라이트 ④ 스포트라이트

해설 라이팅 덕트
- 조명 기구나 소형 전기 기구에 전력을 공급하는 것이다.
- 상점이나 백화점, 전시장 등에서 조명 기구의 위치를 빈번하게 바꾸는 곳에 사용된다.

58
평균 구면 광도 $100[\text{cd}]$의 전구 5개를 지름 $10[\text{m}]$인 원형의 실에 점등할 때 조명률을 0.5, 감광 보상률을 1.5로 하면 방의 평균 조도는 약 몇 $[\text{lx}]$인가?

① 18 ② 23
③ 27 ④ 32

해설
- 구면 광도를 이용한 구 형태의 전구에서 나오는 전광속
  $F = 4\pi I = 4\pi \times 100 = 400\pi[\text{lm}]$
- 지름 $10[\text{m}]$(반지름 $5[\text{m}]$)인 원형의 방의 총 면적
  $A = \pi r^2 = \pi \times 5^2 = 25\pi[\text{m}^2]$
- 조도
  $FUN = EAD$ 에서
  $\therefore E = \dfrac{FUN}{AD} = \dfrac{400\pi \times 0.5 \times 5}{25\pi \times 1.5} = 26.67[\text{lx}] ≒ 27[\text{lx}]$

59
$1,000[\text{lm}]$의 광속을 발산하는 전등 10개를 $1,000[\text{m}^2]$인 방에 설치하였다. 조명률을 0.5, 감광 보상률을 1이라 하면 평균 조도$[\text{lx}]$는 얼마인가?

① 2 ② 5
③ 20 ④ 50

해설
$FUN = EAD$에서
$\therefore E = \dfrac{FUN}{AD} = \dfrac{1,000 \times 0.5 \times 10}{1,000 \times 1} = 5[\text{lx}]$

| 정답 | 55 ③ 56 ① 57 ① 58 ③ 59 ②

60
방의 가로가 $8[m]$, 세로가 $10[m]$, 광원의 높이가 $4[m]$인 방의 실지수는?

① 1.1 ② 2.1
③ 3.1 ④ 4.1

해설

$$RI = \frac{XY}{H(X+Y)} = \frac{8 \times 10}{4 \times (8+10)} = 1.1$$

61
가로 $10[m]$, 세로 $20[m]$, 천장의 높이가 $5[m]$인 방에 완전 확산성 FL-40D 형광등 24등을 점등하였다. 조명률 0.5, 감광 보상률 1.5일 때 이 방의 평균 조도는 몇 $[lx]$인가?(단, 형광등의 축과 수직 방향의 광도는 $300[cd]$이다.)

① 38 ② 118
③ 150 ④ 177

해설

- 원통 광원의 전광속
  $F = \pi^2 I = \pi^2 \times 300 = 2{,}960 [lm]$
- 평균 조도
  $E = \dfrac{FUN}{AD} = \dfrac{2{,}960 \times 0.5 \times 24}{(10 \times 20) \times 1.5} = 118 [lx]$

62
직접 조명 시 벽면을 이용할 경우 등기구와 벽면 사이의 간격 S_0는?

① $S_0 \leq \dfrac{H}{2}$ ② $S_0 \leq \dfrac{H}{3}$
③ $S_0 \leq 1.5H$ ④ $S_0 \leq 2H$

해설 조명 기구 간격 및 배치

- 조명 기구와 기구 사이의 간격
  $S \leq 1.5H$
  (단, H: 작업면에서 광원까지의 높이[m])
- 조명 기구와 벽면의 간격
  – 벽면을 사용할 경우: $S_0 \leq \dfrac{H}{3}$
  – 벽면을 사용하지 않을 경우: $S_0 \leq \dfrac{H}{2}$

63
옥내 전반 조명에서 바닥면의 조도를 균일하게 하기 위한 등간격은?(단, 등간격 S, 등높이 H이다.)

① $S = H$ ② $S \leq 2H$
③ $S \leq 0.5H$ ④ $S \leq 1.5H$

해설 조명 기구 간격 및 배치

- 조명 기구와 기구 사이의 간격
  $S \leq 1.5H$
  (단, H: 작업면에서 광원까지의 높이[m])
- 조명 기구와 벽면의 간격
  – 벽면을 사용할 경우: $S_0 \leq \dfrac{H}{3}$
  – 벽면을 사용하지 않을 경우: $S_0 \leq \dfrac{H}{2}$

64

곡선 도로 조명상 조명 기구의 배치 조건으로 가장 적합한 것은?

① 양측 배치의 경우는 지그재그식으로 한다.
② 한쪽만 배치하는 경우는 커브 바깥쪽에 배치한다.
③ 직선 도로에서보다 등 간격을 조금 더 넓게 한다.
④ 곡선 도로의 곡선 반지름(곡률 반경)이 클수록 등 간격을 짧게 한다.

해설 곡선 도로 조명 배치 방법
- 직선 도로 구간보다 안전을 확보하기 위하여 높은 조도를 유지하기 위해 등 간격을 좁게 배치한다.
- 곡선 반지름(곡률 반경)이 클수록 등 간격을 넓게 해도 된다.
- 도로 양측 조명 배치일 경우에는 대칭식, 한쪽 배치 시에는 커브 바깥쪽에 조명 기구를 배치한다.

65

폭 15[m]의 무한히 긴 가로 양측에 10[m]의 간격을 두고 수많은 가로등이 점등되고 있다. 1등당 전광속은 3,000[lm]이고 이의 60[%]가 가로 전면에 투사한다고 하면 가로면의 평균 조도는 약 몇 [lx]인가?

① 9
② 18
③ 24
④ 36

해설
- 양측 배치인 가로등 1개가 비추는 도로 면적
$$A = \frac{SB}{2} = \frac{15 \times 10}{2} = 75[m^2] \; (S[m]: 폭, \; B[m]: 등간격)$$
- 조도
$$E = \frac{FUN}{AD} = \frac{3,000 \times 0.6 \times 1}{75 \times 1} = 24[lx]$$

66

폭 10[m], 길이 20[m]의 교실에 총 광속 3,000[lm]인 32[W] 형광등 24개를 점등하였다. 조명률 50[%], 감광 보상률 1.5라 할 때, 이 교실의 공사 후 초기 조도[lx]는?

① 90
② 120
③ 152
④ 180

해설
$FUN = EAD$에서
$$\therefore E = \frac{FUN}{AD} = \frac{3,000 \times 0.5 \times 24}{(10 \times 20) \times 1.5} = 120[lx]$$

67

가로 12[m], 세로 20[m]인 사무실에 평균 조도 400[lx]를 얻고자 32[W] 전광속 3,000[lm]인 형광등을 사용하였을 때 필요한 등수는?(단, 조명률은 0.5, 감광 보상률은 1.25이다.)

① 50
② 60
③ 70
④ 80

해설
$$N = \frac{EAD}{FU} = \frac{400 \times (12 \times 20) \times 1.25}{3,000 \times 0.5} = 80[등]$$

| 정답 | 64 ② 65 ③ 66 ② 67 ④

PART 01 전기응용

전열

1. 전열 공학의 기초
2. 전기 가열
3. 공업용 온도계 및 전기 용접기

학습 전략

CHAPTER 02 전열은 시험에서 꾸준히 출제되는 부분이므로 충분히 학습해야 합니다. 특히, 여러 가지 전기와 물리에 대한 기본적인 내용들이 포함되어 있으므로 다른 과목을 학습할 때에도 도움이 되는 부분입니다. 기본적인 내용들 중에는 실기 시험에 도움이 되는 내용이 포함되어 있으므로 실기까지 생각한다면 소홀히 학습할 수 없는 부분이기도 합니다.

CHAPTER 02 | 흐름 미리보기

1. 전열 공학의 기초
2. 전기 가열
3. 공업용 온도계 및 전기 용접기

NEXT **CHAPTER 03**

CHAPTER 02 전열

THEME 01 전열 공학의 기초

1 열역학 법칙

독학이 쉬워지는 기초개념

- **열역학 제1법칙**: 에너지의 양을 나타내는 법칙
- **열역학 제2법칙**: 에너지의 방향을 나타내는 법칙

(1) 열역학 제1법칙
① 에너지의 형태인 열·화학·전자 에너지 등을 포함해서 물체가 운동할 때나 시스템이 일을 할 때 에너지의 형태는 바뀌지만 에너지의 양은 불변이다.
② 이 법칙은 에너지 보존 법칙의 열역학적 표현으로 열을 일로 바꿀 수 있고, 또 일을 열로도 바꿀 수 있음을 의미한다.
③ 1[kcal]에 해당하는 일의 양을 '열의 일당량'이라고 한다.

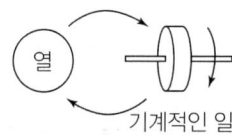

▲ 열역학 제1법칙

(2) 열역학 제2법칙
① 에너지의 흐름이나 형태의 변화에 대한 방향성을 나타내는 법칙이다.
② 자연 상태에서는 열이 고온의 물체로부터 저온의 물체로의 이동은 가능하지만 반대로 저온에서 고온으로의 열이동은 불가능하다는 법칙이다.
③ 일반적으로 고열원으로부터 열량을 가지고 일로 변환하는 것을 열기관이라고 하며, 이는 열역학 제2법칙을 이용한 것이다.

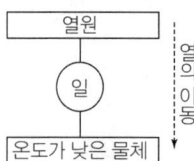

▲ 열역학 제2법칙

(3) 열량의 단위
① 열량: m[kg]의 물질을 θ[℃]의 온도만큼 상승시킬 경우에 필요한 열량은 $Q = mc\theta$[kcal]
 (단, c: 물질의 비열[kcal/kg·℃])
② 비열: 물체 1[kg]을 1[℃]만큼 온도를 상승시키는 데 필요한 열량[kcal]
③ 1[kcal]: 1[kg]의 물을 1[℃] 가열하는 데 필요한 열량

④ 열량의 단위 환산
- 1[J] = 0.24[cal]
- 1[cal] = 4.2[J]
- 1[kWh] = 860[kcal]
- 1[BTU] = 252[cal]
  (BTU: British Thermal Unit – 영국 온도 표준 단위)

(4) 융해
① 고체가 액체로 상태 변화를 일으키는 것을 말한다.
② 융해 상태에서 공급된 열은 고체에서 액체로 상태 변화를 일으키기 위해 소비된다.
③ 융해 중에는 열을 가해도 온도 상승은 일어나지 않는다.
④ 물의 융해열: 80[kcal/kg]

(5) 기화
① 액체가 기체로 상태 변화를 일으키는 것을 말한다.
② 기화열: 일정한 압력에서 1[kg]의 액체를 동일한 온도의 증기로 변화하는 데 필요한 열량
③ 물의 기화열: 539[kcal/kg]

독학이 쉬워지는 기초개념
- 1[J] = 0.24[cal]
- 1[kcal] = 3.968[BTU]
- 1[kWh] = 860[kcal]

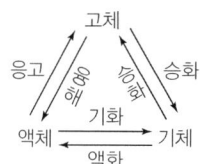

기출 & 예상문제

1[kWh]는 몇 [kcal]인가?
① 4.2
② 42
③ 86
④ 860

| 해설 |
$1[kWh] = 1,000[W] \times 60 \times 60[sec] = 3.6 \times 10^6 [J]$
$= 3.6 \times 10^6 \times 0.24[cal] = 860[kcal]$

답 ④

2 열의 이동

(1) 열의 전달
① 열의 전달 방법은 전도, 대류, 복사의 3가지가 있다.
② 전도: 고체 내에서 분자의 열운동에 의해 열에너지가 전달되는 것
③ 대류: 액체나 기체의 유동에 의해 열이 전달되는 것
④ 복사: 전자파, 빛, 적외선 등 복사 에너지에 의해 열이 전달되는 것(스테판-볼츠만의 법칙이 적용된다.)

(2) 열 회로
① 열류
- 열의 흐름을 말한다.
- 전기 회로의 전류에 대응한다.

$$열류: I = \frac{\theta}{R} [W]$$
(θ: 온도차[℃], R: 열저항[℃/W])

열의 전달 방법
전도, 대류, 복사

독학이 쉬워지는 기초개념

열전도율

$K = \dfrac{q \times L}{A \times \Delta T} [\text{kcal/m} \cdot \text{h} \cdot ℃]$

(q: 열전달율[kcal/h], L: 도체 길이[m], A: 도체 단면적[m²], ΔT: 온도차[℃])

② 열저항
- 열의 흐름을 방해하는 성분을 말한다.
- 전기 회로의 전기저항에 대응한다.

$$\text{열저항: } R = \dfrac{\theta}{I} [℃/W]$$

(θ: 온도차[℃], I: 열류[W])

③ 전기 회로와 열 회로의 대응 관계

전기 회로	열 회로
전위차: $V[\text{V}]$	온도차: $\theta[℃]$
전류: $I[\text{A}]$	열류: $I[\text{W}]$
전기 저항: $R[\Omega]$	열저항: $R[℃/\text{W}]$
도전율: $k[\mho/\text{m}]$	열전도율: $\lambda[\text{W/m} \cdot ℃]$
저항률: $\rho[\Omega \cdot \text{m}]$	열저항률: $\rho[\text{m} \cdot ℃/\text{W}]$
전기량: $Q[\text{C}]$	열량: $Q[\text{J}]$
정전 용량: $C[\text{F}]$	열용량: $C[\text{J}/℃]$

기출 & 예상문제

[중요도] 전기 회로에서 전류에 해당하는 열 회로의 열류의 단위는?

① [kcal]
② [h · m · ℃/kcal]
③ [℃ · h/kcal]
④ [kcal/h]

| 해설 |
전류: $I[\text{A}] \leftrightarrow$ 열류: $I[\text{W}]$(일반 단위), $I[\text{kcal/h}]$(공업용 단위)

답 ④

(3) 전열기의 효율 계산

① 소요 열량
- 열 회로에서의 열량

$$Q = mc\theta \;[\text{kcal}]$$

(m: 물체의 질량[kg], c: 물질의 비열[kcal/kg · ℃], θ: 온도차[℃])

- 전기 회로에서의 열량

$$Q = 0.24Pt = 0.24VIt = 0.24I^2Rt = 0.24\dfrac{V^2}{R}t \;[\text{kcal}]$$

(P: 전력[kW], t: 시간[sec])

② 전열기의 효율

$$\eta = \dfrac{출력}{입력} \times 100[\%] = \dfrac{열량}{전기} \times 100[\%] = \dfrac{mc\theta}{0.24I^2Rt} \times 100[\%]$$

(Tip) 강의 꿀팁

모든 기기의 효율은 $\dfrac{출력}{입력}$ 이에요.

기출 & 예상문제

중요도
아크 용접에서 전극 간 전압 30[V], 전류 200[A]이면 매초 발생하는 열량 [kcal]은?

① 1.44
② 24.4
③ 14.4
④ 2.4

| 해설 |
$Q = 0.24\,VIt\,[\text{cal}] = 0.24 \times 30 \times 200 \times 1$
$= 1,440[\text{cal}] = 1.44[\text{kcal}]$

답 ①

THEME 02 전기 가열

1 전기 가열 방식

(1) 전기 가열의 특징
　① 매우 높은 가열 온도를 얻을 수 있다.
　② 조작이 용이하고 작업 환경이 쾌적하다.
　③ 가열 물체의 내부 가열을 할 수 있다.
　④ 열효율이 뛰어나다.

(2) 발열체
　① 발열체의 구비 조건
　　• 내열성이 클 것
　　• 내식성이 클 것
　　• 알맞은 고유 저항을 가질 것
　　• 저항의 온도 계수가 양(+)의 성질로서 작을 것
　　• 압연성이 충분하고 가공이 용이할 것
　　• 선 팽창 계수가 작을 것
　　• 대량 생산이 가능하여 가격이 저렴할 것
　② 발열체의 종류별 온도
　　• 니크롬 제1종: 1,100[℃]
　　• 니크롬 제2종: 900[℃]
　　• 철크롬 제1종: 1,200[℃]
　　• 철크롬 제2종: 1,100[℃]
　　• 탄화규소 발열체: 1,500[℃]

독학이 쉬워지는 기초개념

열효율

$\dfrac{\text{한 일의 양}}{\text{공급된 열량}}$

Tip 강의 꿀팁
전기 에너지 형태가 가장 사용하기 편리해요.

내화 단열재의 구비 조건
• 내식성이 클 것
• 급열, 급냉에 견딜 것
• 열전도율이 작을 것
• 피열물 간에 화학 작용이 없을 것

열효율

$\dfrac{\text{한 일의 양}}{\text{공급된 열량}}$

독학이 쉬워지는 기초개념

$20[℃]$에서 고유 저항

물질	고유 저항 $[\times 10^{-8} \Omega \cdot m]$
납	22
백금	10.6
텅스텐	5.6
알루미늄	2.65
금	2.44
은	1.59

2 전극

(1) 전극의 구비 조건
  ① 전기의 전도율이 클 것
  ② 열의 전도율이 작을 것
  ③ 고온에 견디고 고온에서의 기계적 강도가 클 것
  ④ 피열물과 화학 작용을 일으키지 않을 것

(2) 전기로에서 사용하는 전기로의 고유 저항
  ① 인조 흑연 전극: $0.0005 \sim 0.0012 [\Omega \cdot cm]$
  ② 고급 흑연 전극: $0.0009 \sim 0.0033 [\Omega \cdot cm]$
  ③ 천연 흑연 전극: $0.003 \sim 0.0076 [\Omega \cdot cm]$
  ④ 무정형 탄소 전극: $0.005 \sim 0.008 [\Omega \cdot cm]$

기출 & 예상문제

전기 가열의 특징에 해당하지 않는 것은?
① 내부 가열이 가능하다.
② 열효율이 매우 나쁘다.
③ 방사열의 이용이 용이하다.
④ 온도 제어 및 조작이 간단하다.

| 해설 |
전기 가열의 특징
• 열효율이 매우 높다.
• 높은 온도를 얻을 수 있다.
• 내부 가열이 가능하다.
• 온도 제어가 매우 쉽다.
• 조작이 매우 용이하다.
• 제품의 품질이 균일하게 된다.

답 ②

3 전기 가열 방식의 종류

(1) 저항 가열
  ① 도체 내의 저항손을 이용하여 가열하는 방식으로, 직접 저항 가열 방식과 간접 저항 가열 방식이 있다.
  ② 직접 저항 가열 방식
    • 피열물 자체에 직접 상용 주파수($60[Hz]$)의 교류나 직류를 인가하여 줄열에 의해 발열시키는 방식이다.
    • 열효율이 가장 우수하다.
    • 흑연화로, 카보런덤로, 카바이드로, 알루미늄 용해로가 이에 속한다.
  ③ 간접 저항 가열 방식
    • 다른 발열체에서 발생하는 열을 피열물에 전도, 대류, 복사에 의해 전달하여 가열하는 방식이다.
    • 발열체로, 크립톨로, 염욕로가 이에 속한다.

- 발열체로: 발열체를 노벽에 설치하고 열의 전도, 대류, 복사에 의해 피열물을 가열하는 전기로이다.(발열체로 탄화규소 사용 시 1,500[℃]까지 가열)
- 크립톨로: 전극 간에 설치된 탄소 입자를 발열체로 하는 전기로이다.(탄소 발열체로 1,800[℃]까지 가열)
- 염욕로
  - 전극 간에 설치된 용융염을 발열체로 하는 전기로이다.(1,300[℃]까지 가열)
  - 형태가 복잡한 금속체 가열을 균일하게 한다.

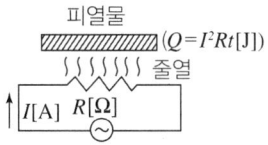

▲ 간접 저항 가열 방식

(2) 아크 가열

① 전극 사이에 발생하는 고온의 아크열을 이용하여 가열하는 방식으로, 직접식과 간접식이 있다.

② 직접식: 피열물을 아크의 한쪽을 전극으로 하여 통전시키는 방식이다.

③ 간접식: 아크의 열을 이용하여 복사에 의해 피열물을 가열하는 방식이다.

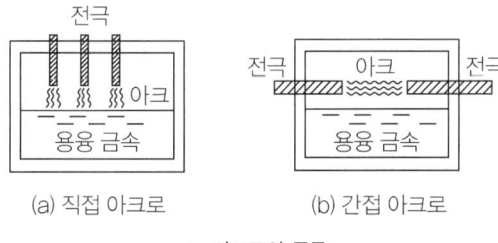

(a) 직접 아크로　　(b) 간접 아크로

▲ 아크로의 종류

④ 아크 가열에 사용되는 전극
- 인조 흑연 전극(고유 저항이 가장 작다.)
- 천연 흑연 전극
- 탄소 전극

독학이 쉬워지는 기초개념

지로식 전기로
- 직접식 아크로
- 로(노) 바닥에 하나의 흡연 전극이 있는 단상 수직 전극 형태(세로형)
- 선철, 페로알로이, 카바이트 등의 제조에 사용

아크로의 효율
70~80[%]

기출 & 예상문제

저항 가열은 어떤 원리를 이용한 것인가?

① 줄열　　② 아크손
③ 유전체손　　④ 히스테리시스손

| 해설 |
저항 가열
줄열을 이용한 가열 방식이다.

답 ①

| 독학이 쉬워지는 기초개념 |

(3) 유도 가열
① 교번 자기장 내에 있는 유도성 물체에 유도된 와류손과 히스테리시스손을 이용하여 가열하는 방식이다.

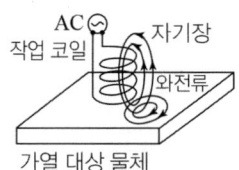
▲ 유도 가열

고주파 가열
금속 – 유도 가열
유전체 – 유전 가열

② 저주파 유도로: 60[Hz]의 상용 주파수를 가한다.
③ 고주파 유도로: 5~20[kHz] 정도의 높은 고주파를 가한다.
④ 유도 가열 전원
  • 고주파 전동 발전기
  • 불꽃 간극식 고주파 발생기
  • 진공관 발전기

표피 효과
• 도체에 고주파의 교류를 인가하면 전류가 도체의 표면 쪽으로 집중되어 흐르는 표피 현상이 생긴다.
• 이 표피 현상을 이용하여 금속의 표면 열처리에 적용한다.

⑤ 용도
  • 금속의 표면 가열(표면 담금질, 금속의 표면 처리)
  • 반도체 전해 정련(단결정 제조)
⑥ 특징
  • 피가열물 내에서 직접 열을 발생시키므로 열원이 필요 없다.
  • 전원으로 직류는 사용할 수 없다.
  • 표면층 가열만이 가능하다.
  • 가열시킬 물체의 필요한 부분만 선택하여 가열이 가능하다.
  • 온도 제어가 정확하고 제어하기가 용이하다.
  • 가열된 제품의 품질이 우수하다.

(4) 유전 가열
① 교번 전계 중 절연성의 피열물에 생기는 유전체 손실에 의한 가열 방법이다. (직접식만 있다.)

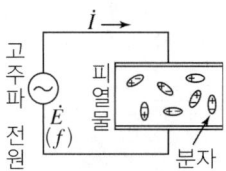
▲ 유전 가열

유전체손
f: 주파수[Hz], ε_s: 비유전율,
E: 전계[V/cm], δ: 유전체 손실각

② 유전 가열의 단위 체적당 발생하는 유전체손
$$P = \frac{5}{9} f \varepsilon_s E^2 \tan\delta \times 10^{-12} \, [\text{W/cm}^3]$$

③ 절연체(유전체)에서 어느 정도의 열을 이용한 예
  • 합성수지의 가열 성형
  • 베니어판(합판)의 건조
  • 고무의 유화

- 비닐막 접착, 목재 접착
- 플라스틱 성형

④ 특징
- 유전체 내의 유전체손에 의해 피열물체 자체에 발생한다.
- 온도 상승 속도가 빠르고 온도 제어가 자유롭다.
- 직류 전원은 사용할 수 없다.
- 전원을 끊으면 가열은 즉시 멈춰지고 축적된 열에 의한 과열이 없다.
- 설비비가 비싸고 효율이 낮은 편이다.
- 피열물의 형상에 따라 내부 전체가 균일하게 가열될 수 없다.
- 가열 중의 전파에 의해 통신 장애를 일으킬 수 있다.

기출 & 예상문제

전기 가열 방식 중 고주파 유전 가열의 응용으로 틀린 것은?

① 목재의 건조　　② 비닐막 접착
③ 목재의 접착　　④ 공구의 표면 처리

| 해설 |
유전 가열
- 유전체손을 이용하여 가열하는 원리이다.
- 절연체(유전체)에서 어느 정도의 열을 이용하여 적용하는 예
  - 합성수지의 가열 성형
  - 베니어판의 건조
  - 고무의 유화
- 사용 전원: 1~200[MHz] 정도의 교류 인가(직류는 사용 불가)
- 용도
  - 목재 공업
  - 비닐막 접착

답 ④

(5) 적외선 가열
① 적외선 전구에 의해 발생하는 복사열을 이용하여 피열물체를 가열, 건조하는 방법이다.

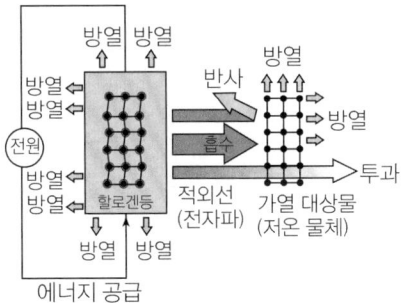

▲ 적외선 가열

독학이 쉬워지는 기초개념

② 용도
- 도장 등의 표면 건조
- 섬유 공업의 건조
- 인쇄 잉크의 건조

③ 특징
- 구조와 조작이 간단하다.
- 손실이 적고 작업 시간이 단축된다.
- 설비비가 저렴하고 유지비가 적게 든다.
- 설치 공간을 적게 차지한다.
- 도장 등의 표면 건조에 적당한 가열 방식이다.
- 건조 재료의 감시가 용이하고 청결하며, 사용이 안전하다.

(6) 그 외 가열

① 전자빔 가열
- 진공 중에서 가열이 가능하다.(전자빔 가열 자체가 진공 중에서 가열하는 방식)
- 고융점 재료 및 금속박 재료의 용접이 가능하다.
- 용접, 용해 및 천공 작업 등에 응용된다.
- 에너지의 밀도나 분포를 자유로이 조절할 수 있다.
- 효율이 좋으며, 부분적인 국부 가열이 가능하다.
- 빔의 파워와 조사 위치를 정확하게 제어할 수 있다.

② 레이저 가열
- 파장이 짧아 미세 가공에 적합하다.
- 필요한 부분에 집중하여 고속으로 가열할 수 있다.
- 레이저의 파워와 조사 면적을 광범위하게 제어할 수 있다.

기출 & 예상문제

중요도
자동차 등 차량 공업, 기계 및 전기 기계 기구, 기타 금속 제품의 도장을 건조하는 데 주로 이용되는 가열 방식은?

① 저항 가열   ② 유도 가열
③ 고주파 가열 ④ 적외선 가열

| 해설 |
적외선 가열
- 고온의 물체에서 나오는 적외선의 열을 이용하여 가열한다.
- 두께가 상대적으로 얇은 섬유, 도장 등에 적용한다.

답 ④

THEME 03 공업용 온도계 및 전기 용접기

1 공업용 온도계

(1) 저항 온도계
  ① 온도에 따라 어떤 물질의 고유 저항이 직선적으로 변하는 것을 이용한 온도계이다.
  ② 저항 온도계 재료의 종류
    - 금속선: 백금, 니켈, 구리
    - 반도체: 서미스터

(2) 열전 온도계
  ① 서로 다른 종류의 금속이나 반도체의 접합점에서 생기는 온도차에 의해 열전대 중에 발생하는 기전력을 온도계로 이용한 것이다.
  ② 열전 현상
    - 제벡 효과: 열전 효과의 가장 기본적인 현상으로 서로 다른 금속체를 접합하여 폐회로를 만들고 두 접합점에 온도차를 두면 그 폐회로에서 열기전력이 발생하는 현상이다.
    - 펠티에 효과: 제벡 효과의 역효과 현상으로 서로 다른 금속체를 접합하여 폐회로를 만들고 이 폐회로에 전류를 흘려주면 그 폐회로의 접합점에서 열의 흡수 및 발생이 일어나는 현상이다.
    - 톰슨 효과: 제벡 효과를 응용한 열전 효과로 똑같은 금속체를 접합한 폐회로에 온도차를 두고 전류를 흘리면 그 폐회로에서 열의 흡수 및 발생이 일어나는 현상이다.
  ③ 열전대의 종류와 측정 온도 범위
    - 백금–백금 로듐: $0 \sim 1,400[℃]$
    - 크로멜–알루멜: $-200 \sim 1,000[℃]$
    - 철–콘스탄탄: $-200 \sim 700[℃]$
    - 구리–콘스탄탄: $-200 \sim 400[℃]$

(3) 복사 온도계
  ① 온도 복사에 관한 스테판–볼츠만의 법칙을 이용한 온도계이다.
  ② 스테판–볼츠만 법칙은 흑체의 단위 면적당 복사 에너지가 절대 온도의 네제곱에 비례한다는 법칙이다. 즉, 흑체 표면의 단위 면적당 복사하는 에너지 W는 다음과 같다.

  $$W = \sigma T^4 [W/m^2]$$
  (σ: 스테판–볼츠만 상수$[W/m^2 \cdot K^4]$, T: 절대 온도$[K]$)

  ③ 특징
    - 비접촉식으로 측정 대상물에서 떨어진 위치에서 온도를 측정할 수 있다.
    - 조작이 간단하다.
    - 온도를 직독할 수 있다.
    - 측정 온도 범위: $600 \sim 4,000[℃]$

독학이 쉬워지는 기초개념

서미스터
- 온도가 상승하면 전기 저항이 감소하는 부(-) 특성을 갖는 반도체 열저항 소자이다.
- 온도 보상용으로 많이 사용된다.

열전대의 조합
- 크로멜–알루멜
- 구리–콘스탄탄
- 철–콘스탄탄
- 백금–백금 로듐

독학이 쉬워지는 기초개념

(4) 광고온계
① 플랑크의 복사 법칙을 이용한 온도계이다.
② 복사 온도계에 비해 강도가 높다.
③ 측정 대상물이 지름 0.1[mm] 정도의 작은 경우에도 측정할 수 있다.

기출 & 예상문제

서로 다른 두 개의 금속이나 반도체를 접속하여 전류를 인가하면 접합부에서 열이 발생하거나 흡수되는 현상은?
① 제벡 효과　　　　　　　② 펠티에 효과
③ 톰슨 효과　　　　　　　④ 핀치 효과

| 해설 |
열전 효과의 종류
- 제벡 효과
  - 열전 효과의 가장 기본적인 현상이다.
  - 서로 다른 금속체를 접합하여 폐회로를 만들고 두 접합점에 온도차를 두면 그 폐회로에서 열기전력이 발생한다.
  - 열전 온도계로 이용한다.
- 펠티에 효과
  - 제벡 효과의 역효과 현상이다.
  - 서로 다른 금속체를 접합하여 폐회로를 만들고 이 폐회로에 전류를 흘려주면 그 폐회로의 접합점에서 열의 흡수 및 방출이 일어나는 현상이다.
  - 전자 냉동에 이용한다.
- 톰슨 효과
  - 제벡 효과를 응용한 열전 효과이다.
  - 똑같은 금속체를 접합한 폐회로에 온도차를 두고 전류를 흘리면 폐회로에 열의 흡수 및 발생이 일어난다.

답 ②

2 전기 용접기

(1) 저항 용접
① 모재의 접합부에 대전류를 흘려 발생하는 저항열에 의해 접합부를 반용융 상태로 하고 이것에 압력을 가하여 접합하는 용접이다.
② 겹치기 저항 용접
  - 점 용접(스폿 용접): 전구의 필라멘트 용접이나 열전대 용접에 이용
  - 돌기 용접(프로젝션 용접)
  - 심 용접(이음매 용접)
③ 맞대기 저항 용접
  - 업셋 맞대기 용접
  - 플래시 맞대기 용접
  - 충격 용접: 고유 저항이 작고 열전도율이 큰 것을 이용

(2) 방전 용접
  ① 용접하려는 금속 모재와 용접용 전극의 사이에서 발생하는 방전열로 금속을 가열하여 용융, 접합시키는 용접이다.
  ② 탄소 방전 용접
    • 가스 용접에 비해 용접이 빠르고 경제적이다.
    • 전원은 주로 직류를 사용한다.
    • 용접물을 직류 전원의 (+)극에 연결하고 탄소 전극을 (−)극에 연결한다.
    • 주로 같은 종류의 철 합금의 용접에 적용한다.
  ③ 원자 수소 용접: 경금속이나 구리 및 구리 합금, 스테인리스강의 용접에 사용한다.
  ④ 불활성 가스 용접
    • 텅스텐 전극과 모재의 사이에 방전을 발생시켜 그 방전의 주위에 아르곤, 헬륨 등과 같은 불활성 가스를 주입하여 용접부의 산화를 방지하도록 한 용접 방법이다.
    • 별도의 용재가 불필요하다.
    • 알루미늄, 마그네슘, 스테인리스강, 특수강의 용접에 주로 사용한다.
  ⑤ 방전 용접기
    • 방전 용접에 사용되는 전원은 누설 변압기를 주로 사용하며 부하 전류가 증가하면 전압은 급격히 감소하는 수하 특성을 가져야 한다.
    • 용접용 전원의 최고 전압
      직류: $50 \sim 70[V]$, 교류: $70 \sim 100[V]$
    • 방전 용접의 작업 전원: $20 \sim 35[V]$
(3) 아크 용접
  ① 아크 방전을 이용하여 금속과 금속을 접합하는 데 주로 사용된다.
  ② 종류
    • 탄소 아크 용접
    • 금속 아크 용접
(4) 용접 부위 검사
  ① 비파괴 검사
    • 자기 검사
    • X선 투과 시험
    • γ선 투과 시험
    • 초음파 탐상 시험
  ② 파괴 검사
    • 충격 시험
    • 부식 시험

독학이 쉬워지는 기초개념

Tip 강의 꿀팁
아르곤, 헬륨, 네온 등이 대표적인 불활성 가스예요.

Tip 강의 꿀팁
아크 용접에는 불활성 가스를 사용해야 해요.

Tip 강의 꿀팁
비파괴 검사
용접 부위에 아무런 손상을 가하지 않고 검사하는 것을 말해요.

CHAPTER 02 CBT 적중문제

01
344[kcal]를 [kWh]의 단위로 표시하면?

① 0.4
② 407
③ 400
④ 0.0039

해설
1[kWh] = 860[kcal]
∴ $344[\text{kcal}] = \dfrac{344}{860} = 0.4[\text{kWh}]$

02
단위 변환이 옳지 않게 표현된 것은?

① 1[J] = 0.24[cal]
② 1[kWh] = 860[kcal]
③ 1[BTU] = 0.252[kcal]
④ 1[kcal] = 3,968[J]

해설
1[cal] = 4.2[J]
1[kcal] = 4,200[J]

03
200[W]는 약 몇 [cal/s]인가?

① 0.2389
② 0.8621
③ 48
④ 71.67

해설
1[W] = 1[J/s] = 0.24[cal/s]
200[W] = 0.24×200[cal/s] = 48[cal/s]

04
열에 의한 물질의 상태 변화에 대한 설명으로 옳지 않은 것은?

① 액체를 냉각시키면 고체로 된다. 이를 응고라고 한다.
② 기체를 냉각시키면 액체로 된다. 이를 승화라고 한다.
③ 액체에 열을 가하면 기체로 된다. 이를 기화라고 한다.
④ 고체를 가열하면 용융되어 액체로 된다. 이를 융해라고 한다.

해설 열에 의한 물질의 상태 변화
- 응고: 액체를 냉각시키면 고체로 되는 것
- 승화: 고체가 직접 기체로 되거나 기체가 직접 고체로 되는 것
- 기화: 액체에 열을 가하면 기체로 되는 것
- 융해: 고체를 가열하면 용융되어 액체로 되는 것

05
2[g]의 알루미늄을 60[℃] 높이는 데 필요한 열량은 몇 [cal]인가?(단, 알루미늄의 비열은 0.2[cal/g · ℃]이다.)

① 24
② 20.64
③ 860
④ 20,640

해설
$Q = mc\theta = 2 \times 0.2 \times 60 = 24[\text{cal}]$

06
열전도율의 단위를 나타낸 것은?

① [kcal/h]
② [m · h · ℃/kcal]
③ [kcal/kg · ℃]
④ [kcal/m · h · ℃]

해설
- [kcal/h]: 발열량 단위
- [m · h · ℃/kcal]: 열전도 비저항 단위
- [kcal/kg · ℃]: 비열 단위
- [kcal/m · h · ℃] 또는 [W/m · ℃]: 열전도율 단위

| 정답 | 01 ① 02 ④ 03 ③ 04 ② 05 ① 06 ④

07
전열기에서 5분 동안에 900,000[J]의 일을 했다고 한다. 이 전열기에서 소비한 전력은 몇 [W]인가?

① 500
② 1,500
③ 2,000
④ 3,000

해설
$W = Pt\,[\text{J}]$ 에서
$\therefore P = \dfrac{W}{t} = \dfrac{900,000}{5 \times 60} = 3,000[\text{J/s}] = 3,000[\text{W}]$

08
$20[\Omega]$의 전열선 1개를 $100[\text{V}]$에 사용할 때 몇 [W]의 전력이 소비되는가?

① 400
② 500
③ 650
④ 750

해설
$P = \dfrac{V^2}{R} = \dfrac{100^2}{20} = 500[\text{W}]$

09
전기의 전도와 열의 전도는 서로 근사하여 온도를 전압, 열류를 전류와 같이 생각하여 열전도의 계산에 사용될 때 열류의 단위로 옳은 것은?

① [J]
② [deg]
③ [deg/W]
④ [W]

해설 열류
$I[\text{W} = \text{J/s}]$

10
$1[\text{kW}]$ 전열기를 사용하여 $5[\text{L}]$의 물을 $20[℃]$에서 $90[℃]$로 올리는 데 30분이 걸렸다. 이 전열기의 효율은 약 몇 [%]인가?

① 70
② 78
③ 81
④ 93

해설
$\eta = \dfrac{m(T_2 - T_1)}{860 Pt} \times 100[\%] = \dfrac{5 \times (90-20)}{860 \times 1 \times \dfrac{30}{60}} \times 100[\%]$
$= 81.4[\%]$

(단, m: 물의 질량[kg], T_1: 초기 온도[℃], T_2: 나중 온도[℃], P: 소비 전력[kW], t: 시간[h])

11
효율 $80[\%]$의 전열기로 $1[\text{kWh}]$의 전기량을 소비하였을 때 $10[\text{L}]$의 물을 몇 [℃] 올릴 수 있는가?

① 588
② 688
③ 58.8
④ 68.8

해설
$\theta = T_1 - T_2 = \dfrac{860 W \eta}{mc} = \dfrac{860 \times 1 \times 0.8}{10 \times 1} = 68.8[℃]$

12
전기 회로와 열 회로의 대응 관계로 옳지 않은 것은?

① 전류 - 열류
② 전압 - 열량
③ 도전율 - 열전도율
④ 정전 용량 - 열용량

해설 전기 회로와 열 회로의 대응 관계
- 전기 ↔ 열
- 전압 ↔ 온도차
- 전류 ↔ 열류
- 도전율 ↔ 열전도율
- 정전 용량 ↔ 열용량

13
열이 이동하는 방식 중 복사에 해당하는 것은?

① 도체를 통해 이동한다.
② 기체를 통해 이동한다.
③ 액체를 통해 이동한다.
④ 전자파로 이동한다.

해설 열의 이동 방식
- 전도: 물체를 구성하는 분자의 열운동에 의해 열에너지가 전달되는 것
- 복사: 적외선, 빛 등의 복사 에너지에 의해 열이 전달되는 것
- 대류: 기체나 액체의 유동에 의해 열이 전달되는 것

14
전열기에서 발열선의 지름이 $1[\%]$ 감소하면 저항 및 발열량은 몇 $[\%]$ 증감되는가?(단, 전열기의 전압과 발열선의 길이는 일정하다.)

① 저항 $2[\%]$ 증가, 발열량 $2[\%]$ 감소
② 저항 $2[\%]$ 증가, 발열량 $2[\%]$ 증가
③ 저항 $4[\%]$ 증가, 발열량 $4[\%]$ 감소
④ 저항 $4[\%]$ 증가, 발열량 $4[\%]$ 증가

해설
- 저항
$$R = \rho\frac{l}{A} = \rho\frac{l}{\frac{\pi}{4}d^2} = \rho\frac{4l}{\pi d^2} \propto \frac{1}{d^2}\text{(단, }l\text{: 길이, }d\text{: 지름)}$$
$$\therefore R' = R \times \frac{d^2}{d'^2} = R \times \frac{1}{0.99^2} = 1.02R\text{(즉, }2[\%]\text{ 증가)}$$
- 발열량
$$Q = I^2R = \left(\frac{V}{R}\right)^2 R = \frac{V^2}{R} \propto \frac{1}{R}$$
$$\therefore Q' = Q \times \frac{R}{R'} = Q \times \frac{1}{1.02} = 0.98Q\text{(즉, }2[\%]\text{ 감소)}$$

15
니크롬 전열선에서 제1종의 최고 사용 온도$[℃]$는?

① 700   ② 900
③ 1,100 ④ 1,300

해설 합금 발열체 종류별 최고 온도
- 니크롬 제1종: $1,100[℃]$
- 니크롬 제2종: $900[℃]$
- 철크롬 제1종: $1,200[℃]$
- 철크롬 제2종: $1,100[℃]$
- 탄화규소 발열체: $1,500[℃]$

16
다음 발열체 중 최고 사용 온도가 가장 높은 것은?

① 니크롬 제1종   ② 니크롬 제2종
③ 철크롬 제1종   ④ 탄화규소 발열체

해설 발열체 종류별 최고 사용 온도
- 니크롬 제1종: $1,100[℃]$
- 니크롬 제2종: $900[℃]$
- 철크롬 제1종: $1,200[℃]$
- 철크롬 제2종: $1,100[℃]$
- 탄화규소 발열체: $1,500[℃]$

17
다음 합금 발열체 중 최고 온도가 가장 낮은 것은?

① 니크롬 제1종   ② 니크롬 제2종
③ 철크롬 제1종   ④ 철크롬 제2종

해설 발열체 종류별 최고 사용 온도
- 니크롬 제1종: $1,100[℃]$
- 니크롬 제2종: $900[℃]$
- 철크롬 제1종: $1,200[℃]$
- 철크롬 제2종: $1,100[℃]$
- 탄화규소 발열체: $1,500[℃]$

| 정답 | 13 ④ 14 ① 15 ③ 16 ④ 17 ②

18
발열체의 구비 조건으로 옳지 않은 것은?

① 내열성이 클 것
② 내식성이 클 것
③ 가공이 용이할 것
④ 저항률이 비교적 작고 온도 계수가 높을 것

해설 발열체의 구비 조건
- 내열성이 클 것
- 내식성이 클 것
- 가공이 용이할 것
- 저항률이 적당한 값을 가지며 온도 계수가 양(+)의 값을 갖는 작은 값일 것

19
내화 단열재의 구비 조건으로 옳지 않은 것은?

① 내식성이 클 것
② 급열, 급냉에 견딜 것
③ 열전도율, 체적 비열이 클 것
④ 피열물 간에 화학 작용이 없을 것

해설 단열재의 구비 조건
- 내식성이 클 것
- 급열, 급냉에 견딜 것
- 열전도율이 작을 것
- 피열물 간에 화학 작용이 없을 것

20
다음 중 전기로의 가열 방식이 아닌 것은?

① 저항 가열
② 유전 가열
③ 유도 가열
④ 아크 가열

해설 전기로 가열 방식
- 저항 가열
- 아크 가열
- 유도 가열

21
전류에 의한 옴[Ω]손을 이용하여 가열하는 것은?

① 복사 가열
② 유전 가열
③ 유도 가열
④ 저항 가열

해설 저항 가열
전류가 흐르면 줄열이 발생하는 원리를 이용한 가열 방법이다.

22
피열물에 직접 통전하여 열을 발생시키는 방식의 전기로는?

① 직접식 저항로
② 간접식 저항로
③ 아크로
④ 유도로

해설 직접식 저항로
피열물에 직접 통전하여 열을 발생시키는 방식의 전기로이다.

23
저압 아크로의 역할에 해당하지 않는 것은?

① 제철
② 제강
③ 합금의 제조
④ 공중 질소 고정

해설 아크로의 종류
- 저압 아크로: 제철, 제강, 합금의 제조
- 고압 아크로: 공중 질소를 고정하여 질산을 제조

24
고주파 유도 가열의 용도가 아닌 것은?

① 목재의 고주파 가공
② 고주파 납땜
③ 관 용접
④ 단조

해설
목재 공업은 고주파 유전 가열을 이용한다.

| 정답 | 18 ④ 19 ③ 20 ② 21 ④ 22 ① 23 ④ 24 ①

25
금속의 표면 담금질에 가장 적합한 가열은?

① 적외선 가열
② 유도 가열
③ 유전 가열
④ 저항 가열

해설 유도 가열
- 와전류손 및 히스테리시스손을 이용한 가열 방법
- 교번 자계 중 도전성의 물체 중에 생기는 와류에 의한 줄열로 가열하는 방식
- 금속의 표면 가열(담금질), 반도체 정련 및 국부 가열에 적당한 방식

26
와전류손을 이용한 가열 방법이며, 교번자계 중에서 도전성의 물체 중에 생기는 와류에 의한 줄열로 가열하는 방식은?

① 저항 가열
② 적외선 가열
③ 유전 가열
④ 유도 가열

해설 유도 가열
- 와전류손 및 히스테리시스손을 이용한 가열 방법
- 교번 자계 중 도전성의 물체 중에 생기는 와류에 의한 줄열로 가열하는 방식
- 금속의 표면 가열(담금질), 반도체 정련 및 국부 가열에 적당한 방식

27
유도 가열의 용도에 가장 적합한 것은?

① 욕재의 접착
② 금속의 용접
③ 금속의 열처리
④ 비닐의 접착

해설 유도 가열
- 와전류손 및 히스테리시스손을 이용한 가열 방법
- 교번 자계 중 도전성의 물체 중에 생기는 와류에 의한 줄열로 가열하는 방식
- 금속의 표면 가열(담금질), 반도체 정련 및 국부 가열에 적당한 방식

28
목재의 건조, 베니어판 등의 합판에서의 접착 건조, 약품의 건조 등에 적합한 전기 건조 방식은?

① 고주파 건조
② 적외선 건조
③ 자외선 건조
④ 아크 건조

해설 유전 가열(고주파 가열)
- 교번 전계 중 절연성의 피열물에 생기는 유전체 손실에 의한 가열 방식
- 절연체(유전체)에서 어느 정도의 열을 이용한 예
  - 합성수지의 가열 성형
  - 베니어판(합판)의 건조
  - 고무의 유화
  - 비닐막 접착, 목재 접착
  - 플라스틱 성형

29
유전 가열의 용도로 옳지 않은 것은?

① 합성수지의 가열 성형
② 베니어판의 건조
③ 고무의 유화
④ 구리의 용접

해설 유전 가열
- 교번 전계 중 절연성의 피열물에 생기는 유전체 손실에 의한 가열 방식
- 절연체(유전체)에서 어느 정도의 열을 이용한 예
  - 합성수지의 가열 성형
  - 베니어판(합판)의 건조
  - 고무의 유화
  - 비닐막 접착, 목재 접착
  - 플라스틱 성형

| 정답 | 25 ② 26 ④ 27 ③ 28 ① 29 ④

30
자동차 등 차량 공업, 기계 및 전기 기계 기구, 기타 금속 제품의 도장을 건조하는 데 주로 이용되는 가열 방식은?

① 저항 가열
② 유도 가열
③ 고주파 가열
④ 적외선 가열

해설 적외선 가열
- 고온의 물체에서 나오는 적외선의 열을 이용하여 가열한다.
- 두께가 상대적으로 얇은 섬유, 도장 등에 사용한다.

31
다음 중 전기 건조 방식의 종류가 아닌 것은?

① 전열 건조
② 적외선 건조
③ 자외선 건조
④ 고주파 건조

해설
- 전기 건조 방식
  - 전열 건조
  - 적외선 건조
  - 고주파 건조
- 자외선 건조 방식
  - 자외선 방출 전구를 이용하여 건조하는 방식
  - 주로 살균, 유기물 분해, 소독 등에 적용

32
전열 방식의 종류 중 전자의 충돌에 의한 가열 방식은?

① 아크 가열
② 저항 가열
③ 적외선 가열
④ 전자빔 가열

해설
- 아크 가열: 전극을 설치하고 이 전극 사이에 아크 전류가 흐를 때 발생되는 열을 이용하여 대상물을 가열시키는 것
- 저항 가열: 저항이 큰 도선에 전류를 흘리면 줄열에 의한 고열이 발생하는데, 이 열을 이용하여 대상물을 가열시키는 것
- 적외선 가열: 고온의 물체에서는 적외선이 방출되는데 이 적외선을 이용하여 대상물을 가열시키는 것
- **전자빔 가열: 전자의 충돌에 의한 가열 방식**

33
전열의 원리와 이를 이용한 전열 기기의 연결이 옳지 않은 것은?

① 저항 가열 - 전기 다리미
② 아크 가열 - 전기 용접기
③ 유전 가열 - 온열 치료 기구
④ 적외선 가열 - 피부 미용 기기

해설
아크 가열
전극을 설치하고 이 전극 사이에 아크 전류가 흐를 때 발생되는 열을 이용하여 대상물을 가열시키는 것이다.(전기 용접기)

적외선 가열
고온의 물체에서는 적외선이 방출되는데 이 적외선을 이용하여 대상물을 가열시키는 것이다.(피부 미용 기기)

저항 가열
저항이 큰 도선에 전류를 흘리면 줄열에 의한 고열이 발생하는데 이 열을 이용하여 대상물을 가열시키는 것이다.(전기 다리미)

유전 가열
- 유전체손을 이용하여 가열하는 원리이다.
- 절연체(유전체)에서 어느 정도의 열을 이용하여 적용하는 예
  - 합성수지의 가열 성형
  - 베니어판의 건조
  - 고무의 유화, 비닐막 접착에 주로 적용
- 사용 전원: 1~200[MHz] 정도의 교류 인가(직류는 사용 불가)
- 특징
  - 열이 유전체손에 의해 피가열물 자체 내에서 발생한다.
  - 온도 상승 속도가 빠르고 속도가 임의 제어된다.
  - 내부 발열의 방식인 경우 표면이 과열될 우려가 없다.
  - 전 효율이 나쁘고 설비비가 고가이다.

유도 가열
- 와전류손 및 히스테리시스손을 이용한 가열 방법이다.
- 교번 자계 중 도전성의 물체 중에 생기는 와류에 의한 줄열로 가열하는 방식이다.
- 주로 금속의 표면 가열, 반도체 정련 등에 적용한다.

34
전구의 필라멘트나 열전대 용접에 알맞은 방법은?

① 점 용접 ② 돌기 용접
③ 심 용접 ④ 불활성 용접

해설 저항 용접
- 모재의 접합부에 대전류를 흘려 발생하는 저항열에 의해 접합부를 반용융 상태로 하고 이것에 압력을 가하여 접합하는 용접
- 겹치기 저항 용접
  - 점 용접(스폿 용접): 전구의 필라멘트 용접이나 열전대 용접에 이용
  - 돌기 용접(프로젝션 용접)
  - 심 용접(이음매 용접)
- 맞대기 저항 용접
  - 업셋 맞대기 용접
  - 플래시 맞대기 용접
  - 충격 용접: 고유 저항이 작고 열전도율이 큰 것을 이용

35
다음 용접 방법 중 저항 용접이 아닌 것은?

① 점 용접 ② 이음매 용접
③ 돌기 용접 ④ 전자빔 용접

해설 저항 용접
- 모재의 접합부에 대전류를 흘려 발생하는 저항열에 의해 접합부를 반용융 상태로 하고 이것에 압력을 가하여 접합하는 용접
- 겹치기 저항 용접
  - 점 용접(스폿 용접): 전구의 필라멘트 용접이나 열전대 용접에 이용
  - 돌기 용접(프로젝션 용접)
  - 심 용접(이음매 용접)
- 맞대기 저항 용접
  - 업셋 맞대기 용접
  - 플래시 맞대기 용접
  - 충격 용접: 고유 저항이 작고 열전도율이 큰 것을 이용

36
용접의 종류 중 저항 용접이 아닌 것은?

① 점 용접 ② 심 용접
③ TIG 용접 ④ 프로젝션 용접

해설 저항 용접
- 모재의 접합부에 대전류를 흘려 발생하는 저항열에 의해 접합부를 반용융 상태로 하고 이것에 압력을 가하여 접합하는 용접
- 겹치기 저항 용접
  - 점 용접(스폿 용접): 전구의 필라멘트 용접이나 열전대 용접에 이용
  - 돌기 용접(프로젝션 용접)
  - 심 용접(이음매 용접)
- 맞대기 저항 용접
  - 업셋 맞대기 용접
  - 플래시 맞대기 용접
  - 충격 용접: 고유 저항이 작고 열전도율이 큰 것을 이용

37
아크 용접은 어떤 원리를 이용한 것인가?

① 줄열 ② 수하 특성
③ 유전체손 ④ 히스테리시스손

해설 아크 용접
- 아크의 고열에 의해 금속을 가열시켜 용융, 접합시키는 용접 방법이다.
- 아크 용접용 전원은 수하 특성이어야 한다.
- 직류에서는 로젠베르그 발전기를 사용한다.
- 교류에서는 누설 변압기를 사용한다.

| 정답 | 34 ① 35 ④ 36 ③ 37 ②

38
공구, 기계 부품, 전기기구 부품 등의 납땜 작업에 널리 사용되는 용접은?

① 유도 용접
② 심 용접
③ 프로젝션 용접
④ 점 용접

해설 유도 용접
공구, 기계 부품, 전기 기구 부품 등의 납땜 작업에 널리 사용되는 용접이다.

39
용접부의 비파괴 검사의 종류가 아닌 것은?

① 고주파 검사
② 방사선 검사
③ 자기 검사
④ 초음파 검사

해설 용접부의 비파괴 검사
- 용접부 외관 검사
- 자기 검사
- X선 또는 γ선 투과 시험
- 초음파 탐상기 검사

40
금속 재료 중 용융점이 제일 높은 것은?

① 백금
② 이리듐
③ 몰리브덴
④ 텅스텐

해설 금속 재료 종류별 용융점
- 백금: $1,750[℃]$
- 이리듐: $2,350[℃]$
- 몰리브덴: $2,600[℃]$
- 텅스텐: $3,380[℃]$

| 정답 | 38 ① 39 ① 40 ④

CHAPTER 03

PART 01 전기응용

전동기

1. 전동기 운동 역학
2. 전동기의 종류
3. 전동기의 기동
4. 전동기의 속도 제어 및 제동
5. 전동기의 형식 및 용량 계산

학습 전략

CHAPTER 03 전동기는 전기기기 과목을 성실하게 학습하였다면 크게 무리 없이 학습을 마무리할 수 있습니다. 전기기사 과목이 여러 과목으로 나누어져 있지만 서로 연관성을 가지고 있기 때문에 한 과목씩 충실히 학습해 두면 다른 과목에서도 많은 도움이 됩니다. 이 점을 살 활용하여 효율적인 순서로 학습한다면 시간을 절약하면서 시험을 준비할 수 있습니다.

CHAPTER 03 | 흐름 미리보기

1. 전동기 운동 역학
2. 전동기의 종류
3. 전동기의 기동
4. 전동기의 속도 제어 및 제동
5. 전동기의 형식 및 용량 계산

NEXT **CHAPTER 04**

CHAPTER 03 전동기

THEME 01 전동기 운동 역학

독학이 쉬워지는 기초개념

1 회전 운동 에너지

(1) 뉴턴의 운동 에너지

① 운동하는 물체가 가진 에너지로 물체의 질량을 $m[\text{kg}]$, 속도를 $v[\text{m/s}]$라고 할 때 운동 에너지는 다음과 같이 나타낸다.

$$W = \frac{1}{2}mv^2 [\text{J}]$$

② 위 식에 각속도가 $\omega = \dfrac{v}{r}[\text{rad/s}]$이므로 $v = \omega r[\text{m/s}]$를 대입해 보면

$$W = \frac{1}{2}mv^2 = \frac{1}{2}m \times (\omega r)^2 = \frac{1}{2}J\omega^2 [\text{J}]$$

③ 관성 모멘트는 다음과 같이 정의된다.

$$J = mr^2 = \frac{GD^2}{4} [\text{kg} \cdot \text{m}^2]$$

(GD^2: 플라이 휠 효과[kg·m²], G: 휠의 질량[kg], D: 회전자 지름[m])

④ 플라이 휠(Fly-wheel): 회전체의 속도 변동을 줄이기 위해 회전 에너지를 축적해 두기 위한 원판으로 관성 모멘트를 크게 하는 역할을 한다.

⑤ 회전 운동 시의 에너지는 다음과 같다.

$$W = \frac{1}{2}J\omega^2 = \frac{1}{2} \times \frac{GD^2}{4}\omega^2 = \frac{1}{8}GD^2\omega^2 [\text{J}]$$

⑥ 각속도 $\omega = \dfrac{v}{r} = 2\pi n = 2\pi \dfrac{N}{60}[\text{rad/s}]$이므로 회전 운동 시의 에너지는 다음과 같이 표현할 수 있다.

$$W = \frac{1}{2} \times \frac{GD^2}{4}\omega^2 = \frac{1}{8}GD^2\left(\frac{2\pi N}{60}\right)^2 = \frac{GD^2 N^2}{730} [\text{J}]$$

⑦ 회전 속도가 $N_2[\text{rpm}]$에서 $N_1[\text{rpm}]$으로 감속될 때의 방출 에너지는 다음과 같이 구할 수 있다.

$$W = W_2 - W_1 = \frac{GD^2 N_2^2}{730} - \frac{GD^2 N_1^2}{730} = \frac{GD^2(N_2^2 - N_1^2)}{730} [\text{J}]$$

(2) 회전력(토크: Torque)

① 1[kg·m]의 토크란 회전축에서 1[m] 떨어진 곳에 1[kg]의 물체가 중력으로 인해 회전하는 힘이다.

② 토크의 단위는 [kg·m]나 [N·m]를 사용한다.

회전수

$N[\text{rpm}]$: 분당 회전 속도

$n[\text{rps}]$: 초당 회전 속도

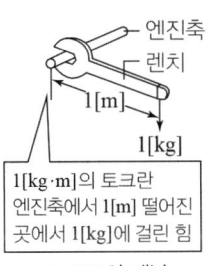

1[kg·m]의 토크란 엔진축에서 1[m] 떨어진 곳에서 1[kg]에 걸린 힘

▲ 토크의 개념

기출 & 예상문제

관성 모멘트가 $150[\text{kg} \cdot \text{m}^2]$인 회전체의 GD^2은?

① 450 ② 600
③ 900 ④ 1,000

| 해설 |
관성 모멘트
$J = mr^2 = \dfrac{GD^2}{4} [\text{kg} \cdot \text{m}^2]$에서 플라이 휠 효과는
$GD^2 = 4J = 4 \times 150 = 600[\text{kg} \cdot \text{m}^2]$

답 ②

2 전동기의 토크 산출 식

(1) 토크의 사용 단위는 사용자의 편리성에 따라 $[\text{kg} \cdot \text{m}]$나 $[\text{N} \cdot \text{m}]$를 사용한다.
(2) 각각의 단위에 따른 전동기의 토크 식은 다음과 같다.

$$T = \dfrac{60P}{2\pi N}[\text{N} \cdot \text{m}] \times \dfrac{1}{9.8} = 0.975 \dfrac{P}{N} [\text{kg} \cdot \text{m}]$$

(P: 출력[W], N: 회전수[rpm])

> **독학이 쉬워지는 기초개념**
>
> $P = Fv = Fr\omega = T\omega[\text{W}]$
> $\therefore T = \dfrac{P}{\omega} = \dfrac{60P}{2\pi N}[\text{N} \cdot \text{m}]$
> ($\because \omega = \dfrac{2\pi N}{60}[\text{rad/s}]$)

THEME 02 전동기의 종류

1 직류 전동기

(1) 타여자 전동기

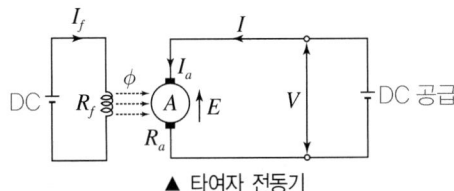

▲ 타여자 전동기

- 역기전력: $E = V - I_a R_a [\text{V}] (I_a = I[\text{A}])$

> 전동기의 정격
> • 연속 정격
> • 단시간 정격
> • 반복 정격

> **독학이 쉬워지는 기초개념**
>
> 엘리베이터에 사용되는 전동기 특성
> - 소음이 적을 것
> - 기동 토크가 클 것
> - 회전 부분의 관성 모멘트는 작을 것
> - 가속도 변화 비율이 일정할 것

① 특징
- 외부에서 일정한 전원(DC 전원)이 공급되어 계자 전류(I_f)가 일정하므로 자속(ϕ)과 속도가 일정하다.
- 전원의 극성을 반대로 하면 회전 방향이 반대가 된다.

② 용도
- 압연기
- 엘리베이터 등 세밀한 속도 조정이 필요한 곳

(2) 분권 전동기

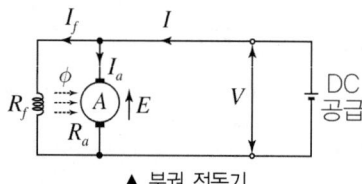

▲ 분권 전동기

- 역기전력: $E = V - I_a R_a [V] (I_a = I - I_f [A])$
- 토크 관계식: $T \propto I_a \propto \dfrac{1}{N}$

① 특징
- 계자와 전기자가 병렬로 연결되어 있으며, 부하가 증가할 때 속도는 감소하나 그 폭이 크지 않으므로 타여자와 같이 정속도 특성이다.
- 정격 전압 상태에서 무여자 운전 시(계자 회로의 단선) 위험 속도에 도달하여 원심력에 의해 기계가 파손될 우려가 있다. 따라서 계자 권선에 퓨즈를 삽입하면 안 된다.

② 용도
- 공작 기계
- 컨베이어 등 정속도 운전이 필요한 곳에 사용

(3) 직권 전동기

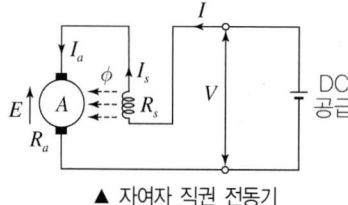

▲ 자여자 직권 전동기

- 역기전력: $E = V - I_a(R_a + R_s)[V] (I_a = I = I_s [A])$
- 토크 관계식: $T \propto I_a^2 \propto \dfrac{1}{N^2}$

① 특징
- 계자와 전기자가 직렬로 연결되어 있으며 부하가 증가할 때 부하 전류와 계자 전류의 크기가 동일($\phi \propto I_a = I = I_s$)하므로 기동 토크가 크고 이에 따라 속도 변동도 크기 때문에 가변 속도 특성을 지닌다.

- 정격 전압 상태에서 무부하 운전 시 무한대(위험) 속도에 도달하여 원심력에 의해 기계가 파손될 우려가 있다.(방지 대책: 벨트 운전을 금지하고 톱니바퀴식으로 부하를 직결한다.)
② 용도
- 전동차(전철)
- 권상기, 크레인 등 매우 큰 기동 토크가 필요한 곳

2 동기 전동기

(1) 특징

장점	단점
• 속도가 일정하다. • 역률을 조정할 수 있다. • 효율이 좋다. • 공극이 넓으므로 기계적으로 튼튼하다.	• 속도 조정이 곤란하다. • 기동 토크가 작기 때문에 별도의 기동 장치가 필요하다. • 직류 여자 장치가 필요하다. • 난조 발생이 빈번하다.

> **동기 전동기**
> 주로 대형 전동기로 제작해요.

(2) 용도
① 분쇄기
② 압축기
③ 송풍기
(동기 전동기는 일정한 동기 속도로 회전하는 전동기로서 크레인에는 부적당하다.)

3 3상 유도 전동기

(1) 농형 유도 전동기
① 구조가 간단하며 보수가 용이하다.
② 전동기의 효율이 양호하다.
③ 속도 조정이 곤란하다.
④ 기동 토크가 작아 소형기기에 적합하다.

(2) 권선형 유도 전동기
① 기동 토크가 커서 대형기기에 적합하다.
② 2차 회로에 저항을 삽입하여 비례 추이가 가능하고 속도 제어가 용이하다.
③ 농형에 비해 구조가 복잡하고 효율이 나쁘다.

> **농형 유도 전동기**
> 회전자가 권선이 없는 쇳덩어리 형태예요.

> **단상 유도 전동기의 특징**
> - 단상 유도 전동기는 인가 전원이 단상이므로 회전 자계가 없다.(교번 자계에 의해 회전)
> - 회전 자계가 없으므로 자기 기동하지 못한다.(별도의 기동 장치 필요)
> - 3상 유도 전동기에 비해 속도 변동률이 크다.

> **단상 유도 전동기의 기동 토크가 큰 순서: 반콘분셰**
> 반발 기동형 > 콘덴서 기동형 > 분상 기동형 > 셰이딩 코일형

기출 & 예상문제

비례 추이와 관계 있는 전동기는?
① 3상 유도 전동기
② 동기 전동기
③ 단상 유도 전동기
④ 정류자 전동기

| 해설 |
3상 권선형 유도 전동기는 비례 추이 특성을 이용하여 전동기의 운전 특성을 자유로이 조정하여 운전할 수 있다.

답 ①

| 독학이 쉬워지는 기초개념 |

THEME 03 전동기의 기동

1 직류 전동기의 기동

전동기의 안정 운전 조건
$\left(\dfrac{dT}{d\omega}\right)_M > \left(\dfrac{dT}{d\omega}\right)_L$
(단, ω: 각속도[rad/s], T: 토크 [N·m], M: 전동기, L: 부하)

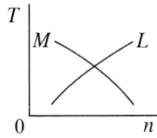

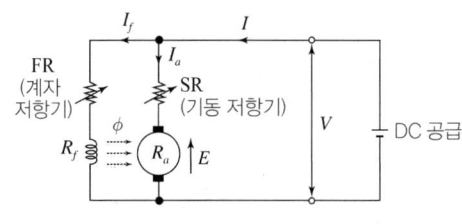

▲ 직류 전동기의 기동 장치

(1) 기동 저항기(SR)
 최대 위치에 두어 기동 전류를 줄인다.
(2) 계자 저항기(FR)
 최소(0) 위치에 두어 계자 전류를 크게 하여 기동 토크를 보상한다.

2 농형 유도 전동기의 기동

(1) 전전압 기동(직입 기동)
 ① 정지하고 있는 전동기에 정격 전압을 인가하여 기동하는 방식이다.
 ② 5[kW] 이하의 소용량 또는 기동 전류가 특히 작게 설계된 특수 농형 전동기에 적용된다.
(2) $Y-\triangle$ 기동
 ① 기동 시에는 1차 권선을 Y 접속으로 기동하고 정격 속도에 가까워지면 $\triangle$ 접속으로 교체 운전하는 방식이다.
 ② 기동할 때에는 1차 각 상의 권선에는 정격 전압의 $\dfrac{1}{\sqrt{3}}$, 기동 전류는 직입 기동의 $\dfrac{1}{3}$, 기동 토크도 $\dfrac{1}{3}$로 감소한다.
 ③ 5~15[kW]급 농형 유도 전동기에 적합하다.
(3) 기동 보상기에 의한 기동
 ① 기동 보상기로서 3상 단권 변압기를 이용하여 기동 전압을 낮추는 방식이다.(약 15[kW] 정도 이상의 전동기에 적용)
 ② 기동 전류를 50~80[%] 정도로 저감한다.
(4) 리액터 기동
 ① 리액터를 고정자 권선에 직렬로 삽입하여 단자 전압을 저감하여 기동한 후 일정 시간이 지나면 리액터를 단락시킨다.
 ② 리액터의 크기는 보통 정격 전압의 50~80[%]가 되는 값을 선택한다.

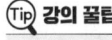 강의 꿀팁

기동 보상기가 리액터 기동기보다 가격이 저렴해요.

3 권선형 유도 전동기의 기동

(1) 2차 저항 기동
   ① 2차 저항 조정기를 사용하여 저항이 최대 위치에서 기동한 후 점차 저항을 줄여 정상 운전하는 방식이다.
   ② 2차 저항으로 금속 저항기를 많이 사용하고 대형기에서는 액체 저항기를 사용한다.

(2) 2차 임피던스 기동
   ① 2차 권선(회전자 권선) 회로에 고유 저항 R과 리액터 L 또는 과포화 리액터의 병렬 접속으로 삽입하는 방식이다.
   ② 초기에는 슬립이 크고 회전자 회로의 주파수가 높아 리액턴스가 크게 되고 대부분의 전류는 저항으로 흘러 2차 저항 기동 상태가 된다.
   ③ 속도가 상승하면 슬립 감소로 2차 주파수가 낮아져 리액턴스가 단락 상태로 되어 2차 전류가 리액터 쪽으로 흐른다.

(3) 게르게스에 의한 기동
   3상 권선형 유도 전동기의 2차 회로 중 1개의 선이 단선된 경우 슬립이 $s = 0.5$ 부근에서 더이상 가속되지 않는 게르게스 현상을 이용한 기동법이다.

기출 & 예상문제

유도 전동기 기동 방식 중 권선형에만 적용할 수 있는 기동법은?

① $Y-\triangle$ 기동
② 리액터 기동
③ 2차 회로에 저항 삽입
④ 기동 보상기

| 해설 |
권선형 유도 전동기는 2차에 권선이 있기 때문에 2차 저항에 의한 기동 방법을 적용할 수 있다.

답 ③

독학이 쉬워지는 기초개념

2차 저항 기동의 속도 특성은 가감 변속도 특성이다.

전동기 운전 시 발생하는 진동
- 기계적 원인
  - 회전자의 불평형
  - 베어링의 불평형
  - 설치 불량
- 전자적 원인
  - 고정자 철심의 자기적 성질 불평등
  - 회전지 철심의 지기적 성질 불평등
  - 고조파 자계에 의한 자기력의 불평등

독학이 쉬워지는 기초개념

직류 전동기의 속도(회전수)
$$N = K\frac{V - I_a R_a}{\phi} \text{ [rpm]}$$

동기 속도 N_s
$$N_s = \frac{120f}{p} \text{ [rpm]}$$

THEME 04 전동기의 속도 제어 및 제동

1 직류 전동기의 속도 제어

(1) 전압 제어
① 전동기의 외부 단자에서 공급 전압을 조절하여 속도를 제어하는 방법이다.
② 효율이 좋고 광범위한 속도 제어가 가능하다.
③ 워드 레오너드 방식: 정부하 시 사용(광범위한 속도 제어 가능)
④ 일그너 방식: 부하 변동이 심할 경우 사용(플라이 휠 설치)
⑤ 직·병렬 제어법: 직권 전동기에만 사용

(2) 저항 제어
① 전기자 회로에 삽입한 기동 저항으로 속도를 제어하는 방법이다.
② 손실이 커서 잘 사용하지 않는다.

(3) 계자 제어
① 계자 저항을 조절하여 계자 자속을 변화시켜 속도를 제어하는 방법이다.
② 전력 손실이 적고 간단하지만 속도 제어 범위가 적다.
③ 출력을 변화시키지 않고도 속도를 제어할 수 있어 정출력 제어라고도 한다.

2 유도 전동기의 속도 제어

(1) 농형 유도 전동기의 속도 제어

$$N = (1-s)\frac{120f}{p} \text{ [rpm]}$$

(N: 회전수[rpm], s: 슬립, p: 극수, f: 주파수[Hz])

① 주파수 변환
  • 인버터로서 교류 입력의 주파수를 변환시켜 회전수를 제어하는 방법이다.
  • 방직 공장의 포트 모터, 선박의 추진용으로 사용한다.
② 극수 변환: 연속적인 속도 제어가 아닌 승강기와 같이 단계적 속도 제어에 사용한다.
③ 전압 제어: 유도 전동기의 토크가 전압의 제곱에 비례하는 성질을 이용한 것이다.

(2) 권선형 유도 전동기의 속도 제어
① 2차 저항 제어
  • 2차 외부 저항을 이용한 비례 추이를 응용한 방법이다.(구조 간단, 조작 용이)
  • 2차 동손이 증가하므로 효율이 나빠지며 가격이 비싸다.

② 2차 여자 제어: 권선형 회전자 슬립링에 외부에서 슬립 주파수 전압(E_c)을 인가시켜 속도를 제어하는 방법으로, 세르비우스 방식, 크레머 방식 2가지가 있다.

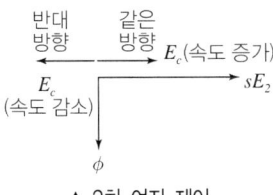

▲ 2차 여자 제어

③ 종속법: 극수가 다른 2대의 권선형 유도 전동기를 서로 종속시켜 극수를 변화시켜 속도를 제어하는 방법이다.

기출 & 예상문제

유도 전동기의 회전자에 슬립 주파수의 전압을 공급하여 속도를 제어하는 방법은 어느 것인가?

① 2차 저항법
② 직류 여자법
③ 주파수 변환법
④ 2차 여자법

| 해설 |

권선형 유도 전동기의 속도 제어법(2차 여자법)
- 권선형 회전자 슬립링에 외부에서 슬립 주파수 전압(E_c)을 인가시켜 속도를 제어하는 방법이다.
- 세르비우스 방식, 크레머 방식 2가지가 있다.
- E_c를 sE_2보다 90° 위상을 빠르게 가하면 역률은 개선된다.

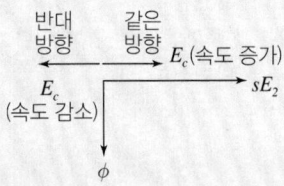

답 ④

독학이 쉬워지는 기초개념

독학이 쉬워지는 기초개념

3 전동기의 제동

(1) 발전 제동
① 전동기 회전 시 자속을 유지한 상태에서 입력 전원을 끊고 전열 부하를 연결하면 전동기가 발전기로 작동한다.
② 이 전력을 전열 부하에서 열로 소비하며 제동하는 방법이다.

(2) 회생 제동
① 전동기 회전 시 입력 전원을 끊고 자속을 강하게 하면 역기전력이 전원 전압보다 높아져 전류가 역류하게 된다.
② 이 전류를 가까운 부하의 전원으로 사용하면서 제동하는 방법이다.
③ 주로 내리막길에서 전동차의 제동이 이에 속한다.

(3) 역상 제동(역전 제동 또는 플러깅)
① 전동기 회전 시 계자 또는 전기자 전류의 방향을 전환시키거나 전원 3선 중 2선의 접속을 바꾸어 역방향의 토크를 발생시켜 제동한다.
② 주로 전동기를 급제동시킬 때 사용하는 방법이다.

(4) 와전류 제동
① 구리의 원판을 자계 내에 회전시켜 와전류에 의해 제동하는 방법이다.
② 전기 동력계법에 이용된다.

(5) 기계 제동
전동기에 붙인 제동화에 전자력으로 가압하여 마찰 제동하는 방법이다.

기출 & 예상문제

전동기의 회생 제동이란?
① 전동기의 기동력을 저항으로 소비시키는 방법이다.
② 전동기를 발전 제동으로 하여 발생 전력을 선로에 보내는 방법이다.
③ 와전류손으로 회전체의 에너지를 잃게 하는 방법이다.
④ 전동기에 붙인 제동화에 전자력으로 가압하는 방법이다.

| 해설 |
회생 제동
• 전동기에 전원을 투입한 상태에서 전동기에 유기되는 역기전력을 전원 전압보다 높게 하여 제동하는 방법이다.
• 회전 운동 에너지로서 발생하는 전력을 전원 측에 반환하면서 제동하는 방법이다.

답 ②

THEME 05 전동기의 형식 및 용량 계산

1 전동기의 형식

(1) 방식(방부)형
지정된 부식성의 산, 알칼리 또는 유해 가스가 존재하는 장소에서 실용상 지장이 없도록 사용할 수 있는 구조이다.

(2) 방적형

연직에서 15° 이내의 각도로 낙하하는 물방울이 기기 내부에 들어가 전기 절연물이나 전기 권선용 철심에 접촉하는 일이 없도록 하는 구조이다.

(3) 방수형

지정된 조건에서 1~3분 동안 물을 주입하여도 전동기 사용에 지장이 없도록 물이 침입할 수 없는 구조이다.

(4) 수중형

전동기가 수중에서 지정 압력, 지정 시간 동안 계속 사용하더라도 아무런 이상이 없는 구조이다.

(5) 내산형

바닷가나 염분이 많은 지역에서 사용할 수 있는 전동기 구조이다.

(6) 방진형

먼지의 침입을 최대한 방지하고 먼지가 침입하더라도 전동기 운전에 아무런 지장이 없는 구조이다.

2 전동기 절연물의 최고 허용 온도

(1) 전기 기기 구성 재료에는 자기를 발생하는 철과 도전성 재료인 구리 이외에 절연물이 있다.

(2) 절연물은 일반적으로 고온이 되면 열화되므로 허용할 수 있는 온도에 따라 다음과 같이 7종으로 분류되어 있다.

절연 계급	Y	A	E	B	F	H	C
허용 온도[℃]	90	105	120	130	155	180	180 초과

기출 & 예상문제

전동기 절연물의 종별에서 허용 온도 상승 한도가 $130[℃]$인 것은 어느 것인가?

① Y종 ② A종
③ E종 ④ B종

| 해설 |
전동기 절연물의 최고 허용 온도

절연 계급	Y	A	E	B	F	H	C
허용 온도[℃]	90	105	120	130	155	180	180 초과

답 ④

독학이 쉬워지는 기초개념

> **독학이 쉬워지는 기초개념**

3 전동기의 용량 계산

(1) 양수 펌프용 전동기 용량

$$P = \frac{9.8QH}{\eta}k \, [\text{kW}]$$

(Q: 양수량[m³/s], H: 양정(양수 높이)[m], k: 여유 계수, η: 효율)

또는

$$P = \frac{QH}{6.12\eta}k \, [\text{kW}]$$

(Q: 양수량[m³/min])

(2) 권상기용 전동기 용량

$$P = \frac{mv}{6.12\eta}k \, [\text{kW}]$$

(m: 물체의 질량[ton], v: 권상 속도[m/min], k: 여유 계수(평형률), η: 효율)

기출 & 예상문제

양수량 $Q=6[\text{m}^3/\text{min}]$, 총 양정 $H=7.5[\text{m}]$를 양수하는 데 필요한 구동용 전동기의 출력 $P[\text{kW}]$는 약 얼마인가?(단, 펌프 효율 $\eta=75[\%]$, 여유 계수 $k=1.1$이다.)

① 8　　　　　　　　② 10
③ 6　　　　　　　　④ 13

| 해설 |
$P = \dfrac{QH}{6.12\eta}k = \dfrac{6 \times 7.5}{6.12 \times 0.75} \times 1.1 ≒ 10.78[\text{kW}]$

답 ②

CHAPTER 03 CBT 적중문제

01
유도 전동기를 기동하여 각속도 $\omega_s[\text{rad/s}]$에 이르기까지 회전자에서의 발열 손실 $Q[\text{J}]$를 나타내는 식은? (단, J는 관성 모멘트이다.)

① $Q = \dfrac{1}{2}J^2\omega_s^2$ ② $Q = \dfrac{1}{2}J^2\omega_s$

③ $Q = \dfrac{1}{2}J\omega_s^2$ ④ $Q = \dfrac{1}{2}J\omega_s$

해설

$Q = \dfrac{1}{2}mv^2 = \dfrac{1}{2}m(r\omega_s)^2 = \dfrac{1}{2}J\omega_s^2[\text{J}]$

(단, $J = mr^2[\text{kg}\cdot\text{m}^2]$, m: 질량[kg], v: 속도[m/s])

02
플라이 휠 효과가 $GD^2[\text{kg}\cdot\text{m}^2]$인 전동기의 회전자가 $n_2[\text{rpm}]$에서 $n_1[\text{rpm}]$으로 감속할 때 방출한 에너지[J]는?

① $\dfrac{GD^2(n_2-n_1)^2}{730}$ ② $\dfrac{GD^2(n_2^2-n_1^2)}{730}$

③ $\dfrac{GD^2(n_2-n_1)^2}{375}$ ④ $\dfrac{GD^2(n_2^2-n_1^2)}{375}$

해설

- 원래의 에너지: $W_1 = \dfrac{GD^2 \times N_2^2}{730}[\text{J}]$
- 속도가 저하한 후의 에너지: $W_2 = \dfrac{GD^2 \times N_1^2}{730}[\text{J}]$

따라서 에너지의 차인 방출 에너지는

$\triangle W = W_1 - W_2$

$= \dfrac{GD^2 \times N_2^2}{730} - \dfrac{GD^2 \times N_1^2}{730} = \dfrac{GD^2(N_2^2-N_1^2)}{730}[\text{J}]$

03
플라이 휠 효과 $1[\text{kg}\cdot\text{m}^2]$인 플라이 휠 회전 속도가 $1,500[\text{rpm}]$에서 $1,200[\text{rpm}]$으로 떨어졌다. 방출 에너지는 약 몇 [J]인가?

① 1.11×10^3 ② 1.11×10^4

③ 2.11×10^3 ④ 2.11×10^4

해설

- 원래의 에너지
$W_1 = \dfrac{GD^2 \times n_1^2}{730} = \dfrac{1 \times 1,500^2}{730} = 3,082.2[\text{J}]$
- 속도가 저하된 후의 에너지
$W_2 = \dfrac{GD^2 \times n_2^2}{730} = \dfrac{1 \times 1,200^2}{730} = 1,972.6[\text{J}]$
- 방출 에너지
$\triangle W = W_1 - W_2 = 3,082.2 - 1,972.6$
$= 1,109.6[\text{J}] = 1.11 \times 10^3[\text{J}]$

04
전동기의 토크 단위는?

① [kg]   ② $[\text{kg}\cdot\text{m}^2]$

③ $[\text{kg}\cdot\text{m}]$ ④ $[\text{kg}\cdot\text{m/s}]$

해설 전동기의 토크

$T = 0.975\dfrac{P}{N}[\text{kg}\cdot\text{m}]$

| 정답 | 01 ③ 02 ② 03 ① 04 ③

05

출력 7,200[W], 800[rpm]로 회전하고 있는 전동기의 토크 [kg·m]는 약 얼마인가?

① 0.14
② 8.77
③ 86
④ 115

해설

$T = 0.975 \dfrac{P}{N} = 0.975 \times \dfrac{7,200}{800} = 8.77 [\text{kg} \cdot \text{m}]$

06

직류 직권 전동기는 어느 부하에 적당한가?

① 정토크 부하
② 정속도 부하
③ 정출력 부하
④ 변출력 부하

해설 직권 전동기

• 특징
  – 정출력 특성
  – 계자와 전기자가 직렬로 연결되어 있으며 부하가 증가할 때 부하 전류와 계자 전류의 크기가 동일($I_a = I = I_s \propto \phi$)하므로 기동 토크가 크고 이에 따라 속도 변동도 크기 때문에 가변 속도 특성을 지닌다.
  – 정격 전압 상태에서 무부하 운전 시 무한대(위험) 속도에 도달하여 원심력에 의해 기계가 파손될 우려가 있다.(방지 대책: 벨트 운전 금지하고 톱니 바퀴식으로 부하를 직결한다.)
• 용도
  – 전동차(전철)
  – 권상기, 크레인 등 매우 큰 기동 토크가 필요한 곳

07

전차, 권상기, 크레인 등에 가장 적합한 전동기는?

① 분권형
② 직권형
③ 화동 복권형
④ 차동 복권형

해설 직권 전동기

• 특징
  – 계자와 전기자가 직렬로 연결되어 있으며 부하가 증가할 때 부하 전류와 계자 전류의 크기가 동일($I_a = I = I_s \propto \phi$)하므로 기동 토크가 크고 이에 따라 속도 변동도 크기 때문에 가변 속도 특성을 지닌다.
  – 정격 전압 상태에서 무부하 운전 시 무한대(위험) 속도에 도달하여 원심력에 의해 기계가 파손될 우려가 있다.(방지 대책: 벨트 운전 금지하고 톱니 바퀴식으로 부하를 직결한다.)
• 용도
  – 전동차(전철)
  – 권상기, 크레인 등 매우 큰 기동 토크가 필요한 곳

08

엘리베이터에 사용되는 전동기의 특징이 아닌 것은?

① 가속도의 변화 비율이 일정 값이 되도록 선택한다.
② 회전 부분의 관성 모멘트는 적어야 한다.
③ 소음이 적어야 한다.
④ 기동 토크가 작아야 한다.

해설 엘리베이터에 사용되는 전동기의 조건

• 기동 토크가 커야 한다.
• 소음 및 고장이 적어야 한다.
• 회전 부분의 관성 모멘트가 적어 기동 및 정지가 빈번한 곳에 적절해야 한다.
• 가속도의 변화 비율이 일정 값이 되도록 선택한다.

| 정답 | 05 ② 06 ③ 07 ② 08 ④

09
다음 전동기 중에서 속도 변동률이 가장 큰 것은?

① 3상 농형 유도 전동기
② 3상 권선형 유도 전동기
③ 3상 동기 전동기
④ 단상 유도 전동기

해설 단상 유도 전동기
- 인가 전원이 단상이므로 회전 자계가 없다.(교번 자계에 의해 회전)
- 회전 자계가 없으므로 자기 기동하지 못한다.(별도의 기동 장치 필요)
- 3상 유도 전동기에 비해 속도 변동률이 크다.

10
다음 중 토크가 가장 적은 전동기는?

① 반발 기동형   ② 콘덴서 기동형
③ 분상 기동형   ④ 반발 유도형

해설 단상 유도 전동기의 기동 토크가 큰 순서
반발 기동형 → 반발 유도형 → 콘덴서 기동형 → 분상 기동형 → 셰이딩 코일형

암기
반콘분셰

11
단상 유도 전동기 중 운전 중에도 전류가 흘러 손실이 발생하여 효율과 역률이 좋지 않고 회전 방향을 바꿀 수 없는 전동기는?

① 반발 기동형   ② 콘덴서 기동형
③ 분상 기동형   ④ 셰이딩 코일형

해설 셰이딩 코일형
- 자극 일부분에 셰이딩 코일을 삽입하여 기동하는 방식이다.
- 구조는 간단하나 기동 토크가 작다.
- 역률과 효율이 나쁘며 회전 방향을 바꿀 수 없다.

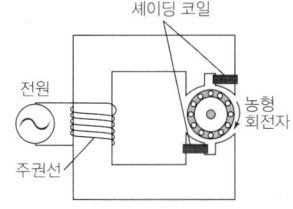

▲ 셰이딩 코일형

12

$15[\text{kW}]$ 이상의 중형 및 대형기의 기동에 사용되는 농형 유도 전동기의 기동법은?

① 기동 보상기법
② 전전압 기동법
③ 2차 임피던스 기동법
④ 2차 저항 기동법

해설 농형 유도 전동기의 기동 방식

- 전전압 기동(직입 기동)
  - 정지하고 있는 전동기에 정격 전압을 인가하여 기동하는 방식이다.
  - $5[\text{kW}]$ 이하의 소용량 또는 기동 전류가 특히 작게 설계된 특수 농형 전동기에 적용한다.
- $Y-\triangle$ 기동
  - 기동 시에는 1차 권선을 Y 접속으로 기동하고, 정격 속도에 가까워지면 $\triangle$ 접속으로 교체 운전하는 방식이다.
  - 기동할 때에는 1차 각 상의 권선에는 정격 전압의 $\frac{1}{\sqrt{3}}$ 전압, 기동 전류는 직입 기동의 $\frac{1}{3}$ 배, 기동 토크도 $\frac{1}{3}$ 로 감소한다.
  - $5\sim15[\text{kW}]$급 농형 유도 전동기에 적합하다.
- **기동 보상기에 의한 기동**
  - 기동 보상기로서 3상 단권 변압기를 이용하여 기동 전압을 낮추는 방식이다.(약 $15[\text{kW}]$ 이상의 전동기에 적용)
  - 기동 전류를 $0.5\sim0.8$ 정도로 저감한다.
- 리액터 기동
  - 리액터를 고정자 권선에 직렬로 삽입하여 단자 전압을 저감하여 기동한 후 일정 시간이 지나면 리액터를 단락시킨다.
  - 리액터의 크기는 보통 정격 전압의 $50\sim80[\%]$가 되는 값을 선택한다.

13

일반적인 농형 유도 전동기의 기동법이 아닌 것은?

① $Y-\triangle$ 기동
② 전전압 기동
③ 2차 저항 기동
④ 기동 보상기에 의한 기동

해설
2차 저항 기동은 권선형 유도 전동기의 기동 방식이다.

참고 농형 유도 전동기의 기동 방식

- 전전압 기동(직입 기동)
  - 정지하고 있는 전동기에 정격 전압을 인가하여 기동하는 방식이다.
  - $5[\text{kW}]$ 이하의 소용량 또는 기동 전류가 특히 작게 설계된 특수 농형 전동기에 적용한다.
- $Y-\triangle$ 기동
  - 기동 시에는 1차 권선을 Y 접속으로 기동하고, 정격 속도에 가까워지면 $\triangle$ 접속으로 교체 운전하는 방식이다.
  - 기동할 때에는 1차 각 상의 권선에는 정격 전압의 $\frac{1}{\sqrt{3}}$ 전압, 기동 전류는 직입 기동의 $\frac{1}{3}$, 기동 토크도 $\frac{1}{3}$ 로 감소한다.
  - $5\sim15[\text{kW}]$급 농형 유도 전동기에 적합하다.
- 기동 보상기에 의한 기동
  - 기동 보상기로서 3상 단권 변압기를 이용하여 기동 전압을 낮추는 방식이다.(약 $15[\text{kW}]$ 이상의 전동기에 적용)
  - 기동 전류를 $0.5\sim0.8$ 정도로 저감한다.
- 리액터 기동
  - 리액터를 고정자 권선에 직렬로 삽입하여 단자 전압을 저감하여 기동한 후 일정 시간이 지나면 리액터를 단락시킨다.
  - 리액터의 크기는 보통 정격 전압의 $50\sim80[\%]$가 되는 값을 선택한다.

14
전동기의 진동 원인 중 전자적 원인이 아닌 것은?

① 베어링의 불평형
② 고정자 철심의 자기적 성질 불평등
③ 회전자 철심의 자기적 성질 불평등
④ 고조파 자계에 의한 자기력의 불평등

해설 전동기의 진동 원인
- 기계적 원인
  - 회전자의 불평형
  - 베어링의 불평형
  - 설치 불량
- 전자적 원인
  - 고정자 철심의 자기적 성질 불평등
  - 회전자 철심의 자기적 성질 불평등
  - 고조파 자계에 의한 자기력의 불평등

15
플라이 휠을 이용하여 변동이 심한 부하에 사용되고 가역 운전에 알맞은 속도 제어 방식은?

① 일그너 방식
② 워드 레오너드 방식
③ 극수를 바꾸는 방식
④ 전원 주파수를 바꾸는 방식

해설
- 일그너 방식: 부하 변동이 심할 경우 사용한다.
- 워드 레오너드 방식: 정부하 시 사용한다.

16
직류 전동기의 속도 제어로 쓰이지 않는 것은?

① 저항 제어   ② 계자 제어
③ 전압 제어   ④ 주파수 제어

해설 직류 전동기의 속도 제어
- 직류 전동기의 속도(회전수)
$$n = k\frac{V - I_a R_a}{\phi} \text{ [rps]}$$
- 전압 제어
  - 전동기의 외부 단자에서 공급 전압을 조절하여 속도를 제어하는 방법이다.
  - 효율이 좋고 광범위한 속도 제어가 가능하다.
  - 워드 레오너드 방식: 정부하 시 사용한다.(광범위한 속도 제어 가능)
  - 일그너 방식: 부하 변동이 심할 경우 사용한다.(플라이 휠 설치)
  - 직·병렬 제어: 직권 전동기에만 사용한다.
- 저항 제어
  - 전기자 회로에 삽입한 기동 저항으로 속도 제어하는 방법이다.
  - 손실이 커 잘 사용하지 않는다.
- 계자 제어
  - 계자 저항을 조절하여 계자 자속을 변화시켜 속도를 제어하는 방법이다.
  - 전력 손실이 적고 간단하지만 속도 제어 범위가 적다.
  - 출력을 변화시키지 않고도 속도를 제어할 수 있어 정출력 제어라고도 한다.

17

3상 유도 전동기를 급속히 정지 또는 감속시킬 경우, 가장 손쉽고 효과적인 제동은?

① 역상 제동 ② 회생 제동
③ 발전 제동 ④ 와전류 제동

해설 유도 전동기 제동 방법

- 발전 제동
  - 전동기의 전기자를 전원에서 끊고 전동기를 발전기로 동작시켜 제동하는 방법이다.
  - 회전 운동 에너지로서 발생하는 전력을 그 단자에 접속한 저항에서 열로 소비시켜 제동시킨다.
- 회생 제동
  - 전동기에 전원을 투입한 상태에서 전동기에 유기되는 역기전력을 전원 전압보다 높게 하여 제동하는 방법이다.
  - 회전 운동 에너지로서 발생하는 전력을 전원 측에 반환하면서 제동하는 방법이다.
- 와전류 제동
  - 와전류의 원리를 이용해 제동하는 방법이다.
  - 전동기 축에 동심으로 설치한 구리 원판을 자계 내에서 회전시켜 구리 원판에 유기되는 와전류에 의해 제동력을 얻는다.
- 역상 제동
  - 전동기의 3선 중 2선을 바꾸어 접속시켜 역상 토크를 발생시켜 제동하는 방법이다.
  - 역전 제동 또는 플러깅이라고도 한다.
  - 가장 쉽고 효과적인 제동 방법이다.

18

단상 유도 전동기의 플러깅에 대한 설명으로 가장 옳은 것은?

① 단상 상태로 기동할 때 일어나는 현상
② 플러그를 사용하여 전원을 연결하는 방법
③ 고정자와 회전자의 상수가 일치하지 않을 때 일어나는 현상
④ 고정자 측의 3단자 중 2단자를 서로 바꾸어 접속하여 제동하는 방법

해설 역상(역전) 제동

- 전동기의 3선 중 2선을 바꾸어 접속하여 역상 토크를 발생시켜 제동하는 방법이다.
- 역전 제동 또는 플러깅이라고도 한다.
- 가장 쉽고 효과적인 제동 방법이다.

암기
역상 제동 = 플러깅

19

기중기 등으로 물건을 내릴 때 또는 전차가 언덕을 내려가는 경우 전동기가 갖는 운동 에너지를 전기 에너지로 변환하고 이것을 전원에 반환하면서 속도를 점차로 감속시키는 제동은?

① 발전 제동 ② 회생 제동
③ 역상 제동 ④ 와류 제동

해설 회생 제동

- 전동기에 전원을 투입한 상태에서 전동기에 유기되는 역기전력을 전원 전압보다 높게 하여 제동하는 방법
- 회전 운동 에너지로서 발생하는 전력을 전원 측에 반환하면서 제동하는 방법

| 정답 | 17 ① 18 ④ 19 ②

20
전동기 절연물의 종별에서 허용 온도 상승 한도가 $130[℃]$인 것은?

① Y종
② A종
③ E종
④ B종

해설
- 전기 기기 구성 재료에는 자기를 발생하는 철과 도전성 재료인 구리 이외에 절연물이 있다.
- 절연물은 일반적으로 고온이 되면 열화되므로 허용할 수 있는 온도에 따라 다음과 같이 7종으로 분류되어 있다.

절연 계급	Y	A	E	B	F	H	C
허용 온도 [℃]	90	105	120	130	155	180	180 초과

21
부식성의 산, 알칼리 또는 유해 가스가 있는 장소에서 실용상 지장 없이 사용할 수 있는 구조의 전동기는?

① 방적형
② 방진형
③ 방수형
④ 방식형

해설 전동기의 형식에 따른 분류
- 방수형: 지정된 조건에서 1~3분 동안 주수하여도 전동기 사용에 지장이 없도록 물이 침입할 수 없는 구조
- 방적형: 연직에서 15° 이내의 각도로 낙하하는 물방울이 기기 내부에 들어가 전기 절연물이나 전기 권선용 철심에 접촉하는 일이 없도록 하는 구조
- 방진형: 먼지의 침입을 최대한 방지하고 먼지가 침입하더라도 전동기 운전에 아무런 지장이 없는 구조
- 방식(방부)형: 지정된 부식성의 산, 알칼리 또는 유해 가스가 존재하는 장소에서 실용상 지장이 없도록 사용할 수 있는 구조
- 수중형: 전동기가 수중에서 지정 압력으로 지정 시간 동안 계속 사용하더라도 아무런 이상이 없는 구조
- 내산형: 바닷가나 염분이 많은 지역에서 사용할 수 있는 전동기 구조

22
전동기의 사용 장소에 따른 보호 방식 중 연직면에서 15° 이내의 각도로 낙하하는 물방울이나 이 물체가 직접 내로 침입함이 없는 구조는?

① 방수형
② 방적형
③ 방진형
④ 방식형

해설 전동기의 형식에 따른 분류
- 방수형: 지정된 조건에서 1~3분 동안 주수하여도 전동기 사용에 지장이 없도록 물이 침입할 수 없는 구조
- 방적형: 연직에서 15° 이내의 각도로 낙하하는 물방울이 기기 내부에 들어가 전기 절연물이나 전기 권선용 철심에 접촉하는 일이 없도록 하는 구조
- 방진형: 먼지의 침입을 최대한 방지하고 먼지가 침입하더라도 전동기 운전에 아무런 지장이 없는 구조
- 방식(방부)형: 지정된 부식성의 산, 알칼리 또는 유해 가스가 존재하는 장소에서 실용상 지장이 없도록 사용할 수 있는 구조
- 수중형: 전동기가 수중에서 지정 압력으로 지정 시간 동안 계속 사용하더라도 아무런 이상이 없는 구조
- 내산형: 바닷가나 염분이 많은 지역에서 사용할 수 있는 전동기 구조

23
3상 교류 전동기의 입력을 표시하는 식은?(단, V_s는 공급 전압, I는 선 전류이다.)

① $V_s I \cos\theta$
② $2V_s I \cos\theta$
③ $V_s I \theta$
④ $\sqrt{3} V_s I \cos\theta$

해설
- 단상 전동기 입력: $P = V_s I \cos\theta \, [\text{W}]$
- 3상 전동기 입력: $P = \sqrt{3} V_s I \cos\theta \, [\text{W}]$

| 정답 | 20 ④ 21 ④ 22 ② 23 ④

24

양수량 $Q=10[\mathrm{m^3/min}]$, 총 양정 $H=8[\mathrm{m}]$를 양수하는 데 필요한 구동용 전동기의 출력 $P[\mathrm{kW}]$는 약 얼마인가?(단, 펌프 효율 $\eta=75[\%]$, 여유 계수 $k=1.1$이다.)

① 10
② 15
③ 20
④ 25

해설

$P=\dfrac{QH}{6.12\eta}k=\dfrac{10\times 8}{6.12\times 0.75}\times 1.1=19.17[\mathrm{kW}]$

25

권상 하중 $40[\mathrm{t}]$, 권상 속도 $12[\mathrm{m/min}]$의 기중기용 전동기의 용량은 약 몇 $[\mathrm{kW}]$인가?(단, 전동기를 포함한 기중기의 효율은 $60[\%]$이다.)

① 800
② 278.9
③ 189.8
④ 130.7

해설

$P=\dfrac{mv}{6.12\eta}k=\dfrac{40\times 12}{6.12\times 0.6}\times 1.0=130.7[\mathrm{kW}]$

26

발전소에 설치된 $50[\mathrm{t}]$의 천장 주행 기중기의 권상 속도가 $2[\mathrm{m/min}]$일 때 권상용 전동기의 용량은 약 몇 $[\mathrm{kW}]$인가? (단, 효율은 $70[\%]$이다.)

① 5
② 10
③ 15
④ 23

해설

$P=\dfrac{mv}{6.12\eta}k=\dfrac{50\times 2}{6.12\times 0.7}\times 1=23.34[\mathrm{kW}]$

27

높이 $10[\mathrm{m}]$의 곳에 있는 용량 $100[\mathrm{m^3}]$의 수조를 만수시키는 데 필요한 전력량은 약 몇 $[\mathrm{kWh}]$인가?(단, 펌프의 종합 효율은 $90[\%]$, 전손실 수두는 $2[\mathrm{m}]$이다.)

① 3.6
② 4.1
③ 7.2
④ 8.9

해설

$P=\dfrac{9.8QH}{\eta}k=\dfrac{9.8\left(\dfrac{V}{t}\right)H}{\eta}k$ 에서

$W=Pt=\dfrac{9.8VH}{\eta}k=\dfrac{9.8\times 100\times(10+2)}{0.9}\times 1.0=13,066.67[\mathrm{kJ}]$

$=3.63[\mathrm{kWh}]$

($\because 1[\mathrm{kJ}]=\dfrac{1}{3,600}[\mathrm{kWh}]$, H: 양정(=정수위+전손실 수두))

에듀윌이 너를 지지할게

ENERGY

당신이 상상할 수 있다면 그것을 이룰 수 있고,
당신이 꿈꿀 수 있다면 그 꿈대로 될 수 있다.

– 윌리엄 아서 워드(William Arthur Ward)

PART 01 전기응용

전기철도

1. 전기철도의 종류
2. 전기철도의 선로
3. 전차 선로
4. 급전 방식
5. 전기철도에 의한 전기부식 현상
6. 전기철도의 운전
7. 전동차용 전동기
8. 보안 설비

학습 전략

CHAPTER 04 전기철도에서는 전기철도의 분류 및 전기철도의 선로 내용을 먼저 학습해 두도록 합니다. 그 다음에는 급전 방식, 전기철도의 운전 등을 정확하게 이해해 두어야 합니다.

CHAPTER 04 | 흐름 미리보기

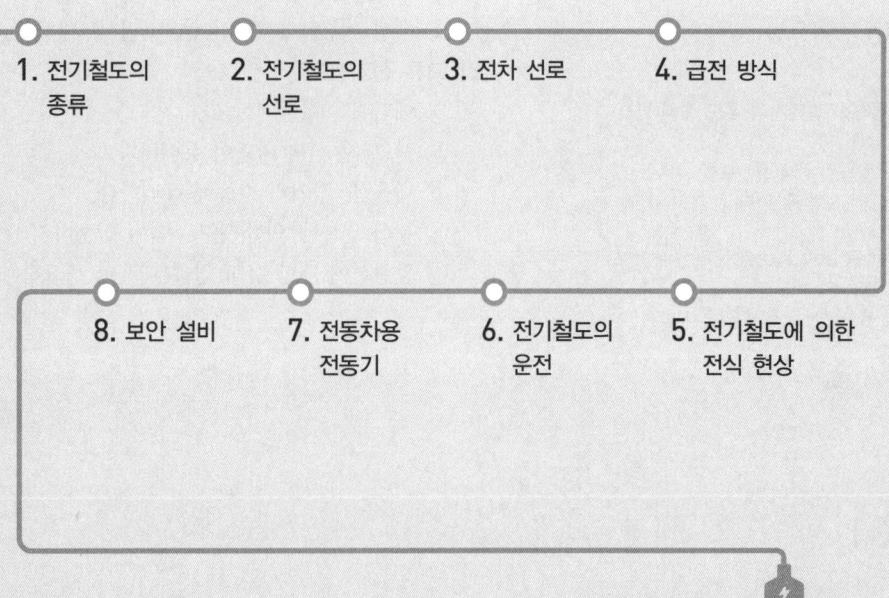

1. 전기철도의 종류
2. 전기철도의 선로
3. 전차 선로
4. 급전 방식
5. 전기철도에 의한 전식 현상
6. 전기철도의 운전
7. 전동차용 전동기
8. 보안 설비

NEXT **CHAPTER 05**

CHAPTER 04 전기철도

THEME 01 전기철도의 종류

1 전기철도의 특징

(1) 전기철도란 전기를 주동력으로 하는 열차를 운행하여 승객 및 화물 수송을 하는 철도를 말한다.
(2) 특징
① 안전하고 신속하다.
② 정확하고 경제적이다.
③ 편리하고 쾌적하다.
④ 장거리 이동이 가능하고 대량 수송이 가능하다.
⑤ 공해가 적다.

2 전기 방식에 의한 전기철도의 분류

(1) 직류식, 단상 교류식, 3상 교류식으로 분류할 수 있다.
(2) 직류 전기철도
① 전압 등급에 따라 $600[V]$, $750[V]$, $1,500[V]$, $3,000[V]$의 4가지 종류가 있다.
② 사용 전압이 낮아 절연 계급을 낮게 할 수 있다.
③ 통신 유도 장해가 없다.
④ 경량, 단거리 수송에 적당하다.
⑤ 누설 전류에 의한 전기부식(전식) 대책이 필요하다.
(3) 교류 전기철도
① 에너지 이용률이 높다.
② 사고 시 선택 차단이 용이하다.
③ 대용량, 장거리 수송에 유리하다.
④ 누설 전류에 의한 전기부식이 발생하지 않는다.
⑤ 통신선에 대한 유도 장해 대책이 필요하다.

독학이 쉬워지는 기초개념

Tip 강의 꿀팁

직류 전기철도
우리나라의 경우 대도시 지하철은 DC $1,500[V]$, 간선 철도는 AC $25[kV]$를 주로 적용해요.

통신선 측에서의 유도 장해 방지 대책
- 통신선의 케이블 포설
- 전차선과 통신선의 간격(이격거리) 증대
- 배류 코일, 중화 코일, 절연 변압기 설치
- 통신선에 고성능 피뢰기 설치

기출 & 예상문제

교류식 전기철도가 직류식 전기 철도보다 유리한 점은?

① 전철용 변전소에 정류 장치를 설치한다.
② 전선의 굵기가 크다.
③ 차내에서 전압의 선택이 가능하다.
④ 변전소 간의 간격이 짧다.

| 해설 |
교류식 전기 철도의 특징
- 차내에서 전압의 선택이 가능하다.
- 전력 손실이 적어 변전소 간격을 길게 할 수 있다.
- 전기부식(전식)의 우려가 없다.
- 통신선에 대한 유도 장해가 크다.

답 ③

3 궤간에 의한 분류

(1) 표준 궤간 철도
   궤간이 1,435[mm]인 철도

(2) 광궤 철도
   궤간이 1,435[mm]보다 넓은 철도(1,500[mm], 1,675[mm]인 철도가 해당)

(3) 협궤 철도
   궤간이 1,435[mm]보다 좁은 철도(1,067[mm], 1,000[mm], 871[mm], 762[mm]인 철도가 해당)

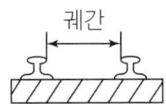

▲ 철도의 궤간

기출 & 예상문제

우리나라에서 운행되고 있는 전기철도의 궤간[mm]은?

① 1,067[mm]   ② 1,372[mm]
③ 1,435[mm]   ④ 1,524[mm]

| 해설 |
궤간
레일과 레일 사이의 간격을 말하는 것으로, 우리나라 표준 궤간은 1,435[mm]이다.

답 ③

독학이 쉬워지는 기초개념

전기차량의 분류

분류 기준	종류
대차 구조	• 사륜차 • 보기차 • 관절차(연결차)
전원의 전기 방식	• 직류 전기차 • 교류 전기차 • 교직 병용 전기차
전동기의 유무 및 성능	• 제어 부수차 • 전동차 • 부수차 • 전기기관차

Tip 강의 꿀팁

궤간
레일 두부면에서 상대편 레일 두부의 동일점까지의 내측간 최단 거리를 말하며, 1,435[mm]를 표준 궤간, 그 이하를 협궤, 그 이상을 광궤라고 해요.

독학이 쉬워지는 기초개념

THEME 02 전기철도의 선로

1 궤도

(1) 궤도는 레일, 침목, 도상의 3가지로 이루어져 있으며 여기에 복진지도 있다.
(2) 레일(궤조: Rail)
  ① 레일은 탄소 함유량 1~1.3[%]인 고탄소강을 사용한다.
  ② 차량을 지탱하는 역할을 한다.
  ③ 운전 저항을 감소시킨다.
  ④ 레일의 수명은 내부의 결함 여부에 의해 결정된다.
(3) 침목
  ① 레일을 지지하는 목재이다.
  ② 열차 운행 시 차량의 하중을 분산시킨다.
(4) 도상
  ① 침목 사이에 깔아놓는 자갈이다.
  ② 소음을 경감시킨다.
  ③ 배수를 원활하게 한다.
(5) 복진지
  열차 운행 시 궤도가 열차의 전·후 방향으로 이동하는 것을 방지한다.

> **Tip 강의 꿀팁**
> 침목의 재료는 목재가 가장 우수해요.

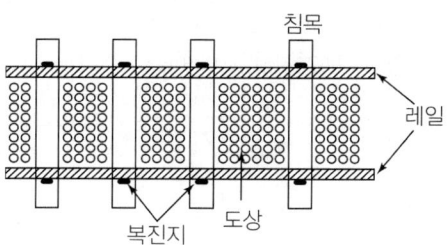

▲ 궤도의 구조

2 유간

(1) 레일과 레일이 이어지는 곳에 약간의 간격을 둔 것이다.
(2) 온도 변화에 따른 레일의 신축에 대비하기 위해 레일 이음 장소에 적당한 간격을 둔다.

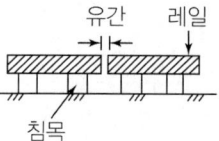

▲ 유간 위치

3 캔트(고도: Cant)

(1) 열차가 곡선부 운행 시 원심력에 대비하여 안쪽 레일보다 바깥쪽 레일을 조금 높여주는 것이다. 차량이 곡선부를 달릴 때 원심력을 고려하여 고도를 두게 된다.

(2) 캔트 크기는 다음 식으로 구한다.

$$h = \frac{GV^2}{127R} [\text{mm}]$$

(G: 궤간[mm], V: 열차 속도[km/h], R: 곡선 반지름[m])

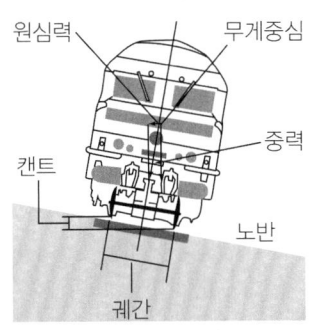
▲ 캔트의 위치

4 확도(슬랙: Slack)

(1) 곡선 궤도를 운행하는 경우에 열차가 원활하게 통과하도록 내측 궤조의 궤간을 넓히는 정도를 말한다.

(2) 확도는 다음 식에 의해 구한다.

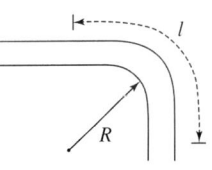
▲ 슬랙

$$S = \frac{l^2}{8R} [\text{m}]$$

(l: 고정 차축 거리[m], R: 곡선 반지름[m])

5 기울기(구배: Gradient)

(1) 열차가 오르막길을 올라갈 때의 선로의 경사 정도를 말한다.

(2) 선로의 기울기(구배)는 2점 사이의 고저차를 수평 거리로 나눈 값으로, 단위는 $\frac{1}{1,000}$인 퍼밀[‰]로 표현한다.

(3) 선로별 허용 기울기
   ① 중요 선로: 10[‰]
   ② 보통 선로: 25[‰]
   ③ 전차용 선로: 35[‰]

(4) 기울기 계산

   기울기 = $\frac{\text{BC}}{\text{AB}} \times 1,000$ [‰]

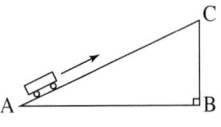
▲ 기울기(구배) 설명도

> **Tip 용어 변경**
> 2023년 10월 12일부터 시행
> '구배' → '기울기'

독학이 쉬워지는 기초개념

기출 & 예상문제

중요도 곡선부에서 원심력 때문에 열차 차체가 외측으로 넘어지려는 것을 막기 위하여 외측 궤조를 약간 높여 준다. 이 내외 궤조의 높이의 차를 무엇이라고 하는가?
① 가이드 레일   ② 슬랙
③ 고도   ④ 확도

| 해설 |
캔트(고도: Cant)
열차가 곡선부 운행 시 원심력에 대비하여 안쪽 레일보다 바깥쪽 레일을 조금 높여주는 것이다.

답 ③

Tip 강의 꿀팁

곡선의 종류
도로나 철도와 같은 노선은 직선으로 설계되는 것이 가장 바람직하지만, 지형의 상황에 따라 곡선 구간을 설치하게 돼요.
노선에 설치하는 곡선은 수평 곡선과 연직 곡선으로 분류돼요. 수평 곡선에는 단곡선, 복곡선, 반향 곡선, 완화 곡선이 있으며, 연직 곡선에는 종단 곡선과 횡단 곡선이 있어요.

Tip 용어 변경

2023년 10월 12일부터 시행
'차륜' → '차바퀴'

6 선로의 분기

(1) 전철기(첨단 궤조)
    ① 차바퀴(차륜)을 하나의 궤도에서 다른 궤도로 유도하는 장치이다.
    ② 차바퀴의 유도를 원활하게 하기 위해서는 도입 궤조, 철차, 호륜 궤조 등의 설비가 필요하다.

(2) 도입 궤조(Lead rail)
    첨단 레일과 철차 사이의 원곡선으로 된 부분이다.

(3) 호륜 궤조(Guard rail)
    차바퀴의 탈선을 막기 위하여 분기 반대쪽 레일에 설치한 레일이다.

(4) 완화 곡선
    직선 궤도에서 곡선 궤도로 변화하는 부분에서의 곡선이다.

(5) 종 곡선
    수평 궤도에서 경사 궤도로 변화하는 부분이다.

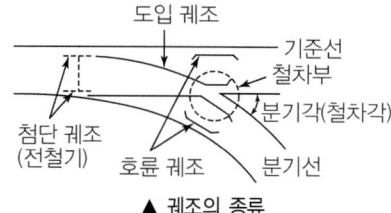

▲ 궤조의 종류

기출 & 예상문제

중요도 직선 궤도에서 호륜 궤조를 설치해야 하는 곳은?
① 다리(교량)의 위   ② 고속도 운전 구간
③ 병용 궤도   ④ 분기 개소

| 해설 |
호륜 궤조(Guard rail)
차바퀴(차륜)의 탈선을 막기 위해 분기 반대쪽 레일에 설치한 레일이다.

답 ④

THEME 03 전차 선로

1 전차선의 종류

(1) 단선식: 트롤리선 1본+귀선(레일)
(2) 복선식: 트롤리선 2본
(3) 제3궤조식
　① 제3레일로 전력 공급 + 귀선(레일)

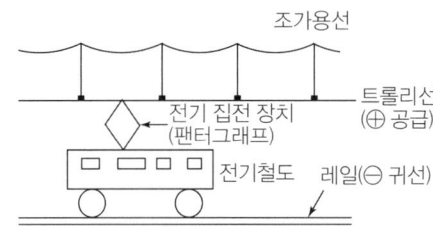

▲ 전기철도의 전기 집전

　② 특징
　　• 팬터그래프와 같은 전기 집전 장치가 필요 없다.
　　• 터널 구간에서는 터널의 높이가 낮아져 경제적이다.
　　• 궤도 측면에 가압 궤조가 설치되어 감전의 우려가 있다.
　　• 보선 작업이 불편하고 궤도의 교차, 분기점 등에서 전력이 중단되는 단점이 있다.
　　• 제3궤조의 저항은 구리에 비해 7배 정도 크다.

2 전기 집전 장치

(1) 전기철도가 가공선(단선식, 복선식) 또는 제3궤조에서 전기를 끌어내기 위한 장치를 말한다.
(2) 팬터그래프
　① 현재 우리나라에서 가장 많이 쓰이는 집전 장치이다.
　② 고전압, 대용량 집전이 가능하다.
　③ 습동판 압력: $5 \sim 11 [\text{kg}]$
(3) 뷔겔
　① 저속도, 저전압, 저용량 집전
　② 전차선과의 접촉 압력: $5.5 [\text{kg}]$
(4) 트롤리봉
　전차선과의 접촉 압력: $7 \sim 11 [\text{kg}]$

3 이선

(1) 전기철도가 운행 중에 급전 장치와 트롤리선의 접촉이 진동 등에 의해 전기적으로 떨어지는 것을 말한다.

$$\text{이선율} = \frac{\text{이선 시간}}{\text{실제 운전 시간}} \times 100 [\%]$$

(∴ 적정 이선율: $3[\%]$ 이내)

> **Tip 강의 꿀팁**
> 전기철도에서 이선율은 없앨 수 없어요.

(2) 소이선
　① 발생 원인: 전차선 또는 팬터그래프 습동판의 미세한 진동
　② 소이선 시간: 수십 분의 1초 정도
(3) 중이선
　① 발생 원인: 팬터그래프가 경점 등의 충격에 의해 발생
　② 중이선 시간: 수 분의 1초 정도
(4) 대이선
　① 발생 원인: 전차선의 경성점 또는 연성점에 의해 발생
　② 대이선 시간: 수 분의 1초부터 1~2초 정도

4 전차선의 전기적 마모 방지 대책

① 동합금선을 사용하여 전차선의 마모율을 낮춘다.
② 그래파이트(Graphite)를 전차선에 바른다.
③ 가급적 집전 전류를 일정하게 유지한다.

5 귀선

(1) 전기철도에 공급된 전력을 변전소로 귀로시키기 위한 전기 회로를 말한다.
(2) 일반적으로 레일을 귀선으로 이용하고 감전 사고를 방지하기 위해 부(−) 극성으로 한다.
(3) 귀선의 전기 저항이 높은 경우에는 다음과 같은 문제가 발생한다.
　① 전력 손실이 증가한다.
　② 전압 강하가 증가한다.
　③ 대지 밑으로 누설 전류가 커져 전기부식이나 통신 장해를 유발시킨다.
(4) 귀선의 전기 저항을 낮추는 방법
　① 레일 본드 설치
　② 보조 귀선이나 보조 급전선 설치

> **강의 꿀팁**
> **레일 본드**
> 레일과 레일 사이를 전기적으로 연결하는 연결선이에요.

6 전차선의 조가 방법

(1) 직접 조가식
　① 가장 간단하고 단순한 조가 방식이다.
　② 전차선을 스팬선에 직접 고정하여 사용한다.
　③ 건설비는 싸지만 처짐정도(이도)가 크며 전차선의 장력을 일정 한도 이상으로 크게 하는 것이 불가능하다.

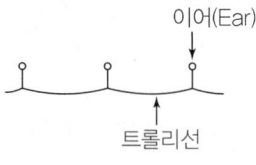

▲ 직접 조가 방식

(2) 커티너리 조가식
   ① 조가선을 전차선 위에 기계적으로 전선설치(가선)하고 일정한 간격으로 행거로 매달아 전차선을 두 지지점 사이에서 궤도면에 대해 일정한 높이를 유지하도록 하는 방식이다.
   ② 전기철도의 속도 향상을 위해 전차선의 처짐정도(이도)에 의한 이선율을 작게 하고 동시에 지지물 간 거리(경간)를 크게 한다.
   ③ 단식 커티너리식과 복식 커티너리식, 변Y형 커티너리식, 합성 컴파운드 커티너리식이 있다.

독학이 쉬워지는 기초개념

커티너리
포물선과 유사한 곡선

Tip 용어 변경

2023년 10월 12일부터 시행
'가선' → '전선설치'
'이도' → '처짐정도'
'경간' → '지지물 간 거리'

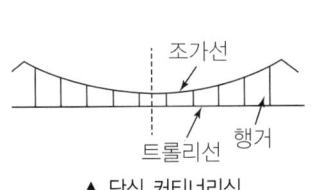
▲ 단식 커티너리식

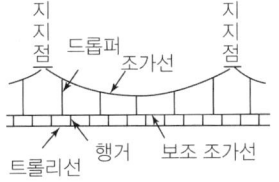
▲ 복식 커티너리식

(3) 강체조가식
   ① 터널 등의 천장에 알루미늄 합금재의 T형재를 애자에 의해 지지하고 그 아래면에 알루미늄 합금 이어에 의해 트롤리선을 접속시켜 고정하는 방식이다.
   ② 조가선이 단선될 우려가 없다.
   ③ 터널의 높이를 낮게 할 수 있다.
   ④ 가공선과의 연결 운행도 가능하고 교외 철도와 연결 운행되는 전기철도에 많이 적용된다.

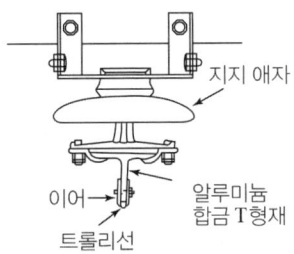
▲ 강체 조가 방식

기출 & 예상문제

중요도 전차 선로에서 커티너리 조가식의 이점은?
① 고속도의 전기철도에 적합하다.
② 전기차의 진동이 작다.
③ 가설비가 적게 든다.
④ 전기적 절연이 양호하다.

| 해설 |
커티너리 조가식
• 조가선을 전차선 위에 기계적으로 전선 설치(가선)하고 일정한 간격으로 행거로 매달아 전차선을 두 지지점 사이에서 궤도면에 대해 일정한 높이를 유지하도록 하는 방식이다.
• 전기철도의 속도 향상을 위해 전차선의 처짐정도(이도)에 의한 이선율을 적게 하고 동시에 지지물 간 거리(경간)를 크게 한다.

답 ①

독학이 쉬워지는 기초개념

> **Tip 강의 꿀팁**
>
> **급전**
> 전기차량에 전력을 공급하는 것이에요.

> **Tip 강의 꿀팁**
>
> **급전선**
> 철도 차량에 사용할 전기를 변전소로부터 합성 전차선에 공급하는 전선으로, 변전소에서 트롤리선까지의 구간이에요.

3상 입력에서 6상 출력을 내는 전선연결법
- 포크 전선연결
- 환상 전선연결
- 대각 전선연결
- 2중 성형 전선연결
- 2중 Δ 전선연결

> **Tip 용어 변경**
>
> 2023년 10월 12일부터 시행
> '결선' → '전선연결'

THEME 04 급전 방식

1 급전 방식의 종류

(1) 직류 급전 방식
   가공 단선식, 가공 복선식, 제3궤조식
(2) 교류 급전 방식
   직접 급전 방식, 흡상 변압기 방식, 단권 변압기 방식
(3) 직접 급전 방식
   ① 전차선과 레일만으로 간단하게 구성하는 방식이다.
   ② 레일과 별도로 귀선을 설치한다.
(4) 흡상 변압기(BT: Booster Transformer) 방식
   ① 대지로 누설되는 귀로 전류를 BT(흡상 변압기)를 설치하여 강제적으로 부급전선에 흡상하는 방식이다.
   ② 전차선 근처의 통신선에 대한 유도 장해를 경감하고 전압 변동 및 전압 불평형을 억제한다.
(5) 단권 변압기(AT: Auto Transformer) 급전 방식
   ① 단권 변압기(AT: Auto Transformer)를 이용한 급전 방식이다.
   ② 권선비 1 : 1의 단권 변압기를 급전선과 전차선 사이에 병렬로 설치하고 변압기 권선의 중성점을 철도 레일에 접속하는 급전 방식이다.
   ③ 교류 전기 방식에 적용한다.
   ④ AT 급전 방식의 특징
      - 급전 전압이 철도 공급 전압의 2배로서 전압 강하가 적다.
      - 대전력 공급에 유리한 방식이다.
      - 절연 레벨이 급전 전압의 $\frac{1}{2}$로 낮아진다.
      - 전압 강하가 적어 변전소 간격(이격거리)이 길어도 된다.
      - 부하 전류는 인접한 양쪽의 AT로 흡상되므로 통신선에 대한 유도 장해가 적다.
      - BT 급전 방식과 같은 섹션이 필요 없다.

2 3상 입력에서 2상 출력을 내는 전선연결법

(1) 우드브리지 전선연결(결선)
(2) 메이어 전선결선
(3) 스코트 전선연결(T 전선연결)
   ① 2상 서보모터 구동용으로 사용한다.
   ② 교류식 전기철도에서 전압 불평형을 경감시키기 위해 사용한다.
   ③ 스코트 전선연결의 변압비: $a_T = a \times \frac{\sqrt{3}}{2}$

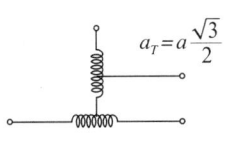

▲ 스코트 결선연결 방식

기출 & 예상문제

중요도 전기철도의 교류 급전 방식 중 AT 급전 방식은 어떤 변압기를 사용하여 급전하는 방식을 말하는가?

① 단권 변압기 ② 흡상 변압기
③ 스코트 변압기 ④ 3권선 변압기

| 해설 |
AT 급전 방식
- 단권 변압기(AT: Auto Transformer)를 이용한 급전 방식이다.
- 권선비 1 : 1의 단권 변압기를 급전선과 전차선 사이에 병렬로 설치하고 변압기 권선의 중성점을 철도 레일에 접속하는 급전 방식이다.
- 교류 전기 방식에 적용한다.

답 ①

THEME 05 전기철도에 의한 전기부식 현상

1 전기부식(Electrolytic corrosion)

(1) 전기부식(전식)의 정의

매설 금속체가 양극(+)으로 되고 여기에서 지중에 전류가 유출되어 패러데이 법칙에 따른 금속의 감손, 변질을 초래하는 것이다.

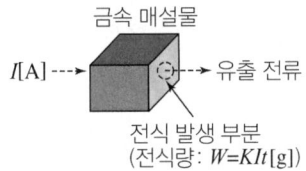

K : 화학 당량
I : 누설 전류[A]
t : 통전 시간[sec]

▲ 전기부식 발생 원리

(2) 전기부식 발생 구역

전동차 레일의 접속 부분 저항이 높으면 레일을 흐르는 전류 일부가 누설되어 지중에 매설되어 있는 수도관, 가스관, 전력 케이블 등 지중 금속 매설물을 통해 흐르다가 변전소 부근 지중 금속체로부터 대지로 전류가 유출하는 부분에서 전기 분해를 일으켜 부식을 일으키게 된다.

> **Tip 용어 변경**
>
> 2023년 10월 12일부터 시행
> '전식' → '전기부식'

독학이 쉬워지는 기초개념

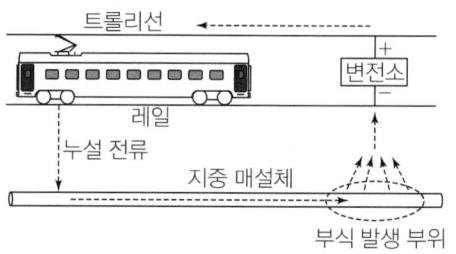

▲ 전기부식 발생 구역

2 지중 케이블의 전기부식 방지 대책

(1) 지표 근처는 부식성 물질이 많으므로 매설관을 1.2[m] 이상 깊게 매설한다.
(2) 습기가 많은 곳, 특히 지하철의 레일 부근을 피한다.
(3) 파이프 표면을 코팅 처리(폴리에틸렌, 콜탈)하거나 테이프로 감싼다.
(4) 배류법을 실시한다.
  ① 전기철도로부터의 누설 전류를 대지에 유출시키지 않고 직접 레일에 되돌려 주는 방법이다.
  ② 종류: 직접 배류법, 선택 배류법, 강제 배류법
  ③ 선택 배류법: 전동차의 회생 제동일 경우와 전류가 반대로 흐를 경우를 대비하여 변전소와 철관 사이에 선택 배류기를 설치하는 것이다.
(5) 레일 본드를 설치한다.
(6) 변전소 간격을 좁힌다.
(7) 귀선을 부(−) 극성으로 한다.

 강의 꿀팁

선택 배류기
일종의 다이오드 역할을 해요.

기출 & 예상문제

전기철도에서 전기 부식 방지 방법 중 전기철도 측 시설이 아닌 것은?
① 레일에 본드를 시설한다.
② 레일을 따라 보조 귀선을 설치한다.
③ 변전소 간 간격을 짧게 한다.
④ 매설관의 표면을 절연한다.

| 해설 |
전기철도의 전기 부식 방지 대책
• 레일에 본드를 시설한다.
• 레일을 따라 보조 귀선을 설치한다.
• 변전소 간 간격을 짧게 한다.
• 귀선의 극성을 정기적으로 바꾼다.
• 3선식 배전법을 채용한다.
• 절연 음극 궤전선을 설치하여 레일과 접속한다.
• 대지에 대한 레일의 절연 저항을 크게 한다.
• 가장 먼 (−) 궤전선에 음극 승압기를 설치한다.

답 ④

THEME 06 전기철도의 운전

1 전기철도의 운행 속도

(1) 평균 속도
   ① 주행한 운전 구간의 거리를 도중에 정차한 시간을 제외한 순수한 주행 시간으로 나눈 속도이다.
   ② 평균 속도 = $\dfrac{운전\ 거리}{순주행\ 시간}$

(2) 표정 속도
   ① 주행한 운전 구간의 거리를 도중에 정차한 시간을 포함한 전 운전 시간으로 나눈 속도이다.
   ② 표정 속도 = $\dfrac{운전\ 거리}{정차\ 시간 + 순주행\ 시간} = \dfrac{(n-1)L}{(n-2)t+T}$
   (단, n: 정거장 수, L: 정거장 간격, t: 정차 시간, T: 주행 시간)

(3) 표정 속도 올리는 방법
   ① 주행 시간이나 정차 시간을 짧게 한다.
   ② 가속도, 감속도를 크게 한다.

(4) 최고 속도
   선로 상태나 전기철도의 성능에 의해 얻어지는 속도의 최고값이다.

2 전기철도의 저항

(1) 출발 저항
   전기철도가 정지 상태에서 출발할 때 발생하는 저항이다.

(2) 주행 저항
   전기철도가 주행 중에 발생하는 저항으로, 공기 저항, 기계 마찰 등에 의해 생긴다.

(3) 기울기 저항
   ① 전기철도가 오르막길의 경사도를 오를 때 발생하는 저항이다.
   ② 내려갈 때에는 (−)의 저항(탄력)을 받는다.
   ③ 기울기 저항(R_g) 계산식

   $$R_g = \pm 1,000\mu W\ [\text{kg}]$$
   (μ: 기울기(구배)[‰], W: 전기철도의 중량[ton])

(4) 곡선 저항
   ① 원심력에 의해 바퀴와 레일 사이에 마찰이 증가하여 회전수 차에 의한 미끄럼 현상에 따른 마찰 저항이다.
   ② 곡선 저항(R_c) 계산식

   $$R_c = \dfrac{600 \sim 800}{r}\ [\text{kg/ton}]$$
   (r: 곡선 반지름[m])

독학이 쉬워지는 기초개념

곡선이 있고 기울기가 심한 경우
- 열차 저항이 커진다.
- 속도가 떨어지고 표정 속도가 낮아진다.

전차의 경제적인 운전 방법
- 가속도, 감속도를 크게 한다.
- 표정 속도를 작게 한다.

독학이 쉬워지는 기초개념

(5) 가속 저항
① 전기철도가 가속할 때 발생하는 저항이다.
② 전동차: $R_a = 31aW$[kg]
③ 객차: $R_a = 30aW$[kg]
(단, a: 가속도[km/h·sec], W: 하중[ton])

기출 & 예상문제

열차가 주행할 때 중력에 의해 발생하는 저항으로 두 점 간의 수평 거리와 고저 차의 비로 표시되는 저항은?
① 출발 저항
② 기울기(구배) 저항
③ 곡선 저항
④ 주행 저항

| 해설 |
열차 저항의 종류
• 출발(기동) 저항: 정지 상태의 열차가 출발할 때 생기는 저항
• 기울기(구배) 저항: 열차가 경사면을 올라갈 때 중력에 의해 발생하는 저항
• 곡선 저항: 열차가 곡선 부분을 통과할 때 레일과의 마찰이 증가하면서 발생하는 저항
• 주행 저항: 열차가 정상적인 속도로 평평한 직선 경로를 운행할 때의 저항

답 ②

THEME 07 전동차용 전동기

1 견인력

(1) 전기철도가 주 전동기에 전력을 공급하여 그 전동기가 발생하는 토크가 동륜에 전달되어 나타나는 힘을 말한다.
(2) 최대 견인력(F_m)

$$F_m = 1,000\mu W [\text{kg}]$$
(μ: 점착 계수, W: 동륜상의 중량[ton])

2 전동기 용량

$$P = \frac{Fv}{367N\eta} [\text{kW}]$$
(F: 전동차의 견인력[kg], v: 전동차의 운전 속도[km/h], N: 전동기 수, η: 효율[%])

3 전기철도용 전동기의 구비 조건

① 기동 토크가 클 것(직류 직권 전동기, 교류 단상 정류자 전동기)
② 병렬 운전이 가능할 것
③ 전동기 상호 간의 불평형이 적을 것

동륜상의 중량
동력차의 중량 중 동륜(움직이는 바퀴)이 부담하는 부분의 중량

④ 넓은 범위에 걸쳐 능률이 좋을 것
⑤ 올라가는 기울기에서 과부하되지 않고 토크 저하가 적을 것
⑥ 단자 전압이 변화하더라도 전류의 변화가 적을 것

4 직권 전동기의 속도 제어법

(1) 전압 제어법
① 전동기의 외부 단자에서 공급 전압을 조절하여 속도를 제어하는 방법이다.
② 효율이 좋고 광범위한 속도 제어가 가능하다.
③ 워드 레오너드 방식: 정부하 시 사용한다.(광범위한 속도 제어 가능)
④ 일그너 방식: 부하 변동이 심할 경우 사용한다.(플라이 휠 설치)
⑤ 직·병렬 제어법: 직권 전동기에만 사용한다.

(2) 저항 제어법
① 전기자 회로에 삽입한 기동 저항으로 속도 제어하는 방법이다.
② 손실이 커 잘 사용하지 않는다.

(3) 계자 제어법
① 계자 저항을 조절하여 계자 자속을 변화시켜 속도를 제어하는 방법이다.
② 전력 손실이 적고 간단하지만 속도 제어 범위가 적다.
③ 출력을 변화시키지 않고도 속도를 제어할 수 있어 정출력 제어라고도 한다.

(4) 초퍼(Chopper) 제어법
① 고전압, 대용량 전기철도에 적용한다.
② 초퍼(직류 ↔ 직류)를 이용한다.

5 전동기의 제동

(1) 발전 제동
① 전동기 회전 시 자속을 유지한 상태에서 입력 전원을 끊고 전열 부하를 연결하면 전동기가 발전기로 작동한다.
② 이 전력을 전열 부하에서 열로 소비하며 제동하는 방법이다.

(2) 회생 제동
① 전동기 회전 시 입력 전원을 끊고 자속을 강하게 하면 역기전력이 전원 전압보다 높아져 전류가 역류하게 된다.
② 이 전류를 가까운 부하의 전원으로 사용하면서 제동하는 방법이다.
③ 주로 내리막길에서 전동차의 제동이 이에 속한다.(산악 지대의 전기철도)

(3) 역전 제동(역상 제동, 플러깅)
① 전동기 회전 시 계자 또는 전기자 전류의 방향을 전환시키거나 전원 3선 중 2선의 접속을 바꾸어 역방향의 토크를 발생시켜 제동하는 방법이다.
② 주로 전동기를 급제동시킬 때 사용하는 방법이다.

(4) 와전류 제동
① 전동기 축에 동심으로 설치한 구리 원판을 자계 내에서 회전시켜 구리 원판에 유기되는 와전류에 의해서 제동력을 얻는 방법이다.

독학이 쉬워지는 기초개념

직류 전동기의 속도(회전수)
$N = K\dfrac{V - I_d R_a}{\phi}$ [rpm]

VVVF 인버터 제어
• 가변 전압 가변 주파수 제어이다.
• 교류 전동기에 공급하는 전원의 주파수와 전압을 같이 가변하여 전동기의 속도를 제어하는 방법이다.

독학이 쉬워지는 기초개념

기출 & 예상문제

중요도 전기철도에서 전력 회생 제동을 채용하는 것이 가장 유리한 것은?
① 시가지 전차
② 지하철
③ 평지의 간선 전기철도
④ 산악 지대의 전기철도

| 해설 |
회생 제동
- 전동기 회전 시 입력 전원을 끊고 자속을 강하게 하면 역기전력이 전원 전압보다 높아져 전류가 역류하게 된다. 이 전류를 가까운 부하의 전원으로 사용하면서 제동하는 방법이다.
- 주로 산악 지대의 전기철도의 내리막길에서 많이 사용한다.

답 ④

THEME 08   보안 설비

1 폐색 장치

열차 선로의 각 구간에 2대의 전기철도가 진입하지 못하도록 하기 위해 설치한 장치를 말한다.

> **Tip 강의 꿀팁**
> **폐색 장치**
> 컴퓨터가 발달하기 전에 단선철도에서 많이 사용했어요.

2 궤도 회로

(1) 궤조를 이용하여 전기 회로를 구성하고 그 회로를 전기철도의 차축으로 단락하여 궤도 계전기를 여자 또는 소자시켜 전기철도의 유무를 감지하는 장치이다.
(2) 전원 장치, 한류 장치, 궤조 및 궤도 계전기 등으로 구성된다.

3 전철 장치

(1) 하나의 전차 선로로부터 다른 전차 선로로 분기하는 개소에 사용한다.
(2) 분기점인 전차 선로는 전철기 부분, 리드 부분, 크로싱 부분으로 구성된다.

4 본드

(1) 임피던스 본드
   ① 전차의 귀로 전류만 흐르게 하고 신호 전류는 흐르지 못하게 한 것이다.
   ② 자동 폐쇄식에서 많이 사용한다.
(2) 크로스 본드
   레일(귀선)의 누설 전류를 감소시키기 위해 양 궤조 간에 연결한 것으로서 자동 신호 설비와 무관하다.

> **Tip 강의 꿀팁**
> **본드**
> 레일과 레일 사이를 전기적으로 접속하는 것이에요.

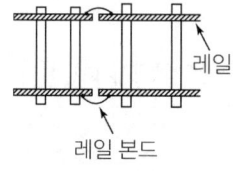

▲ 레일 본드 위치

CHAPTER 04 CBT 적중문제

01
다음 전기 차량의 대차에 의한 분류가 아닌 것은?

① 사륜차
② 전동차
③ 보기차
④ 연결차

해설 전기 차량의 대차에 의한 분류
- 사륜차
- 보기차
- 연결차(관절차)

02
레일 대신 공중에 강삭(Wire rope)을 가설하고 여기에 운반기(Gondola)를 매달아 사람 또는 물건을 운반하는 시설을 무엇이라고 하는가?

① 가공 삭도
② 트롤리 버스
③ 케이블카
④ 모노레일

해설 가공 삭도
레일 대신 공중에 강삭(Wire rope)을 가설하고 여기에 운반기(Gondola)를 매달아 사람 또는 물건을 운반하는 시설물을 말한다.

03
모노레일의 특징이 아닌 것은?

① 소음이 적다.
② 승차감이 좋다.
③ 가속, 감속도를 크게 할 수 있다.
④ 단위 차량의 수송력이 크다.

해설 모노레일의 특징
- 소음이 적다.
- 승차감이 좋다.
- 가속, 감속도를 크게 할 수 있다.
- 단위 차량의 수송 능력이 적다.

04
전기철도에서 궤도의 구성 요소가 아닌 것은?

① 침목
② 레일
③ 캔트
④ 도상

해설 궤도의 구성 요소
- 레일
  - 전기철도의 하중을 직접적으로 지탱하는 부분이다.
  - 전기철도가 고속으로 안전하게 운행하도록 한다.
- 침목
  - 레일 밑의 목재 지지대를 말한다.
  - 레일 궤간을 유지시켜 주고 레일의 위치를 잡아주어 레일의 좌우 요동을 막아준다.
- 도상
  - 전기철도의 하중을 대지면에 고르게 전달해 주는 부분이다.
  - 전기철도의 안정성을 높여 준다.

| 정답 | 01 ② 02 ① 03 ④ 04 ③

05
복진 방지(Anti-creeper) 방법으로 적절하지 않은 것은?

① 레일에 임피던스 본드를 설치한다.
② 철도용 못을 이용하여 레일과 침목 간의 체결력을 강화한다.
③ 레일에 앵커를 부설한다.
④ 침목과 침목을 연결하여 침목의 이동을 방지한다.

해설 복진 방지(Anti-creeper) 방법
- 철도용 못을 이용하여 레일과 침목 간의 체결력을 강화한다.
- 레일에 앵커를 부설한다.
- 침목과 침목을 연결하여 침목의 이동을 방지한다.

06
곡선 궤도에 있어 캔트(Cant)를 두는 주된 이유는?

① 시설이 곤란하기 때문에
② 운전 속도를 제한하기 위해
③ 운전의 안전을 확보하기 위해
④ 타고 있는 사람의 기분을 좋게 하기 위해

해설 캔트(Cant)
- 운전의 안정성을 확보하기 위해 곡선 시 안쪽 레일보다 바깥쪽 레일을 조금 높게 하는 것을 말한다.
- 차량이 곡선부를 달릴 때 원심력에 대비하여 이런 고도를 두게 된다.

07
열차가 곡선 궤도부를 원활하게 통과하기 위한 조치는?

① 궤간(Gauge)
② 확도(Slack)
③ 복진지(Anti-creeping)
④ 종곡선(Vertical curve)

해설
- 궤간(Gauge): 하나의 레일과 마주보는 다른 레일과의 거리를 말한다.
- 확도(Slack): 곡선로 부분에서 프렌지가 레일 측면에 끼어 열차가 탈선하는 것을 방지하기 위해 궤간을 직선부보다 약간 넓게 하는 것을 말한다.
- 복진지(Anti-creeping): 레일이 열차의 진행 방향과 더불어 세로방향으로 이동하는 것을 방지하는 장치이다.
- 종곡선(Vertical curve): 종단 구배가 변화하는 궤도의 2점 간에 삽입하는 곡선으로 수평 궤도에서 경사 궤도로 변화하는 부분에 설치한다.

08
궤도의 확도(Slack)는 약 몇 [mm]인가?(단, 곡선의 반지름 100[m], 고정 차축 거리 5[m]이다.)

① 21.25
② 25.68
③ 29.35
④ 31.25

해설
$$S = \frac{l^2}{8R} = \frac{5^2}{8 \times 100} = 0.03125[m] = 31.25[mm]$$
(단, R: 곡선의 반지름[m], l: 고정 차축 거리[m])

09
직선 궤도에서 호륜 궤조를 반드시 설치해야 하는 곳은?

① 분기 개소
② 병용 궤도
③ 고속운전 구간
④ 다리(교량) 위

해설 호륜 궤조
- 차체를 분기 선로로 유도하기 위해 설치한다.
- 궤도의 분기 개소에서 철차가 있는 곳은 궤조가 중단되므로 원활하게 차체를 분기 선로로 유도하기 위해 반대 궤조 측에 호륜 궤조를 설치해야 한다.

10
차바퀴(차륜)의 탈선을 막기 위해 분기 반대쪽 레일에 설치한 레일은?

① 전철기
② 완화 곡선
③ 호륜 궤조
④ 도입 궤조

해설 호륜 궤조
- 차체를 분기 선로로 유도하기 위해 설치한다.
- 궤도의 분기 개소에서 철차가 있는 곳은 궤조가 중단되므로 원활하게 차체를 분기 선로로 유도하기 위해 반대 궤조 측에 호륜 궤조를 설치해야 한다.

11
리드 레일(Lead-Rail)에 대한 설명으로 옳은 것은?

① 열차가 대피 궤도로 도입되는 레일
② 전철기와 철차의 사이를 연결하는 곡선 레일
③ 직선부에서 하단부로 변화하는 부분의 레일
④ 직선부에서 경사부로 변화하는 부분의 레일

해설 도입 궤조(리드 레일: Lead-rail)
- 전철기와 철차 사이를 연결하는 곡선 궤조이다.
- 선단 레일과 철차 사이의 원곡선으로 된 부분이다.

12
모노레일 등에 주로 사용되고 있는 전차 선로의 전선 설치(가선) 형태는 무엇인가?

① 제3궤조 방식
② 가공 복선식
③ 가공 단선식
④ 강체 복선식

해설 전차 선로의 전선 설치(가선) 형태
- 가공 단선식: 보통 철도에 주로 사용한다.
- 가공 복선식: 무궤도 전차에 주로 사용한다.
- 제3레일식: 지하철에 주로 사용한다.
- 강체 복선식: 모노레일에 주로 사용한다.

13
직류 전차 선로에서 전압 강하 및 레일의 전위 상승이 현저한 경우 귀선의 전기 저항을 감소시켜 전기부식(전식)의 피해를 줄이기 위해 설치하는 것으로 가장 옳은 것은?

① 레일 본드
② 보조 귀선
③ 크로스 본드
④ 압축 본드

해설
- 귀선의 전기 저항이 큰 경우 문제점
  - 전압 강하 및 전력 손실 증가
  - 대지의 누설 전류 증가로 전기부식(전식) 발생
- 귀선의 전기 저항 감소 대책
  - 보조 귀선 설치(가장 효과적인 방법)
  - 레일 본드 설치

| 정답 | 09 ① 10 ③ 11 ② 12 ④ 13 ②

14
전기철도에서 귀선 궤조에서의 누설 전류를 경감하는 방법과 관련 없는 것은?

① 보조 귀선
② 크로스 본드
③ 귀선의 전압 강하 감소
④ 귀선을 정(+) 극성으로 조정

해설 귀선 궤조에서의 누설 전류를 경감하는 방법
- 보조 귀선 설치
- 레일 본드를 설치하여 귀선 저항을 감소시킨다.
- 귀선을 부(-) 극성으로 조정한다.
- 크로스 본드, 레일 본드 설치

15
전기철도의 교류 급전 방식 중 AT 급전 방식은 어떤 변압기를 사용하여 급전하는 방식을 말하는가?

① 단권 변압기   ② 흡상 변압기
③ 스코트 변압기   ④ 3권선 변압기

해설 단권 변압기(AT: Auto Transformer) 급전 방식
- 단권 변압기를 이용한 급전 방식이다.
- 권선비 1:1의 단권 변압기를 급전선과 전차선 사이에 병렬로 설치하고 변압기 권선의 중성점을 철도 레일에 접속하는 급전 방식이다.
- 교류 전기 방식에 적용한다.
- AT 급전 방식의 특징
  - 급전 전압이 철도 공급 전압의 2배로서 전압 강하가 적다.
  - 대전력 공급에 유리한 방식이다.
  - 절연 레벨이 급전 전압의 $\frac{1}{2}$로 낮아진다.
  - 전압 강하가 적어 변전소 간격(이격거리)이 길어도 된다.
  - 부하 전류는 인접한 양쪽의 AT로 흡상되므로 통신선에 대한 유도 장해가 적다.
  - BT 급전 방식과 같은 섹션이 필요 없다.

16
교류식 전기철도에서 전압 불평형을 경감시키기 위해 사용되는 급전용 변압기는?

① 흡상 변압기
② 단권 변압기
③ 크로스 전선연결(결선) 변압기
④ 스코트 전선연결(결선) 변압기

해설 스코트 전선연결(T 전선연결)
- 2상 서보 모터 구동용으로 사용한다.
- 교류식 전기철도에서 전압 불평형을 경감시키기 위해 사용한다.
- 스코트 전선연결(결선)의 변압비: $a_T = a \times \frac{\sqrt{3}}{2}$

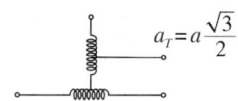

17
전기 부식을 방지하기 위한 전기철도 측에서의 방법 중 틀린 것은?

① 변전소 간격을 단축할 것
② 귀로로의 저항을 적게 할 것
③ 도상의 누설 저항을 적게 할 것
④ 전차선(트롤리선) 전압을 승압할 것

해설 전기철도의 전기 부식 방지 대책
- 레일에 본드를 시설하여 귀선 저항을 작게 한다.
- 레일을 따라 보조 귀선을 설치한다.
- 변전소 간 간격을 짧게 한다.
- 귀선의 극성을 정기적으로 바꾼다.
- 3선식 배전법을 채용한다.
- 절연 음극 궤전선을 설치하여 레일과 접속한다.
- 대지에 대한 레일의 절연 저항을 크게 한다.
- 가장 먼 (-) 궤전선에 음극 승압기를 설치한다.
- 전차선(트롤리선) 전압을 승압한다.

18
전기철도에서 전기부식(전식) 방지법이 아닌 것은?

① 변전소 간격을 짧게 한다.
② 대지에 대한 레일의 절연 저항을 크게 한다.
③ 귀선의 극성을 정기적으로 바꿔주어야 한다.
④ 귀선 저항을 크게 하기 위해 레일에 본드를 시설한다.

해설 전기철도의 전기 부식 방지 대책
- 레일에 본드를 시설하여 귀선 저항을 작게 한다.
- 레일을 따라 보조 귀선을 설치한다.
- 변전소 간 간격을 짧게 한다.
- 귀선의 극성을 정기적으로 바꾼다.
- 3선식 배전법을 채용한다.
- 절연 음극 궤전선을 설치하여 레일과 접속한다.
- 대지에 대한 레일의 절연 저항을 크게 한다.
- 가장 먼 (−) 궤전선에 음극 승압기를 설치한다.
- 전차선(트롤리선) 전압을 승압한다.

19
전기철도에서 전기 부식 방지 방법 중 전기철도 측 시설이 아닌 것은?

① 레일에 본드를 시설한다.
② 레일을 따라 보조 귀선을 설치한다.
③ 변전소 간 간격을 짧게 한다.
④ 매설관의 표면을 절연한다.

해설 전기철도의 전기 부식 방지 대책
- 레일에 본드를 시설하여 귀선 저항을 작게 한다.
- 레일을 따라 보조 귀선을 설치한다.
- 변전소 간 간격을 짧게 한다.
- 귀선의 극성을 정기적으로 바꾼다.
- 3선식 배전법을 채용한다.
- 절연 음극 궤전선을 설치하여 레일과 접속한다.
- 대지에 대한 레일의 절연 저항을 크게 한다.
- 가장 먼 (−) 궤전선에 음극 승압기를 설치한다.
- 전차선(트롤리선) 전압을 승압한다.

20
열차 저항이 커지고 속도가 떨어져 표정 속도가 낮아지는 원인은?

① 건축 한계를 초과한 경우
② 차량 한계를 초과한 경우
③ 곡선이 있고 구배가 심한 경우
④ 표준 궤간을 채택하지 않은 경우

해설

$$표정\ 속도 = \frac{운전\ 거리}{정차\ 시간 + 순주행\ 시간}$$

곡선이 있고 구배가 심한 경우 열차 저항이 커져, 속도가 떨어지고 주행 시간이 길어져 표정 속도가 낮아진다.

21
열차가 주행할 때 중력에 의해 발생하는 저항으로 두 점 간의 수평 거리와 고저 차의 비로 표시되는 저항은?

① 출발 저항
② 구배 저항
③ 곡선 저항
④ 주행 저항

해설 열차 저항의 종류
- 출발(기동) 저항: 정지 상태의 열차가 출발할 때 생기는 저항이다.
- 구배 저항: 열차가 경사면을 올라갈 때 중력에 의하여 발생하는 저항이다.
- 곡선 저항: 열차가 곡선 부분을 통과할 때 레일과의 마찰이 증가하면서 발생하는 저항이다.
- 주행 저항: 열차가 정상적인 속도로 평평한 직선 경로를 운행할 때의 저항이다.

| 정답 | 18 ④ 19 ④ 20 ③ 21 ②

22
열차 차체의 중량이 75[ton]이고 동륜상의 중량이 50[ton]인 기관차가 열차를 끌 수 있는 최대 견인력은 몇 [kg]인가? (단, 궤조의 점착 계수는 0.3으로 한다.)

① 10,000
② 15,000
③ 22,500
④ 1,125,000

해설
$F = 1,000\mu W = 1,000 \times 0.3 \times 50 = 15,000$[kg]
(단, W: 동륜상의 중량[ton], μ: 점착 계수)

23
전기 기관차의 자체중량(자중)이 150[ton]이고, 동륜상의 중량이 95[ton]이라면 최대 견인력 [kg]은?(단, 궤조의 점착 계수는 0.2라 한다.)

① 19,000
② 25,000
③ 28,500
④ 38,000

해설
$F = 1,000\mu W = 1,000 \times 0.2 \times 95 = 19,000$[kg]
(단, W: 동륜상의 중량[ton], μ: 점착 계수)

24
열차의 설비에 의한 전력 소비량을 감소시키는 방법이 아닌 것은?

① 회생 제동을 한다.
② 직병렬 제어를 한다.
③ 기어비를 크게 한다.
④ 차량의 중량을 경감한다.

해설 열차의 설비에 의한 전력 소비량을 감소시키는 방법
- 회생 제동을 한다.
- 직병렬 제어를 한다.
- 차량의 중량을 경감한다.

25
열차가 정지 신호를 무시하고 운행할 경우 또는 정해진 신호에 따른 속도 이상으로 운행할 경우 설정 시간 이내에 제동 또는 지정 속도로 감속 조작을 하지 않으면 자동으로 열차를 안전하게 정지시키는 장치는?

① ATC
② ATS
③ ATO
④ CTC

해설 자동 열차 장치
- ATC(Automatic Train Control: 자동 열차 제어)
  - 열차가 제한 속도 이상으로 운행하면 1차적으로 경보를 알려 경고를 한다.
  - 열차 운전자가 제동을 하지 않으면 자동적으로 제동을 걸어 열차를 제한 속도 이하로 자동 감속시키는 장치이다.
- ATS(Automatic Train Stop: 자동 열차 정지)
  - 열차가 정지 신호를 무시하고 운행할 경우 열차 운전자에게 제동을 하도록 경보한다.
  - 열차 운전자가 제동을 하지 않으면 자동적으로 열차를 안전하게 정지시키는 장치이다.
- ATO(Automatic Train Operation: 자동 열차 운전)
  - 열차가 연속적으로 지령을 받아 열차를 지령받은 속도로 운전되도록 하는 장치이다.
  - 열차의 자동 가감속 운전, 정속도 운전 제어가 되도록 자동으로 열차 운전을 제어한다.

26
전철 전동기에 감속 기어를 사용하는 주된 이유는?

① 역률 개선　　　② 정류 개선
③ 역회전 방지　　④ 주 전동기의 소형화

해설 전철 전동기에 감속 기어를 사용하는 이유
출력이 일정할 경우 토크와 회전수는 반비례의 관계가 있으므로 감속기를 사용하여 회전수를 낮추면 이에 반비례하여 토크는 증가한다. 따라서 전동기의 크기가 작아지게 되어 제한된 공간의 전철에 전동기를 설치하기가 용이하다.

27
전기차의 속도 제어 시스템 중 주파수의 변화에 대응하도록 전압도 같이 제어하는 방법은?

① 저항 제어 시스템　　② 초퍼 제어 시스템
③ 위상 제어 시스템　　④ VVVF 제어 시스템

해설 VVVF 제어 시스템
- 가변 전압 가변 주파수 제어이다.
- 유도 전동기에 공급하는 전원의 주파수와 전압을 같이 가변하여 전동기의 속도를 제어하는 방법이다.

28
급전선의 급전 분기 장치의 설치 방식이 아닌 것은?

① 스팬선식　　② 암식
③ 커티너리식　　④ 브래킷식

해설 급전선의 급전 분기 장치의 설치 방식
- 스팬선식
- 암식
- 브래킷식

29
전기철도의 전기차 주 전동기 제어 방식 중 특성이 다른 것은?

① 열린 회로(개로) 제어
② 계자 제어
③ 단락 제어
④ 브리지 제어

해설
- 전기철도의 전기차 주 전동기(유도 전동기) 제어 방식
  - 열린 회로(개로) 제어
  - 단락 제어
  - 브리지 제어
- 계자 제어: 직류 직권 전동기 제어법이다.

| 정답 | 26 ④　27 ④　28 ③　29 ②

PART 01 전기응용

전기화학

1. 전기화학의 기본 용어
2. 전지의 종류
3. 축전지의 충전
4. 전기화학의 이용

학습 전략

CHAPTER 05 전기화학에 대한 기본 용어 정리를 정확하게 해 두기 바랍니다. 특히, 전지의 종류 부분의 내용은 실기를 학습할 때에도 필요한 내용이므로 중요합니다. 전기화학의 이용에 대한 내용을 학습하는 것을 마무리하는 순서로 학습하는 것이 좋습니다.

CHAPTER 05 | 흐름 미리보기

1. 전기화학의 기본 용어
2. 전지의 종류
3. 축전지의 충전
4. 전기화학의 이용

NEXT **CHAPTER 06**

CHAPTER 05 전기화학

PART 01 전기응용

THEME 01 전기화학의 기본 용어

1 전해질

(1) 전해질
① 용액 속에서 양(+)이온과 음(−)이온으로 전리되는 물질을 말한다.
② 양(+), 음(−)이온 이동에 의해 전류가 흐를 수 있는 액체이다.
③ 도전율은 전해액의 농도에 비례한다.

(2) 비전해질
용액 속에서 양(+)이온과 음(−)이온으로 전리되지 않는 물질이다.

2 물의 전기 분해

(1) 수소와 산소가 반응하여 물이 만들어지면 이 물은 자발적으로 수소와 산소로 되지 못한다. 그러나 전기 에너지를 가하여 반응을 일으키면 물을 분해할 수 있다.
(2) (+)극에서는 산화 반응으로 산소를 얻을 수 있고, (−)극에서는 환원 반응으로 수소를 얻을 수 있다.
(3) 물의 전기 분해에 따른 화학 반응은 다음과 같다.
① 음극: $2H^+ + 2e^- \rightarrow H_2$
② 양극: $2OH^- \rightarrow \frac{1}{2}O_2 + H_2O + 2e^-$

3 패러데이의 법칙

(1) 전기 분해에 의해 석출되는 물질의 양은 전해액을 통과하는 총 전기량에 비례하고, 물질의 화학당량에 비례한다.
(2) 전해질이 전기 분해에 의해 석출되는 물질의 양(W)은 다음과 같다.

$$W = KQ = KIt \, [g]$$
(K: 화학당량[g/C], Q: 통과한 전기량[C], I: 전류[A], t: 시간[sec])

독학이 쉬워지는 기초개념

Tip 강의 꿀팁
순수한 물은 전류가 흐르지 않기 때문에 소량의 전해질(수산화나트륨, 황산나트륨 등)을 물에 넣고 전류를 흘려요.

> **기출 & 예상문제**
>
> **중요도** 전기 분해에 의해 일정한 전하량을 통과했을 때 얻어지는 물질의 양은 어느 것에 비례하는가?
> ① 화학당량   ② 원자가
> ③ 전류   ④ 전압
>
> | 해설 |
> 패러데이의 법칙
> 전기 분해에 의해 일정한 전하량을 통과했을 때(전류 일정) 얻어지는 물질의 양은 화학당량에 비례한다.
> 즉, $W = KIt$ [g]
>
> 답 ①

4 전기 화학당량

(1) 전기 화학당량은 1[A]의 전류가 1초 동안 흘렀을 때 전극에 석출되는 물질의 질량을 말한다.

전기 화학당량: $K = \dfrac{\text{화학당량}}{96,500}$ [g/C]

(2) 화학당량은 다음과 같은 식으로 나타낸다.

화학당량 $= \dfrac{\text{원자량}}{\text{원자가}}$ [g]

5 이온화 경향

(1) 금속 원자가 산화되어 양(+)이온으로 되는 경향을 나타낸다.
(2) 이온화 경향이 큰 순서
 K > Ba > Ca > Na > Mg > Al > Mn > Fe > Sn > Pb > Cu > Hg > Ag > Pt > Au

THEME 02 전지의 종류

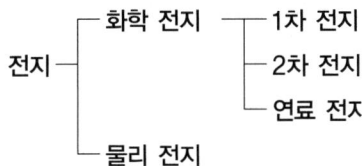

금속의 화학적 성질
- 산화되기 쉽다.
- 전자를 잃기 쉽고 양(+)이온이 되기 쉽다.
- 이온화 경향이 클수록 환원성이 떨어진다.
- 산과 반응하고 금속의 산화물은 염기성이다.

독학이 쉬워지는 기초개념

Tip 강의 꿀팁

1차 전지
보통 건전지 또는 망간 전지라고 불러요.

공기 전지
- 양극: 탄소
- 음극: 흑연
- 전해액: 가성 소다, 염화 암모늄
- 감극제: 공기 중의 산소
- 자체 방전이 적고 오래 저장할 수 있으며 사용 중에 전압 변동률이 비교적 적다.

---

1 1차 전지

(1) 건전지를 한 번 사용한 후 다시 재사용할 수 없는 전지를 말한다.

(2) 망간 전지
  ① 감극제: 이산화망간(MnO_2)
  ② 음극 활성 물질: 아연(Zn)
  ③ 전해액: 염화암모늄(NH_4Cl)+염화아연($ZnCl_2$)의 수용액
  ④ 제조가 쉽고 안정성이 뛰어나다.
  ⑤ 휴대용 라디오, 손전등, 완구, 시계 등 매우 광범위하게 이용한다.

(3) 공기 전지
  ① 감극제: 산소(O_2)
  ② 전해액: 염화암모늄(NH_4Cl)
  ③ 온도차에 의한 전압 변동이 적다.
  ④ 내열, 내한, 내습성을 가지고 있다.
  ⑤ 사용 중의 자기 방전이 적어 오랫동안 보존할 수 있다.

(4) 수은 전지
  ① 감극제: 산화수은(HgO)
  ② 음극: 아연(Zn)
  ③ 전해액: 수산화칼륨(KOH)+산화아연(ZnO)의 수용액
  ④ 소형이고 고성능으로 용량, 중량당의 전기 용량이 크다.
  ⑤ 동작 전압은 매우 안정되어 변화가 적다.
  ⑥ 보존 수명이 길다.
  ⑦ 광범위한 온도에서 동작하고 특히 고온에서 특성이 좋다.
  ⑧ 휴대용 라디오, 보청기, 측정용 기기, 노출계 등에 사용한다.

(5) 표준 전지
  ① 전압 표준기로서 주로 카드뮴(웨스턴) 전지가 사용된다.
  ② 양극: 수은(Hg)
  ③ 음극: 카드뮴(Cd)
  ④ 감극제: 황산수은(Hg_2SO_4)

기출 & 예상문제

중요도
1차 전지 중 휴대용 라디오, 손전등, 완구, 시계 등에 매우 광범위하게 이용되고 있는 건전지는?

① 망간 건전지   ② 공기 건전지
③ 수은 건전지   ④ 리튬 건전지

| 해설 |
망간 건전지(일반 건전지)
- 제조가 쉽고 안정성이 뛰어나다.
- 휴대용 라디오, 손전등, 완구, 시계 등에 매우 광범위하게 이용된다.

답 ①

2 2차 전지

(1) 전지를 충전하여 다시 사용할 수 있는 전지를 말한다.

(2) 납(연) 축전지

① 납(연) 축전지의 화학 반응

$$PbO_2 + 2H_2SO_4 + Pb \underset{충전}{\overset{방전}{\rightleftarrows}} PbSO_4 + 2H_2O + PbSO_4$$

② 납 축전지가 충분히 충전되었을 때 양극판은 적갈색으로 변하고, 충분히 방전했을 때 양극판의 색깔은 회백색으로 변한다.

③ 연 축전지의 종류
- HS형: 급방전형으로서 일시적인 대전류 부하용에 적합하다. (UPS 공급용, 비상 발전기, 엘리베이터 비상 전원 등에 적합)
- CS형: 완방전형으로서 일반적인 부하용에 적합하다.

④ 납 축전지의 기전력은 황산의 농도(비중)의 증가에 따라 비례해서 증가한다.
⑤ 전해액의 비중에 의해 충·방전 상태를 추정할 수 있다.
⑥ 공칭 전압은 2[V/cell], 공칭 용량은 10[Ah]이다.
⑦ 전해액으로 묽은 황산을 사용한다.
⑧ 주요 구성 부분은 극판, 격리판, 전해액, 케이스로 이루어져 있다.
⑨ 양극은 이산화납을 극판에 입힌 것이고, 음극은 해면 모양의 납이다.
⑩ 양극(+): PbO_2, 음극(−): Pb, 전해액: H_2SO_4(전해액의 비중: 1.2~1.3)
⑪ 알칼리 축전지에 비해 충전 용량이 크고 셀(cell)당 공칭 전압이 높다.
⑫ 효율이 좋고 단시간 대전류 공급이 가능하다.

(3) 알칼리 축전지

① 알칼리 축전지의 화학 반응

$$2NiOOH + 2H_2O + Cd \underset{충전}{\overset{방전}{\rightleftarrows}} 2Ni(OH)_2 + Cd(OH)_2$$

② 양극(+): $Ni(OH)_2$(수산화니켈), 음극(−): 에디슨 전지(철: Fe), 융그너 전지(카드뮴: Cd)
③ 전해액: 수산화칼륨(KOH) 사용
④ 공칭 전압은 1.2[V/cell], 공칭 용량은 5[Ah]이다.
⑤ 수명이 길고 가격이 비싸다.
⑥ 방전 시 전압 변동이 작다.
⑦ 급격한 충전 및 방전 특성이 좋다.
⑧ 진동에 강하다.
⑨ 전해액의 농도 변화는 거의 없는 편이다.
⑩ 연 축전지에 비해 크기가 작다.
⑪ 다소 용량이 감소하여도 못 쓰게 되지는 않는다.

독학이 쉬워지는 기초개념

Tip 강의 꿀팁

2차 전지
보통 축전지 또는 배터리라고 불러요.

알칼리 축전지
- 융그너 알칼리 축전지
  - 양극: 수산화니켈 사용
  - 음극: 카드뮴 사용
  - 전해액: 수산화칼륨 사용
- 에디슨 알칼리 축전지
  - 양극: 수산화니켈 사용
  - 음극: 철 사용
  - 전해액: 수산화칼륨 사용
- 특징
  - 축전지 수명이 긴 편이다.
  - 급격한 충전 및 방전 특성이 좋다.
  - 진동에 강하다.
  - 전해액의 농도 변화가 거의 없는 편이다.

리튬 전지의 특징
- 자기 방전이 작다.
- 에너지 밀도가 높다.
- 전지의 기전력이 3[V] 정도이다.
- 동작 온도 범위가 넓다.
- 전지의 장기간 사용이 가능하다.

독학이 쉬워지는 기초개념

알칼리 연료 전지
- 전해질로 수산화칼륨(KOH) 수용액을 사용
- 연료는 수소(H_2), 산화제는 산소(O_2)를 사용
- 상온 100[℃] 이하에서 작동

기출 & 예상문제

알칼리 축전지에서 소결식에 해당하는 초급방전형은?
① AM형
② AMH형
③ AL형
④ AH-S형

| 해설 |
알칼리 축전지
- AM형: 포켓식 표준형
- AL형: 포켓식 완방전형
- AMH형: 포켓식 급방전형
- AH-S형: 소결식 초급방전형

답 ④

3 물리 전지

(1) 열 전지

열을 가함으로써 화학적으로 기전력을 발생시키는 것으로, 용융 전해질 전지나 열활성화 전지라고도 불린다.

(2) 태양 전지

반도체의 pn 접합면을 이용하여 광기전력 효과에 의해 태양광 에너지를 직접 직류 전기 에너지로 변환하는 전지이다.

(3) 원자력 전지

반도체의 pn 접합면에 방사선을 조사하여 기전력을 얻는 방식의 전지이다.

THEME 03 축전지의 충전

1 축전지의 용량

축전지의 용량(C)은 다음의 식으로 구할 수 있다.

$$C = \frac{1}{L}KI[Ah]$$

(C: 축전지 용량[Ah], L: 보수율, K: 용량 환산 시간 계수, I: 방전 전류[A])

2 축전지의 충전 방식

(1) 초기 충전
  ① 축전지 제작 후 처음에 충전하는 것이다.
  ② 축전지에 전해액을 넣지 않은 미충전 축전지에 전해액을 주입하여 행하는 충전 방식이다.

(2) 보통 충전
  ① 일반적인 충전 방식이다.
  ② 필요할 때마다 표준 시간율로 소정의 전류로 충전하는 방식이다.

(3) 부동 충전
① 축전지의 자기 방전을 보충하는 충전 방식이다.
② 상용 부하에 대한 전력 공급은 충전기가 부담하고 충전기가 공급하기 어려운 일시적인 대전류 사용 부하에 대해서는 축전지로 하여금 부담하게 하는 방식이다.

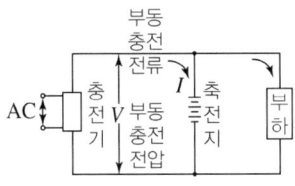

▲ 부동 충전 회로도

(4) 세류 충전
① 자기 방전량만을 항시 충전시키는 방식이다.
② 부동 충전 방식의 일종이다.

(5) 균등 충전
① 각 전해조에 일어나는 전위차를 보정하기 위해 충전하는 방식이다.
② 1~3개월마다 1회 정전압으로 10~12시간씩 충전한다.

(6) 급속 충전
① 비교적 단시간에 보통 전류의 2~3배의 전류로 충전시키는 방식이다.
② 축전지 수명에는 바람직하지 못한 충전 방식이다.

기출 & 예상문제

축전지의 충전 방식에서 축전지에 전해액을 넣지 않은 미충전 축전지에 전해액을 주입하여 행하는 충전 방식은?

① 보통 충전 ② 세류 충전
③ 부동 충전 ④ 초기 충전

| 해설 |
초기 충전
• 축전지 제작 후 처음에 충전하는 것
• 축전지에 전해액을 넣지 않은 미충전 축전지에 전해액을 주입하여 행하는 충전 방식

답 ④

3 축전지의 설페이션(Sulfation) 현상

(1) 설페이션은 축전지 극판이 황산납 결정체가 되는 것으로 축전지를 방전 상태로 장기간 방치하면 극판이 불활성 물질로 덮이는 현상을 말한다.

독학이 쉬워지는 기초개념

Tip 강의 꿀팁

부동 충전
실기 시험에서도 자주 출제돼요.

Tip 강의 꿀팁

설페이션
실기 시험에서도 자주 출제돼요.

독학이 쉬워지는 기초개념

(2) 설페이션(Sulfation) 현상의 원인
① 축전지를 과방전하였을 경우
② 축전지를 장기간 방전 상태로 방치하였을 경우
③ 전해액의 비중이 너무 낮을 경우
④ 전해액의 부족으로 극판이 노출되었을 경우
⑤ 전해액에 불순물이 혼입되었을 경우
⑥ 불충분한 충전을 반복하였을 경우
(3) 설페이션(Sulfation)으로 인해 나타나는 현상
① 극판이 회색으로 변하고 극판이 휘어진다.
② 충전 시 전해액의 온도 상승이 크고 비중 상승이 낮으며 가스의 발생이 심하다.

4 분극 작용

(1) 볼타의 전지 양극에 부하를 접속하여 전류를 보내면 음극(동판)에서 발생한 수소 가스가 거품으로 되어 표면에 붙기 때문에 동판과 용액의 접촉 면적이 감소하여 전지의 내부 저항이 증가하게 된다. 그리고 수소 가스가 수소 이온 H^+로 되돌아가려고 하여 역기전력을 발생하므로 전지의 기전력은 감소한다. 이러한 현상을 분극 작용 또는 성극 작용이라고 한다.
(2) 이를 방지하려면 전극상의 수소를 제거하기 위해 감극제를 사용하면 된다.

5 국부 작용

(1) 축전지에서 외부에 전류를 공급하고 있지 않는 경우, 전극에 사용하고 있는 아연판의 불순물과 아연이 국부 전지를 만들어 단락 전류를 흘리기 때문에 자기 방전을 한다. 이를 국부 작용이라고 한다.
(2) 이를 방지하려면 순수한 아연판을 사용하거나 아연판에 수은 도금을 하면 된다.

▲ 국부 작용

THEME 04 전기화학의 이용

1 전기 도금

(1) 전기 도금은 물질의 표면을 매끄럽게 하고 쉽게 닳거나 부식되지 않도록 보호한다. 보통 금, 은, 구리, 니켈 등을 사용한다.
(2) 일반적인 전기 분해에서는 백금(Pt)이나 탄소(C)를 전극으로 사용하지만, 전기 도금에서는 도금할 물체를 음극으로, 덮어 씌울 금속을 양극으로 사용한다.
(3) 두 전극을 전해질 용액에 담그고 직류 전원 장치를 연결하면 전기 도금이 시작된다. 이때 덮어 씌울 금속은 이온으로 포함한 용액을 전해질 용액으로 사용한다.

2 전기 주조(전주)

(1) 전기 도금으로 원형을 복제하는 주조법이다.
(2) 레코드 원반, 인쇄용 요판과 철판, 조소품 따위를 만드는 데 쓴다.

3 전해 정련

(1) 전기 분해를 이용하여 금속의 순도를 높이는 방법이다.
(2) 순도가 낮은 조금속의 지금을 양극, 적당한 금속의 박판을 음극으로 하여 적당한 전해 용액에 두 전극을 넣고 전류를 흐르게 하면 음극판 위에는 순도가 높은 금속이 석출하고 불순물은 전해조 밑에 쌓여 제거된다.
(3) 예를 들면 구리의 전해 정련은 동제련에서 만들어진 조동을 양극으로 하고 종판을 음극으로 하여 약간의 구리를 용해한 산성 황산구리의 수용액에 두 전극을 넣어 전해한다.

4 전기 영동

전해질 중에 존재하는 하전(荷電) 입자에 직류 전압을 걸면 정(+)의 하전 입자는 음극으로, 부(−)의 하전 입자는 양극으로 향하여 이동한다. 이 현상을 전기 영동이라고 한다.

5 전해 연마

연마하려고 하는 물품을 양극으로 하여 전해하고 표면의 미시적인 돌출부를 선택적으로 용해하여 연마하는 방법이다.

6 전해 채취

(1) 원료 광석이나 다른 물질에서 목적 금속을 용매로 추출하여 얻은 금속염 수용액을 불용성 양극을 이용하여 전해하고 음극에 고품위의 금속을 얻는 습식 전기야금의 일종이다.
(2) 대표적인 예는 아연의 전해 채취이고, 이 외에 동, 니켈, 코발트, 안티몬, 철, 망간, 크롬 등이 실시되고 있다.
(3) 용매로는 값이 저렴하고 취급이 쉬운 황산이 주로 사용된다.

기출 & 예상문제

전기 분해로 제조되는 것은 어느 것인가?
① 암모니아
② 카바이드
③ 알루미늄
④ 철

| 해설 |
알루미늄 제조
- 전기 분해로 제조한다.
- 보크사이트를 용해하여 순수한 산화 알루미늄을 만든 후 빙정석을 넣고 $1,000[℃]$로 전기 분해하여 제조한다.

답 ③

CHAPTER 05 CBT 적중문제

01
물을 전기 분해하면 음극에서 발생하는 기체는?
① 산소
② 질소
③ 수소
④ 이산화탄소

해설
물(H_2O)을 직류로 전기 분해하면 양극은 산소($\frac{1}{2}O_2$)가 발생되고 음극은 수소(H_2)가 발생한다.

02
전기 분해에 의해 전극에 석출되는 물질의 양은 전해액을 통과하는 총 전기량에 비례하며 그 물질의 화학당량에 비례하는 법칙은?

① 줄(Joule)의 법칙
② 암페어(Ampere)의 법칙
③ 톰슨(Thomson)의 법칙
④ 패러데이(Faraday)의 법칙

해설 패러데이의 법칙
전기 분해에 의해 일정한 전하량을 통과했을 때 얻어지는 물질의 양은 화학당량에 비례한다.
$W = KQ = KIt$ [g]

03
전기 분해에서 패러데이의 법칙은?(단, $Q[C]$=통과한 전기량, K=물질의 전기 화학당량, $W[g]$=석출된 물질의 양, t=통과 시간, $I[A]$=전류, $E[V]$=전압이다.)

① $W = K\dfrac{Q}{E}$
② $W = KEt$
③ $W = KQ = KIt$
④ $W = \dfrac{1}{R}Q = \dfrac{1}{R}$

해설 패러데이의 법칙
전기 분해에 의해 일정한 전하량을 통과했을 때 얻어지는 물질의 양은 화학당량에 비례한다.
$W = KQ = KIt$ [g]

04
금속의 화학적 성질로 옳지 않은 것은?
① 산화되기 쉽다.
② 전자를 잃기 쉽고 양이온이 되기 쉽다.
③ 이온화 경향이 클수록 환원성이 강하다.
④ 산과 반응하고 금속의 산화물은 염기성이다.

해설 금속의 화학적 성질
- 산화되기 쉽다.
- 전자를 잃기 쉽고 양이온이 되기 쉽다.
- 이온화 경향이 클수록 환원성이 떨어진다.
- 산과 반응하고 금속의 산화물은 염기성이다.

| 정답 | 01 ③ 02 ④ 03 ③ 04 ③

05
다음 중 금속의 이온화 경향이 가장 큰 것은?

① Ag   ② Pb
③ Na   ④ Sn

해설 이온화 경향이 큰 순서
K > Ba > Ca > Na > Mg > Al > Mn > Fe > Sn > Pb > Cu > Hg > Ag > Pt > Au

06
망간 건전지에서 분극 작용에 의한 전압 강하를 방지하기 위해 사용되는 감극제는?

① O_2 ② HgO
③ MnO_2 ④ $H_2Cr_2O_7$

해설 망간 전지
- 감극제: 이산화망간(MnO_2)
- 양극: 탄소(C), 음극: 아연(Zn)
- 전해액: 염화암모늄(NH_4Cl) + 염화아연($ZnCl_2$)의 수용액
- 제조가 쉽고, 안정성이 뛰어나다.
- 휴대용 라디오, 손전등, 완구, 시계 등 매우 광범위하게 이용된다.

07
공기 전지의 특징이 아닌 것은?

① 방전 시에 전압 변동이 적다.
② 온도차에 의한 전압 변동이 적다.
③ 내열, 내한, 내습성을 가지고 있다.
④ 사용 중의 자기 방전이 크고 오랫동안 보존할 수 없다.

해설 공기 전지의 특징
- 방전 시에 전압 변동이 적다.
- 온도차에 의한 전압 변동이 적다.
- 내열, 내한, 내습성을 가지고 있다.
- 사용 중의 자기 방전이 적어 오랫동안 보존할 수 있다.

08
자체 방전이 적고 오래 저장할 수 있으며 사용 중에 전압 변동률이 비교적 적은 것은?

① 공기 건전지   ② 보통 건전지
③ 내한 건전지   ④ 적층 건전지

해설 공기 전지
- 양극: 탄소
- 음극: 흑연
- 전해액: 가성 소다, 염화 암모늄
- 감극제: 공기 중의 산소
- 자체 방전이 적고 오래 저장할 수 있으며 사용 중에 전압 변동률이 비교적 적다.

09
리튬 전지의 특징이 아닌 것은?

① 자기 방전이 크다.
② 에너지 밀도가 높다.
③ 기전력이 약 3[V] 정도로 높다.
④ 동작 온도 범위가 넓고, 장기간 사용이 가능하다.

해설 리튬 전지의 특징
- 자기 방전이 작다.
- 에너지 밀도가 높다.
- 전지의 기전력이 3[V] 정도이다.
- 동작 온도 범위가 넓다.
- 전지의 장기간 사용이 가능하다.

| 정답 | 05 ③ 06 ③ 07 ④ 08 ① 09 ①

10
납 축전지에 대한 설명으로 옳지 않은 것은?

① 공칭 전압은 1.2[V]이다.
② 전해액으로 묽은 황산을 사용한다.
③ 주요 구성 부분은 극판, 격리판, 전해액, 케이스로 이루어져 있다.
④ 양극은 이산화납을 극판에 입힌 것이고, 음극은 해면 모양의 납이다.

해설 납(연) 축전지
- 공칭 전압은 2[V]이다.
- 전해액으로 묽은 황산을 사용한다.
- 주요 구성 부분은 극판, 격리판, 전해액, 케이스로 이루어져 있다.
- 양극은 이산화납을 극판에 입힌 것이고, 음극은 해면 모양의 납이다.

11
고율 방전형 연 축전지로 단시간 대전류 부하(디젤, 가스터빈, 엔진 시동, 엘리베이터 비상 조작)용은?

① PS형 ② HS형
③ AM형 ④ AL형

해설 납(연) 축전지의 종류
- HS형: 급방전형으로서 일시적인 대전류 부하용에 적합(UPS 공급용, 비상 발전기, 엘리베이터 비상 전원 등에 적합)
- CS형: 완방전형으로서 일반적인 부하용에 적합

12
납 축전지의 방전 및 충전 시 화학 반응식으로 옳은 것은?

① $Pb + 2H_2SO_4 + PbO_2 \Leftrightarrow PbSO_4 + 2H_2O + PbSO_4$
② $2PbO_2 + H_2SO_4 + 2Pb \Leftrightarrow 2PbSO_4 + H_2O + PbSO_4 + O_2$
③ $PbO_2 + 2H_2SO_4 + 2Pb \Leftrightarrow 2PbSO_4 + 2H_2O + 2PbSO_4$
④ $2PbO_2 + 2H_2SO_4 + 2Pb \Leftrightarrow 2PbSO_4 + H_2O + 2PbSO_4$

해설 납(연) 축전지의 화학 반응
$Pb + 2H_2SO_4 + PbO_2$(충전 시)
$\Leftrightarrow PbSO_4 + 2H_2O + PbSO_4$(방전 시)

13
납 축전지에 대한 설명으로 옳지 않은 것은?

① 충전 시 음극: $PbSO_4 \rightarrow Pb$
② 방전 시 음극: $Pb \rightarrow PbSO_4$
③ 충전 시 양극: $PbSO_4 \rightarrow PbO$
④ 방전 시 양극: $PbO_2 \rightarrow PbSO_4$

해설 납(연) 축전지의 화학 반응
$Pb + 2H_2SO_4 + PbO_2$(충전 시)
$\Leftrightarrow PbSO_4 + 2H_2O + PbSO_4$(방전 시)

14
납 축전지가 충분히 충전되었을 때 양극판은 무슨 색인가?

① 황색 ② 청색
③ 적갈색 ④ 회백색

해설
납 축전지가 충분히 충전되었을 때 양극판은 적갈색으로 변한다.

15
알칼리 축전지의 특성 및 성능으로 옳은 것은?

① 고율 방전 특성이 우수하며 연 축전지에 비해 소형이다.
② 고율 방전 특성은 보통이나 연 축전지에 비해 소형이다.
③ 고율 방전 특성이 우수하며 연 축전지보다 대형인 것이 장점이다.
④ 고율 방전 특성은 보통이나 연 축전지보다 대형인 것이 장점이다.

해설 알칼리 축전지
- 양극: 수산화니켈
- 음극
  - 융그너 알칼리 축전지: 카드뮴
  - 에디슨 알칼리 축전지: 철
- 전해액: 수산화칼륨(KOH)
- 축전지 수명이 긴 편이다.
- 급격한 충전 및 방전 특성이 좋다.
- 진동에 강하다.
- 전해액의 농도 변화는 거의 없는 편이다.
- 연 축전지에 비해 크기가 작다.
- 고율 방전 특성이 우수하다.

16
알칼리(융그너) 축전지의 음극으로 사용할 수 있는 것은?

① 카드뮴　　② 아연
③ 마그네슘　　④ 납

해설 알칼리 축전지의 종류
- 융그너 알칼리 축전지
  - 양극: 수산화니켈 사용
  - 음극: 카드뮴 사용
  - 전해액: 수산화칼륨 사용
- 에디슨 알칼리 축전지
  - 양극: 수산화니켈 사용
  - 음극: 철 사용
  - 전해액: 수산화칼륨 사용

17
알칼리 축전지에 대한 설명으로 옳은 것은?

① 음극에 Ni 산화물, Ag 산화물을 사용한다.
② 전해액은 묽은 황산 용액을 사용한다.
③ 진동에 약하고 급속 충방전이 어렵다.
④ 전해액의 농도 변화는 거의 없다.

해설 알칼리 축전지
- 양극: 수산화니켈
- 음극
  - 융그너 알칼리 축전지: 카드뮴
  - 에디슨 알칼리 축전지: 철
- 전해액: 수산화칼륨(KOH)
- 축전지 수명이 긴 편이다.
- 급격한 충전 및 방전 특성이 좋다.
- 진동에 강하다.
- 전해액의 농도 변화는 거의 없는 편이다.
- 연 축전지에 비해 크기가 작다.
- 고율 방전 특성이 우수하다.

18
알칼리 축전지에서 소결식에 해당하는 초급방전형은?

① AM형　　② AMH형
③ AL형　　④ AH-S형

해설
- AM형: 포켓식 표준형
- AMH형: 포켓식 급방전형
- AL형: 포켓식 완방전형
- AH-S형: 소결식 초급방전형
- AHH형: 소결식 초초급 방전형

| 정답 | 15 ① 　16 ① 　17 ④ 　18 ④

19
알칼리 축전지의 특징에 대한 설명으로 옳지 않은 것은?

① 전지의 수명이 납 축전지보다 길다.
② 충격에 강하다.
③ 급격한 충·방전 및 높은 방전율을 견디기 어렵다.
④ 소형 경량이며 유지 관리가 편리하다.

해설 알칼리 축전지의 특징
- 축전지 수명이 긴 편이다.
- 급격한 충전 및 방전 특성이 좋다.
- 진동에 강하다.
- 전해액의 농도 변화는 거의 없는 편이다.
- 연 축전지에 비해 크기가 작다.

20
니켈-카드뮴(Ni-Cd) 축전지에 대한 설명으로 옳지 않은 것은?

① 1차 전지이다.
② 전해액으로 수산화칼륨이 사용된다.
③ 양극에 수산화니켈, 음극에 카드뮴이 사용된다.
④ 탄광의 안전등 및 조명등용으로 사용된다.

해설
니켈-카드뮴(Ni-Cd) 축전지는 충전이 가능한 2차 전지이다.

21
다음 전지 중 물리 전지에 속하는 것은?

① 열 전지   ② 연료 전지
③ 수은 전지   ④ 산화은 전지

해설 물리 전지
- 열 전지
- 태양 전지
- 원자력 전지

22
태양 광선이나 방사선을 조사해서 기전력을 얻는 전지를 태양 전지, 원자력 전지라고 하는데 이것은 다음 어느 부류의 전지에 속하는가?

① 1차 전지   ② 2차 전지
③ 연료 전지   ④ 물리 전지

해설 물리 전지
- 열 전지
- 태양 전지
- 원자력 전지

23
자기 방전량만을 항시 충전하는 부동 충전 방식의 일종인 충전 방식은?

① 세류 충전   ② 보통 충전
③ 급속 충전   ④ 균등 충전

해설 축전지의 충전 방식
- 초기 충전
  - 축전지 제작 후 처음에 충전하는 것
  - 축전지에 전해액을 넣지 않은 미충전 축전지에 전해액을 주입하여 행하는 충전 방식
- 보통 충전
  - 일반적인 충전 방식
  - 필요할 때마다 표준 시간율로 소정의 전류로 충전하는 방식
- 부동 충전
  - 축전지의 자기 방전을 보충하는 충전 방식
  - 상용 부하에 대한 전력 공급은 충전기가 부담하고, 충전기가 공급하기 어려운 일시적인 대전류 사용 부하에 대해서는 축전지로 하여금 부담하게 하는 방식
- 세류 충전
  - 자기 방전량만을 항시 충전시키는 방식
  - 부동 충전 방식의 일종

24
축전지를 사용할 때 극판이 휘고 내부 저항이 매우 커져 용량이 감퇴되는 원인은?

① 전지의 황산화 ② 과도 방전
③ 전해액의 농도 ④ 감극 작용

해설 축전지의 황산화 현상(설페이션)
- 납 축전지를 방전 상태로 오랫동안 방치해 두면 극판에 백색의 황산납이 생기는 현상이다.
- 극판이 휘어지고 내부 저항이 증가한다.

25
전지의 자기 방전이 일어나는 국부 작용의 방지 대책으로 옳지 않은 것은?

① 순환 전류를 발생시킨다.
② 고순도의 전극 재료를 사용한다.
③ 전극에 수은 도금(아말감)을 한다.
④ 전해액에 불순물 혼입을 억제시킨다.

해설 국부 작용의 방지 대책
- 고순도의 전극 재료 사용
- 전극에 수은 도금(아말감) 처리
- 전해액에 불순물 혼입 억제

26
전지에서 자체 방전 현상이 일어나는 것과 가장 관련 있는 것은?

① 전해액 온도 ② 전해액 농도
③ 불순물 혼합 ④ 이온화 경향

해설 전지의 자기 방전
- 아연 음극이나 전해액에 불순물이 섞이면 국부 전류가 발생한다.
- 국부 전류로 인해 전극의 부분 용해되어 자체 방전이 일어나고 결국 전지의 수명이 짧아진다.

27
전기 화학용 직류 전원 장치에 요구되는 사항이 아닌 것은?

① 저전압 대전류일 것
② 전압 조정이 가능할 것
③ 정전류로서 연속 운전에 견딜 것
④ 저전류에 의한 저항손의 감소에 대응할 것

해설 전기 화학용 직류 전원 장치 구비 조건
- 저전압 대전류일 것
- 전압 조정이 가능할 것
- 정전류로서 연속 운전에 견딜 것
- 저항손이 적을 것

| 정답 | 24 ① 25 ① 26 ③ 27 ④

PART 01 전기응용

자동제어 및 전력용 반도체

1. 제어계의 종류
2. 제어 장치의 분류
3. 제어 시스템에서의 전달 함수
4. 회로망에서의 전달 함수
5. 블록 선도에서의 전달 함수
6. 전력 변환 기기

학습 전략

CHAPTER 06 자동제어 및 전력용 반도체는 전기기기와 제어공학 과목의 내용과 중복되는 것부터 먼저 학습하는 것이 효율적입니다. 전기기기 및 제어공학 과목과 중복되는 기본 학습이 끝난 후에는 연습문제를 풀면서 그 외 내용을 보완하는 방법으로 학습하는 것이 좋습니다.

CHAPTER 06 | 흐름 미리보기

1. 제어계의 종류
2. 제어 장치의 분류
3. 제어 시스템에서의 전달 함수
4. 회로망에서의 전달 함수
5. 블록 선도에서의 전달 함수
6. 전력 변환 기기

NEXT **PART 02**

CHAPTER 06 자동제어 및 전력용 반도체

독학이 쉬워지는 기초개념

THEME 01 제어계의 종류

제어 장치는 구성 및 역할에 따라 다음과 같이 크게 개루프 제어계와 폐루프 제어계로 나눌 수 있다.

1 개루프 제어계
(1) 입력이 적당한 제어량으로 변환되어 곧바로 출력으로 나타나는 제어계이다.
(2) 구조는 간단하지만 오차가 크다.
(3) 중요한 제어 장치에서는 적용하지 않는 방식이다.

입력 → 제어 장치 → 제어 대상 → 출력

▲ 개루프 제어계

2 폐루프 제어계
(1) 출력 신호를 다시 검출하여 부궤환시켜 입력과 비교하고 제어 요소에서 오차를 보정한 후 출력으로 내보내는 제어계이다.
(2) 구조는 다소 복잡하지만 오차가 적다.
(3) 사용 목적상 정확도가 요구되고 동작 속도가 빠른 곳에 적용하는 방식이다.
(4) 폐루프 제어계에서는 반드시 입력과 출력 신호를 비교하여 오차를 검출하는 비교부가 필수적이다.

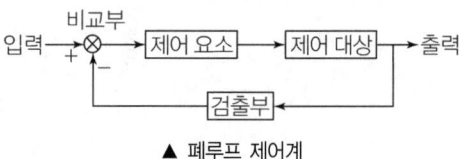

▲ 폐루프 제어계

3 폐루프 제어계의 구성 요소
① 제어 요소: 조절부와 조작부
② 비교부: 입력과 출력 값을 비교하여 오차량을 측정하는 부분
③ 조작량: 제어 요소가 제어 대상에 주는 양
④ 동작 신호: 기준 입력 요소가 제어 요소에 주는 신호로 기준 입력 신호와 검출부가 만나 동작 신호를 만듦

Tip 강의 꿀팁

시험에서는 폐루프 제어계가 주로 출제돼요.

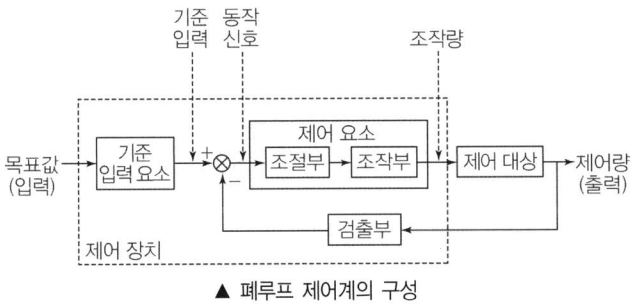

▲ 폐루프 제어계의 구성

THEME 02 제어 장치의 분류

1 제어량의 종류에 의한 분류

(1) 프로세스 제어
  생산 공정에서 주로 사용하는 제어이다.(온도, 압력, 유량, 밀도 등을 제어)
(2) 서보 기구
  기계적 변위를 제어량으로 해서 목표값의 변화에 추종하는 제어이다.(물체의 위치, 방위(각도), 자세 등을 제어)
(3) 자동 조정 제어
  주로 전기적 신호나 기계적인 양을 제어한다.(전압, 전류, 주파수, 회전수, 힘(토크) 등을 제어)

기출 & 예상문제

서보 모터(Servo motor)는 제어 장치에서 주로 어느 부의 기능을 맡는가?
① 검출부 ② 제어부
③ 비교부 ④ 조작부

| 해설 |
서보 모터
- 자동 제어 구조 혹은 자동 평형 계기에 있어 전압 입력을 회전각으로 바꾸기 위해 사용되는 전동기이다.
- 2상 교류 서보모터 또는 직류 서보 모터가 사용되며, 특히 소형으로 만들어진 것은 마이크로 모터라고 부른다.
- 서보 모터는 조작부의 역할을 한다.

답 ④

2 목표값의 시간적 성질에 의한 분류

(1) 정치 제어
  제어량을 주어진 일정목표로 유지시키기 위한 제어로, 시간이 지나도 목표값이 변하지 않고 일정한 대상을 제어한다. 프로세스 제어, 자동 조정 제어가 이에 해당한다.(예: 연속식 압연기, 항온조 온도 제어)

독학이 쉬워지는 기초개념

서보 모터
- 자동 제어 구조 혹은 자동 평형 계기에 있어 전압 입력을 회전각으로 바꾸기 위해 사용되는 전동기이다.
- 2상 교류 서보 모터 또는 직류 서보 모터가 사용되며, 특히 소형으로 만들어진 것은 마이크로 모터라고 부른다.
- 서보 모터는 조작부의 역할을 한다.

독학이 쉬워지는 기초개념

(2) 추치 제어

목표값이 변할 때 그것에 제어량을 추종시키기 위한 제어를 말하며, 이에 속하는 제어는 다음과 같다.

① 추종 제어: 목표치가 시간에 따라 변화하는 제어
② 프로그램 제어: 목표치가 프로그램대로 변하는 제어(예: 열차의 무인 운전, 엘리베이터 운전)
③ 비율 제어: 목표값이 서로 다른 어떤 양과 일정한 비율 관계를 가지는 제어
④ 시퀀스 제어: 미리 정해진 순서에 따라 각 단계가 순차적으로 진행하는 제어

기출 & 예상문제

중요도 자동 제어의 추치 제어에 속하지 않는 것은?
① 추종 제어 ② 비율 제어
③ 프로그램 제어 ④ 프로세스 제어

|해설|
추치 제어
• 목표값이 시간이 경과할 때마다 변화하는 대상을 제어한다.
• 추종 제어, 프로그램 제어, 비율 제어가 이에 해당한다.

답 ④

3 조절부의 동작에 의한 분류

(1) 비례 제어(P 제어)
① 검출 값 편차에 비례하여 조작부를 제어하는 것이다.
② 오차가 크고 동작 속도가 느리다.
③ 전달 함수: $G(s) = K$(단, K: 비례 감도)

(2) 미분 제어(D 제어)
① 오차가 검출될 때 오차 변화하는 속도에 대응하여 미분 제어한다.
② 미분 기울기를 이용하여 제어 장치의 입력에 대응한 출력의 변화를 검출하여 정상 상태에 이르렀을 때의 오차를 사전에 검출한다.
③ 오차가 커지는 것을 미연에 방지한다.
④ 전달 함수: $G(s) = T_d s$(단, T_d: 미분 시간)

• 미분 제어: 제어계의 오차를 미연에 방지
• 적분 제어: 잔류 편차를 제거

(3) 적분 제어(I 제어)
① 오차가 검출될 때 오차에 해당되는 면적을 계산하기 위해 적분 제어한다.
② 잔류 편차(오차)를 제거하여 정확도를 높인다.
③ 전달 함수: $G(s) = \dfrac{1}{T_i s}$ (단, T_i: 적분 시간)

(4) 비례 미분 제어(PD 제어)
① 비례 제어의 속도가 느린 점을 보완하기 위해 미분 동작을 부가한 것이다.
② 제어 장치의 응답 속응성을 높인다.
③ 전달 함수: $G(s) = K(1 + T_d s)$

자동 제어에서 속도 검출 방법
• 소형 직류 발전기
• 주파수 검출기
• 스피더

(5) 비례 적분 제어(PI 제어)
① 비례 제어의 오차가 큰 점을 보완하기 위해 적분 동작을 부가한 것이다.
② 제어 장치의 정확도를 높인다.

③ 전달 함수: $G(s) = K\left(1 + \dfrac{1}{T_i s}\right)$

(6) 비례 적분 미분 제어(PID 제어)
① PI 동작에 미분 동작(D 제어)을 추가한 제어이다.
② 제어 장치의 정확도 및 응답 속응성까지 개선시킨다.
③ 전달 함수: $G(s) = K\left(1 + \dfrac{1}{T_i s} + T_d s\right)$

THEME 03 제어 시스템에서의 전달 함수

1 전달 함수의 정의

(1) 제어 시스템에서 전달 함수란 제어 장치의 입력 신호에 대해 출력 신호가 어떻게 나오는지를 나타내는 비이다.
(2) 제어 장치의 입력 신호 $R(s)$에 대해 출력 신호 $C(s)$가 나올 때의 전달 함수는 다음과 같이 표현할 수 있다.

$$G(s) = \dfrac{C(s)}{R(s)} = \dfrac{\text{출력을 라플라스 변환한 값}}{\text{입력을 라플라스 변환한 값}}$$

$R(s) \longrightarrow \boxed{G(s)} \longrightarrow C(s)$

▲ 제어 시스템의 전달 함수

2 전달 함수의 성질

(1) 제어 시스템의 초기 조건은 0으로 한다.
(2) 제어 시스템의 전달 함수는 s만의 함수로 표시된다.
(3) 전달 함수는 선형 시스템에만 적용되고 비선형 시스템에는 적용되지 않는다.
(4) 전달 함수는 시스템의 입력과 무관하다.

기출 & 예상문제

전달 함수의 성질로 옳지 않은 것은?
① 어떤 계의 전달 함수는 그 계에 대한 임펄스 응답의 라플라스 변환과 같다.
② 전달 함수 $P(s)$인 계의 입력이 임펄스 함수 δ 함수이고 모든 초기값이 0이면 그 계의 출력 변화는 $P(s)$와 같다.
③ 계의 전달 함수는 계의 미분 방정식을 라플라스 변환하고 초기값에 의해 생긴 항을 무시하면 $P(s) = \mathcal{L}^{-1}\left[\dfrac{Y^2}{X^2}\right]$ 와 같이 얻어진다.
④ 계 전달 함수의 분모를 0으로 놓으면 이것이 곧 특성 방정식이 된다.

| 해설 |
계의 전달 함수는 계의 미분 방정식을 라플라스 변환하고 초기값에 의해 생긴 항을 무시하면 $P(s) = \dfrac{Y(s)}{X(s)}$ 와 같이 얻어진다.

답 ③

독학이 쉬워지는 기초개념

3 전달 함수의 종류

(1) 비례 요소

입력 신호 $R(s)$에 대해 출력 신호 $C(s)$가 어떤 이득 상수 K에 비례해서 나타나는 제어 장치의 전달 함수 요소이다.

$$C(s) = R(s) \cdot G(s) \rightarrow G(s) = \frac{C(s)}{R(s)} = K$$

▲ 비례 요소를 갖는 제어 장치

(2) 미분 요소

입력 신호 $R(s)$에 대해 출력 신호 $C(s)$가 어떤 미분 동작 Ks에 의해 나타나는 제어 장치의 전달 함수 요소이다.

$$G(s) = \frac{C(s)}{R(s)} = Ks$$

▲ 미분 요소를 갖는 제어 장치

(3) 적분 요소

입력 신호 $R(s)$에 대해 출력 신호 $C(s)$가 어떤 적분 동작 $\frac{K}{s}$에 의해 나타나는 제어 장치의 전달 함수 요소이다.

$$G(s) = \frac{C(s)}{R(s)} = \frac{K}{s}$$

▲ 적분 요소를 갖는 제어 장치

(4) 1차 지연 요소

입력 신호 $R(s)$에 대해 출력 신호 $C(s)$가 $\frac{K}{Ts+1}$만큼 1차 함수적으로 지연되어 나타나는 제어 장치의 전달 함수 요소이다.

$$G(s) = \frac{C(s)}{R(s)} = \frac{K}{Ts+1}$$

▲ 1차 지연 요소를 갖는 제어 장치

(5) 2차 지연 요소

입력 신호 $R(s)$에 대해 출력 신호 $C(s)$가 $\frac{\omega_n^2}{s^2 + 2\delta\omega_n s + \omega_n^2}$의 2차 함수로 지연되는 제어 장치의 전달 함수 요소이다.

$$G(s) = \frac{C(s)}{R(s)} = \frac{\omega_n^2}{s^2 + 2\delta\omega_n s + \omega_n^2}$$

▲ 2차 지연 요소를 갖는 제어 장치

기출 & 예상문제

중요도 ▸ 다음 전달 함수 중 옳게 표현된 것은?

① 비례 요소의 전달 함수는 $\dfrac{1}{Ts}$ 이다.

② 미분 요소의 전달 함수는 K 이다.

③ 적분 요소의 전달 함수는 Ts 이다.

④ 1차 지연 요소의 전달 함수는 $\dfrac{K}{Ts+1}$ 이다.

| 해설 |
- 비례 요소: $G(s) = K$
- 미분 요소: $G(s) = Ks$
- 적분 요소: $G(s) = \dfrac{K}{s}$
- 1차 지연 요소: $G(s) = \dfrac{K}{Ts+1}$

답 ④

THEME 04 회로망에서의 전달 함수

1 회로망에서 전달 함수 산출법

(1) 그림과 같은 회로에서 출력 전압 V_o에 대해 전달 함수를 구하고자 하면 전압 분배의 법칙에 의해 그 값을 산출할 수 있다.

$$V_o = \dfrac{R_2}{R_1+R_2} \times V_i$$

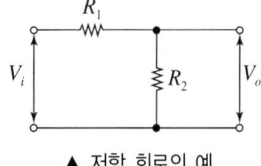

▲ 저항 회로의 예

(2) 전달 함수의 정의는 입력 신호 V_i에 대해 출력 신호 V_o 의 비이므로 위 식을 입력과 출력 비의 식으로 나타내면 다음과 같다.

$$G(s) = \dfrac{V_o}{V_i} = \dfrac{R_2}{R_1+R_2}$$

2 회로 요소의 임피던스($Z[\Omega]$) 표현

(1) 인덕턴스

$L[\text{H}] \rightarrow Z_L = j\omega L = Ls\,[\Omega]$

(2) 정전 용량

$C[\text{F}] \rightarrow Z_C = \dfrac{1}{j\omega C} = \dfrac{1}{Cs}\,[\Omega]$

▲ 회로 요소의 임피던스 표현

기출 & 예상문제

중요도 그림과 같은 회로의 전달 함수는 어느 것인가?

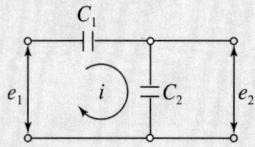

① $\dfrac{C_1}{C_1 + C_2}$ ② $\dfrac{C_2}{C_1 + C_2}$

③ $\dfrac{C_1 + C_2}{C_1}$ ④ $\dfrac{C_1 + C_2}{C_2}$

| 해설 |

$$G(s) = \frac{E_2}{E_1} = \frac{\frac{1}{sC_2}}{\frac{1}{sC_1} + \frac{1}{sC_2}} = \frac{C_1}{C_1 + C_2}$$

답 ①

THEME 05 블록 선도에서의 전달 함수

(1) 그림과 같은 블록 선도에서 전달 함수 $G(s)$는 다음과 같은 메이슨 공식을 적용하여 산출한다.

$$G(s) = \frac{C(s)}{R(s)} = \frac{경로}{1-폐루프}$$

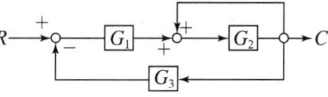

▲ 블록 선도의 예

(2) 위 블록 선도에 메이슨 식을 적용한다.

$$G(s) = \frac{C(s)}{R(s)} = \frac{G_1 \times G_2}{1-(-G_1 \times G_2 \times G_3)-(G_2)} = \frac{G_1 G_2}{1+G_1 G_2 G_3 - G_2}$$

기출 & 예상문제

그림과 같은 피드백 회로의 종합 전달 함수는?

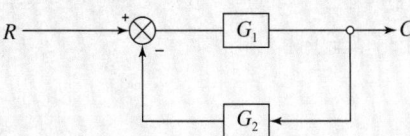

① $\dfrac{1}{G_1} + \dfrac{1}{G_2}$
② $\dfrac{G_1}{1 - G_1 G_2}$
③ $\dfrac{G_1}{1 + G_1 G_2}$
④ $\dfrac{G_1 G_2}{1 + G_1 G_2}$

| 해설 |

$$G(s) = \frac{C(s)}{R(s)} = \frac{G_1}{1-(-G_1 G_2)} = \frac{G_1}{1+G_1 G_2}$$

답 ③

THEME 06 전력 변환 기기

1 전력 변환 기기의 종류

① 컨버터: 교류(AC)를 직류(DC)로 변환하는 장치이다.
② 인버터: 직류(DC)를 교류(AC)로 변환하는 장치이다.
③ 초퍼: 직류(DC)를 직류(DC)로 직접 제어하는 장치이다.
④ 사이클로 컨버터: 교류(AC)를 교류(AC)로 주파수를 변환하는 장치이다.

전력 변환 기기

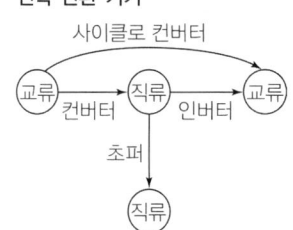

기출 & 예상문제

다음 중 인버터에 대한 설명으로 옳은 것은?

① 직류를 더 높은 직류로 변환하는 장치
② 교류 전원을 직류 전원으로 변환하는 장치
③ 직류 전원을 교류 전원으로 변환하는 장치
④ 교류 전원을 더 낮은 교류 전원으로 변환하는 장치

| 해설 |

전력 변환 기기
- 컨버터: 교류(AC)를 직류(DC)로 변환하는 장치이다.
- 인버터: 직류(DC)를 교류(AC)로 변환하는 장치이다.
- 초퍼: 직류(DC)를 직류(DC)로 직접 제어하는 장치이다.
- 사이클로 컨버터: 교류(AC)를 교류(AC)로 주파수를 변환하는 장치이다.

답 ③

독학이 쉬워지는 기초개념

다이오드의 종류
- 제너 다이오드: 제너 항복 특성을 응용한 대표적인 정전압 다이오드이다.
- 터널 다이오드: 터널 효과에 의한 부성 특성으로 증폭이나 발진 고속 스위칭 개폐 등에 응용한다.
- 포토 다이오드: 빛에 따라 전압 – 전류 특성이 변하는 것을 이용한 광소자로 주로 사용한다.
- 발광 다이오드: 일렉트로 루미네선스를 이용하여 주로 디지털 표시 계기 등에 응용한다.
- 버렉터 다이오드: 역방향 바이어스 전압에 따라 접합하며, 정전용량이 가변되는 성질을 이용하는 다이오드이다.

다이오드의 Cut-in voltage
순방향에서 전류가 현저히 증가하기 시작하는 전압이다.

광전 효과
반도체에 빛이 가해지면 전기 저항이 변화되는 현상이다.

2 다이오드(반도체 정류기)

(1) 다이오드의 구조 및 원리

양극(애노드)에서 음극(캐소드) 측으로는 전류가 흐르고 역방향으로는 전류가 차단되는 PN 접합 반도체의 특성을 이용한다.

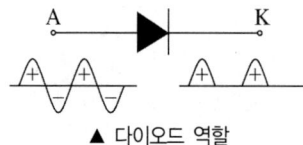

▲ 다이오드 역할

(2) 단상 반파 정류 회로

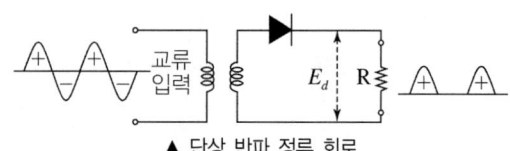

▲ 단상 반파 정류 회로

① 직류 평균 전압: $E_d = \dfrac{\sqrt{2}}{\pi} E = 0.45 E [\text{V}]$

② 최대 역전압(PIV: Peak Inverse Voltage): $PIV = \sqrt{2} E$

(3) 단상 전파 정류 회로(중간탭)

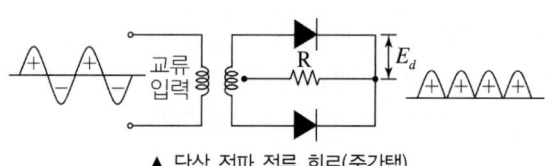

▲ 단상 전파 정류 회로(중간탭)

① 직류 평균 전압: $E_d = \dfrac{2\sqrt{2}}{\pi} E = 0.9 E [\text{V}]$

② 최대 역전압(PIV: Peak Inverse Voltage): $PIV = 2\sqrt{2} E$

(4) 단상 전파 정류 회로(브리지)

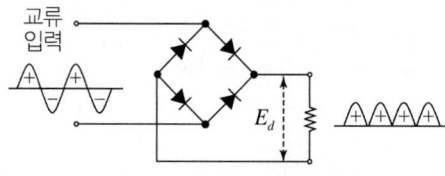

▲ 단상 전파 정류 회로(브리지)

① 직류 평균 전압: $E_d = \dfrac{2\sqrt{2}}{\pi} E = 0.9 E [\text{V}]$

② 최대 역전압(PIV: Peak Inverse Voltage): $PIV = \sqrt{2} E$

(5) 각 정류 회로의 특성 비교

종류	직류 출력	PIV	맥동 주파수	정류 효율	맥동률
단상 반파	$E_d = \dfrac{\sqrt{2}}{\pi}E = 0.45E$	$PIV = \sqrt{2}\,E$	$f[\text{Hz}]$	40.5[%]	121[%]
단상 전파 (중간탭)	$E_d = \dfrac{2\sqrt{2}}{\pi}E = 0.9E$	$PIV = 2\sqrt{2}\,E$	$2f[\text{Hz}]$	57.5[%]	48[%]
단상 전파 (브리지)	$E_d = \dfrac{2\sqrt{2}}{\pi}E = 0.9E$	$PIV = \sqrt{2}\,E$	$2f[\text{Hz}]$	81.1[%]	48[%]
3상 반파	$E_d = \dfrac{3\sqrt{6}}{2\pi}E = 1.17E$	$PIV = \sqrt{6}\,E$	$3f[\text{Hz}]$	96.7[%]	17[%]
3상 전파 (브리지)	$E_d = \dfrac{3\sqrt{6}}{\pi}E = 2.34E$ 또는 $E_d = 1.35E_l$	$PIV = \sqrt{6}\,E$	$6f[\text{Hz}]$	99.8[%]	4[%]

> **강의 꿀팁**
> 정류기의 맥동률은 단상보다 3상이, 반파보다 전파 방식이 작아요!
>
> - E: 상전압
> - E_l: 선간 전압

기출 & 예상문제

중요도 단상 브리지 전파 정류 회로의 저항 부하의 전압이 $100[\text{V}]$이면 전원 전압은 약 몇 $[\text{V}]$인가?

① $110[\text{V}]$
② $140[\text{V}]$
③ $100[\text{V}]$
④ $90[\text{V}]$

| 해설 |
$E_d = \dfrac{2\sqrt{2}}{\pi}E = 0.9E[\text{V}]$에서 $\therefore E = \dfrac{E_d}{0.9} = \dfrac{100}{0.9} = 111[\text{V}]$

답 ①

3 사이리스터 정류기(SCR: Silicon Controlled Rectifier)

(1) SCR의 구조 및 원리
① 일반적인 다이오드 정류기에 제어 단자인 게이트(Gate) 단자를 부착한 3단자 실리콘 반도체 정류기로서 가장 널리 사용되는 정류기이다.
② 실리콘 PNPN 4층 구조(접합층 3개)로 되어 있으며, 전극은 A(Anode), K(Cathode), G(Gate)로 구성한다.
③ SCR에 흐르는 전류의 방향은 A→K로만 흐른다.(단방향)

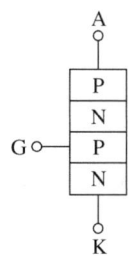

▲ SCR의 구조

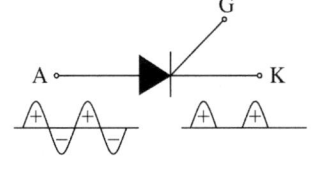

▲ SCR의 심벌

독학이 쉬워지는 기초개념

(2) SCR의 기능

① 스위칭 On, Off 기능

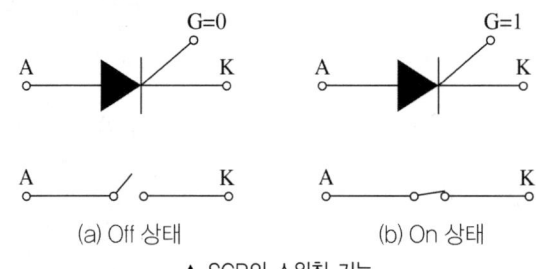

▲ SCR의 스위칭 기능

② 위상각 제어 기능

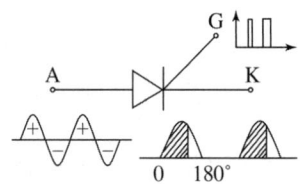

▲ SCR의 위상각 제어 동작

(3) SCR의 직류 출력 및 특징

종류	직류 출력	특징
단상 반파	$E_d = 0.45E\left(\dfrac{1+\cos\alpha}{2}\right)$	• 아크가 생기지 않으므로 발열이 작다. • 대전류용이고, 동작 시간이 짧다. • 작은 게이트 신호로 대전력을 제어한다. • 교류 및 직류 모두를 제어할 수 있다. • 역방향 내전압이 가장 크다. • 과전압에 약하다.
단상 전파 (중간탭)	$E_d = 0.9E\cos\alpha$ (전류 연속 조건)	
단상 전파 (브리지)	$E_d = 0.9E\left(\dfrac{1+\cos\alpha}{2}\right)$ (전류 단속 조건)	
3상 반파	$E_d = 1.17E\cos\alpha$	
3상 전파	$E_d = 2.34E\cos\alpha$ 또는 $E_d = 1.35E_l\cos\alpha$	

※ α: 점호 제어각, E_l: 선간 전압, E: 상전압

기출 & 예상문제

SCR(사이리스터)의 특징이 아닌 것은?

① 과전압에 약하다.
② 전류가 흐르고 있을 때의 양극 전압 강하가 크다.
③ 아크가 생기지 않으므로 열의 발생이 적다.
④ 게이트에 신호를 인가할 때부터 도통할 때까지의 시간이 짧다.

| 해설 |
전류가 흐르고 있을 때 양극 전압 강하가 작다.

답 ②

(4) SCR의 동작 상태에 관련된 용어 정리
① 턴-온(Turn-on): SCR이 Off 상태에서 On 상태의 도통 상태로 되는 것
② 래칭 전류: SCR이 턴-온되기 위한 최소 전류
③ 유지 전류: SCR이 턴-온된 후 게이트 전류가 흐르지 않더라도 On 상태를 유지하는 최소 전류
④ SCR 턴-오프(Turn-off) 조건
- SCR에 역전압을 인가하거나 유지 전류 이하가 되게 한다.
- 애노드 전압을 0 또는 (−)로 한다.

4 사이리스터의 종류

(1) 단방향 사이리스터
① SCR(3단자)
② LASCR(3단자)
③ GTO(3단자)
④ SCS(4단자)

(2) 쌍방향 사이리스터
① SSS, DIAC(2단자)
② TRIAC(3단자)

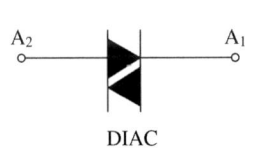
DIAC

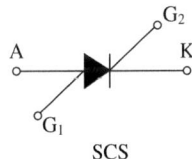
SCS

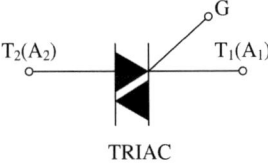
TRIAC

인버터 제어
반도체 사이리스터에 의한 속도 제어 중 주파수 제어이다.

사이리스터
- 트리거 회로에 사용되는 것
  UJT, DIAC, PUT
- 위상 제어 회로에 사용되는 것
  SCR

기출 & 예상문제

다음 사이리스터 중에서 3단자 사이리스터가 아닌 것은?
① SCR ② GTO
③ TRIAC ④ SCS

| 해설 |
SCS는 단방향 4단자 사이리스터이다.

답 ④

CHAPTER 06 CBT 적중문제

01
자동 제어에서 폐루프 제어계의 특징이 아닌 것은?

① 정확성의 감소
② 감대폭의 증가
③ 비선형과 왜형에 대한 효과의 감소
④ 특성 변화에 대한 입력 대 출력 비의 감도 감소

해설 제어계의 종류
- 개루프 제어계
  - 입력이 적당한 제어량으로 변환되어 곧바로 출력으로 나타나는 제어계이다.
  - 구조는 간단하지만 오차가 크다.

  입력 → 제어 장치 → 제어 대상 → 출력

- 폐루프 제어계
  - 출력 신호를 다시 검출하여 부궤환시켜 입력과 비교한 후 제어 요소에서 오차를 보정한 후 출력으로 내보내는 제어계이다.
  - 구조는 다소 복잡하지만 오차가 적다.
  - 정확성과 감대폭의 증가

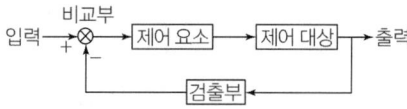

02
제어 대상을 제어하기 위해 입력에 가하는 양을 무엇이라고 하는가?

① 변환부
② 목표값
③ 외란
④ 조작량

해설 폐루프 제어계의 구성 요소

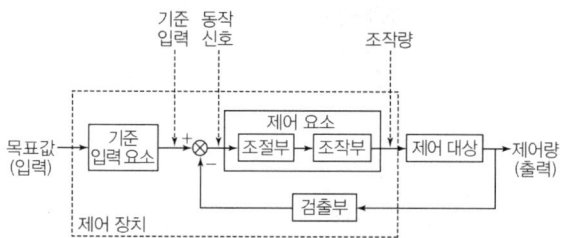

- 제어 요소: 조절부와 조작부
- 비교부: 입력과 출력 값을 비교하여 오차량을 측정하는 부분
- 조작량: 제어 요소가 제어 대상에 주는 양

03
폐루프 제어 요소는 무엇으로 구성되는가?

① 검출부
② 검출부와 조절부
③ 검출부와 조작부
④ 조작부와 조절부

해설 폐루프 제어계의 구성 요소
- 제어 요소: 조절부와 조작부
- 비교부: 입력과 출력 값을 비교하여 오차량을 측정하는 부분
- 조작량: 제어 요소가 제어 대상에 주는 양

| 정답 | 01 ① 02 ④ 03 ④

04

전열기를 사용하여 방안의 온도를 23[℃]로 일정하게 유지하려고 할 경우 제어 대상과 제어량을 바르게 연결한 것은?

① 제어 대상: 방, 제어량: 23[℃]
② 제어 대상: 방, 제어량: 방안의 온도
③ 제어 대상: 전열기, 제어량: 23[℃]
④ 제어 대상: 전열기, 제어량: 방안의 온도

해설
전열기(제어 요소)를 사용하여 방(제어 대상)의 온도(제어량)를 23[℃]로 일정하게 유지한다.

05

자동 제어에서 제어량에 의한 분류인 것은?

① 정치 제어
② 연속 제어
③ 불연속 제어
④ 프로세스 제어

해설 제어량의 종류에 의한 분류
- 서보 기구
  - 기계적 변위를 제어량으로 해서 목표값의 변화에 추종하는 제어
  - 물체의 위치, 방위, 각도, 자세 등을 제어
- **프로세스 제어**
  - 생산 공장에서 주로 사용하는 제어
  - 온도, 압력, 유량, 밀도 등을 제어
- 자동 조정 제어
  - 주로 전기적 신호나 기계적인 양을 제어
  - 전압, 전류, 주파수, 회전수, 힘(토크) 등을 제어

06

물체의 위치, 방위, 자세 등의 기계적 변위를 제어량으로 하는 것은?

① 자동 조정
② 서보 기구
③ 시퀀스 제어
④ 프로세스 제어

해설 제어량의 종류에 의한 분류
- 서보 기구
  - 기계적 변위를 제어량으로 해서 목표값의 변화에 추종하는 제어
  - 물체의 위치, 방위, 각도, 자세 등을 제어
- 프로세스 제어
  - 생산 공정에서 주로 사용하는 제어
  - 온도, 압력, 유량, 밀도 등을 제어
- 자동 조정 제어
  - 주로 전기적 신호나 기계적인 양을 제어
  - 전압, 전류, 주파수, 회전수, 힘(토크) 등을 제어

07

무인 엘리베이터의 자동 제어는?

① 정치 제어
② 추종 제어
③ 비율 제어
④ 프로그램 제어

해설 제어목적에 의한 분류
- 정치 제어: 제어량을 주어진 일정목표로 유지시키기 위한 제어로, 시간이 지나도 목표값이 변하지 않고 일정한 대상을 제어한다. 프로세스 제어, 자동 조정 제어가 이에 해당한다.(예: 연속식 압연기, 항온조 온도 제어)
- 추치 제어: 목표값이 변할 때 그것에 제어량을 추종시키기 위한 제어를 말하며, 이에 속하는 제어는 다음과 같다.
  - 추종 제어: 목표치가 시간에 따라 변화하는 제어
  - 프로그램 제어: 목표치가 프로그램대로 변하는 제어(예: 열차의 무인 운전, 엘리베이터 운전)
  - 비율 제어: 목표값이 서로 다른 어떤 양과 일정한 비율 관계를 가지는 제어
  - 시퀀스 제어: 미리 정해진 순서에 따라 각 단계가 순차적으로 진행하는 제어

| 정답 | 04 ② 05 ④ 06 ② 07 ④

08
조절계의 조절 요소에서 비례 미분에 관한 기호는?

① P ② PD
③ PI ④ PID

해설 연속 제어
- 비례 제어(P 제어): 잔류 편차 발생
- 적분 제어(I 제어): 잔류 편차 제거
- 미분 제어(D 제어): 오차가 커지는 것을 미리 방지
- 비례 적분 제어(PI 제어): 잔류 편차 제거, 제어 결과가 진동적
- 비례 미분 제어(PD 제어): 응답 속응성 개선
- 비례 적분 미분 제어(PID 제어): 잔류 편차 제거, 응답 속응성 개선, 응답 오버슈트 감소

09
블록 선도에서 $\dfrac{C}{R}$ 는 얼마인가?

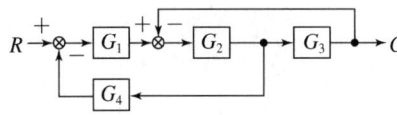

① $\dfrac{G_4}{1+G_1+G_2G_3G_4}$
② $\dfrac{G_1G_3}{1+G_1G_2+G_3G_4}$
③ $\dfrac{G_1G_2G_3}{1+G_2G_3+G_1G_2G_4}$
④ $\dfrac{G_2G_3G_4}{1+G_1G_2+G_1G_2G_3G_4}$

해설

$$\dfrac{C}{R} = \dfrac{G_1 \times G_2 \times G_3}{1-(-G_1 \times G_2 \times G_4)-(-G_2 \times G_3)}$$

$$= \dfrac{G_1G_2G_3}{1+G_1G_2G_4+G_2G_3}$$

$$= \dfrac{G_1G_2G_3}{1+G_2G_3+G_1G_2G_4}$$

10
인버터(Inverter)의 용도는?

① 교류를 직류로 변환 ② 직류를 직류로 변환
③ 교류를 교류로 변환 ④ 직류를 교류로 변환

해설 전력 변환 기기
- 컨버터: 교류(AC)를 직류(DC)로 변환하는 장치
- 인버터: 직류(DC)를 교류(AC)로 변환하는 장치
- 초퍼: 직류(DC)를 직류(DC)로 직접 제어하는 장치
- 사이클로 컨버터: 교류(AC)를 교류(AC)로 주파수를 변환하는 장치

11
반도체에 빛이 가해지면 전기 저항이 변화되는 현상은?

① 홀 효과 ② 광전 효과
③ 제벡 효과 ④ 열진동 효과

해설 광전 효과
반도체에 빛이 가해지면 전기 저항이 변화되는 현상이다.

12
pn 접합 다이오드에서 Cut-in voltage란?

① 순방향에서 전류가 현저히 증가하기 시작하는 전압이다.
② 순방향에서 전류가 현저히 감소하기 시작하는 전압이다.
③ 역방향에서 전류가 현저히 감소하기 시작하는 전압이다.
④ 역방향에서 전류가 현저히 증가하기 시작하는 전압이다.

해설 다이오드의 Cut-in voltage
순방향에서 전류가 현저히 증가하기 시작하는 전압이다.

13
전압을 일정하게 유지하기 위한 전압 제어 소자로 널리 이용되는 다이오드는?

① 터널 다이오드(Tunnel diode)
② 제너 다이오드(Zener diode)
③ 버랙터 다이오드(Varactor diode)
④ 쇼트키 다이오드(Schottky diode)

해설 다이오드의 종류
- 제너 다이오드: 제너 항복 특성을 응용하여, 전압을 일정하게 유지하기 위한 전압 제어 소자로 널리 이용되는 다이오드이다.
- 터널 다이오드: 터널 효과에 의한 부성 특성으로 증폭이나 발진, 고속 스위칭 개폐 등에 응용한다.
- 포토 다이오드: 빛에 따라 전압-전류 특성이 변하는 것을 이용한 광소자로 주로 사용한다.
- 발광 다이오드: 일렉트로 루미네선스를 이용하여 주로 디지털 표시 계기 등에 응용한다.
- 버랙터 다이오드: 역방향 바이어스 전압에 따라 접합하며, 정전 용량이 가변되는 성질을 이용하는 다이오드이다.

14
터널 다이오드의 용도로 가장 널리 사용되는 것은?

① 검파 회로
② 스위칭 회로
③ 정류기
④ 정전압 소자

해설 터널 다이오드의 용도
- 마이크로파의 발진
- 증폭
- 고속 스위칭 개폐

15
제너 다이오드(Zener diode)의 용도로 가장 옳은 것은?

① 검파용
② 정전압용
③ 고압 정류용
④ 전파 정류용

해설 제너 다이오드(Zener diode)
- 정전압 소자로 만든 pn 접합 정전압 다이오드이다.
- 전압을 일정하게 유지(정전압)하기 위한 전압 제어 소자로 널리 이용되는 다이오드이다.
- 전압 제어 범위는 $3 \sim 150[V]$ 정도의 범위이다.

16
역방향 바이어스 전압에 따라 접합 정전 용량이 가변되는 성질을 이용하는 다이오드는?

① 제너 다이오드
② 버랙터 다이오드
③ 터널 다이오드
④ 브리지 다이오드

해설 다이오드의 종류
- 제너 다이오드: 제너 항복 특성을 응용하여, 전압을 일정하게 유지하기 위한 전압 제어 소자로 널리 이용되는 다이오드이다.
- 터널 다이오드: 터널 효과에 의한 부성 특성으로 증폭이나 발진, 고속 스위칭 개폐 등에 응용한다.
- 포토 다이오드: 빛에 따라 전압-전류 특성이 변하는 것을 이용한 광소자로 주로 사용한다.
- 발광 다이오드: 일렉트로 루미네선스를 이용하여 주로 디지털 표시 계기 등에 응용한다.
- 버랙터 다이오드: 역방향 바이어스 전압에 따라 접합하며, 정전 용량이 가변되는 성질을 이용하는 다이오드이다.

| 정답 | 13 ② 14 ② 15 ② 16 ②

17
동일 정격의 다이오드를 병렬로 사용하면?

① 역전압을 크게 할 수 있다.
② 필터 회로가 필요 없게 된다.
③ 전원 변압기를 사용할 수 있다.
④ 순방향 전류를 증가시킬 수 있다.

해설
- 다이오드를 여러 개 직렬 연결 시: 다이오드 1개에 걸리는 전압이 작아져 전체 입력을 증가시킬 수 있다.(전압 분배의 법칙 원리)
- 다이오드를 여러 개 병렬 연결 시: 다이오드 1개에 흐르는 전류를 적게 할 수 있어 전체 입력 전류를 크게 할 수 있다.(전류 분배의 법칙 원리)

18
정류 방식 중 정류 효율이 가장 높은 것은?(단, 저항 부하를 사용한 경우이다.)

① 단상 반파 방식
② 단상 전파 방식
③ 3상 반파 방식
④ 3상 전파 방식

해설 각 정류 회로의 특성 비교

종류	직류 출력	정류 효율	맥동률
단상 반파	$E_d = \dfrac{\sqrt{2}}{\pi}E = 0.45E$	40.5[%]	121[%]
단상 전파 (중간탭)	$E_d = \dfrac{2\sqrt{2}}{\pi}E = 0.9E$	57.5[%]	48[%]
단상 전파 (브리지)	$E_d = \dfrac{2\sqrt{2}}{\pi}E = 0.9E$	81.1[%]	48[%]
3상 반파	$E_d = \dfrac{3\sqrt{6}}{2\pi}E = 1.17E$	96.7[%]	17[%]
3상 전파 (브리지)	$E_d = \dfrac{3\sqrt{6}}{2\pi}E = 2.34E$ 또는 $E_d = 1.35E_l$	99.8[%]	4[%]

따라서 3상 전파 방식이 99.8[%]로서 정류 효율이 가장 좋다.

19
$220[V]$의 교류 전압을 전파 정류하여 순저항 부하에 직류 전압을 공급하고 있다. 정류기의 전압 강하가 $10[V]$로 일정할 때 부하에 걸리는 직류 전압의 평균값은 약 몇 $[V]$인가?(단, 브리지 다이오드를 사용한 전파 정류 회로이다.)

① 99
② 188
③ 198
④ 220

해설
$$E_d = \frac{2\sqrt{2}}{\pi}E - e = 0.9E - e = 0.9 \times 220 - 10 = 188[V]$$

20
다이오드를 사용한 단상 전파 정류 회로에서 전원 $220[V]$, 주파수 $60[Hz]$일 때 출력 전압의 평균값은 약 몇 $[V]$인가?

① 100
② 168
③ 198
④ 215

해설
$$E_d = \frac{2\sqrt{2}}{\pi}E = 0.9E = 0.9 \times 220 = 198[V]$$

21
상전압 $200[V]$의 3상 반파 정류 회로의 각 상에 SCR을 사용하여 위상 제어할 때 제어각이 $30°$이면 직류 전압은 약 몇 $[V]$인가?

① 109
② 150
③ 203
④ 256

해설
$$E_d = \frac{3\sqrt{6}}{2\pi}E\cos\theta = \frac{3\sqrt{6}}{2\pi} \times 200 \times \cos 30° = 202.57[V]$$

| 정답 | 17 ④ 18 ④ 19 ② 20 ③ 21 ③

22
어떤 정류 회로에서 부하 양단의 평균 전압이 $2,000[\text{V}]$이고 맥동률은 $2[\%]$라 한다. 출력에 포함된 교류분 전압의 크기 $[\text{V}]$는?

① 30 ② 40
③ 50 ④ 60

해설

맥동률 $= \dfrac{교류분}{직류분} \times 100[\%]$ 에서

교류분 = 맥동률 × 직류분 $= 0.02 \times 2,000 = 40[\text{V}]$

23
다음 그림 기호가 나타내는 반도체 소자의 명칭은?

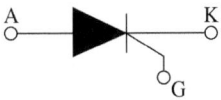

① SSS ② PUT
③ SCR ④ DIAC

해설 사이리스터 정류기(SCR: Silicon Controlled Rectifier)
일반적인 다이오드 정류기에 제어 단자인 게이트(Gate) 단자를 부착한 3단자 실리콘 반도체 정류기로서 가장 널리 사용되는 정류기이다.

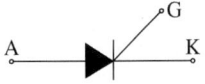

24
소형이면서 대전력용 정류기로 사용하는 것은?

① 게르마늄 정류기 ② SCR
③ CDS ④ 셀렌 정류기

해설 사이리스터 정류기(SCR: Silicon Controlled Rectifier)
- SCR의 구조 및 원리: 일반적인 다이오드 정류기에 제어 단자인 게이트(Gate) 단자를 부착한 3단자 실리콘 반도체 정류기로서 가장 널리 사용되는 정류기이다.
- SCR의 특징
  - 아크가 생기지 않으므로 발열이 작다.
  - 대전류용이고 동작 시간이 짧다.
  - 작은 게이트 신호로 대전력을 제어한다.
  - 교류 및 직류 모두를 제어할 수 있다.
  - 역방향 내전압이 가장 크다.
  - 과전압에 약하다.
  - 위상 제어의 최대 조절 범위는 $0° \sim 180°$이다.

25
사이리스터의 응용에 대한 설명으로 옳지 않은 것은?

① 위상 제어에 의해 교류 전력 제어가 가능하다.
② 교류 전원에서 가변 주파수의 교류 변환이 가능하다.
③ 직류 전력의 증폭용인 컨버터가 가능하다.
④ 위상 제어에 의해 제어 정류, 즉 교류를 가변 직류로 변환할 수 있다.

해설 사이리스터
- 위상 제어에 의해 교류 전력 제어가 가능하다.
- 교류 전원에서 가변 주파수의 교류 변환이 가능하다.
- 위상 제어에 의해 제어 정류, 즉 교류를 가변 직류로 변환할 수 있다.

26
SCR의 애노드 전류가 $20[A]$로 흐르고 있을 때 게이트 전류를 반으로 줄이면 애노드 전류는 몇 $[A]$인가?

① 0
② 10
③ 20
④ 40

해설
SCR은 턴-온(Turn-on) 시 전류가 감소하더라도 계속 턴온(Turn-on) 상태를 유지하므로 $20[A]$가 계속해서 흐른다.

27
도통 상태(On 상태)에 있는 SCR을 차단 상태(Turn-off)로 하기 위한 적당한 방법은?

① 게이트 전류를 차단시킨다.
② 양극(애노드) 전압을 음으로 한다.
③ 게이트에 역방향 바이어스를 인가시킨다.
④ 양극 전압을 더 높게 가한다.

해설 SCR을 턴-오프 시키는 방법
애노드 전압(양극)을 영(0) 또는 부(-)로 한다.

28
사이리스터의 게이트 트리거 회로로 적합하지 않은 것은?

① UJT 발진 회로
② DIAC에 의한 트리거 회로
③ PUT 발진 회로
④ SCR 발진 회로

해설
- 트리거 회로에 사용되는 것: UJT, DIAC, PUT
- 위상 제어 회로에 사용되는 것: SCR

29
다음 사이리스터 중 2단자 양방향 소자는?

① SCR
② LASCR
③ TRIAC
④ DIAC

해설 사이리스터의 종류
- 단방향 사이리스터
  SCR(3단자), LASCR(3단자), GTO(3단자), SCS(4단자)
- 쌍방향 사이리스터
  SSS(2단자), TRIAC(3단자), DIAC(2단자)

30
자기 소호 기능이 가장 좋은 소자는?

① GTO
② SCR
③ DIAC
④ TRIAC

해설 GTO(Gate Turn-off Thyristor)
- 게이트 단자에 점호 때와 반대의 전류를 가하면 소호(Turn-off)가 쉽게 되는 소자이다.
- 자기 소호를 다른 소자보다 쉽게 할 수 있다.

31
다음 설명 중 옳은 것은?

① SSS는 3극 쌍방향 사이리스터로 되어 있다.
② SCR은 PNPN이라는 2층의 구조로 되어 있다.
③ TRIAC는 2극 쌍방향 사이리스터로 되어 있다.
④ DIAC는 쌍방향으로 대칭적인 부성 저항을 나타낸다.

해설
- SSS는 2극 쌍방향 소자이다.
- SCR은 PNPN 4층의 구조로 되어 있다.
- TRIAC는 3극 쌍방향 소자이다.
- DIAC는 2극 쌍방향 소자로서 쌍방향으로 대칭적인 부성 저항을 나타낸다.

| 정답 | 26 ③ 27 ② 28 ④ 29 ④ 30 ① 31 ④

32
어느 쪽 게이트에서든 게이트 신호를 인가할 수 있고 역저지 4극 사이리스터로 구성된 것은?

① SCS
② GTO
③ PUT
④ DIAC

해설 SCS
- 2개의 게이트와 애노드, 캐소드의 4단자 소자 구조이다.
- 어느 쪽 게이트에서든 게이트 신호를 인가할 수 있다.
- 양쪽의 게이트를 사용하여 감도도 높이고 전류를 광범위하게 조절할 수 있다.

33
바리스터(Varistor)의 주된 용도는?

① 전압 증폭
② 온도 보상
③ 출력 전류 조절
④ 스위칭 과도 전압에 대한 회로 보호

해설 바리스터
- 비직선 전압, 전류 특성을 갖는 2단자 반도체 소자
- 과도 전압 및 이상 전압에 대한 회로 보호용
- 피뢰기, 전기 접점 간의 불꽃 제거 장치에 적용

34
반도체 사이리스터에 의한 속도 제어 중 주파수 제어는?

① 계자 제어
② 인버터 제어
③ 컨버터 제어
④ 초퍼 제어

해설 인버터 제어
반도체 사이리스터에 의한 속도 제어 중 주파수 제어이다.

35
자동 제어에서 검출 장치로 소형 직류 발전기를 사용하여 무엇을 검출하는 것은?

① 속도
② 온도
③ 위치
④ 방향

해설 자동 제어에서 속도 검출 방법
- 소형 직류 발전기
- 주파수 검출기
- 스피더

36
n형 반도체에 대한 설명으로 옳은 것은?

① 순수 실리콘 내에 정공의 수를 늘리기 위해 As, P, Sb과 같은 불순물 원자를 첨가한 것
② 순수 실리콘 내에 정공의 수를 늘리기 위해 Al, B, Ga과 같은 불순물 원자를 첨가한 것
③ 순수 실리콘 내에 전자의 수를 늘리기 위해 As, P, Sb과 같은 불순물 원자를 첨가한 것
④ 순수 실리콘 내에 전자의 수를 늘리기 위해 Al, B, Ga과 같은 불순물 원자를 첨가한 것

해설 n형 반도체
순수 실리콘 내에 전자의 수를 늘리기 위해 As, P, Sb과 같은 불순물 원자를 첨가한 것

| 정답 | 32 ① 33 ④ 34 ② 35 ① 36 ③

PART 02 공사재료

전선 및 케이블

1. 전선
2. 케이블

학습 전략

CHAPTER 07 전선 및 케이블은 전선과 케이블의 종류 및 약호 부분을 집중적으로 학습해 둘 필요가 있습니다. 이는 필기 시험뿐만 아니라 실기에서도 반드시 알아두어야 할 매우 중요한 부분입니다. 그 다음으로 케이블의 종류 및 각각의 케이블에 대한 특징을 잘 파악해 두도록 합니다.

CHAPTER 07 | 흐름 미리보기

1. 전선
2. 케이블

NEXT **CHAPTER 08**

CHAPTER 07 전선 및 케이블

> **독학이 쉬워지는 기초개념**
>
> **가요성**
> 전선이 구부러지는 정도
>
> **(Tip) 강의 꿀팁**
> 옥외용 비닐 절연 전선(OW 전선)은 옥내에서는 사용하지 못해요.
>
> **전선 진동 억제 장치**
> - 스톡 브리지 댐퍼, 토오셔널 댐퍼
> - 스페이서 댐퍼
> - 아머 로드

THEME 01 전선

1 전선의 구비 조건

전선은 그 본래의 목적인 전류를 잘 흐를 수 있는 도체로서 인장력에 충분한 강도를 가져야 하므로 다음과 같은 조건을 갖추어야 한다.
① 전류를 잘 흘릴 것(도전율이 커서 고유 저항이 작을 것)
② 기계적 강도가 충분할 것
③ 가요성이 풍부하여 접속이 용이할 것
④ 비중(중량)이 가벼워 설치가 쉬울 것
⑤ 가격이 저렴하면서 대량 생산이 가능할 것

2 절연 전선의 종류

(1) 옥외용 비닐 절연 전선(OW 전선)
  ① 단심의 경동선 또는 경동 연선 위에 내수성이 좋은 비닐 절연 피복을 한 전선
  ② 저압 가공 배전 선로에서 사용한다.

(2) 450/750[V] 일반용 단심 비닐 절연 전선(NR 전선)
  ① 경동선 또는 경동 연선의 단선 또는 연선에 비닐을 피복한 전선, 최고 허용 온도 70[℃]
  ② 450/750[V] 이하의 옥내 배선에 주로 사용된다.

(3) 300/500[V] 기기 배선용 단심 비닐 절연 전선(NRI 전선)
  ① 경동선 또는 경동 연선의 단선 또는 연선에 내열성이 있는 비닐을 피복한 전선, 최고 허용 온도 90[℃]
  ② 300/500[V] 이하의 옥내 배선 중 내열성을 요구하는 장소에 주로 사용된다.

(4) 옥외용 가교 폴리에틸렌 절연 전선(OC 전선)
  특고압 가공 전선로에 주로 사용된다.

3 상별 전선의 색상

상(문자)	색상
L1	갈색
L2	검은(흑)색
L3	회색
N	파란(청)색
보호 도체	녹색 – 노란색

4 전선 및 케이블의 종류 및 약호

잘 사용되는 약호	명칭
A	알루미늄
D	인입용
O	옥외용
V	비닐
C	가교 폴리에틸렌/제어용
E	폴리에틸렌
N	네온
R	고무
B	부틸고무

A	
ACSR	강심 알루미늄 연선
ACSR-DV	인입용 강심 알루미늄 도체 비닐 절연 전선
ACSR-OC	옥외용 강심 알루미늄 도체 가교 폴리에틸렌 절연 전선
ACSR-OE	옥외용 강심 알루미늄 도체 폴리에틸렌 절연 전선
AI-OC	옥외용 알루미늄 도체 가교 폴리에틸렌 절연 전선
AI-OE	옥외용 알루미늄 도체 폴리에틸렌 절연 전선
AI-OW	옥외용 알루미늄 도체 비닐 절연 전선

C	
CCE	$0.6/1[\text{kV}]$ 제어용 가교 폴리에틸렌 절연 폴리에틸렌 시스 케이블
CCV	$0.6/1[\text{kV}]$ 제어용 가교 폴리에틸렌 절연 비닐 시스 케이블
CD-C	가교 폴리에틸렌 절연 CD 케이블
CE1	$0.6/1[\text{kV}]$ 가교 폴리에틸렌 절연 폴리에틸렌 시스 케이블
CE10	$6/10[\text{kV}]$ 가교 폴리에틸렌 절연 폴리에틸렌 시스 케이블
CET	$6/10[\text{kV}]$ 트리플렉스형 가교 폴리에틸렌 절연 폴리에틸렌 시스 케이블
CN-CV	동심중성선 차수형 전력 케이블
CN-CV-W	동심중성선 수분 침투 방지형(수밀형) 전력 케이블
TR CN-CV-W	동심중성선 트리억제형 전력 케이블
CV1	$0.6/1[\text{kV}]$ 가교 폴리에틸렌 절연 비닐 시스 케이블
CV10	$6/10[\text{kV}]$ 가교 폴리에틸렌 절연 비닐 시스 케이블
CVV	$0.6/1[\text{kV}]$ 비닐 절연 비닐 시스 제어 케이블
CVT	$6/10[\text{kV}]$ 트리플렉스형 가교 폴리에틸렌 절연 비닐 시스 케이블

D	
DV	인입용 비닐 절연 전선

E	
EE	폴리에틸렌 절연 폴리에틸렌 시스 케이블
EV	폴리에틸렌 절연 비닐 시스 케이블

F	
FL	형광 방전등용 비닐 전선
FSC	$300/300[\text{V}]$ 평형 비닐 코드
FR CNCO-W	동심 중성선 수분 침투 방지형(수밀형) 저독형 난연 전력 케이블
FSL	평형 비닐 시스 리프트 케이블
FTC	$300/300[\text{V}]$ 평형 금사 코드

> **Tip 용어 변경**
> 2023년 10월 12일부터 시행
> '수밀형' → '수분 침투 방지형'

독학이 쉬워지는 기초개념

M	
MI	미네랄 인슈레이션 케이블

N	
NEV	폴리에틸렌 절연 비닐 시스 네온 전선
NR	450/750[V] 일반용 단심 비닐 절연 전선
NRC	고무 절연 클로로프렌 시스 네온 전선
NRV	고무 절연 비닐 시스 네온 전선
NV	비닐 절연 네온 전선

O	
OC	옥외용 가교 폴리에틸렌 절연 전선
OE	옥외용 폴리에틸렌 절연 전선
OW	옥외용 비닐 절연 전선

P	
PN	0.6/1[kV] EP 고무 절연 클로로프렌 시스 케이블
PNCT	0.6/1[kV] EP 고무 절연 클로로프렌 캡타이어 케이블
PV	0.6/1[kV] EP 고무 절연 비닐 시스 케이블

V	
VCT	0.6/1[kV] 비닐 절연 비닐 캡타이어 케이블
VV	0.6/1[kV] 비닐 절연 비닐 시스 케이블

기출 & 예상문제

다음 각 선의 약호가 옳은 것은?

ⓐ 인입용 비닐 절연 전선
ⓑ 옥외용 비닐 절연 전선
ⓒ 450/750[V] 일반용 유연성 단심 비닐 절연 전선
ⓓ 비닐 절연 네온 전선
ⓔ 450/750[V] 일반용 단심 비닐 절연 전선

① ⓐ DV, ⓑ SV, ⓒ NF, ⓓ NV, ⓔ OW
② ⓐ DV, ⓑ OW, ⓒ NF, ⓓ NV, ⓔ NR
③ ⓐ DV, ⓑ OW, ⓒ NV, ⓓ NF, ⓔ NR
④ ⓐ OW, ⓑ DV, ⓒ SV, ⓓ NV, ⓔ NR

| 해설 |
전선 종류별 약호
- DV: 인입용 비닐 절연 전선
- OW: 옥외용 비닐 절연 전선
- NF: 450/750[V] 일반용 유연성 단심 비닐 절연 전선
- NV: 비닐 절연 네온 전선
- NR: 450/750[V] 일반용 단심 비닐 절연 전선

답 ②

5 전선(도체) 및 케이블의 허용 온도

① 폴리염화비닐(PVC): 70[℃](도체)
② 가교 폴리에틸렌(XLPE)과 에틸렌 프로필렌 고무(EPR) 혼합물: 90[℃](도체)
③ 무기물(PVC 피복 또는 나도체로 사람이 접촉할 우려가 있는 것): 70[℃](시스)
④ 무기물(사람의 접촉에 노출되지 않고 가연성 물질과 접촉할 우려가 없는 나전선): 105[℃](시스)

기출 & 예상문제

가교 폴리에틸렌 절연 도체의 최고 허용 온도는?

① 약 60[℃] ② 약 70[℃]
③ 약 80[℃] ④ 약 90[℃]

| 해설 |
전선 및 케이블의 허용 온도
• 폴리염화비닐(PVC): 70[℃](도체)
• 가교 폴리에틸렌(XLPE)과 에틸렌 프로필렌 고무(EPR) 혼합물: 90[℃](도체)
• 무기물(PVC 피복 또는 나도체로 사람이 접촉할 우려가 있는 것): 70[℃](시스)
• 무기물(사람의 접촉에 노출되지 않고 가연성 물질과 접촉할 우려가 없는 나전선): 105[℃](시스)

답 ④

6 코드

(1) 코드는 이동 및 가요성이 용이하도록 피복 자체가 절연체인 전선이며 전구선 또는 저압의 이동용 전선으로 주로 사용된다.
(2) 코드는 심선에 고무 절연을 한 옥내 코드와 심선에 비닐 절연을 한 기구용 비닐 코드가 있다.
(3) 고무 코드
  ① 공칭 단면적 $0.75 \sim 4[\text{mm}^2]$의 심선에 고무 절연을 하고 실로 겉을 편조한 코드
  ② 종류: 단심 코드, 2개연 코드, 대편 코드, 원편 코드, 평형 코드, 방습 코드
(4) 비닐 코드
  ① 공칭 단면적 $0.5 \sim 4.0[\text{mm}^2]$의 주석 도금한 연동 연선에 염화비닐 수지를 주 절연체로 만든 코드
  ② 라디오, 선풍기, 방전 램프, 전기 스탠드 등의 전열을 이용하지 않는 소형 가정용 전기 기구에 주로 사용
  ③ 표준 길이: 100[m]

독학이 쉬워지는 기초개념

도체의 온도 상승(θ)과 반지름(r)의 관계
$\theta = kr^{-3}$

Tip 강의 꿀팁

가전제품에 같이 연결되어 있는 선이 코드선이에요.

독학이 쉬워지는 기초개념

Tip 강의 꿀팁

송전용 ACSR선이 대표적인 나전선이에요.

나전선 상호 또는 나전선과 절연 전선, 캡타이어 케이블 또는 케이블과 접속하는 경우 전선의 강도를 20[%] 이상 감소시키지 않을 것

Tip 강의 꿀팁

과거에는 단선의 규격을 지름[mm]으로 표현하기도 했어요.

단선의 규격
1.5, 2.5, 4, 6, 10[mm²] 등

지지선(지선) 설치 기준
- 지지선(지선)에 연선을 사용할 경우에는 소선이 3가닥 이상일 것
- 소선의 지름 2.6[mm] 이상의 금속선을 사용한 것일 것

7 나전선

(1) 피복이 없는 전선으로 도체만으로 이루어진 전선이다.
(2) 피복이 없으므로 옥내를 제외한 다음의 장소에만 사용된다.
　① 전기로용 전선
　② 저압 접촉 전선
　③ 전선의 피복 절연물이 부식하는 장소에 시설하는 전선
　④ 취급자 이외의 자가 출입할 수 없도록 설비한 장소에 시설하는 전선
　⑤ 버스 덕트 공사에 의해 시설하는 경우
　⑥ 라이팅 덕트 공사에 의해 시설하는 경우

8 단선

(1) 도체의 단면적이 원형인 1가닥의 도체로 이루어진 전선이다.
(2) 크기는 공칭 단면적[mm²]으로 표시한다.

9 연선

(1) 연선
　① 전선의 구성이 여러 개의 단선을 꼬아 만든 전선이다.
　② 크기는 공칭 단면적[mm²]으로 표시한다.

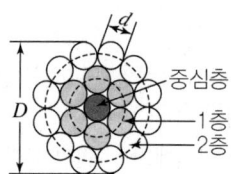

▲ 연선의 구조

(2) 연선의 규격

종류	공칭 단면적[mm²]
연선	1.5, 2.5, 4, 6, 10, 16, 25, 35, 50, 70, 95, 120, 150, 185, 240, 300, 400, 500, 630

(3) 총 소선 가닥수

$$N = 3n(n+1) + 1$$
(n: 가운데 선을 제외한 연선의 층수)

(4) 바깥 지름

$$D = (2n+1)d$$
(n: 가운데 선을 제외한 연선의 층수, d: 소선의 지름[mm])

(5) 소선 가닥수와 지름을 이용한 연선 규격 표기법: N/d

기출 & 예상문제

37/3.2[mm]인 경동 연선의 바깥지름[mm]은?

① 12.4　　　　② 14.4
③ 20.4　　　　④ 22.4

| 해설 |
연선을 이루는 소선의 층수를 구하면
$N = 3n(n+1)+1 = 37$ 에서 $n = 3$[층]
따라서 연선의 총 바깥 지름은
$D = (2n+1)d = (2\times3+1)\times3.2 = 22.4$[mm]

답 ④

THEME 02 케이블

1 EV Cable(폴리에틸렌 절연 비닐 시스 케이블)

(1) 폴리에틸렌으로 절연한 케이블로서 전기적인 절연 특성이 우수하다.
(2) 절연체의 내열성이 약한 단점이 있다.

2 CV Cable(XLPE Cable: 가교 폴리에틸렌 절연 비닐 시스 케이블)

(1) 적용
　① 특고압 이하 배전 선로에서 대부분 사용한다.
　② 154[kV], 345[kV] 선로에 적용한다.
(2) 케이블 구조

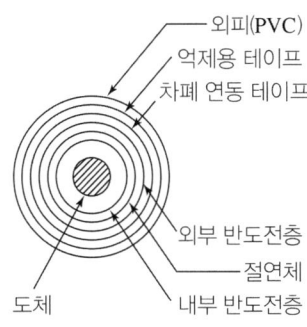

▲ CV Cable의 단면도

독학이 쉬워지는 기초개념

(Tip) 강의 꿀팁

가교
폴리에틸렌에 가교제를 섞어 끓여 내열성을 강화시키는 것이에요.

가교 폴리에틸렌(XLPE)
가교 폴리에틸렌의 영문명은 Cross Linked Poly Ethylene인데 Cross 를 X로 축약해서 'XLPE'라고 한다.

솔리드 케이블(절연지 케이블)
• 벨트 케이블
• H 케이블
• SL 케이블

(3) CV Cable의 특징
① 내열성이 OF Cable에 비해 우수하고 사용 온도가 높아 송전 용량이 증대된다.

구분	연속 사용 온도	단시간 허용 온도	단락 시 허용 온도
CV Cable	90[℃]	105 ~ 130[℃]	250[℃]
OF Cable	80[℃]	120[℃]	150[℃]

② 전력구 화재의 가장 큰 원인이 되는 절연유가 없어 안전하다.
③ 케이블 유전체손이 적어 유전체손에 의한 케이블 온도 상승이 적다.
④ 경량으로 취급이 용이하고, 특히 가요성이 좋아 곡선부의 유효 곡선 반지름 (곡률 반경) 확보가 용이하다.
⑤ 접속 시공 방법이 OF 케이블보다 용이하다.(몰드 방식, 프리패브 방식)
⑥ OF 케이블에 필요한 급유 설비, 경보 설비 등의 부대 설비가 불필요하여 용지 건물의 규모 축소가 가능하다.
⑦ 물의 침투로 수분 침투 균열(수트리, Water tree) 현상이 발생한다.
⑧ 온도 특성 및 코로나 특성이 지절연에 비해 열등하다.

3 OF Cable(유입 케이블)

(1) 적용
154[kV] 이상 지중 송전 선로나 발전소 구내의 특고압 이상 전선로로 사용된다.

(2) 케이블 구조

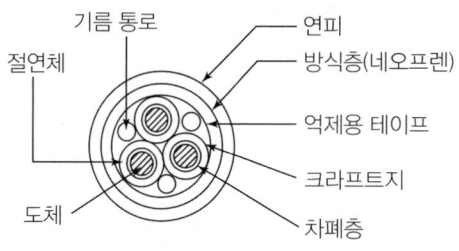

▲ OF Cable 단면도

(3) 특징
① 절연유 충전 후 공극이 발생하지 않는다.
② 온도 변화에 의한 팽창, 수축을 유조에서 흡수한다.
③ 외기의 침입이 방지되는 구조이다.
④ 사용 온도가 높아 송전 용량이 증대된다.
⑤ 절연체의 두께를 얇게 할 수 있다.
⑥ 기름의 누출 사고 감지 기능이 있다.
⑦ 접속이 매우 까다롭고 전기 화재의 발생 원인이 되기도 한다.

4 연피 케이블

연피(납으로 된 껍질)가 외부로부터 손상을 받을 우려가 없는 곳이나 부식의 우려가 없는 관로식 지중 전선로 등에 주로 사용된다.

5 클로로프렌 시스 케이블

고압 옥내 배선용, 고압 가공 케이블용, 고압 인입용, 고압 지중 케이블로 주로 사용된다.

6 비닐 시스 케이블

2심 또는 3심의 비닐 절연선 위에 염화비닐수지 혼합물로 외장한 것으로 원형, 평형, 동심형의 3가지 종류가 있다.

7 캡타이어 케이블

(1) 이동성 및 가용성이 용이한 케이블로서 전기적 성질보다 기계적 성질이 우수하므로 진동이나 충격 등을 받는 공장, 광산, 농업용, 수중, 무대 등에서 주로 사용되는 케이블이다.

(2) 캡타이어 케이블의 종류
  ① 제1종 캡타이어 케이블: 표면 피복에 캡타이어의 고무로 피복한 것으로 전기 공사에는 사용하지 않는다.
  ② 제2종 캡타이어 케이블: 캡타이어의 고무 피복이 제1종보다 고무질이 우수하다.
  ③ 제3종 캡타이어 케이블: 캡타이어의 고무 피복 중간에 면포를 넣어 강도를 보강한 것이다.
  ④ 제4종 캡타이어 케이블: 제3종과 같고 각 심선 사이를 고무로 채워 보강한 것이다.

(3) 캡타이어 케이블의 심선 색깔
  ① 단심, 2심: 권장색 구분 없음
  ② 3심: 갈색, 검은색(흑색), 회색
  ③ 4심: 파란색(청색), 갈색, 검은색(흑색), 회색
  ④ 5심: 녹색 + 노란색, 파란색(청색), 갈색, 검은색(흑색), 회색
  * 5심 초과는 숫자로 구분

독학이 쉬워지는 기초개념

리노테이프
면테이프의 양면에 니스를 칠하여 건조시킨 것으로 절연성, 내온성, 내유성이 풍부하며, 연피 케이블에 사용한다.

캡타이어 케이블과 박스의 접속 개소와 지지점 간의 거리는 접속 개소에서 $0.15[m]$ 이하이다.

독학이 쉬워지는 기초개념

8 플렉시블 시스 케이블

(1) 고무 절연 전선, 비닐 절연 전선을 2조 및 3조를 합친 것에 그래프트지를 감고 시스 내면과 전기적 접촉을 하는 접지용 나평각 구리선(동선)을 전선에 넣어 그 위에 아연 도금 연강대를 나사 모양으로 감은 케이블이다.

(2) 고압을 제외한 저압 옥내 배선용으로 사용된다.

(3) 종류

기호	구조	비고
AC	심선에 고무 절연선을 사용한 것	건조한 곳의 노출 및 은폐 배선용
ACT	심선에 비닐 절연선을 사용한 것	
ACV	주트를 감고 절연 컴파운드를 첨가한 것	공장용, 상점용
ACL	외장 밑에 연피가 있는 것	습기, 물기 또는 기름이 있는 곳에 사용

주트(Jute): 황마

CHAPTER 07 CBT 적중문제

01
가공 전선로에 사용되는 전선의 구비 조건으로 옳지 않은 것은?

① 도전율이 클 것
② 내구성이 있을 것
③ 비중(밀도)이 클 것
④ 기계적인 강도가 클 것

해설 전선의 구비 조건
- 도전율이 클 것(고유 저항이 작을 것)
- 기계적 강도가 클 것(내구성이 클 것)
- 가요성이 풍부할 것
- 비중이 작을 것(중량이 가벼울 것)
- 가격이 저렴하고 대량 생산이 가능할 것

02
나전선 상호 간을 접속하는 경우 인장 하중에 대한 내용으로 옳은 것은?

① 20[%] 이상 감소시키지 않을 것
② 40[%] 이상 감소시키지 않을 것
③ 60[%] 이상 감소시키지 않을 것
④ 80[%] 이상 감소시키지 않을 것

해설
나전선 상호 또는 나전선과 절연 전선, 캡타이어 케이블 또는 케이블과 접속하는 경우 전선의 강도를 20[%] 이상 감소시키지 않아야 한다.

03
19/1.8[mm] 경동 연선의 바깥지름은 몇 [mm]인가?

① 8.5
② 9
③ 9.5
④ 10

해설
- 층수 계산
  $N = 3n(n+1) + 1 = 19$에서 층수 $n = 2$[층]
- 연선의 바깥 지름
  $D = (2n+1)d = (2 \times 2 + 1) \times 1.8 = 9$[mm]

04
가공 송전 선로의 ACSR 전선 등에 설치되는 진동 방지용 장치가 아닌 것은?

① Damper
② PG Clamp
③ Armor Rod
④ Spacer Damper

해설 전선 진동 억제 장치
- 스톡 브리지 댐퍼, 토오셔널 댐퍼
- 스페이서 댐퍼
- 아머 로드

| 정답 | 01 ③ 02 ① 03 ② 04 ②

05

22.9[kV] 3상 4선식 중성선 다중 접지 방식의 가공 전선로에서 중성선으로 ACSR을 사용 시 최대 굵기[mm²]는?

① 32
② 58
③ 95
④ 160

해설 ACSR 전선을 중성선 사용 시 굵기
- 최소 굵기: 32[mm²]
- 최대 굵기: 95[mm²]

06

도체의 재료로 주로 사용되는 구리와 알루미늄의 물리적 성질을 비교한 내용으로 것은?

① 구리가 알루미늄보다 비중이 작다.
② 구리가 알루미늄보다 저항률이 크다.
③ 구리가 알루미늄보다 도전율이 작다.
④ 구리와 같은 저항을 갖기 위해서는 알루미늄 전선의 지름을 구리보다 굵게 한다.

해설
구리와 알루미늄 중 알루미늄의 고유 저항이 더 크다. 따라서 구리와 같은 저항 값을 갖기 위해서는 알루미늄 전선의 굵기를 더 굵게 하여 사용해야 한다.

07

가공 전선로의 지지물에 시설하는 지지선(지선)으로 연선을 사용할 경우 소선의 지름은 최소 몇 [mm] 이상의 금속선인가?

① 2.1
② 2.3
③ 2.6
④ 2.8

해설 지지선(지선) 설치기준
- 지지선(지선)에 연선을 사용할 경우에는 소선이 3가닥 이상일 것
- 소선의 지름이 2.6[mm] 이상의 금속선을 사용한 것일 것

08

동심 중성선 수분 침투 방지형(수밀형) 전력 케이블의 약호는?

① CN-CV
② CN-CV-W
③ CD-C
④ ACSR

해설
- CN-CV: 동심 중성선 차수형 전력 케이블
- CN-CV-W: 동심 중성선 수분 침투 방지형(수밀형) 전력 케이블
- CD-C: 가교 폴리에틸렌 절연 CD 케이블
- RNACSR: 강심 알루미늄 연선

09
케이블의 약호 중 EE의 품명은?

① 미네랄 인슈레이션 케이블
② 폴리에틸렌 절연 비닐 시스 케이블
③ 형광 방전등용 비닐 전선
④ 폴리에틸렌 절연 폴리에틸렌 시스 케이블

해설
케이블 약호에서 E는 폴리에틸렌, V는 비닐의 재료를 의미한다. EE는 절연체로서 E(폴리에틸렌)를 사용하고, 시스층도 E(폴리에틸렌)를 사용하므로 EE는 폴리에틸렌 절연 폴리에틸렌 시스 케이블이다.

10
전선의 약호에서 CVV의 품명은?

① 인입용 비닐 절연 전선
② 0.6/1[kV] 비닐 절연 비닐 캡타이어 케이블
③ 0.6/1[kV] 비닐 절연 비닐 시스 케이블
④ 0.6/1[kV] 비닐 절연 비닐 시스 제어 케이블

해설 CVV
0.6/1[kV] 비닐 절연 비닐 시스 제어 케이블

11
솔리드 케이블이 아닌 것은?

① H 케이블
② SL 케이블
③ OF 케이블
④ 벨트 케이블

해설 솔리드 케이블(절연지 케이블)
• 벨트 케이블
• H 케이블
• SL 케이블

12
캡타이어 케이블 상호 및 캡타이어 케이블과 박스, 기구와의 접속 개소와 지지점 간의 거리는 접속 개소에서 최대 몇 [m] 이하로 하는 것이 바람직한가?

① 0.15   ② 0.25
③ 0.55   ④ 0.75

해설
캡타이어 케이블과 박스의 접속 개소와 지지점 간의 거리는 접속 개소에서 0.15[m] 이하이다.

| 정답 | 09 ④ 10 ④ 11 ③ 12 ①

CHAPTER 08

PART 02 공사재료

배관 · 배선 공사

1. 배선 기구
2. 분전함
3. 누전 차단기(ELB)
4. 전기설비에 관련된 공구 및 측정 도구
5. 애자 사용 공사 방법
6. 금속관 공사 방법
7. 버스 덕트 공사 방법
8. 그 외 공사

학습 전략

CHAPTER 08 배관·배선 공사는 실기 시험에서도 이해가 필요한 챕터이므로 철저한 학습이 이루어질 수 있도록 해야 합니다. 실무적인 내용이 포함되어 있어 완전하게 이해하기에는 다소 어려움을 겪을 수 있으므로 적절한 수준으로 학습해 두도록 합니다.

CHAPTER 08 | 흐름 미리보기

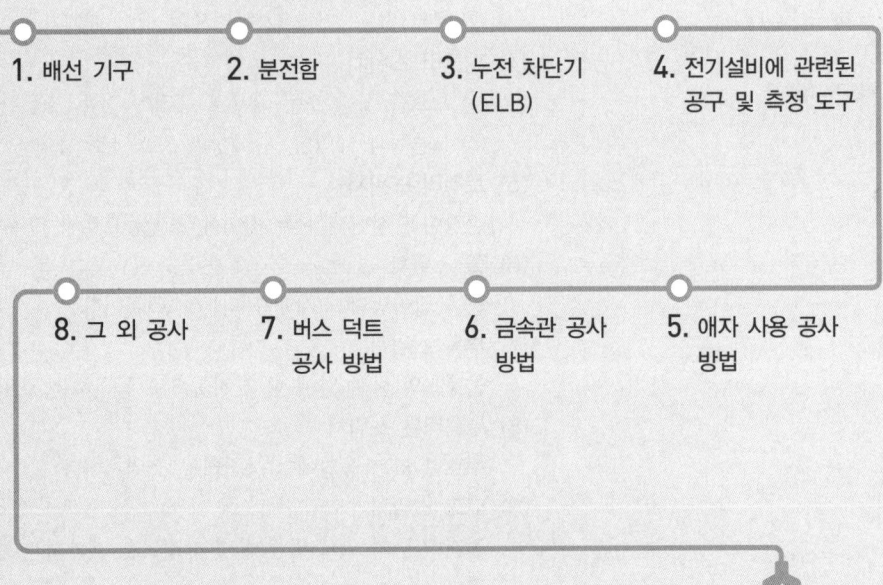

1. 배선 기구
2. 분전함
3. 누전 차단기 (ELB)
4. 전기설비에 관련된 공구 및 측정 도구
5. 애자 사용 공사 방법
6. 금속관 공사 방법
7. 버스 덕트 공사 방법
8. 그 외 공사

NEXT **CHAPTER 09**

CHAPTER 08 배관·배선 공사

THEME 01 배선 기구

독학이 쉬워지는 기초개념

개폐기의 명칭과 기호
- 2극 쌍투형: DPDT
- 2극 단투형: DPST
- 단극 쌍투형: SPDT
- 3극 단투형: TPST

(1) 배선 기구의 정의
스위치(텀블러) 및 콘센트류의 기구를 총칭해서 배선 기구라고 한다.

(2) 나이프 스위치
① 취급자만 출입이 가능한 배전반이나 분전반에 사용하는 스위치이다.
② 개폐기의 극 수와 투입 방법에 따라 단극, 3극, 단투, 쌍투 등으로 구분한다.

• 단투

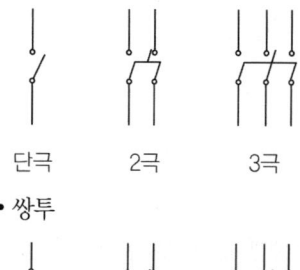

단극   2극   3극

• 쌍투

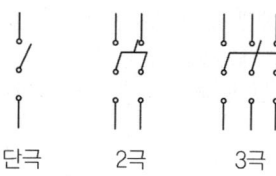

단극   2극   3극

(3) 덮개(커버) 나이프 스위치
① 나이프 스위치 앞면의 충전부를 덮개(커버)로 덮은 것을 말한다.
② 주로 전등, 전열 및 동력용의 인입 개폐기 또는 분기 개폐기용으로 사용한다.

(4) 텀블러 스위치
① 노브를 상하 또는 좌우로 움직여 점등·소등한다.
② 노출형과 매입형, 단극형과 3로, 4로 등이 있다.

(5) 로터리 스위치
손잡이를 상반되는 두 방향에 조작함으로써 접촉자를 개폐하는 스위치이다.

(6) 풀 스위치
끈을 잡아당기면 개폐가 되는 스위치이다.

(7) 부동 스위치
물탱크의 물의 양에 따라 자동으로 동작하는 스위치이다.

(8) 누름버튼 스위치
누르고 있는 동안에만 동작하는 스위치이다.

(9) 코드 스위치
전기 기구의 코드 도중에 넣어 회로를 개폐하는 스위치로, 전기 스탠드 등에 사용된다.

Tip 용어 변경

2023년 10월 12일부터 시행
'커버' → '덮개'

텀블러 스위치
가정에서 일반적으로 사용하는 스위치

(10) 도어 스위치

문에 달거나 문기둥에 매입하여 문을 열고 닫음에 따라 자동적으로 회로를 개폐하는 것으로, 창문, 출입문, 금고문 등에 사용된다.

(11) 플러그

① 테이블 탭: 코드의 길이가 짧은 경우 연장하여 사용할 때 사용한다.
② 멀티 탭: 하나의 콘센트에 두 개 이상의 기구를 사용할 때 사용한다.

(12) 콘센트

① 노출형 콘센트: 벽의 바깥으로 노출되어 있는 형태의 콘센트이다.
② 매입형 콘센트: 바닥에서 30[cm] 이상의 높이에 설치한다.
③ 방수형 콘센트: 바닥에서 80[cm] 이상의 높이에 설치한다.

기출 & 예상문제

손잡이를 상반되는 두 방향에 조작함으로써 접촉자를 개폐하는 스위치는?

① 로터리 스위치
② 텀블러 스위치
③ 누름버튼 스위치
④ 코드 스위치

| 해설 |
로터리 스위치
손잡이를 상반되는 두 방향에 조작함으로써 접촉자를 개폐하는 스위치이다.

답 ①

THEME 02 분전함

1 분전함의 구성

분전함은 철제나 PVC 강화 플라스틱 케이스 내에 개폐기(나이프 스위치)와 차단기(MCCB)로 구성된다.

2 분전함 설치 규정

(1) 반의 옆쪽 또는 이면에 설치하는 가터(분전반 내 소형 덕트)는 강판제로서 전선을 구부리거나 눌리지 않을 정도로 충분히 큰 크기이어야 한다.
(2) 난연성 합성수지로 된 것은 두께 1.5[mm] 이상으로 내아크성인 것이어야 한다.
(3) 강판제의 것은 일반적으로 1.2[mm] 이상이어야 한다.

기출 & 예상문제

분전함에 내장되는 부품은?

① 나이프 S.W 또는 MCCB
② MG S.W 또는 VCB류의 차단기
③ MCCB 또는 VCB류의 차단기
④ OCR 또는 UVR류의 보호 계전기

| 해설 |
분전함은 철제나 PVC 강화 플라스틱 케이스 내에 개폐기(나이프 스위치)와 차단기(MCCB)로 구성된다.

답 ①

독학이 쉬워지는 기초개념

Tip 강의 꿀팁

분전함
상시 점검이 용이한 위치에 설치해야 돼요.

분전반 및 배전반 설치기준
- 개폐기를 쉽게 개폐할 수 있는 장소에 시설할 것
- 옥측 또는 옥외 시설하는 경우는 방수형을 사용할 것
- 노출하여 시설되는 분전반 및 배전반의 재료는 불연성의 것일 것
- 난연성 합성수지로 된 것은 두께가 최소 1.5[mm] 이상으로 내(耐)아크성인 것일 것

> **독학이 쉬워지는 기초개념**

3 각종 계기류 기호 및 명칭

기호	명칭
AS	전류계용 절환 개폐기
VS	전압계용 절환 개폐기
PF	전력용 퓨즈(Power Fuse)
MOF	전력 수급용 계기용 변성기
ZCT	영상 변류기
CT	변류기
PT	계기용 변압기
A	전류계
V	전압계
W	전력계
Wh	전력량계
PF	역률계(Power Factor)
f	주파수계

ZCT
- 목적: 지락 사고 발생 시 영상 전류를 검출하고 지락 계전기에 의해 주 차단기를 동작시켜 사고의 파급을 방지
- 용도: 고압으로 수전하는 변전소에서 접지 보호용으로 사용되는 계전기에 영상 전류를 공급하는 계전기

4 전선과 계기류 접속

① 터미널러그: 기계 기구의 단자와 전선을 접속할 때 사용한다.
② 슬리브: 연선의 접속에 사용한다.
③ 와이어접속기(와이어커넥터): 전선과 전선을 연결할 때 사용한다.

> **Tip 용어 변경**
> 2023년 10월 12일부터 시행
> '커넥터' → '접속기'

THEME 03 누전 차단기(ELB)

1 누전 차단기의 구조 및 역할

(1) 누전 차단기 구성
① 검출부: ZCT 이용하여 누전 검출
② 수신부: ZCT에서 검출된 신호를 트립 코일(TC)에 전달
③ 차단부: 트립 코일이 여자되면서 발생된 전자력으로 차단기 트립

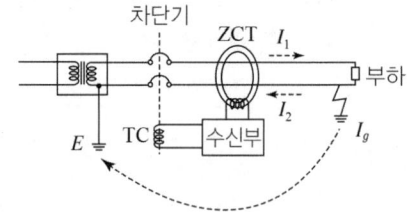

> **Tip 강의 꿀팁**
> 110[V]에서 220[V]로 승압하면서 누전 차단기 설치가 의무화되었어요.

(2) 평상시

I_1, I_2 전류 크기가 같으면서 방향이 반대이므로 서로 상쇄

(3) 누전 발생 시

귀로 전류 $I_2 = I_1 - I_g$가 되어 완전 상쇄하지 못하고 차전류가 생겨 트립 코일을 여자시켜 차단기 트립

2 누전 차단기의 시설

(1) 누전 차단기 설치 장소

① 금속제 외함을 가지는 사용 전압이 50[V]를 초과하는 저압의 기계기구로서 사람이 쉽게 접촉할 우려가 있는 곳에 설치한다.

② 특고압 전로, 고압 전로 또는 저압 전로와 변압기에 의해 결합되는 사용 전압 400[V] 초과의 저압 전로에 설치한다.

(2) 누전 차단기 생략 가능 장소

① 기계기구를 발전소·변전소·개폐소 또는 이에 준하는 곳에 시설하는 경우
② 기계기구를 건조한 곳에 시설하는 경우
③ 대지 전압이 150[V] 이하인 기계기구를 물기가 있는 곳 이외의 곳에 시설하는 경우
④ 기계기구가 고무·합성수지 기타 절연물로 피복된 경우
⑤ 기계기구가 유도 전동기의 2차 측 전로에 접속되는 것일 경우

3 누전 차단기의 종류

구분		정격 감도전류[mA]	동작시간
고감도형	고속형	5, 10, 15, 30	• 정격 감도 전류에서 0.1초 이내 • 인체 감전 보호용은 0.03초 이내
	시연형		• 정격 감도 전류에서 0.1초 초과 2초 이내
	반한시형		• 정격 감도 전류에서 0.2초 초과 1초 이내
중감도형	고속형	50, 100, 200, 500, 1,000	• 정격 감도 전류에서 0.1초 이내
	시연형		• 정격 감도 전류에서 0.1초 초과 2초 이내
저감도형	고속형	3,000, 5,000, 10,000, 20,000	• 정격 감도 전류에서 0.1초 이내
	시연형		• 정격 감도 전류에서 0.1초 초과 2초 이내

4 누전 차단기의 선정

① 인입구 장치 등에 시설하는 누전 차단기는 충격파 부동작형일 것
② 누전 차단기의 조작용 손잡이 또는 누름 단추는 트립 프리(Trip Free) 기구일 것
③ 누전 경보기의 음성 경보 장치는 원칙적으로 벨(Bell)식 또는 버저(Buzzer)식인 것으로 할 것

> 독학이 쉬워지는 기초개념

기출 & 예상문제

누전 차단기의 동작 시간으로 옳지 않은 것은?
① 고감도 고속형: 정격 감도 전류에서 0.1초 이내
② 중감도 고속형: 정격 감도 전류에서 0.2초 이내
③ 고감도 고속형: 인체 감전 보호용은 0.03초 이내
④ 중감도 시연형: 정격 감도 전류에서 0.1초를 초과하고 2초 이내

| 해설 |
누전 차단기의 동작 시간에 의한 분류
- 고감도 고속형: 정격 감도 전류에서 0.1초 이내
- 중감도 고속형: 정격 감도 전류에서 0.1초 이내
- 고감도 고속형: 인체 감전 보호용은 0.03초 이내
- 중감도 시연형: 정격 감도 전류에서 0.1초를 초과하고 2초 이내

답 ②

THEME 04 전기설비에 관련된 공구 및 측정 도구

(1) 펜치
전선의 절단, 전선 접속 등에 사용한다.
(2) 나이프
전선의 피복 절연물을 제거할 때 사용한다.
(3) 와이어 스트리퍼
전선의 피복 절연물을 벗길 때 사용한다.
(4) 드라이버
배선 기구, 조명 기구 등을 시설할 때나 나사못을 박을 때 또는 로크 너트를 조일 때 사용한다.
(5) 토치램프
전선 접속의 납땜과 합성수지관의 가공에 열을 가할 때 사용한다.
(6) 스패너
너트를 조이고 푸는 데 사용한다.
(7) 플라이어
로크 너트를 조일 때 사용한다.
(8) 프레셔 툴
솔더리스 접속기(커넥터) 또는 솔더리스 터미널을 눌러붙이는 데 사용한다.
(9) 파이프 바이스
금속관을 절단할 때 또는 금속관에 나사를 낼 때 파이프를 고정시키는 데 사용한다.
(10) 파이프 커터
금속관을 절단할 때 사용한다.

독학이 쉬워지는 기초개념

녹 아웃 펀치
유압에 의해 철판에 구멍을 뚫는 공구

호울 소우
- 녹 아웃 펀치와 같은 목적으로 사용하는 공구
- 전선관을 박스나 캐비닛 등에 넣기 위해 철판에 구멍을 내는 용도로 사용되는 공구

(11) 파이프 렌치

    금속관 커플링을 접속할 때 금속관 커플링을 물고 조이는 데 사용한다.

(12) 회로 시험기(멀티 테스터)

    전압, 저항, 전류 측정 기기, 도통 시험

(13) 접지 저항계(어스 테스터)

    접지 저항을 측정하는 기기이다.

(14) 절연 저항계(메거)

    절연 저항을 측정하는 기기이다.

(15) 후크 온(Hook-on) 메터

    활선 상태에서 전선 전류, 전압을 측정하는 기기

기출 & 예상문제

다음 중 절연 저항을 측정하는 데 가장 적합한 측정 기기는?

① 멀티 테스터　② 훅 온 메터
③ 메거　　　　　④ 어스 테스터

| 해설 |
절연 저항계(메거)
절연 저항을 측정하는 기기이다.

답 ③

> **독학이 쉬워지는 기초개념**
>
> **후크 온(Hook-on) 메터**
> 전선에 후크 형태로 물려, 전기가 흐르는 상태에서 전선 전류 측정

THEME 05 애자 사용 공사 방법

1 전선

(1) 전선은 절연 전선(옥외용 비닐 절연 전선 및 인입용 비닐 절연 전선을 제외)일 것

(2) 전선 상호 간의 간격은 6[cm] 이상일 것

(3) 전선과 조영재 사이의 간격(이격거리)은 사용 전압이 400[V] 이하인 경우에는 25[mm] 이상, 400[V] 초과인 경우에는 45[mm](건조한 장소에 시설하는 경우에는 25[mm]) 이상일 것

(4) 전선의 지지점 간의 거리는 전선을 조영재의 윗면 또는 옆면에 따라 붙일 경우에는 2[m] 이하일 것

(5) 사용 전압이 400[V] 초과인 것은 (4)의 경우 이외에는 전선의 지지점 간의 거리는 6[m] 이하일 것

(6) 전선이 조영재를 관통하는 경우에는 그 관통하는 부분의 전선을 전선마다 각각 별개의 난연성 및 내수성이 있는 절연관에 넣을 것(다만, 사용 전압이 150[V] 이하인 전선을 건조한 장소에 시설하는 경우로서 관통하는 부분의 전선에 내구성이 있는 절연 테이프를 감을 때에는 그러하지 아니하다.)

> **Tip 용어 변경**
>
> 2023년 10월 12일부터 시행
> '이격거리' → '간격'

> 독학이 쉬워지는 기초개념

2 애자

(1) 애자 사용 공사에 사용하는 애자는 절연성, 난연성 및 내수성이 있는 것이어야 한다.
(2) 애자 사용 공사에 사용되는 놉 애자와 사용되는 전선의 최대 굵기는 다음과 같다.

놉 애자의 종류	전선의 최대 굵기 $[mm^2]$
소놉 애자	16
중놉 애자	50
대놉 애자	95
특대놉 애자	240

THEME 06 금속관 공사 방법

1 금속관 공사의 특징

① 전기적으로 완전히 접지할 수 있어 누전 화재의 우려가 적다.
② 폭발방지(방폭) 공사를 시설할 수 있어 그만큼 안전하다.
③ 모든 공사 방법에 적용할 수 있다.

> **Tip 강의 꿀팁**
> 일반 건축물에서 금속관 공사를 사용하는 것이 바람직해요.

2 금속관의 종류 및 규격

종류	관의 규격[mm]
후강 전선관(안지름)	(짝수) 16, 22, 28, 36, 42, 54, 70, 82, 92, 104
박강 전선관(바깥지름)	(홀수) 19, 25, 31, 39, 51, 63, 75

> **Tip 용어 변경**
> 2023년 10월 12일부터 시행
> '방폭' → '폭발방지'
> '내경' → '안지름'
> '외경' → '바깥지름'

3 금속관 규격

(1) 금속관 1본의 길이: 3.66[m]
(2) 금속관의 두께
 ① 콘크리트 매설용: 1.2[mm] 이상
 ② 기타: 1.0[mm] 이상
  (단, 이음매가 없는 길이 4[m] 이하인 것을 전개된 곳에 시설하는 경우에는 0.5[mm]까지로 감할 수 있다.)

4 금속관 공사의 규정

(1) 전선은 절연 전선(옥외용 비닐 절연 전선을 제외)일 것
(2) 전선은 연선일 것. 다만, 다음의 것은 적용하지 않는다.
  ① 짧고 가는 금속관에 넣은 것
  ② 단면적 $10[\text{mm}^2]$(알루미늄선은 단면적 $16[\text{mm}^2]$) 이하의 것
(3) 전선은 금속관 안에서 접속점이 없도록 시공할 것
(4) 전선을 병렬로 사용하는 경우에는 전자적 불평형이 생기지 않도록 시설할 것
(5) 전선 및 케이블의 피복절연물 등을 포함한 단면적의 총 합계는 관의 굵기의 $\frac{1}{3}$을 넘지 않을 것
(6) 금속관은 접지 공사를 할 것. 다만, 사용 전압이 $400[\text{V}]$ 이하로서 다음 중 하나에 해당하는 경우에는 그러하지 아니하다.
  ① 관의 길이(2개 이상의 관을 접속하여 사용하는 경우에는 그 전체의 길이)가 $4[\text{m}]$ 이하인 것을 건조한 장소에 시설하는 경우
  ② 옥내 배선의 사용 전압이 직류 $300[\text{V}]$ 또는 교류 대지 전압 $150[\text{V}]$ 이하로서 그 전선을 넣는 관의 길이가 $8[\text{m}]$ 이하인 것을 사람이 쉽게 접촉할 우려가 없도록 시설하는 경우 또는 건조한 장소에 시설하는 경우

5 금속관 공사용 부속품

명칭	용도
로크 너트	관과 박스의 접속
부싱	전선을 넣을 때 전선의 피복을 보호
커플링	금속관 상호 간을 접속
새들	노출 배관에서 금속관을 조영재에 고정
노멀 밴드	배관의 직각 굴곡에 사용
링 리듀서	금속관을 아웃렛 박스에 취부할 때, 록 아웃의 구멍이 관의 구멍보다 클 때 사용
스위치 박스	매입형의 스위치나 콘센트를 고정하는 데 사용
아웃렛 박스	전등 기구나 점멸기 또는 콘센트를 고정
콘크리트 박스	콘크리트에 매입 배선용으로 아웃렛 박스와 같은 목적으로 사용
플로어 박스	바닥 밑으로 매입 배선할 때 사용
유니버설 엘보우	노출 배관 공사에 관을 직각으로 굽혀서 공사할 때 또는 관 상호 접속 또는 관을 분기해야 할 때
터미널 캡	전동기에 접속하는 장소나 애자 사용 공사로 옮기는 장소의 관단에 사용
엔트런스 캡	인입구, 인출구의 관단에 설치하여 금속관에 접속하여 옥외의 빗물을 막는 데 사용
픽스쳐스터드와 히키	아웃렛 박스에 조명 기구를 부착시킬 때 사용, 무거운 기구 취부
블랭크 와셔	플로어 덕트의 정크션 박스에 덕트를 접속하지 않는 곳을 막기 위해 사용
유니버설 피팅	노출 배관공사 시 L형 또는 T형으로 구부러지는 장소에 사용

독학이 쉬워지는 기초개념

기출 & 예상문제

중요도 ■■□ 금속관 1본의 표준 길이[m]는?
① 3.66
② 4
③ 5.5
④ 6

| 해설 |
금속관 규격
- 금속관 1본의 길이: 3.66[m]
- 금속관의 두께
  - 콘크리트 매설용: 1.2[mm] 이상
  - 기타: 1.0[mm] 이상(단, 이음매가 없는 길이 4[m] 이하인 것을 건조한 곳에 시설하는 경우에는 0.5[mm]까지로 감할 수 있다.)

답 ①

THEME 07 　 버스 덕트 공사 방법

1 버스 덕트 공사 시 주의 사항

(1) 덕트 상호 간 및 전선 상호 간은 견고하고 또한 전기적으로 완전하게 접속할 것
(2) 덕트를 조영재에 붙이는 경우에는 덕트의 지지점 간의 거리를 3[m] 이하로 하고 견고하게 붙일 것(취급자 이외의 자가 출입할 수 없는 곳에서 수직으로 붙이는 경우에는 6[m])
(3) 덕트(환기형의 것을 제외)의 끝부분은 막을 것
(4) 덕트(환기형의 것을 제외)의 내부에 먼지가 침입하지 않도록 할 것
(5) 덕트는 접지 공사를 할 것
(6) 습기가 많은 장소 또는 물기가 있는 장소에 시설하는 경우에는 옥외용 버스 덕트를 사용하고 버스 덕트 내부에 물이 들어가지 않도록 할 것

2 버스 덕트의 종류

① 피더 버스 덕트: 도중에 부하를 연결할 수 없는 구조이다.
② 플러그인 버스 덕트: 도중에 부하를 연결할 수 있는 구조이다.
③ 트롤리 버스 덕트: 이동용 부하에 적합한 구조이다.

Tip 강의 꿀팁

건축물의 지하 주차장 천장에 보통 많이 공사하는 방법이에요.

버스 덕트의 강판 두께
- 덕트 폭 150[mm] 이하: 1.0[mm] 이상
- 덕트 폭 150[mm] 초과 300[mm] 이하: 1.4[mm] 이상
- 덕트 폭 300[mm] 초과 500[mm] 이하: 1.6[mm] 이상
- 덕트 폭 500[mm] 초과 700[mm] 이하: 2.0[mm] 이상
- 덕트 폭 700[mm] 초과: 2.3[mm] 이상

THEME 08 그 외 공사

1 유니버셜 피팅(전선관용) 공사

노출 배관 공사 시 L형 또는 T형으로 구부러지는 장소에 사용하며 종류는 다음과 같다.
(1) 박강 전선관용 유니버셜(LL형, LB형, T형)
(2) 후강 전선관용 유니버셜
(3) 나사 없는 전선관용 유니버셜

2 금속 덕트 공사

(1) 덕트 철판의 두께가 1.2[mm] 이상일 것
(2) 폭이 40[mm] 이상인 철판으로 제작할 것
(3) 덕트의 바깥면과 안쪽면에 산화 방지를 위한 아연도금을 할 것
(4) 덕트의 안쪽면은 전선 피복을 손상시키는 돌기가 없을 것

3 플로어 덕트 공사

(1) 플로어 덕트의 폭이 150[mm] 이하는 플로어 덕트의 판 두께가 1.2[mm] 이상일 것
(2) 플로어 덕트의 폭이 150[mm] 초과 200[mm] 이하는 플로어 덕트의 판 두께가 1.4[mm] 이상일 것
(3) 플로어 덕트의 폭이 200[mm] 초과 시에는 플로어 덕트의 판 두께가 1.6[mm] 이상일 것

기출 & 예상문제

유니버셜 피팅(전선관용)의 종류는 박강 전선관용 유니버셜, 후강 전선관용 유니버셜, 나사 없는 전선관용 유니버셜이 있다. 이 중 박강 전선관용 유니버셜 형이 아닌 것은?
① LL형 ② LB형
③ T형   ④ C형

| 해설 |
유니버셜 피팅(전선관용)의 종류
• 박강 전선관용 유니버셜(LL형, LB형, T형)
• 후강 전선관용 유니버셜
• 나사 없는 전선관용 유니버셜

답 ④

CHAPTER 08 CBT 적중문제

01
개폐기의 명칭과 기호의 연결로 옳지 않은 것은?

① 2극 쌍투형: DPDT
② 2극 단투형: DPST
③ 단극 쌍투형: SPDT
④ 단극 단투형: TPST

해설 개폐기의 명칭과 기호
- 2극 쌍투형: DPDT
- 2극 단투형: DPST
- 단극 쌍투형: SPDT
- 3극 단투형: TPST

02
기계기구의 단자와 전선의 접속에 사용되는 자재는?

① 터미널 러그
② 슬리브
③ 와이어접속기(와이어커넥터)
④ T형 접속기(커넥터)

해설
- 터미널러그: 기계기구의 단자와 전선의 접속 시 사용
- 슬리브: 연선 접속 시 사용
- 와이어접속기(와이어커넥터): 전선과 전선을 연결 시 사용

03
약호 중 계기용 변성기를 표시하는 것은?

① PF
② PT
③ MOF
④ ZCT

해설
- PF(전력용 퓨즈): 단락 전류를 차단하고, 부하 전류를 통전
- PT(계기용 변압기): 1차 측의 고전압을 2차 측의 저전압으로 변성
- MOF(전력 수급용 계기용 변성기): PT와 CT를 한 케이스 내에 내장한 계기용 변성기
- ZCT(영상 변류기): 영상 전류를 검출

04
배전반 및 분전반 함이 내아크성, 난연성의 합성수지로 되어 있는 것은 몇 [mm] 이상인가?

① 1.2
② 1.5
③ 1.8
④ 2.0

해설
배전반 및 분전반을 넣은 함이 내아크성, 난연성의 합성수지로 되어 있을 때 함의 최소 두께는 1.5[mm] 이상이어야 한다.

| 정답 | 01 ④ 02 ① 03 ③ 04 ②

05
배전반 및 분전반에 대한 설명으로 옳지 않은 것은?

① 기구 및 전선은 쉽게 점검할 수 있어야 한다.
② 옥외에 시설할 때에는 방수형을 사용해야 한다.
③ 모든 분전반은 최소 간선 용량보다 작은 정격의 것이어야 한다.
④ 한 개의 분전반에는 한 가지 전원(1회선의 간선)만 공급하여야 한다.

해설 배전반 및 분전반 설치기준
- 개폐기를 쉽게 개폐할 수 있는 장소에 시설하여야 한다.
- 옥측 또는 옥외에 시설하는 경우는 방수형을 사용하여야 한다.
- 노출하여 시설되는 분전반 및 배전반의 재료는 불연성의 것이어야 한다.
- 난연성 합성수지로 된 함은 두께 1.5[mm] 이상으로 내(耐)아크성인 것이어야 한다.
- 절연 저항 측정 및 전선 접속 단자의 점검이 용이한 구조이어야 한다.
- 기구 및 전선은 쉽게 점검할 수 있어야 한다.
- 한 개의 분전반에는 한 가지 전원(1회선의 간선)만 공급해야 한다.

06
배전반 및 분전반을 넣는 함을 강판제로 만들 경우, 함의 최소 두께[mm]는?(단, 가로 또는 세로의 길이가 30[cm]를 초과하는 경우이다.)

① 1.0
② 1.2
③ 1.4
④ 1.6

해설 배전반 및 분전반을 넣은 함의 요건
- 반의 옆쪽 또는 뒤쪽에 설치하는 분·배전반의 소형 덕트는 강판제이어야 한다.
- 난연성 합성수지로 된 것은 두께가 최소 1.5[mm] 이상으로 내아크성인 것이어야 한다.
- 강판제의 것은 두께 1.2[mm] 이상이어야 한다. 다만, 가로 또는 세로의 길이가 30[cm] 이하인 것은 두께 1.0[mm] 이상으로 할 수 있다.

07
분전반의 소형 덕트 폭으로 옳지 않은 것은?

① 전선 굵기 35[mm^2] 이하는 덕트 폭 5[cm]
② 전선 굵기 95[mm^2] 이하는 덕트 폭 10[cm]
③ 전선 굵기 240[mm^2] 이하는 덕트 폭 15[cm]
④ 전선 굵기 400[mm^2] 이하는 덕트 폭 20[cm]

해설 배전반, 분전반 소형 덕트 폭
- 전선 굵기 35[mm^2] 이하: 덕트 폭 8[cm]
- 전선 굵기 95[mm^2] 이하: 덕트 폭 10[cm]
- 전선 굵기 240[mm^2] 이하: 덕트 폭 15[cm]
- 전선 굵기 400[mm^2] 이하: 덕트 폭 20[cm]
- 전선 굵기 630[mm^2] 이하: 덕트 폭 25[cm]
- 전선 굵기 1,000[mm^2] 이하: 덕트 폭 30[cm]

| 정답 | 05 ③ 06 ② 07 ①

08
배전반 및 분전반에 대한 설명으로 옳지 않은 것은?

① 개폐기를 쉽게 개폐할 수 있는 장소에 시설하여야 한다.
② 옥측 또는 옥외 시설하는 경우는 방수형을 사용하여야 한다.
③ 노출하여 시설되는 분전반 및 배전반의 재료는 불연성의 것이어야 한다.
④ 난연성 합성수지로 된 것은 두께가 최소 2[mm] 이상으로 내아크성인 것이어야 한다.

해설 배전반 및 분전반 설치기준
- 개폐기를 쉽게 개폐할 수 있는 장소에 시설하여야 한다.
- 옥측 또는 옥외에 시설하는 경우는 방수형을 사용하여야 한다
- 노출하여 시설되는 분전반 및 배전반의 재료는 불연성의 것이어야 한다.
- 난연성 합성수지로 된 함은 두께 1.5[mm] 이상으로 내(耐)아크성인 것이어야 한다.
- 절연 저항 측정 및 전선 접속 단자의 점검이 용이한 구조이어야 한다.
- 기구 및 전선은 쉽게 점검할 수 있어야 한다.
- 한 개의 분전반에는 한 가지 전원(1회선의 간선)만 공급해야 한다.

09
배전반 및 분전반의 설치 장소로 적합하지 않은 곳은?

① 안정된 장소
② 노출되어 있지 않은 장소
③ 개폐기를 쉽게 개폐할 수 있는 장소
④ 전기 회로를 쉽게 조작할 수 있는 장소

해설 배전반 및 분전반 설치기준
- 개폐기를 쉽게 개폐할 수 있는 장소에 시설하여야 한다.
- 옥측 또는 옥외에 시설하는 경우는 방수형을 사용하여야 한다
- 노출하여 시설되는 분전반 및 배전반의 재료는 불연성의 것이어야 한다.
- 난연성 합성수지로 된 함은 두께 1.5[mm] 이상으로 내(耐)아크성인 것이어야 한다.
- 절연 저항 측정 및 전선 접속 단자의 점검이 용이한 구조이어야 한다.
- 기구 및 전선은 쉽게 점검할 수 있어야 한다.
- 한 개의 분전반에는 한 가지 전원(1회선의 간선)만 공급해야 한다.

10
누전 차단기의 동작 시간으로 옳지 않은 것은?

① 고감도 고속형: 정격 감도 전류에서 0.1초 이내
② 중감도 고속형: 정격 감도 전류에서 0.2초 이내
③ 고감도 고속형: 인체 감전 보호용은 0.03초 이내
④ 중감도 시연형: 정격 감도 전류에서 0.1초를 초과하고 2초 이내

해설 누전 차단기의 동작 시간에 의한 분류
- 고감도 고속형: 정격 감도 전류에서 0.1초 이내
- 중감도 고속형: 정격 감도 전류에서 0.1초 이내
- 고감도 고속형: 인체 감전 보호용은 0.03초 이내
- 중감도 시연형: 정격 감도 전류에서 0.1초를 초과하고 2초 이내

11
녹 아웃 펀치와 같은 목적으로 사용하는 공구의 명칭은?

① 리이머 ② 히키
③ 드라이브이트 ④ 호울 소우

해설 호울 소우
- 녹 아웃 펀치와 같은 목적으로 사용하는 공구
- 전선관을 박스나 캐비닛 등에 넣기 위해 철판에 구멍을 내는 용도로 사용되는 공구

12
애자 공사의 절연 전선이 조영재를 관통하는 경우 관통 부분에 사용할 수 없는 것은?

① 애관 ② 금속관
③ 합성수지관 ④ 연질 비닐관

해설 애자 공사(KEC 232.56)
전선이 조영재를 관통하는 경우에는 그 관통하는 부분의 전선을 전선마다 각각 별개의 난연성 및 내수성이 있는 절연관에 넣을 것. 다만, 사용 전압 150[V] 이하인 전선을 건조한 장소에 시설하는 경우로서 관통하는 부분의 전선에 내구성이 있는 절연 테이프로 감을 때에는 그러하지 아니하다.

13
금속관(규격품) 1본의 길이는 약 몇 [m]인가?

① 3.3 ② 3.56
③ 3.66 ④ 4.44

해설
금속관 1본의 길이는 3.66[m]가 규격품이다.

14
강제 전선관에 대한 설명으로 옳지 않은 것은?

① 후강 전선관과 박강 전선관으로 나누어진다.
② 폭발성 가스나 부식성 가스가 있는 장소에 적합하다.
③ 녹이 스는 것을 방지하기 위해 건식 아연 도금법이 사용된다.
④ 주로 강으로 만들고 알루미늄이나 황동, 스테인리스 등은 강제관에서 제외된다.

해설 강제 전선관 공사
- 후강 전선관과 박강 전선관으로 나누어진다.
- 폭발성 가스나 부식성 가스가 있는 장소에 적합하다.
- 녹이 스는 것을 방지하기 위해 건식 아연 도금법이 사용된다.
- 주로 강으로 만들고 알루미늄이나 황동, 스테인리스 등도 강제관으로 사용이 가능하다.

| 정답 | 11 ④ 12 ② 13 ③ 14 ④

15
금속관 배선에 대한 설명으로 옳지 않은 것은?

① 전자적 평형을 위해 교류 회로는 1회로의 전선을 동일 관 내에 넣지 않는 것을 원칙으로 한다.
② 교류 회로에서 전선을 병렬로 사용하는 경우 관내에 전자적 불평형이 생기지 않도록 한다.
③ 굵기가 다른 전선을 동일관 내에 넣는 경우 전선의 피복 절연물을 포함한 단면적의 총 합계가 관내 단면적의 32[%] 이하가 되도록 한다.
④ 관의 굴곡이 적고 동일 굵기의 전선($10[\text{mm}^2]$)을 동일관 내에 넣는 경우 전선의 피복 절연물을 포함한 단면적의 총 합계가 관내 단면적의 48[%] 이하가 되도록 한다.

해설 금속관 배선 방법
- 전자적 평형을 위해 교류 회로는 1회로의 전선 전부를 동일관 내에 넣는 것을 원칙으로 한다.
- 교류 회로에서 전선을 병렬로 사용하는 경우 관내에 전자적 불평형이 생기지 않도록 한다.
- 굵기가 다른 전선을 동일관 내에 넣는 경우 전선의 피복 절연물을 포함한 단면적의 총 합계가 관내 단면적의 32[%] 이하가 되도록 한다.
- 관의 굴곡이 적고 동일 굵기의 전선(단면적 $10[\text{mm}^2]$ 이하)을 동일관내에 넣는 경우 전선의 피복 절연물을 포함한 단면적의 총 합계가 관내 단면적의 48[%] 이하가 되도록 한다.

16
옥외의 빗물의 침입을 막는 데 사용하며 금속관 공사의 인입구 관 끝에 사용하는 재료는?

① 링 리듀서
② 서비스 엘보우
③ 강제 부싱
④ 엔트런스 캡

해설 엔트런스 캡
옥외의 빗물의 침입을 막는 데 사용하며 금속관 공사의 인입구 관 끝에 사용한다.

17
저압 가공 인입선에서 금속관 공사로 옮겨지는 곳 또는 금속관으로부터 전선을 뽑아 전동기 단자 부분에 접속할 때 사용하는 것은?

① 엘보
② 터미널 캡
③ 접지 클램프
④ 엔트런스 캡

해설 접속재 공구 및 자재
- 엘보: 노출 배관 공사 시 전선관을 직각으로 구부릴 때 사용하는 공구
- 터미널 캡
  - 저압 가공 인입선에서 금속관 공사로 옮겨지는 곳에 사용
  - 금속관으로부터 전선을 인출하여 전동기 단자 부분에 접속할 때 사용
- 접지 클램프: 금속관 공사에서 전선관을 접지할 필요가 있는 곳에 사용
- 엔트런스 캡: 인입구, 인출구의 금속관 끝에 설치하는 빗물 침입을 막는 자재

| 정답 | 15 ①   16 ④   17 ②

18
플로어 덕트 설치 그림(약식) 중 블랭크 와셔가 사용되어야 할 부분은?

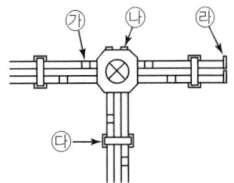

① ㉮
② ㉯
③ ㉰
④ ㉱

해설 블랭크 와셔(Blank washer)
플로어 덕트의 정크션 박스에 덕트를 접속하지 않은 곳을 막기 위해 사용하는 부속품이다.
주어진 박스에서 ㉯ 부분은 플로어 덕트가 설치되는 개소가 아니므로 블랭크 와셔로 막아야 한다.

19
금속관 공사에서 절연 부싱을 쓰는 목적은?
① 관의 끝이 터지는 것을 방지
② 관의 단구에서 전선 손상을 방지
③ 박스 내에서 전선의 접속을 방지
④ 관의 단구에서 조영재의 접속을 방지

해설 부싱
금속관 공사에서 전선관 끝에 설치하여 전선 피복이 손상되는 것을 방지하는 배선 자재이다.

20
플로어 덕트의 최대 폭이 200[mm] 초과 시 플로어 덕트 판 두께는 몇 [mm] 이상이어야 하는가?

① 1.2
② 1.4
③ 1.6
④ 1.8

해설 플로어 덕트 공사
- 플로어 덕트의 폭이 150[mm] 이하는 플로어 덕트의 판 두께가 1.2[mm] 이상일 것
- 플로어 덕트의 폭이 150[mm] 초과 200[mm] 이하는 플로어 덕트의 판 두께가 1.4[mm] 이상일 것
- 플로어 덕트의 폭이 200[mm] 초과 시에는 플로어 덕트의 판 두께가 1.6[mm] 이상일 것

| 정답 | 18 ② 19 ② 20 ③

21
버스 덕트의 폭이 600[mm]인 경우 덕트 강판의 두께는 몇 [mm] 이상인가?

① 1.2
② 1.4
③ 2.0
④ 2.3

해설 버스 덕트의 강판 두께
- 덕트 폭 150[mm] 이하: 1.0[mm] 이상
- 덕트 폭 150[mm] 초과 300[mm] 이하: 1.4[mm] 이상
- 덕트 폭 300[mm] 초과 500[mm] 이하: 1.6[mm] 이상
- 덕트 폭 500[mm] 초과 700[mm] 이하: 2.0[mm] 이상
- 덕트 폭 700[mm] 초과: 2.3[mm] 이상

22
버스 덕트 공사에 대한 설명으로 옳은 것은?

① 덕트의 끝부분을 개방한다.
② 건조한 노출 장소나 점검할 수 있는 은폐 장소에 시설한다.
③ 덕트를 조영재에 붙이는 경우에는 덕트의 지지점 간의 거리를 최대 2[m] 이하로 한다.
④ 덕트는 접지 공사를 하지 않는다.

해설 버스 덕트 공사
- 덕트의 끝부분은 막아야 한다.
- 건조한 노출 장소나 점검할 수 있는 은폐 장소에 시설한다.
- 덕트를 조영재에 붙이는 경우에는 덕트의 지지점 간의 거리를 최대 3[m] 이하로 한다.
- 덕트는 접지 공사를 해야 한다.

23
전선관의 산화 방지를 위해 하는 도금은?

① 페인트
② 니켈
③ 아연
④ 납

해설 전선관의 산화 방지 방법
- 전선관을 아연 도금한다.
- 전선관을 에나멜 등을 도포하여 피복한다.

24
전선관과 박스의 접속에 사용되는 것은?

① 스트레이트 박스 접속기(커넥터)
② 스플릿 커플링
③ 파이프 클램프
④ 컴비네이션 유니온 커플링

해설
- 스트레이트 박스 접속기(커넥터): 전선과 박스 접속 금속 부속품
- 스플릿 커플링: 가요 전선관 접속용 자재
- 파이프 클램프: 금속 파이프 재질의 프레스
- 컴비네이션 유니온 커플링: 가요 전선관과 금속관 접속

25
플로어 덕트 배선에 사용하는 절연 전선이 연선일 때 단면적은 최소 몇 [mm²]를 초과하여야 하는가?

① 6 ② 10
③ 16 ④ 25

해설 플로어 덕트 공사
- 전선은 절연 전선(옥외용 비닐 절연 전선을 제외한다)일 것
- 전선은 연선일 것. 다만, 단면적 10[mm²](알루미늄선은 단면적 16[mm²]) 이하인 것은 그러하지 아니하다.
- 플로어 덕트 안에는 전선에 접속점이 없도록 할 것. 다만, 전선을 분기하는 경우에 접속점을 쉽게 점검할 수 있을 때에는 그러하지 아니하다.

26
금속 덕트 공사에서 금속 덕트에 관한 설명으로 옳지 않은 것은?

① 덕트 철판의 두께가 1.2[mm] 이상일 것
② 폭이 4[cm]를 초과하는 철판으로 제작할 것
③ 덕트의 바깥면만 산화 방지를 위한 아연 도금을 할 것
④ 덕트의 안쪽면만 전선 피복을 손상시키는 돌기가 없을 것

해설 금속 덕트 공사
- 덕트 철판의 두께가 1.2[mm] 이상일 것
- 폭이 4[cm]를 초과하는 철판으로 제작할 것
- 덕트의 바깥면과 안쪽면에 산화 방지를 위한 아연 도금을 할 것
- 덕트의 안쪽면은 전선 피복을 손상시키는 돌기가 없을 것

27
합성수지관 배선 공사에 대한 설명으로 옳지 않은 것은?

① 관 끝부분(말단)에서는 전선관 보호를 위해 부싱을 사용한다.
② 합성수지관 내에서 전선에 접속점을 만들어서는 안 된다.
③ 배선은 절연 전선(옥외용 비닐 절연 전선 제외)을 사용한다.
④ 합성수지관을 새들 등으로 지지하는 경우는 그 지지점 간의 거리를 1.5[m] 이하로 한다.

해설 합성수지관 배선 공사
- 합성수지관 내에서 전선에 접속점을 만들어서는 안 된다.
- 배선은 절연 전선(옥외용 비닐 절연 전선 제외)을 사용한다.
- 합성수지관을 새들 등으로 지지하는 경우는 그 지지점 간의 거리를 1.5[m] 이하로 한다.

| 정답 | 25 ② 26 ③ 27 ①

PART 02 공사재료

배전 선로 및 고압·저압 배전반 공사

1. 지지물
2. 완금 및 애자
3. 장주, 건주 및 전선 설치 공사
4. 개폐기
5. 보호 장치

학습 전략

CHAPTER 09 배전 선로 및 고압·저압 배전반 공사는 전력공학과 유사한 부분이 포함되어 있으므로 학습하기에 좀 더 수월할 수 있습니다. 따라서 전력공학을 학습한 후에 나머지 새로운 내용 위주로 보완하여 학습한다면 효율적으로 학습을 마칠 수 있습니다.

CHAPTER 09 | 흐름 미리보기

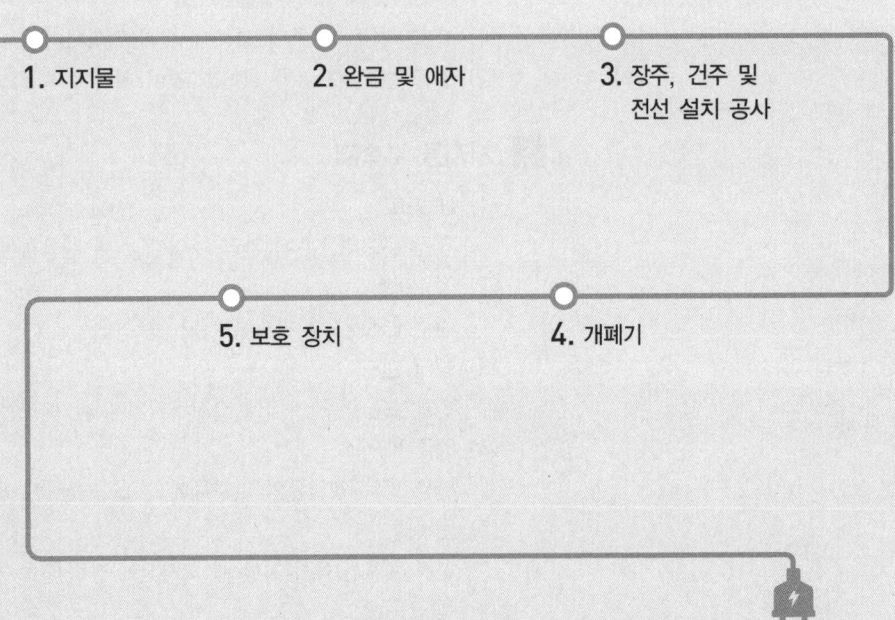

1. 지지물
2. 완금 및 애자
3. 장주, 건주 및 전선 설치 공사
4. 개폐기
5. 보호 장치

NEXT **CHAPTER 10**

CHAPTER 09 배전 선로 및 고압·저압 배전반 공사

THEME 01 지지물

1 지지물
지지물에는 철탑 및 철주, 목주, 철근 콘크리트주 등이 있다.

2 철탑 및 철주
(1) 기계적 강도가 매우 우수하다.
(2) 주로 송전용에 사용한다.
(3) 철주 또는 철탑의 구성

구분	재료에 따른 두께	
	강판, 형강, 평강, 봉강	강관
철주의 주주재	4.0[mm]	2.0[mm]
철탑의 주주재	5.0[mm]	2.4[mm]
기타의 부재	3.0[mm]	1.6[mm]

3 철근 콘크리트주
(1) 겉의 모양이 미려하고 수명이 반영구적이다.
(2) 중량이 무거워 운반이나 건주하기가 어렵다.

4 목주
(1) 운반, 건주, 장주의 가공이 쉬워 편리하다.
(2) 철근 콘크리트주에 비해 가격이 비싸다.

5 지지물 부속재
(1) U 볼트
  철근 콘크리트주에 완금을 취부할 때 사용하는 볼트류
(2) 폴 스텝
  전주에 오를 때 필요한 디딤 볼트
(3) 행거 밴드
  변압기를 전주 자체에 고정시키기 위한 밴드
(4) 앵글 베이스
  완금 또는 앵글류의 지지물에 COS 또는 핀 애자를 고정시키는 부속재
(5) 턴버클
  지지선(지선)을 설치할 때 지지선에 장력을 주어 고정시킬 때 필요한 금속 부속품(금구)

독학이 쉬워지는 기초개념

강의 꿀팁
목주는 현재 거의 사용하지 않아요!

행거 밴드
주상 변압기를 전주에 설치하기 위해 사용하는 금속 부속품(금구)이다.

기출 & 예상문제

폴 스텝이라고 불리우는 자재는?
① 전주에 오를 때 필요한 디딤 볼트
② 주상용 개폐기의 조작 핸들 지지 볼트
③ 전주에 부착되는 파이프 또는 케이블을 전주에 고정시키기 위한 금속 부속품(금구)
④ 전주에 완금을 고정시키기 위한 금속 부속품(금구)

| 해설 |
폴 스텝
전주에 오를 때 필요한 디딤 볼트를 말한다.

답 ①

독학이 쉬워지는 기초개념

Tip 용어 변경

2023년 10월 12일부터 시행
'금구, 금구류' → '금속 부속품'

THEME 02 완금 및 애자

1 완금

(1) 지지물에 전선을 고정시키기 위해 사용하는 금속 부속품(금구)로, 아연 도금을 한 앵글을 많이 사용한다.
(2) 완금이 상하로 움직이는 것을 방지하기 위해 암타이(Arm tie)를 사용한다.
(3) 가공 전선로의 장주에 사용하는 완금의 표준 길이[mm]

전선 조수	특고압	고압	저압
2조	1,800	1,400	900
3조	2,400	1,800	1,400

2 애자

(1) 애자는 전선을 전기적으로 절연시켜 지지물에 취부하기 위한 절연 지지체이다.
(2) 애자의 구비 조건
  ① 충분한 절연 내력을 가질 것
  ② 충분한 기계적 강도를 가질 것
  ③ 누설 전류가 적을 것
  ④ 온도 변화에 잘 견디고 습기를 흡수하지 말 것
  ⑤ 가격이 저렴하고 다루기 쉬울 것
(3) 애자의 종류
  ① 핀 애자: 직선 전선로를 지지하기 위한 곳
  ② 현수 애자: 철탑에서 여러 개의 애자를 연결하여 내려뜨려 사용하는 애자(송전 선로용 애자로서 주로 사용)
  ③ 사용 전압별 현수 애자 개수(250[mm] 표준)

전압[kV]	22.9	66	154	345	765
애자 개수	2~3	4~6	9~11	18~23	38~43

  ④ 긴애자(장간애자): 장경간이나 해안 지대에서 염진해 대책으로 개발된 애자
  ⑤ 내무 애자: 해안, 공장 지대에서 염분이나 먼지, 매연 대책용 애자

라인 포스트 애자
22.9[kV] 가공 선로에서 주로 배전 선로를 지지하기 위해 사용하는 애자이다.

내염형 라인 포스트 애자
하나의 형태로 이루어져 길게 만든 형태의 애자로서 염진해 피해가 심한 바닷가 근처에서 사용한다.

Tip 강의 꿀팁

현수 애자는 연결 금구의 형태에 따라 클레비스형과 볼-소켓형이 있어요.

독학이 쉬워지는 기초개념

저압 인류 애자
- 전압선용: 흰색(백색)
- 중성선용: 녹색

볼 쇄클
가공 배전 선로 경완금에 현수 애자를 장치할 때 사용하는 것으로 이 자재를 사용하면 앵커 쇄클과 볼 크레비스를 사용하지 않아도 돼요.

경완철용 아이쇄클
가공 배전 선로 경완철에 폴리머 현수 애자를 결합하고자 경완철과 폴리머 현수 애자 사이에 설치되는 부속 자재이다.

(4) 애자의 색상
  ① 특고압용 핀 애자: 적색(빨간색)
  ② 저압용 애자(접지 측 제외): 흰색(백색)
  ③ 접지 측 애자: 파란색(청색)

(5) 애자의 연결 방법

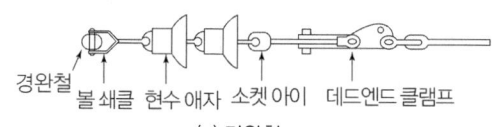
(a) 경완철

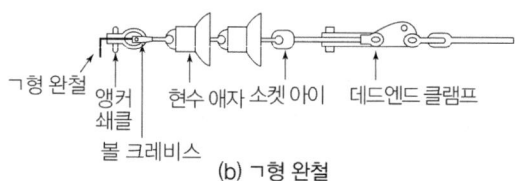
(b) ㄱ형 완철

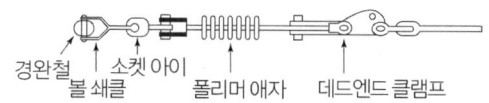
(c) 폴리머 애자

▲ 애자와 부속 자재의 연결 방법

기출 & 예상문제

저압 핀 애자의 종류가 아닌 것은?
① 저압 소형 핀 애자　　② 저압 중형 핀 애자
③ 저압 대형 핀 애자　　④ 저압 특대형 핀 애자

| 해설 |
저압 핀 애자의 종류
저압 소형 핀 애자, 저압 중형 핀 애자, 저압 대형 핀 애자

답 ④

THEME 03 장주, 건주 및 전선 설치 공사

1 장주

(1) 지지물에 전선, 그 밖의 부속 자재를 고정시키기 위해 완목, 완금, 애자 등을 설치하는 것을 말한다.

(2) 장주 작업 시 고려 사항
  ① 공사 방법이 간단할 것
  ② 전선, 기구 등이 튼튼하게 고정될 것
  ③ 혼촉, 누전의 우려가 없을 것
  ④ 경제적이고 미관이 양호할 것

2 건주

가공 전선로 기초 안전율은 가공 전선로의 지지물에 하중이 가해지는 경우에 그 하중을 받는 지지물의 기초의 안전율은 2(규정에 의한 이상 시 상정하중에 대한 철탑의 기초에 대해서는 1.33) 이상이어야 한다. 다만, 다음에 따라 시설하는 경우에는 그러하지 아니하다.

(1) 강관주

강관을 주체로 하는 철주 또는 철근 콘크리트주로서 그 전체 길이가 16[m] 이하, 설계 하중이 6.8[kN] 이하인 것 또는 목주를 다음에 의해 시설하는 경우

① 전체의 길이가 15[m] 이하인 경우는 땅에 묻히는 깊이를 전체 길이의 $\frac{1}{6}$ 이상으로 할 것

② 전체의 길이가 15[m]를 초과하는 경우는 땅에 묻히는 깊이를 2.5[m] 이상으로 할 것(논이나 그 밖의 지반이 연약한 곳에서는 견고한 전주 버팀대(근가)를 시설할 것)

(2) 철근 콘크리트주(설계 하중 6.8[kN] 이하 / 전장 16[m] 초과 20[m] 이하)

철근 콘크리트주로서 전체의 길이가 16[m] 초과 20[m] 이하이고 설계 하중이 6.8[kN] 이하의 것을 논이나 그 밖의 지반이 연약한 곳 이외에 그 묻히는 깊이를 2.8[m] 이상으로 시설하는 경우

(3) 철근 콘크리트주(설계 하중 6.8[kN] 초과 9.8[kN] 이하 / 전장 14[m] 이상 20[m] 이하)

철근 콘크리트주로서 전체의 길이가 14[m] 이상 20[m] 이하이고 설계 하중이 6.8[kN] 초과 9.8[kN] 이하의 것을 논이나 그 밖의 지반이 연약한 곳 이외에 시설하는 경우

① 전체의 길이가 15[m] 이하인 경우는 땅에 묻히는 깊이를 전체 길이의 $\frac{1}{6}$ 에 30[cm]를 가산한 값 이상일 것

② 전체의 길이가 15[m]를 초과하는 경우는 땅에 묻히는 깊이를 2.8[m] 이상으로 할 것

(4) 연약 지반 이외에 설치의 경우(설계 하중 9.8[kN] 초과 14.72[kN] 이하)

철근 콘크리트주로서 전체의 길이가 14[m] 이상 20[m] 이하이고 설계 하중이 9.8[kN] 초과 14.72[kN] 이하의 것을 논이나 그 밖의 지반이 연약한 곳 이외에 다음과 같이 시설하는 경우

① 전체의 길이가 15[m] 이하인 경우에는 그 묻는 깊이를 $\frac{1}{6}$ 로 계산한 것에 0.5[m]를 더한 값 이상으로 할 것

② 전체의 길이가 15[m] 초과 18[m] 이하인 경우에는 그 묻히는 깊이를 3[m] 이상으로 할 것

③ 전체의 길이가 18[m]를 초과하는 경우에는 그 묻히는 깊이를 3.2[m] 이상으로 할 것

3 지지선

(1) 지지선(지선)은 지지물의 강도를 보강하기 위해 시설하는 것이다.

독학이 쉬워지는 기초개념

건주
지지물을 땅에 박아 세우는 공사

Tip 용어 변경

2023년 10월 12일부터 시행
'근가' → '전주 버팀대'

> **독학이 쉬워지는 기초개념**

> **Tip 용어 변경**
> 2023년 10월 12일부터 시행
> '지선' → '지지선'

> **지지선(지선)롯드**
> 지지선과 지지선용 전주 버팀대를 연결하는 금속 부속품(금구)

> **전주 버팀대(근가)**
> 전주가 빠지거나 이동하지 않도록 설치한 것

> **철근 콘크리트 전주 버팀대(근가)의 규격**
> 0.7, 1.0, 1.2, 1.5, 1.8[m]

(2) 지지선의 설치 규정
① 지지선의 안전율은 2.5 이상일 것. 이 경우에 허용 인장 하중의 최저는 4.31[kN]으로 한다.
② 지지선은 소선 3가닥 이상의 연선 구조일 것
③ 소선의 지름이 2.6[mm] 이상의 금속선을 사용한 것일 것. 단, 소선의 지름이 2[mm] 이상인 아연도강연선으로서 소선의 인장 강도가 $0.68[kN/mm^2]$ 이상인 것을 사용하는 경우에는 그러하지 아니한다.
④ 지중 부분 및 지표상 0.3[m]까지의 부분에는 내식성이 있는 것 또는 아연 도금을 한 철봉을 사용하고 쉽게 부식되지 아니하는 전주 버팀대에 견고하게 붙일 것. 다만, 목주에 시설하는 지지선에 대해서는 그러하지 아니한다.
⑤ 지선 근가는 지지선의 인장 하중에 충분히 견디도록 시설할 것

기출 & 예상문제

[중요도] 지지물(전주 등)의 강도 보강 및 불평형 하중에 대한 평형 유지를 목적으로 설치하는 것은?
① 소켓 아이   ② 지지선(지선)   ③ 볼 아이   ④ 볼 쇄클

| 해설 |
지지선(지선)은 지지물의 강도를 보강하기 위해 시설하는 것이다.

답 ②

4 전주 버팀대

(1) 근입 깊이에 따른 전주 버팀대(근가)의 길이

전주 길이[m]	근입 깊이[m]	전주 버팀대의 길이[m]
7	1.2	1.0
8	1.4	1.0
9	1.5	1.2
10	1.7	1.2
11	1.9	1.5
12	2.0	1.5
13	2.2	1.5
14	2.4	1.8
15	2.5	1.8
16	2.5	1.8

(2) 전주 버팀대(근가)용 U-볼트의 표준 규격

전주 길이[m]	U-볼트(직경×길이)
8	270×500
10	320×550
12	360×590
14	360×590
16	400×630

THEME 04 개폐기

1 차단기(CB)

(1) 차단기는 부하 전류는 물론 고장 시에 발생하는 대전류를 신속하게 차단하여 고장 구간을 신속하게 건전 구간으로부터 분리시키는 역할을 수행한다.

(2) 소호 원리에 따른 차단기의 종류
   ① 유입 차단기(OCB): 소호실에서 아크의 열에 의한 절연유의 분해에 따른 가스의 소호력을 이용
   ② 공기 차단기(ABB): 압축 공기의 강한 소호력을 이용
   ③ 진공 차단기(VCB): 진공 상태에서의 아크의 급속한 확산 효과를 이용하여 소호
   ④ 자기 차단기(MBB): 자기 회로에서의 자기력에 의해 아크를 끌어당겨 소호
   ⑤ 가스 차단기(GCB): 절연 특성이 매우 뛰어난 SF_6 가스의 강력한 소호 작용을 이용
   ⑥ 기중 차단기(ACB): 대기(공기)의 자연 소호력을 이용

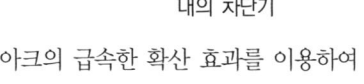

▲ 보호 계전 시스템 내의 차단기

기출 & 예상문제

공기의 자연 소호를 이용하여 소호 방식을 가지는 차단기는?
① 공기 차단기   ② 가스 차단기
③ 기중 차단기   ④ 유입 차단기

| 해설 |
기중 차단기(ACB)
대기(공기)의 자연 소호력을 이용하여 아크를 소멸시킨다.

답 ③

2 단로기(DS)

(1) 단로기는 선로로부터 기기를 분리, 구분 및 변경할 때 사용되는 개폐 장치이다.
(2) 단로기는 차단기와 달리 내부에 소호 장치가 없으므로 고장 전류나 부하 전류를 차단할 수 없으며 무부하 상태에서만 회로를 개폐할 수 있다.
(3) 차단기와 단로기의 조작 순서
   ① 투입 시: 단로기(DS) 투입 → 차단기(CB) 투입
   ② 차단 시: 차단기(CB) 개방 → 단로기(DS) 개방

독학이 쉬워지는 기초개념

과전류 차단기
전선 및 기계기구를 보호하기 위한 목적으로 전로 도중에는 반드시 과전류 차단기를 설치하여 보호해야 한다.

소호
차단 시 발생하는 아크를 소멸시키는 것

저압 배전반의 주차단기
- ACB(기중 차단기)
- MCCB(배선 차단기)
- NFB(배선 차단기: No Fuse Breaker)

SF_6 가스의 특징
- 무색, 무취, 무해
- 절연 능력은 공기의 2~3배
- 소호 능력은 공기의 약 100~200배

인터록(Interlock)
차단기가 열려 있어야만 단로기를 조작할 수 있는 것

LS(선로개폐기)
단로기와 같은 역할이나 66[kV] 이상에 사용한다.

독학이 쉬워지는 기초개념

비포장 퓨즈
실 퓨즈, 판 퓨즈, 고리 퓨즈

전력 퓨즈(PF)의 가장 큰 단점
재투입 불가능

ZCT(영상 변류기)
고압으로 수전하는 변전소에서 접지 보호용으로 사용되는 계전기의 영상 전류를 검출하는 계전기이다.

3 전력 퓨즈(PF)

(1) 전력 퓨즈는 주로 단락 전류를 차단하기 위해 만든 보호 장치로, 차단기의 용량이 부족한 부분을 보완하는 역할로서 차단기와 직렬로 설치한다.

(2) 역할
  ① 부하 전류는 안전하게 통전시킨다.
  ② 이상 전류(과전류)는 즉시 차단시킨다.

(3) 장·단점

장점	단점
• 현저한 한류 특성을 갖는다. • 고속도 차단할 수 있다. • 소형으로 큰 차단 용량을 갖는다. • 한류형은 차단 시 무소음, 무방출이다.	• 재투입 불가능하다. • 과전류에 용단되기 쉽고, 결상을 일으킬 우려가 있다. • 한류형 퓨즈는 용단되어도 차단되지 않는 범위가 있다.

(4) 전력 퓨즈 선정 시 고려 사항
  ① 과부하 전류에 동작하지 말 것
  ② 변압기 여자 돌입 전류에 동작하지 말 것
  ③ 전동기 기동 전류에 동작하지 말 것
  ④ 타 기기와 보호 협조를 가질 것

(5) 퓨즈의 특성
  ① 용단 특성
  ② 단시간 허용 특성
  ③ 전차단 특성

기출 & 예상문제

전력 퓨즈(Power Fuse) 중 고압에서 사용되는 퓨즈는?
① 방출형 ② 통형
③ 관형   ④ 한류형

| 해설 |
전력 퓨즈는 보통 고압용 퓨즈를 말하는 것으로 방출형이다. 전력 퓨즈는 고전압 회로 및 기기의 단락 보호용의 퓨즈로 소호 방식에 따라 한류형과 비한류형으로 나눈다.

답 ①

THEME 05 보호 장치

1 보호 계전 시스템의 정의

전력 계통의 운전 상태를 계기용 변압기(PT)와 변류기(CT)를 통해 계통의 상태를 확인한 후에 동작 신호를 차단기의 트립 코일(TC)에 보내어 차단기를 신속, 정확하게 동작시켜 전력 계통을 보호하는 것이다.

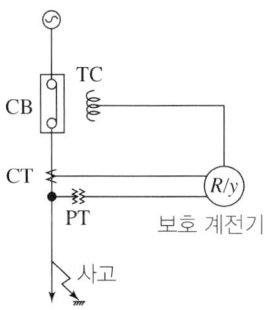

▲ 보호 계전 시스템의 개념도

독학이 쉬워지는 기초개념

TC(트립 코일: Trip Coil)
차단기의 가동 접촉자를 전자력의 힘으로 구동시키는 역할

2 보호 계전기의 구비 조건

① 고장의 정도 및 위치를 정확히 파악할 것
② 보호 계전기 동작이 정확하고 신속할 것
③ 소비 전력이 적고 경제적일 것
④ 오래 사용하여도 특성 변화가 없을 것

3 동작 시간에 따른 보호 계전기의 종류

(1) 순한시 계전기
동작 전류 이상에서 즉시 동작하는 계전기

(2) 정한시 계전기
동작 전류 이상에서 일정한 시간이 지난 후 동작하는 계전기

(3) 반한시 계전기
동작 전류가 작을 때에는 늦게 동작하고 동작 전류가 클 때에는 빨리 동작하는 계전기

(4) 반한시성 정한시 계전기
고장 전류가 적은 동안에는 반한시 특성을 나타내고 고장 전류가 큰 경우에는 정한시 특성을 나타내는 계전기

4 용도에 따른 보호 계전기의 종류

(1) 과전류 계전기(OCR: Over Current Relay)
전류가 일정 값 이상으로 흐를 때 동작하는 계전기(과부하 또는 단락 사고 보호용)

(2) 과전압 계전기(OVR: Over Voltage Relay)
전압이 일정 값 이상이 되었을 때 동작하는 계전기

(3) 부족 전압 계전기(UVR: Under Voltage Relay)
전압이 일정 값 이하로 되었을 때 동작하는 계전기

(4) 지락(접지) 계전기(GR: Ground Relay)
지락 사고 시 발생하는 지락 전류(영상 전류)에 동작하는 계전기

(5) 선택 지락 계전기(SGR: Selective Ground Relay)
병행 2회선 송전 선로에서 지락 사고 시 지락이 발생한 회선만을 검출하여 선택 차단할 수 있도록 한 지락 계전기

독학이 쉬워지는 기초개념

비율 차동 계전기
PDR(차동 계전기라고도 한다.)

5 비율 차동 계전기(87)

(1) 발전기 보호: 87G
(2) 변압기 보호: 87T
(3) 모선 보호: 87B

6 PT와 CT

항목	PT(계기용 변압기)	CT(변류기)
목적	고전압의 측정, 감시를 위한 계기용 변성기로 1차 측의 고전압을 2차 측의 저전압으로 변성	대전류 측정, 감시를 위한 계기용 변성기로 1차 측의 대전류를 2차 측의 소전류로 변성
접속	주 회로에 병렬 연결	주 회로에 직렬 연결
2차 접속 부하	전압계, 계전기의 전압 코일, 역률계, 임피던스가 큰 부하	전류계, 전원 릴레이의 전류 코일, 차단기의 트립 코일, 전원 임피던스가 작은 부하
2차 정격	정격 전압: $110[V]$	정격 전류: $5[A]$
점검 시 유의점	2차 측 개방	2차 측 단락

7 PCT(MOF: Metering Out Fit, 계기용 변압 변류기, 계기용 변성기)

PT와 CT를 한 케이스 내에 내장시킨 것이다.

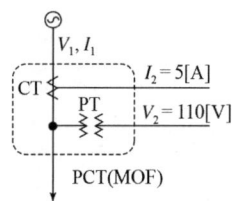

▲ 계기용 변성기(MOF)

8 주상 변압기 보호 장치

(1) COS(컷 아웃 스위치)
변압기 1차 측에 설치하여 주상 변압기 고압 측 보호
(2) Catch Holder(캐치 홀더)
변압기 2차 비접지 측 전선에 설치하여 주상 변압기 저압 측 보호

9 큐비클(폐쇄식 배전반)

(1) 배전반을 폐쇄식으로 한 구조로서 모선, 계기용 변성기, 차단기 등을 하나의 함 내에 시설한 것을 말한다.
(2) 큐비클의 종류
① CB형: 차단기를 사용한 것(수전 용량 $500[kVA]$ 이하에 적용)
② PF-CB형: 한류형 전력 퓨즈와 차단기를 조합하여 사용한 것(수전 용량 $500[kVA]$ 이하에 적용)
③ PF-S형: 한류형 전력 퓨즈와 고압 개폐기를 조합하여 사용한 것(수전 용량 $300[kVA]$ 이하에 적용)

> **Tip 강의 꿀팁**
> 일반 건축물의 배전반은 거의 모두 큐비클 형태예요.

> **Tip 강의 꿀팁**
> ASS는 자동 고장 구분 개폐기로 보호 계전기가 아니에요.

CHAPTER 09 CBT 적중문제

01
배전 선로의 지지물로 가장 많이 쓰이고 있는 것은?

① 철탑
② 강판주
③ 강관 전주
④ 철근 콘크리트 전주

해설 배전 선로의 지지물
철근 콘크리트 전주를 가장 많이 사용한다.

02
주상 변압기를 전주에 설치하기 위해 사용하는 금속 부속품(금구류)은?

① 행거 밴드
② 지지선(지선) 밴드
③ 볼 아이
④ 인류 스트랍

해설 행거 밴드
주상 변압기를 전주에 설치하기 위해 사용하는 금속 부속품(금구)이다.

03
행거 밴드란 무엇인가?

① 완금을 전주에 설치하는 데 필요한 밴드
② 완금에 암타이를 고정시키기 위한 밴드
③ 전주 자체에 변압기를 고정시키기 위한 밴드
④ 전주에 COS 또는 LA를 고정시키기 위한 밴드

해설 행거 밴드
주상 변압기를 전주에 설치하기 위해 사용하는 금속 부속품(금구)이다.

04
가공 전선로에서 $22.9[kV-Y]$ 특고압 가공 전선 2조를 수평으로 배열하기 위한 완금의 표준 길이[mm]는?

① 1,400
② 1,800
③ 2,000
④ 2,400

해설 완금의 표준 길이
- 전선 개수 2조
  - 특고압용(1,800[mm])
  - 고압용(1,400[mm])
  - 저압용(900[mm])
- 전선 개수 3조
  - 특고압용(2,400[mm])
  - 고압용(1,800[mm])
  - 저압용(1,400[mm])

05
특고압 가공 전선로의 장주에 사용되는 완금의 표준 규격[mm]이 아닌 것은?

① 1,400
② 1,800
③ 2,400
④ 2,700

해설
완금의 규격으로는 900[mm], 1,400[mm], 1,800[mm], 2,400[mm]이 있다.

| 정답 | 01 ④ 02 ① 03 ③ 04 ② 05 ④

06

가공 전선로에서 $22.9[\text{kV}-\text{Y}]$ 특고압 가공 전선 3조를 수평으로 배열하기 위한 완금의 표준 길이[mm]는?

① 2,400　　② 1,800
③ 1,400　　④ 900

해설 완금의 표준 길이
- 전선 개수 2조
  - 특고압용(1,800[mm])
  - 고압용(1,400[mm])
  - 저압용(900[mm])
- 전선 개수 3조
  - 특고압용(2,400[mm])
  - 고압용(1,800[mm])
  - 저압용(1,400[mm])

07

전선을 지지하기 위해 수용가 측 설비에 부착하여 사용하는 'ㄱ'자형으로 생긴 형강은?

① 암타이 밴드　　② 완금 밴드
③ 경완금　　　　④ 인입용 완금

해설 인입용 완금
전선을 지지하기 위해 수용가 측 설비에 부착하여 사용하는 'ㄱ'자형으로 생긴 형강이다.

08

폴리머 애자의 설치 부속 자재를 옳게 나열한 것은?

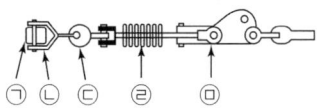

① ㉠ 경완철, ㉡ 볼 쇄클, ㉢ 소켓 아이, ㉣ 폴리머 애자, ㉤ 데드엔드 클램프
② ㉠ 볼 쇄클, ㉡ 소켓 아이, ㉢ 폴리머 애자, ㉣ 경완철, ㉤ 데드엔드 클램프
③ ㉠ 소켓 아이, ㉡ 볼 쇄클, ㉢ 데드엔드 클램프, ㉣ 폴리머 애자, ㉤ 경완철
④ ㉠ 경완철, ㉡ 폴리머 애자, ㉢ 소켓 아이, ㉣ 데드엔드 클램프, ㉤ 볼 쇄클

해설
㉠ 경완철, ㉡ 볼 쇄클, ㉢ 소켓 아이, ㉣ 폴리머 애자, ㉤ 데드엔드 클램프(인장)

09

가공 전선로에 사용하는 애자가 구비해야 할 조건이 아닌 것은?

① 이상 전압에 견디고 내부 이상 전압에 대해 충분한 절연 강도를 가질 것
② 전선의 장력, 풍압, 빙설 등의 외력에 의한 하중에 견딜 수 있는 기계적 강도를 가질 것
③ 비, 눈, 안개 등에 대해 충분한 전기적 표면 저항이 있어 누설 전류가 흐르지 못하게 할 것
④ 온도나 습도의 변화에 대해 전기적 및 기계적 특성의 변화가 클 것

해설 애자
- 역할
  - 전선과 철탑 간의 절연체 역할을 한다.
  - 전선을 지지물에 고정시키는 지지체 역할을 한다.
- 구비 조건
  - 충분한 절연 내력을 가질 것
  - 충분한 기계적 강도를 가질 것
  - 누설 전류가 적을 것
  - 온도 변화에 잘 견디고 습기를 흡수하지 말 것
  - 가격이 싸고 다루기 쉬울 것

10
전선을 지지하기 위해 사용되는 자재로 애자를 부착하여 사용하며 단면이 ㅁ형으로 생긴 형강은?

① 경완철
② 분기고리
③ 행거 밴드
④ 인류 스트랍

해설 경완철
전선을 지지하기 위해 사용되는 자재로 애자를 부착하여 사용하며 단면이 ㅁ형으로 생긴 형강이다.

11
송전용 볼 소켓형 현수 애자의 표준형 지름은 약 몇 [mm]인가?

① 220
② 250
③ 270
④ 300

해설 현수 애자의 규격
- 250[mm] (표준 규격)
- 280[mm]
- 320[mm]

12
특고압 배전 선로에 사용하는 애자로서 특히 염진해 오손이 심한 지역(바닷가 등)에서 사용되면 애자와 애자핀이 별도 분리되어 있으며 사용 시에는 조립하여 사용하는 애자는?

① 지지선(지선)용 구형 애자
② 내염용 라인 포스트 애자
③ 고압 핀 애자
④ T형 인류 애자

해설 내염용 라인 포스트 애자
- 전선을 지지하는 데 주로 사용되는 애자
- 하나의 형태로 이루어져 길게 만든 형태의 애자
- 염진해 피해가 심한 바닷가 근처에는 내염용을 사용

13
66[kV] 이상의 선로에 사용되며 연결 금속 부속품(금구)의 모양에 따라 클레비스형과 볼-소켓형으로 구분되는 애자는?

① 핀 애자
② 지지 애자
③ 긴애자(장간애자)
④ 현수 애자

해설 현수 애자
- 사용 전압 등급에 따라 여러 개의 애자를 다음과 같이 연결하여 사용하는 애자
  - 154[kV] 송전 선로: 250[mm] 현수 애자 10개 정도
  - 345[kV] 송전 선로: 250[mm] 현수 애자 20개 정도
  - 765[kV] 송전 선로: 250[mm] 현수 애자 40개 정도
- 현수 애자를 연결하는 방식에 따른 구분
  - 클레비스형
  - 볼-소켓형

14
가공 배전 선로 경완금에 현수 애자를 장치할 때 사용하는 것으로 이 자재를 사용하면 앵커 쇄클과 볼 크레비스를 사용하지 않아도 되는 것은?

① 볼 쇄클
② 소켓 아이
③ 데드엔드 클램프
④ 각암타이

해설 볼 쇄클
가공 배전 선로 경완금에 현수 애자를 장치할 때 사용하는 것으로 이 자재를 사용하면 앵커 쇄클과 볼 크레비스를 사용하지 않아도 된다.

15
공칭 전압 345[kV]인 경우 현수 애자 일련의 개수는?

① 10~11
② 18~20
③ 25~30
④ 40~45

해설 사용 전압별 현수 애자 개수(250[mm] 표준)

전압[kV]	22.9	66	154	345	765
애자 개수	2~3	4~6	9~11	18~23	38~43

16
저압의 전선로 및 인입선의 중성선 또는 접지 측 전선을 애자의 빛깔에 의해 식별하는 경우 어떤 빛깔의 애자를 사용하는가?

① 검은색(흑색)
② 파란색(청색)
③ 녹색
④ 흰색(백색)

해설 애자의 색상
- 특고압용 핀 애자: 적색(빨간색)
- 저압용 애자(접지 측 제외): 흰색(백색)
- 접지 측 애자: 파란색(청색)

17
완철 장주의 설치 중 설치 위치 및 방법에 대한 설명으로 옳지 않은 것은?

① 완철은 교통에 지장이 없는 한 긴 쪽을 도로 측으로 설치한다.
② 완철용 M 볼트는 완철의 반대 측에서 삽입하고 완철이 밀착되게 조인다.
③ 보통 장주와 창출 또는 편출 개소에는 완철 밴드, 볼트, 암타이 등을 완철의 종류, 규격에 따라 설치한다.
④ 단완철은 전원 측에 설치하며 하부 완철은 상부 완철과 동일한 측에 설치한다.

해설 완철 장주의 설치 위치 및 방법
- 완철은 교통에 지장이 없는 한 긴 쪽을 도로 측으로 설치한다.
- 완철용 M 볼트는 완철의 반대 측에서 삽입하고 완철이 밀착되게 조인다.
- 보통 장주와 창출 또는 편출 개소에는 완철 밴드, 볼트, 암타이 등을 완철의 종류, 규격에 따라 설치한다.
- 단완철은 전원의 반대 측(부하 측)에 설치함을 원칙으로 한다.

18
지지선(지선)과 지지선(지선)용 전주 버팀대(근가)를 연결하는 금속 부속품(금구)은?

① 볼 쇄클
② U 볼트
③ 지선 롯드
④ 지선 밴드

해설 지지선(지선) 롯드
지지선(지선)과 지지선(지선)용 전주 버팀대(근가)를 연결하는 금속 부속품(금구)이다.

| 정답 | 15 ② 16 ② 17 ④ 18 ③

19
차단기 중 자연 공기 내에서 개방할 때 접촉자가 떨어지면서 자연 소호에 의한 소호 방식을 가지는 기능을 이용한 것은?

① 공기 차단기
② 가스 차단기
③ 기중 차단기
④ 유입 차단기

해설 기중 차단기(ACB)
자연 공기 내에서 개방할 때 접촉자가 떨어지면서 자연 소호된다.

20
소호 능력이 우수하며 이상 전압 발생이 적고 고전압 대전류 차단에 적합한 지중 변전소 적용 차단기는?

① 유입 차단기
② 가스 차단기
③ 공기 차단기
④ 진공 차단기

해설 소호 원리에 따른 차단기의 종류
- 유입 차단기(OCB): 소호실에서 아크의 열에 의한 절연유의 분해에 따른 가스의 소호력을 이용
- 공기 차단기(ABB): 압축 공기의 강한 소호력을 이용
- 진공 차단기(VCB): 진공 상태에서 아크의 급속한 확산 효과를 이용하여 소호
- 자기 차단기(MBB): 자기 회로에서의 자기력에 의해 아크를 끌어당겨서 소호
- 가스 차단기(GCB): 절연 특성이 매우 뛰어난 SF_6 가스의 강력한 소호 작용을 이용(변전소에서 주로 사용)

21
전선 및 기계 기구를 보호할 목적으로 시설해야 할 것 중 가장 적합한 것은?

① 전력 퓨즈
② 저압 개폐기
③ 누전 차단기
④ 과전류 차단기

해설 과전류 차단기의 시설
전선 및 기계 기구를 보호하기 위한 목적으로 전로 도중에는 반드시 과전류 차단기를 설치하여 보호하여야 한다.

22
고장 전류 차단 능력이 없는 것은?

① LS
② VCB
③ ACB
④ MCCB

해설
- 차단기
  - 내부에 소호 장치가 있어 고장 전류를 끊을 수 있다.
  - VCB, ACB, MCCB는 차단기의 종류에 해당한다.
- 단로기
  - 내부에 소호 장치가 없어 고장 전류를 끊을 수 없다.
  - LS, DS는 단로기의 종류에 해당한다.

23
전력용 퓨즈 구입 시 고려할 사항이 아닌 것은?

① 정격 전압
② 정격 전류
③ 정격 용량
④ 정격 시간

해설 전력용 퓨즈 구입 시 고려 사항
- 정격 전압, 정격 전류, 정격 용량
- 사용 장소
- 타 보호 기기와의 절연 협조 검토

| 정답 | 19 ③ 20 ② 21 ④ 22 ① 23 ④

24
MCCB 동작 방식에 대한 분류가 아닌 것은?

① 열동식 ② 열동 전자식
③ 기중식 ④ 전자식

해설 MCCB 동작 방식
- 열동식
- 열동 전자식
- 전자식

25
비포장 퓨즈의 종류가 아닌 것은?

① 실 퓨즈 ② 판 퓨즈
③ 고리 퓨즈 ④ 플러그 퓨즈

해설
플러그 퓨즈는 포장 퓨즈이다.

26
보호 계전기의 종류가 아닌 것은?

① ASS ② OVR
③ GR ④ OCR

해설
ASS는 자동 고장 구분 개폐기로서 보호 계전기에 해당되지 않는다.

27
대전류를 정격 2차 전류 5[A], 1[A], 0.1[A]의 전류로 변환하는 것이며 전류 측정, 계전기 동작 전원 등의 용도로 사용하는 것은?

① CH ② CCT
③ CT ④ CC

해설 변류기(CT)
1차 측의 대전류를 2차 측의 소전류로 변성한다.

28
수변전 설비 회로의 특고압 및 고압을 저압으로 변성하는 것은?

① 계기용 변압기 ② 과전류 계전기
③ 변류기 ④ 전력 콘덴서

해설 계기용 변압기(PT)
1차 측의 고전압을 2차 측의 저전압으로 변성한다.

| 정답 | 24 ③ 25 ④ 26 ① 27 ③ 28 ①

29
주상 변압기 1차 측에 설치하여 변압기의 보호와 개폐에 사용하는 것은?

① 단로기(DS) ② 진공 차단기(VCB)
③ 선로 개폐기(LS) ④ 컷 아웃 스위치(COS)

해설 주상 변압기 보호 장치
- 1차 고압 측: 컷 아웃 스위치(COS)
- 2차 저압 측: 캐치-홀더(Catch-holder)

30
PF-S형 큐비클식 고압 수전 설비에서 고압 전로의 단락 보호용으로 사용하는 전력 퓨즈는?

① 한류형 ② 애자형
③ 인입형 ④ 내장형

해설
- PF-S형: 한류형 전력 퓨즈 + 개폐기 조합
- PF-CB형: 한류형 전력 퓨즈 + 차단기 조합

31
수변전 설비의 인입구 개폐기로 사용되며 부하 전류를 개폐할 수 있으나 고장 전류를 차단할 수 없으므로 한류 퓨즈와 직렬로 사용되는 것은?

① 자동 고장 구분 개폐기
② 선로 개폐기
③ 기중부하 개폐기
④ 부하 개폐기

해설
- PF-S형: 한류형 전력 퓨즈 + 부하 개폐기 조합
- PF-CB형: 한류형 전력 퓨즈 + 차단기 조합

32
수전 설비를 주 차단 장치의 구성으로 분류하는 방법이 아닌 것은?

① CB형 ② PF-S형
③ PF-CB형 ④ PF-PF형

해설 수전 설비의 주 차단 장치의 구성에 따른 분류
- CB형: 차단기로만 구성하는 방식
- PF-S형: 전력 퓨즈와 개폐기 조합 방식
- PF-CB형: 전력 퓨즈와 차단기 조합 방식

33
고압으로 수전하는 변전소에서 접지 보호용으로 사용되는 계전기에 영상 전류를 공급하는 기기는?

① CT ② PT
③ ZCT ④ GPT

해설
- CT: 1차 측의 대전류를 2차 측의 소전류로 변성한다.
- PT: 1차 측의 고전압을 2차 측의 저전압으로 변성한다.
- ZCT: 영상 전류를 검출한다.
- GPT: 영상 전압을 검출한다.

| 정답 | 29 ④ | 30 ① | 31 ④ | 32 ④ | 33 ③ |

CHAPTER 10

PART 02 공사재료

피뢰설비 및 접지 · 공사 재료

1. 피뢰기(LA)
2. 피뢰침
3. 접지 공사
4. 전기 재료

학습 전략

CHAPTER 10 피뢰설비 및 접지·공사 재료에서 피뢰기 내용은 전력공학과 동일한 내용이므로 이 부분부터 학습해 나가면 쉽게 접근할 수 있습니다. 이후 이와 유사한 피뢰침 등의 순으로 학습한다면 어렵지 않게 학습을 마무리할 수 있습니다.

CHAPTER 10 | 흐름 미리보기

1. 피뢰기(LA)
2. 피뢰침
3. 접지 공사
4. 전기 재료

합격!

PART 02 공사재료

CHAPTER 10

피뢰설비 및 접지·공사 재료

독학이 쉬워지는 기초개념

THEME 01 피뢰기(LA: Lightning Arrester)

1 피뢰기의 구조 및 역할

(1) 피뢰기의 역할
  ① 이상 전압이 침입해서 피뢰기의 단자 전압이 어느 일정 값 이상으로 올라가면 즉시 방전을 개시하여 전압 상승을 억제한다.
  ② 이상 전압이 없어져 단자 전압이 일정 값 이하가 되면 즉시 방전을 정지하여 원래의 송전 상태로 되돌아가게 한다.

(2) 피뢰기 구조
  ① 직렬 갭: 이상 전압을 감지하여 방전시키고 속류를 차단시키는 역할
  ② 특성 요소: 뇌전류 방전 시 피뢰기 자신의 전위 상승을 억제하여 절연 파괴를 방지하는 역할

> **강의 꿀팁**
> 갭레스 피뢰기
> 특성 요소를 산화아연(ZnO)으로 사용하고 직렬 갭을 없앤 피뢰기(현재 많이 사용되는 피뢰기)

2 피뢰기의 구비 조건

① 충격 방전 개시 전압이 낮을 것
② 상용 주파 방전 개시 전압이 높을 것
③ 방전 내량이 크면서 제한 전압이 낮을 것
④ 속류의 차단 능력이 충분할 것

▲ 피뢰기의 구성 요소 (직렬 갭, 특성 요소(SiC))

3 피뢰기의 제한 전압

(1) 피뢰기의 동작으로 내습한 충격파 전압이 방전으로 저하된 후 피뢰기의 단자 간에 남게 되는 충격 전압을 말한다.
(2) 피뢰기 동작 중 계속해서 걸리고 있는 피뢰기 단자 전압의 파고값을 말한다.

4 피뢰기의 정격 전압

(1) 정격 전압
  피뢰기에서 속류를 차단할 수 있는 상용 주파수 최고의 교류 전압 실효값을 말한다.
(2) 속류
  방전 전류에 이어 전원으로부터 공급되는 상용 주파수의 전류를 말한다.

(3) 전압 계통별 피뢰기 정격 전압

전압 계통	피뢰기 정격 전압
22[kV]	24[kV]
22.9[kV]	배전 선로: 18[kV], 변전소: 21[kV]
154[kV]	144[kV]
345[kV]	288[kV]

5 방전 전류

(1) 방전 전류

 피뢰기가 방전 중 피뢰기에 흐르는 전류를 말한다.

(2) 피뢰기의 공칭 방전 전류

공칭 방전 전류	설치 장소	적용 조건
10,000[A]	변전소(S/S)	154[kV] 이상 계통
5,000[A]	변전소(S/S)	66[kV] 및 그 이하 계통에서 뱅크 용량이 3,000[kVA] 이하인 곳
2,500[A]	선로	배전 선로 인출 측

6 피뢰기의 설치 장소

① 발전소 및 변전소 또는 이에 준하는 장소의 가공 전선 인입구 및 인출구
② 특고압 옥외 배전용 변압기의 고압 측 및 특고압 측
③ 특고압이나 고압 가공 전선로에서 공급받는 수용 장소의 인입구
④ 가공 전선로와 지중 전선로가 만나는 곳

기출 & 예상문제

고압 및 특고압의 전로 중 발·변전소의 가공 전선 인입구 및 인출구에 설치할 시설은?

① 저항기　　② 피뢰기
③ 퓨즈　　　④ 과전류 차단기

| 해설 |
피뢰기의 설치 장소
• 발전소 및 변전소 또는 이에 준하는 장소의 가공 전선 인입구 및 인출구
• 특고압 옥외 배전용 변압기의 고압 측 및 특고압 측
• 특고압이나 고압 가공 전선로에서 공급받는 수용 장소의 인입구
• 가공 전선로와 지중 전선로가 만나는 곳

답 ②

THEME 02 피뢰침

1 피뢰침의 역할 및 피뢰 방식

(1) 피뢰침의 역할
    뇌격으로부터 건축물을 보호하는 설비이다.

(2) 피뢰 방식
    ① 돌침 방식: 일반 건축물 60° 이하 또는 위험물을 취급하는 건물 45° 이하 공중에 돌출하게 한 봉상 금속체를 수뢰부로 하는 방식
    ② 용마루위 도체 방식: 일반 건축물 60° 이하 또는 도체에서 수평 거리 10[m] 이내 부분에 적용
    ③ 케이지 방식: 건조물 주위를 피뢰도선으로 감싸는 방식으로 완전 보호되는 방식

2 피뢰침의 구성

(1) 돌침부
    ① 뇌 방전을 직접 받아내기 위해 공중으로 돌출시킨 막대기 모양의 금속체 수뢰부
    ② 구리(동), 알루미늄, 용융 아연 도금한 철 등의 재질

(2) 인하도선
    ① 피뢰도선의 일부분으로 뇌격 전류를 대지로 끌어들이는 부분
    ② 최소 단면적이 피복이 없는 구리선(동선)을 기준으로 50[mm²] 이상
    ③ 재료: 구리(동), 주석 도금한 구리, 알루미늄, 알루미늄 합금, 용융아연도금 강, 스테인리스강

(3) 접지극
    ① 뇌격 전류를 대지로 신속하게 방전시키는 부분
    ② 동판: 두께 0.7[mm] 이상, 면적 900[cm²] 이상
    ③ 동봉, 동피복강봉: 지름 8[mm] 이상, 길이 0.9[m] 이상
    ④ 철봉: 지름 12[mm] 이상, 길이 0.9[m] 이상의 아연 도금 철봉
    ⑤ 동복강판: 두께 1.6[mm] 이상, 길이 0.9[m] 이상, 면적 250[cm²] 이상
    ⑥ 탄소피복강봉: 지름 8[mm] 이상인 강심, 길이 0.9[m] 이상

독학이 쉬워지는 기초개념

피뢰침의 구성

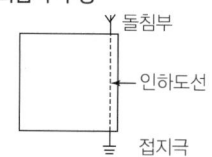

돌침은 건축물의 맨 윗부분으로부터 25[cm] 이상 돌출할 것

피뢰설비 설치기준
수뢰부, 접지극, 인하도선 모두 구리선(동선)을 기준으로 50[mm²] 이상일 것

기출 & 예상문제

중요도
다음 중 수뢰부로 하는 것을 목적으로 공중에 돌출하게 한 봉상 금속체를 무엇이라고 하는가?

① 돌침   ② 케이지
③ 접지극 ④ 용마루

| 해설 |
돌침부
• 뇌 방전을 직접 받아내는 수뢰부(뇌격을 막아내기 위해 사용하는 금속체)
• 구리(동), 알루미늄, 용융 아연 도금 철 등의 재질

답 ①

THEME 03 접지 공사

1 접지시스템

(1) 접지시스템의 구분
   ① 계통 접지: 전력계통에서 돌발적으로 발생하는 이상 현상에 대비하여 대지와 계통을 연결하는 것
   ② 보호 접지: 고장 시 감전에 대한 보호를 목적으로 기기의 한 점 또는 여러 점을 접지하는 것
   ③ 피뢰시스템 접지: 피뢰설비에 흐르는 뇌격 전류를 안전하게 대지로 흘려보내기 위한 접지극을 대지에 접속하는 설비

(2) 접지시스템의 시설 종류
   ① 단독 접지: 고압·특고압 계통의 접지극과 저압 계통의 접지극을 독립적으로 설치한 방식
   ② 공통 접지: 등전위가 형성되도록 고압·특고압 접지 계통과 저압 접지 계통을 공통으로 접지하는 방식
   ③ 통합 접지: 전기설비의 접지 계통·건축물의 피뢰설비·전자통신설비 등의 접지극을 통합하여 접지하는 방식

2 접지 저항 저감제

(1) 접지 저항 저감제 재료
   백필(흑연 가루와 코크스 가루의 혼합물)

(2) 접지 저항 저감제의 구비 조건
   ① 사용 시 화학적, 기계적으로 안전할 것
   ② 장시간 동안 접지 저감 효과가 지속될 것
   ③ 전기적으로 양도체일 것
   ④ 전극을 부식시키지 않을 것

3 접지 저항 저감제 시공법

(1) 수반법
   접지 전극 부근의 대지에 저감제를 뿌리는 방법이다.

(2) 구법
   접지 전극 주위에 고리 모양으로 홈을 파서 그 속에 저감제를 유입시키는 방법이다.

(3) 보링법
   구멍을 뚫어 선, 띠 모양의 전극을 설치한 후 그 속에 저감제를 유입시키는 방법이다.

(4) 타입법
   막대 모양의 전극을 타입할 구멍에 저감제를 유입하는 방법이다.

독학이 쉬워지는 기초개념

기출 & 예상문제

[중요도] 접지 저감제의 구비 조건으로 옳지 않은 것은?

① 안전할 것
② 지속성이 없을 것
③ 전기적으로 양도체일 것
④ 전극을 부식시키지 않을 것

| 해설 |
접지 저감제의 구비 조건
- 사용 시 화학적, 기계적으로 안전할 것
- 장시간 동안 접지 저감 효과가 지속될 것
- 전기적으로 양도체일 것
- 전극을 부식시키지 않을 것

답 ②

THEME 04 전기 재료

1 도전 재료 구비 조건

① 전기 저항이 작아 전류가 잘 흐를 것
② 내식성이 우수할 것
③ 접촉과 연결이 비교적 쉬울 것
④ 자원이 풍부하여 얻기 쉽고 가격이 저렴할 것

2 절연물의 최고 허용 온도

(1) 전기 기기 구성 재료에는 자기를 발생하는 철과 도전성 재료인 구리 이외에 절연물이 있다.
(2) 절연물은 일반적으로 고온이 되면 열화되므로 허용할 수 있는 온도에 따라 다음과 같이 7종으로 분류되어 있다.

절연 계급	최고 허용 온도	사용 재료
Y	90[℃]	면, 견, 종이, 요소수지, 폴리아미드섬유 등
A	105[℃]	상기재료와 절연유 혼합
E	120[℃]	에폭시수지, 폴리우레탄, 합성수지 등
B	130[℃]	유리, 마이카, 석면 등과 바니스 조합
F	155[℃]	상기재료와 에폭시수지 등과 조합
H	180[℃]	상기재료와 실리콘수지 등과의 조합
C	180[℃] 초과	열안정 유기재료(200[℃] 이상)

3 절연유의 구비 조건

① 변압기 기름은 절연 및 냉각 매체의 역할을 하는 것으로 보통 광유(절연유)를 사용한다.
② 절연 내력이 클 것
③ 비열이 커서 냉각 효과가 크고 점도가 작을 것
④ 인화점은 높고 응고점은 낮을 것
⑤ 고온에서 산화되지 않고 석출물이 생기지 않을 것

인화점
불이 붙는 온도

응고점
액체가 얼어 고체가 되는 온도

CHAPTER 10 CBT 적중문제

01
공칭 전압 22[kV]인 중성점 비접지 방식의 변전소에서 사용하는 피뢰기의 정격 전압은 몇 [kV]인가?

① 18
② 20
③ 22
④ 24

해설 피뢰기의 정격 전압
- 22[kV] 계통: 피뢰기 정격 전압 24[kV]
- 22.9[kV] 계통: 피뢰기 정격 전압 21[kV](변전소)
- 154[kV] 계통: 피뢰기 정격 전압 144[kV]
- 345[kV] 계통: 피뢰기 정격 전압 288[kV]

02
피뢰를 목적으로 피보호물 전체를 덮은 연속적인 망상 도체(금속판도 포함)는?

① 수평 도체
② 케이지(Cage)
③ 인하 도체
④ 용마루 가설 도체

해설 케이지(Cage) 피뢰 방식
- 피뢰를 목적으로 피보호물 전체를 덮은 연속적인 망상 도체로 피뢰하는 방식이다.
- 고지대의 건물, 골프장, 휴게소 등 노출된 건물이나 시설물을 완전 보호하기 위한 보호 방식이다.
- 어떠한 형태의 뇌격에 대해 완전 보호를 목표로 설계한다.

03
번개로 인한 외부 이상 전압이나 개폐 서지로 인한 내부 이상 전압으로부터 전기 시설을 보호하는 장치는?

① 피뢰기
② 피뢰침
③ 차단기
④ 변압기

해설 피뢰기(LA)
- 이상 전압이 침입하면 즉시 방전을 개시해서 전압 상승을 억제한다.
- 이상 전압이 없어져서 단자 전압이 일정 값 이하가 되면 즉시 방전을 정지해서 원래의 송전 상태로 복귀한다.

04
피뢰침용 인하도선으로 가장 적당한 전선은?

① 구리선(동선)
② 고무 절연 전선
③ 비닐 절연 전선
④ 캡타이어 케이블

해설 피뢰침용 인하도선의 재료
- 구리(동)
- 주석 도금한 구리
- 알루미늄
- 알루미늄 합금
- 용융아연도금강
- 스테인리스강

| 정답 | 01 ④ 02 ② 03 ① 04 ①

05
KS C IEC 62305에 의한 수뢰도체, 피뢰침과 인하도선의 재료로 사용되지 않는 것은?

① 구리
② 순금
③ 알루미늄
④ 용융 아연 도금 강

해설 수뢰도체, 피뢰침과 인하도선의 재료
- 구리
- 알루미늄
- 용융 아연 도금 강

06
피뢰설비 설치에 관한 사항으로 옳지 않은 것은?

① 수뢰부는 구리선(동선)을 기준으로 단면적 $50[\text{mm}^2]$ 이상
② 인하도선은 구리선(동선)을 기준으로 단면적 $50[\text{mm}^2]$ 이상
③ 접지극은 구리선(동선)을 기준으로 단면적 $50[\text{mm}^2]$ 이상
④ 돌침은 건축물의 맨 윗부분으로부터 $30[\text{cm}]$ 이상 돌출

해설 피뢰설비 설치기준
- 수뢰부, 인하도선, 접지극은 최소 단면적 $50[\text{mm}^2]$ 이상의 피복이 안 된 나동선을 사용할 것
- 돌침은 건축물의 맨 윗부분으로부터 $25[\text{cm}]$ 이상 돌출시킬 것

07
피뢰기의 접지선에 사용하는 연동선 굵기는 최소 몇 $[\text{mm}^2]$ 이상인가?

① 2.5
② 4
③ 6
④ 3.2

해설 피뢰기의 접지선
- 단면적 $6[\text{mm}^2]$ 이상인 연동선을 사용한다.
- 쉽게 부식되지 않는 금속선을 사용한다.

08
접지 공사 시 접지 저항을 감소시키기 위해 사용되는 저감제는?

① 백필(흑연 가루와 코크스 가루의 혼합물)
② 동판 및 동봉
③ 가열 왁스
④ 아스팔트 매스틱

해설 접지 저항 저감제
백필(흑연 가루와 코크스 가루의 혼합물)

| 정답 | 05 ② 06 ④ 07 ③ 08 ①

09
접지극으로 탄소피복강봉을 사용하는 경우 최소 규격으로 옳은 것은?

① 지름 8[mm] 이상의 강심, 길이 0.9[m] 이상일 것
② 지름 10[mm] 이상의 강심, 길이 1.2[m] 이상일 것
③ 지름 12[mm] 이상의 강심, 길이 1.4[m] 이상일 것
④ 지름 14[mm] 이상의 강심, 길이 1.6[m] 이상일 것

해설 접지극으로 탄소피복강봉을 사용하는 경우 최소 규격
지름 8[mm] 이상의 강심, 길이 0.9[m] 이상이어야 한다.

10
도전 재료로서 요구되는 조건이 아닌 것은?

① 전기 저항이 클 것
② 내식성 등이 우수할 것
③ 접촉과 연결이 비교적 쉬울 것
④ 자원이 풍부하여 얻기 쉽고 가격이 저렴할 것

해설 도전 재료 구비 조건
- 전기 저항이 작아 전류가 잘 흐를 것
- 내식성이 우수할 것
- 접촉과 연결이 비교적 쉬울 것
- 자원이 풍부하여 얻기 쉽고 가격이 저렴할 것

11
절연 재료의 구비 조건이 아닌 것은?

① 절연 저항이 클 것
② 유전체 손실이 클 것
③ 절연 내력이 클 것
④ 기계적 강도가 클 것

해설 절연 재료의 구비 조건
- 절연 저항이 클 것
- 절연 내력이 클 것
- 기계적 강도가 클 것
- 유전체 손실이 작을 것
- 화학적으로 안정할 것

내가 꿈을 이루면
나는 누군가의 꿈이 된다.

– 이도준

2026 에듀윌 전기 전기응용 및 공사재료 필기 기본서＋유형별 N제

발 행 일	2025년 8월 12일 초판
편 저 자	에듀윌 전기수험연구소
펴 낸 이	양형남
개발책임	목진재
개 발	박원서, 최윤석, 서보경
펴 낸 곳	(주)에듀윌
I S B N	979-11-360-3815-9
등록번호	제25100-2002-000052호
주 소	08378 서울특별시 구로구 디지털로34길 55 코오롱싸이언스밸리 2차 3층

＊이 책의 무단 인용·전재·복제를 금합니다.

www.eduwill.net

대표전화 1600-6700

여러분의 작은 소리
에듀윌은 크게 듣겠습니다.

본 교재에 대한 여러분의 목소리를 들려주세요.
공부하시면서 어려웠던 점, 궁금한 점,
칭찬하고 싶은 점, 개선할 점, 어떤 것이라도 좋습니다.

에듀윌은 여러분께서 나누어 주신 의견을
통해 끊임없이 발전하고 있습니다.

에듀윌 도서몰 book.eduwill.net
- 부가학습자료 및 정오표: 에듀윌 도서몰 → 도서자료실
- 교재 문의: 에듀윌 도서몰 → 문의하기 → 교재(내용, 출간) / 주문 및 배송

에듀윌이
너를
지지할게

ENERGY

처음에는 당신이 원하는 곳으로
갈 수는 없겠지만,
당신이 지금 있는 곳에서
출발할 수는 있을 것이다.

– 작자 미상

에듀윌 전기
전기응용 및 공사재료

필기 유형별 N제

CONTENTS
유형별 N제 차례

CHAPTER 01 조명
- THEME 01. 조명 용어 — 8
- THEME 02. 광원의 종류 — 22
- THEME 03. 조명의 설계 — 29

CHAPTER 02 전열
- THEME 01. 전열 공학의 기초 — 36
- THEME 02. 전기 가열 — 40
- THEME 03. 공업용 온도계 및 전기 용접기 — 50

CHAPTER 03 전동기
- THEME 01. 전동기 운동 역학 — 60
- THEME 02. 전동기의 종류 — 62
- THEME 03. 전동기의 기동 — 64
- THEME 04. 전동기의 속도 제어 및 제동 — 66
- THEME 05. 전동기의 형식 및 용량 계산 — 68

CHAPTER 04 전기철도
- THEME 01. 전기철도의 종류 — 74
- THEME 02. 전기철도의 선로 — 75
- THEME 03. 전차 선로 — 78
- THEME 04. 급전 방식 — 79
- THEME 05. 전기철도에 의한 전기부식 현상 — 81
- THEME 06. 전기철도의 운전 — 82
- THEME 07. 전동차용 전동기 — 84
- THEME 08. 보안 설비 — 85

CHAPTER 05 전기화학
- THEME 01. 전기화학의 기본 용어 — 88
- THEME 02. 전지의 종류 — 89
- THEME 03. 축전지의 충전 — 94
- THEME 04. 전기화학의 이용 — 96

CHAPTER 06 자동제어 및 전력용 반도체
- THEME 01. 제어계의 종류 — 102
- THEME 02. 제어 장치의 분류 — 103
- THEME 03. 제어 시스템에서의 전달 함수 — 106
- THEME 04. 회로망에서의 전달 함수 — 107
- THEME 05. 블록 선도에서의 전달 함수 — 107
- THEME 06. 전력 변환 기기 — 108

CHAPTER 07 전선 및 케이블

| THEME 01. 전선 | 120 |
| THEME 02. 케이블 | 122 |

CHAPTER 09 배전 선로 및 고압 · 저압 배전반 공사

THEME 01. 지지물	140
THEME 02. 완금 및 애자	141
THEME 03. 장주, 건주 및 전선 설치 공사	144
THEME 04. 개폐기	145
THEME 05. 보호 장치	147

CHAPTER 08 배관 · 배선 공사

THEME 01. 배선 기구	126
THEME 02. 분전함	127
THEME 03. 누전 차단기(ELB)	130
THEME 04. 전기설비에 관련된 공구 및 측정 도구	130
THEME 05. 애자 사용 공사 방법	132
THEME 06. 금속관 공사 방법	132
THEME 07. 버스 덕트 공사 방법	134
THEME 08. 그 외 공사	134

CHAPTER 10 피뢰설비 및 접지 · 공사 재료

THEME 01. 피뢰기(LA)	150
THEME 02. 피뢰침	151
THEME 03. 접지 공사	152
THEME 04. 전기 재료	153

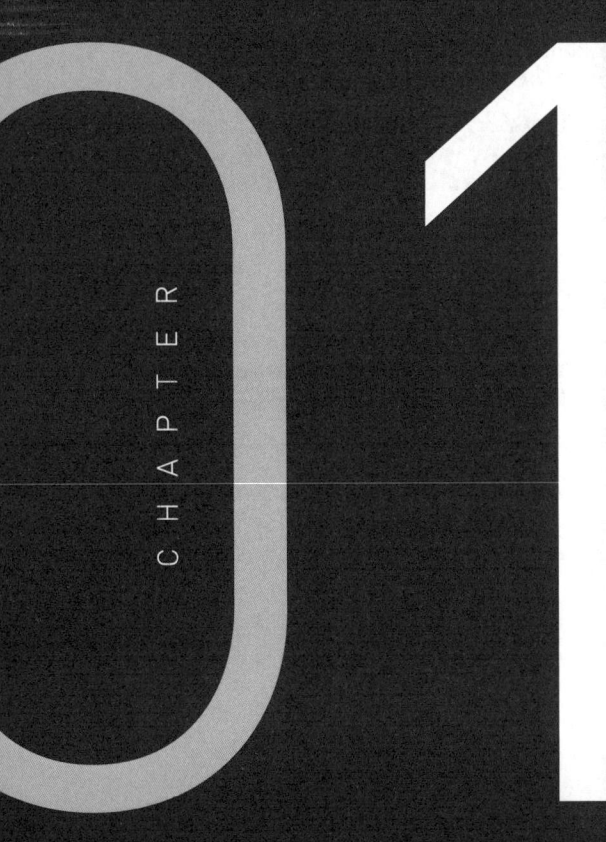

PART 01 전기응용

조명

1. 조명 용어
2. 광원의 종류
3. 조명의 설계

CBT 완벽대비 가능한 유형마스터 학습!

THEME	유형분석	관련 번호
THEME 01 조명 용어	빛의 양에 관련된 용어를 완벽하게 학습하여 응용된 문제를 풀이할 수 있어야 합니다.	001~062
THEME 02 광원의 종류	나트륨등의 특징을 묻는 문제가 빈번하게 출제됩니다. 특징을 반드시 암기하시길 바랍니다.	063~092
THEME 03 조명의 설계	실지수, 조명률, 감광 보상률, 조도를 구하는 연습을 많이 하여야 합니다. 시험에서 자주 출제되므로 철저하게 학습하시길 바랍니다.	093~110

학습 효과를 높이는 N제 3회독 시스템

챕터별 전체 1회독이 끝났다면 회독 체크표에 날짜를 기입하고 체크표시를 해주세요.

회독 체크표	☐ 1회독	월 일	☐ 2회독	월 일	☐ 3회독	월 일

CHAPTER 01 조명

THEME 01 조명 용어

001 ★★★
가시광선 파장[nm]의 범위는?

① 280 ~ 310
② 380 ~ 760
③ 400 ~ 430
④ 555 ~ 580

해설 가시광선
- 사람의 눈으로 식별할 수 있는 파장대의 빛을 말한다.
- 가시광선 파장의 범위는 380[nm] ~ 760[nm]이다.

002 ★★★
비시감도가 최대인 파장[nm]은?

① 350
② 450
③ 500
④ 555

해설 비시감도
- 인간의 눈에서 어느 파장에 대한 밝기 감각을 상대값의 비로 나타낸 것을 말한다.
- 파장 555[nm]에서 최대 시감도 683[nm/W]를 '1'로 하고 다른 파장에 대한 느낌을 비교값으로 나타낸 상대적인 시감도이다.

003 ★★★
시감도가 가장 좋은 광색은?

① 청색
② 백색
③ 적색
④ 황록색

해설 시감도
- 어떤 파장의 빛 에너지가 인간의 눈에 느껴지는 정도를 말한다.
- 사람의 눈에 느껴지는 최대 시감도 파장은 555[nm](황록색)이며, 그때의 시감도는 683[nm/W]이다.

004 ★★★
가시광선 중에서 시감도가 가장 좋은 광색과 그때의 시감도[nm]는 얼마인가?

① 황적색, 683[nm]
② 황록색, 683[nm]
③ 황적색, 555[nm]
④ 황록색, 555[nm]

해설 시감도
- 어떤 파장의 빛 에너지가 인간의 눈에 느껴지는 정도를 말한다.
- 사람의 눈에 느껴지는 최대 시감도 파장은 555[nm](황록색)이며, 그때의 시감도는 683[nm/W]이다.

005 ★★☆
조명용 광원 중에서 연색성이 가장 우수한 것은?

① 백열전구
② 고압나트륨등
③ 고압수은등
④ 메탈 핼라이드등

해설
백열등 > 메탈 핼라이드등 > 고압수은등 > 고압나트륨등 순으로 연색성이 뛰어나다. 일반적으로 조명용 광원 중 백열등과 할로겐등은 연색성이 우수하다.

006 ★★☆
복사속의 단위로 옳은 것은?

① [sr]
② [W]
③ [lm]
④ [cd]

해설 복사속
복사란 전자파 형태로 전달되는 에너지[J]이며, 복사속은 단위 시간당 복사를 말한다. 따라서 복사속의 단위는 [J/s = W]이다.

| 정답 | 001 ② 002 ④ 003 ④ 004 ④ 005 ① 006 ②

007 ★★☆

30[W]의 백열전구가 1,800[h]에서 단선되었다. 이 기간 중에 평균 100[lm]의 광속을 방사하였다면 전광량[lm·h]은?

① 5.4×10^4
② 18×10^4
③ 60
④ 18

해설

전광량 $Q = Ft$
$= 100 \times 1,800 = 18 \times 10^4 [\text{lm} \cdot \text{h}]$

008 ★★★

평균 구면 광도가 780[cd]인 전구로부터 발산하는 전광속[lm]은 약 얼마인가?

① 9,800
② 8,600
③ 7,000
④ 6,300

해설

구광원 광속 $F = 4\pi I \times \eta$
$= 4\pi \times 780 \times 1 = 9,801.76 [\text{lm}]$

(단, 평균 구면 광도[cd], η: 구면 확산률)
구면 확산률에 대한 언급이 없을 경우 1로 간주한다.

009 ★★★

광속의 정의에 대한 설명으로 옳은 것은?

① 광원의 면 또는 발광면에서의 빛나는 정도
② 단위 시간에 복사되는 에너지 양
③ 복사 에너지를 눈으로 보아 빛으로 느껴지는 크기로 나타낸 것
④ 임의의 장소에서의 밝기를 나타내고, 밝음의 기준이 되는 것

해설 광속

- 광원에서 나오는 방사속(복사 에너지)을 눈으로 보아 느껴지는 크기를 나타낸 것이다.
- 기호로는 F, 단위로는 [lm](루멘: Lumen)을 사용한다.

010 ★★★

광속 계산의 일반식 중에서 직선 광원(원통)에서의 광속을 구하는 식은 어느 것인가?(단, I_0는 최대 광도, I_{90}은 $\theta = 90°$ 방향의 광도이다.)

① πI_0
② $\pi^2 I_{90}$
③ $4\pi I_0$
④ $4\pi I_{90}$

해설 광속의 계산

- 구광원(백열등): $F = 4\pi I [\text{lm}]$
- 원통 광원(형광등): $F = \pi^2 I [\text{lm}]$
- 평판 광원: $F = \pi I [\text{lm}]$
  (단, I: 광도[cd])

011 ★★★

반지름 20[cm]인 완전 확산성 반구를 사용하여 평균 휘도가 $0.4[\text{cd/cm}^2]$인 천장등을 가설하려고 한다. 기구 효율을 0.8이라 하면 약 몇 [lm]의 광속이 나오는 전등을 사용하면 되는가?

① 1,985
② 3,944
③ 7,946
④ 10,530

해설

- 광도 $I = BS$
  $= B \times \pi r^2 = 0.4 \times \pi \times 20^2 = 502.65 [\text{cd}]$
- 광속 $F = \dfrac{2\pi I}{\eta}$
  $= \dfrac{2\pi \times 502.65}{0.8} ≒ 3,947.8 [\text{lm}]$

012 ★★★

$60[\text{m}^2]$의 정원에 평균 조도 $20[\text{lx}]$를 얻기 위해 필요한 광속 $[\text{lm}]$은?(단, 유효한 광속은 전광속의 $40[\%]$이다.)

① 3,000
② 4,000
③ 4,500
④ 5,000

해설

광속 $F = \dfrac{EA}{\eta} = \dfrac{20 \times 60}{0.4} = 3,000[\text{lm}]$

013 ★★★

어떤 전구의 상반구 광속은 $2,000[\text{lm}]$, 하반구 광속은 $3,000[\text{lm}]$이다. 평균 구면 광도는 약 몇 $[\text{cd}]$인가?

① 200
② 400
③ 600
④ 800

해설

- 구면 광속
  $F = 2,000 + 3,000 = 5,000[\text{lm}]$
- 평균 구면 광도 $I = \dfrac{F}{4\pi} = \dfrac{5,000}{4\pi} = 397.89[\text{cd}]$

014 ★★★

평균 수평 광도는 $200[\text{cd}]$, 구면 확산률이 0.8일 때, 구광원의 전광속은 약 몇 $[\text{lm}]$인가?

① 2,009
② 2,060
③ 2,260
④ 3,060

해설

구광원 광속 $F = 4\pi I \times \eta$
$\qquad\qquad = 4\pi \times 200 \times 0.8 = 2,010.62[\text{lm}]$

015 ★★★

전등 효율이 $14[\text{lm/W}]$인 $100[\text{W}]$ LED 전등의 구면 광도는 약 몇 $[\text{cd}]$인가?

① 95
② 111
③ 120
④ 127

해설

구면 광도 $I = \dfrac{14 \times 100}{4\pi} = 111.4[\text{cd}]$

016 ★★☆

그림과 같이 광원 L에 의한 모서리 B의 조도가 $20[\text{lx}]$일 때, B로 향하는 방향의 광도는 약 몇 $[\text{cd}]$인가?

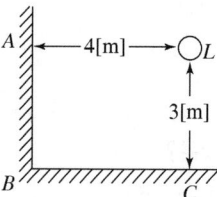

① 780
② 833
③ 900
④ 950

해설

- 수평면 조도 $E_h = \dfrac{I}{r^2}\cos\theta\ [\text{lx}]$
- 광도 $I = \dfrac{E_h \times r^2}{\cos\theta} = \dfrac{20 \times 5^2}{\dfrac{3}{\sqrt{3^2+4^2}}} = 833[\text{cd}]$

($\because \overline{LB} = r = \sqrt{3^2+4^2} = 5[\text{m}]$)

017 ★★☆

정격 전압 100[V], 평균 구면 광도 100[cd]의 진공 텅스텐 전구를 97[V]로 점등한 경우의 광도는 몇 [cd]인가?

① 90
② 100
③ 110
④ 120

해설

- 광속 변화 $F' = F\left(\dfrac{V'}{V}\right)^{3.6} = F\left(\dfrac{97}{100}\right)^{3.6} = 0.9F$

- 광도 변화 $I = \dfrac{F}{\omega} \propto F$

$I' = I\left(\dfrac{97}{100}\right)^{3.6} = 0.9I$

$\therefore I' = 0.9I = 0.9 \times 100 = 90[cd]$

018 ★★★

평균 구면 광도가 90[cd]인 전구로부터의 총 발산 광속[lm]은?

① 1,130
② 1,230
③ 1,330
④ 1,440

해설

구광원 광속 $F = 4\pi I \times \eta$
$= 4\pi \times 90 \times 1 = 1,130[lm]$

구면 확산률 η에 관한 언급이 없을 경우 1로 간주한다.

019 ★★★

완전 확산면의 휘도(B)와 광속 발산도(R)의 관계식은?

① $R = 4\pi B$
② $R = 2\pi B$
③ $R = \pi B$
④ $R = \pi^2 B$

해설 완전 확산면의 휘도(B)와 광속 발산도(R)의 관계식
$R = \pi B$

020 ★★☆

광속 5,500[lm]인 광원에서 4[m²]의 투명 유리를 일정 방향으로 조사(照射)하는 경우, 그 유리 뒷면의 광속 발산도 R[rlx] 및 휘도 B[nt]는 약 얼마인가?(단, 투명 유리의 투과율은 80[%]이다.)

① $R = 550$, $B = 175$
② $R = 1,100$, $B = 350$
③ $R = 2,200$, $B = 700$
④ $R = 4,400$, $B = 1,400$

해설

- 광원에서 나오는 발산 광속
$F' = \tau F = 0.8 \times 5,500 = 4,400[lm]$

- 광속 발산도
$R = \dfrac{F'}{S} = \dfrac{4,400}{4} = 1,100[lm/m^2] = 1,100[rlx]$

- $R = \pi B$ (유리판을 완전 확산면으로 간주)

휘도 $B = \dfrac{R}{\pi}$

$= \dfrac{1,100}{\pi} = 350[cd/m^2] = 350[nt]$

021 ★★☆

반사율 70[%]의 완전 확산성 종이를 100[lx]의 조도로 비추었을 때 종이의 휘도[cd/m²]는 약 얼마인가?

① 50
② 45
③ 32
④ 22

해설

- 광속 발산도
$R = 100 \times 0.7 = 70[rlx]$

- $R = \pi B$

휘도 $B = \dfrac{R}{\pi} = \dfrac{70}{\pi} = 22.28[cd/m^2]$

022 ★☆☆

사람이 눈부심을 느끼는 한계 휘도$[cd/m^2]$는?

① 0.5×10^4 ② 5×10^4
③ 50×10^4 ④ 0.05×10^4

해설 휘도
- 단위 면적당 광도로 눈부심의 정도를 나타낸다.
- 기호로는 B, 단위로는 $[cd/cm^2 = sb, cd/m^2 = nt]$를 사용한다.
  ([sb]: 스틸브 stilb, [nt]: 니트 nit)
- 휘도의 계산
  $B = \dfrac{I}{A} [cd/m^2 = nt]$
- 눈부심을 일으키는 휘도의 한계
  $0.5 [cd/cm^2] = 0.5 \times 10^4 [cd/m^2]$

023 ★☆☆

광속 $5,000[\text{lm}]$의 광원과 효율 $80[\%]$의 조명 기구를 사용하여 넓이 $4[m^2]$의 우유빛 유리를 균일하게 비출 때 유리 이(裏)면(빛이 들어오는 면의 뒷면)의 휘도는 약 몇 $[cd/m^2]$인가?(단, 우유빛 유리의 투과율은 $80[\%]$이며 완전 확산면이다.)

① 255 ② 318
③ 1,019 ④ 1,274

해설
- 효율을 감안한 실제 광속
  $F' = F\eta = 5,000 \times 0.8 = 4,000 [\text{lm}]$
  이 광속에 투과율을 감안하면 다음과 같다.
  $F'' = F'\tau = 4,000 \times 0.8 = 3,200 [\text{lm}]$
- 광속 발산도
  $R = \dfrac{F''}{S} = \dfrac{3,200}{4} = 800 [\text{rlx}]$
- 휘도
  $B = \dfrac{R}{\pi} = \dfrac{800}{\pi} = 254.65 [cd/m^2]$

024 ★★★

그림과 같이 광원 L에서 P점 방향의 광도가 $50[\text{cd}]$일 때 P점의 수평면 조도는 약 몇 $[\text{lx}]$인가?

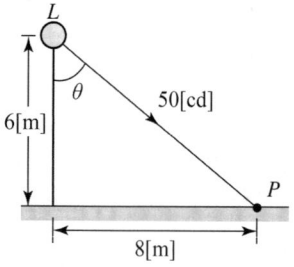

① 0.2 ② 0.3
③ 0.4 ④ 0.5

해설
- 광원 L에서 P점까지의 거리
  $r = \sqrt{6^2 + 8^2} = 10 [m]$
- 수평면 조도
  $E_h = \dfrac{I}{r^2} \cos\theta = \dfrac{50}{10^2} \times \dfrac{6}{10} = 0.3 [\text{lx}]$

025 ★★☆

그림과 같이 반구형 천장이 있다. 반지름 r은 $30[\text{cm}]$, 반구 내의 휘도는 $4,487[cd/m^2]$로 균일하다. 이때 $a = 2.5[m]$의 거리에 있는 바닥 P점의 조도는 약 몇 $[\text{lx}]$인가?

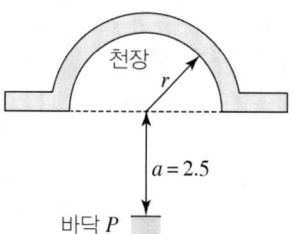

① 100 ② 200
③ 300 ④ 400

해설
반구형 천장에서의 조도 $E = \pi B \sin^2\theta [\text{lx}]$
$\sin\theta = \dfrac{r}{\sqrt{r^2+a^2}}$을 대입
$\therefore E = \pi B \sin^2\theta = \pi \times 4,487 \times \left(\dfrac{0.3}{\sqrt{0.3^2+2.5^2}}\right)^2 = 200 [\text{lx}]$

026 ★★☆

점광원으로부터 원뿔의 밑면까지의 거리가 $4[\text{m}]$이고 밑면의 반경이 $3[\text{m}]$인 원형면의 평균 조도가 $100[\text{lx}]$라면, 이 점광원의 평균 광도$[\text{cd}]$는?

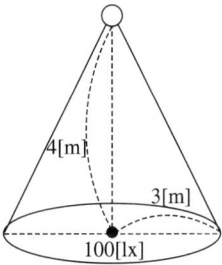

① 225
② 250
③ 2,250
④ 2,500

해설

- 광속
$$F = \omega I = 2\pi(1-\cos\theta)I[\text{lm}]$$

- 조도
$$E = \frac{F}{A} = \frac{2\pi(1-\cos\theta)I}{A} = \frac{2\pi\left(1-\frac{4}{5}\right)\times I}{\pi\times 3^2} = 100[\text{lx}]$$

- 광도
$$I = \frac{3^2\times 100}{2\times\left(1-\frac{4}{5}\right)} = 2,250[\text{cd}]$$

027 ★★★

조도 $E[\text{lx}]$에 대한 설명으로 옳은 것은?

① 광도에 비례하고 거리에 반비례한다.
② 광도에 반비례하고 거리에 비례한다.
③ 광도에 비례하고 거리의 제곱에 반비례한다.
④ 광도의 제곱에 반비례하고 거리에 비례한다.

해설 조도

- 어떤 물체에 광속이 입사하면 그 면이 밝게 빛나게 되는 정도로 정의되며, 어떤 면에 입사되는 광속의 밀도이다.
- 기호로는 E, 단위로는 [lx](럭스: lux)를 사용한다.
- 조도는 광원의 광도(I)에 비례하고, 거리(r)의 제곱에 반비례한다.

028 ★☆☆

$2,000[\text{cd}]$의 점광원으로부터 $4[\text{m}]$ 떨어진 점에서 광원에 수직한 평면상으로 $1/50$초간 빛을 비추었을 때의 노출$[\text{lx}\cdot\text{s}]$은?

① 2.5
② 3.7
③ 5.7
④ 6.3

해설

- 조도
$$E = \frac{I}{r^2} = \frac{2,000}{4^2} = 125[\text{lx}]$$

- 노출
$$k = E\times t = 125[\text{lx}]\times\frac{1}{50}[\text{sec}] = 2.5[\text{lx}\cdot\text{sec}]$$

029 ★★☆

반지름 a, 휘도 B인 완전 확산성 구면(구형) 광원의 중심에서 거리 h인 점의 조도는?

① πB
② $\pi Ba^2 h$
③ $\dfrac{\pi Ba}{h^2}$
④ $\dfrac{\pi Ba^2}{h^2}$

해설

조도 $E_h = \pi B\sin^2\theta$
$$= \pi B\times\left(\frac{a}{h}\right)^2 = \frac{\pi Ba^2}{h^2}[\text{lx}]$$

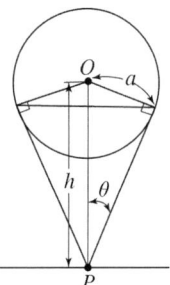

030 ★★★

그림과 같이 광원 L에서 P점 방향의 광도가 $50[\text{cd}]$일 때 P점의 수평면 조도는 약 몇 $[\text{lx}]$인가?

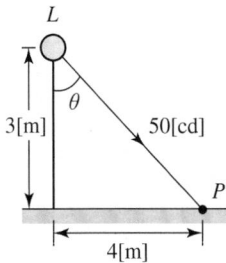

① 0.6　　② 0.8
③ 1.2　　④ 1.6

해설

- 광원 L에서 P점까지의 거리
$r = \sqrt{3^2+4^2} = 5[\text{m}]$
- 수평면 조도
$E_h = \dfrac{I}{r^2}\cos\theta = \dfrac{50}{5^2}\times\dfrac{3}{5} = 1.2[\text{lx}]$

031 ★★☆

$20[\text{cm}^2]$의 면적에 $0.5[\text{lm}]$의 광속이 입사할 때 그 면의 조도 $[\text{lx}]$는?

① 200　　② 250
③ 300　　④ 350

해설

조도 $E = \dfrac{F}{A}$
$= \dfrac{0.5}{20\times 10^{-4}} = 250[\text{lx}]$

032 ★★☆

모든 방향으로 $360[\text{cd}]$의 광도를 갖는 전등을 직경 $2[\text{m}]$의 원형 탁자의 중심에서 수직으로 $3[\text{m}]$ 위에 점등하였다. 이 원형 탁자의 평균 조도는 약 몇 $[\text{lx}]$인가?

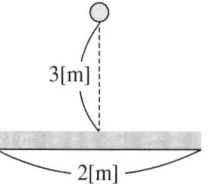

① 37　　② 126
③ 144　　④ 180

해설

- 광도
$I = \dfrac{F}{\omega} = \dfrac{E\times S}{2\pi(1-\cos\theta)}$
- 조도
$E = \dfrac{2\pi(1-\cos\theta)\times I}{S} = \dfrac{2\pi(1-\cos\theta)\times I}{\pi r^2}$

$= \dfrac{2\pi\left(1-\dfrac{3}{\sqrt{3^2+1^2}}\right)\times 360}{\pi\times 1^2} = 36.95[\text{lx}]$

033 ★★☆

모든 방향에 $400[\text{cd}]$의 광도를 갖고 있는 전등을 지름 $3[\text{m}]$의 테이블 중심 바로 위 $2[\text{m}]$ 위치에 달아 놓았다면 테이블의 평균 조도는 약 몇 $[\text{lx}]$인가?

① 35　　② 53
③ 71　　④ 90

해설

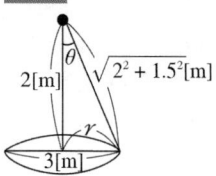

조도 $E = \dfrac{2\pi(1-\cos\theta)I}{\pi r^2}$

$= \dfrac{2\pi\times\left(1-\dfrac{2}{\sqrt{2^2+1.5^2}}\right)\times 400}{\pi\times 1.5^2} = 71.11[\text{lx}]$

034 ★★★

$60[\text{cd}]$의 점광원으로부터 $2[\text{m}]$의 거리에서 그 방향에 직각되는 면과 $30°$ 기울어진 평면상의 조도는 약 몇 $[\text{lx}]$인가?

① 11
② 13
③ 20
④ 26

해설

조도 $E_h = \dfrac{I}{r^2}\cos\theta = \dfrac{60}{2^2} \times \cos30° = 13[\text{lx}]$

035 ★★☆

지름 $1[\text{m}]$인 원형 탁자의 중심에서 조도가 $500[\text{lx}]$이고 중심에서 멀어짐에 따라 조도는 직선으로 감소하여 주변에서의 조도가 $100[\text{lx}]$로 되었다면, 평균 조도는 약 몇 $[\text{lx}]$인가?

① 123
② 233
③ 283
④ 332

해설

조도 $E = \dfrac{100 + 500 + 100}{3} = 233.33[\text{lx}]$

036 ★★☆

반경 r, 휘도가 B인 완전 확산성 구면 광원의 중심에서 h되는 거리의 점 P에서 이 광원의 중심으로 향하는 조도의 크기는 얼마인가?

① πB
② $\pi B r^2$
③ $\pi B r^2 h$
④ $\dfrac{\pi B r^2}{h^2}$

해설

조도 $E_h = \pi B \sin^2\theta$, $\sin\theta = \dfrac{r}{h}$

$\therefore E_h = \pi B \sin^2\theta = \pi B \times \left(\dfrac{r}{h}\right)^2 = \dfrac{\pi B r^2}{h^2}[\text{lx}]$

037 ★★☆

그림과 같이 광원 S로 단면의 중심이 O인 원통형 연돌을 비추었을 때 원통의 표면상의 한 점 P에서의 조도는 약 몇 $[\text{lx}]$인가?(단, SP의 거리는 $10[\text{m}]$, $\angle OSP = 10°$, $\angle SOP = 20°$, 광원의 SP 방향의 광도를 $1,000[\text{cd}]$라고 한다.)

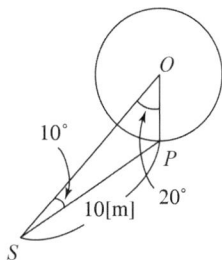

① 4.3
② 6.7
③ 8.6
④ 9.9

해설

$E = \dfrac{I}{r^2}\cos\theta = \dfrac{1,000}{10^2} \times \cos30° = 8.66[\text{lx}]$

($\because \theta$는 삼각형 SOP에서 점P의 외각이므로 $10° + 20° = 30°$)

038 ★★★

$200[\text{cd}]$의 점광원으로부터 $5[\text{m}]$의 거리에서 그 방향과 직각인 면과 $60°$ 기울어진 수평면상의 조도$[\text{lx}]$는?

① 4
② 6
③ 8
④ 10

해설

$E_h = \dfrac{I}{r^2}\cos\theta = \dfrac{200}{5^2} \times \cos60° = 4[\text{lx}]$

039 ★★☆

3,400[lm]의 광속을 내는 전구를 반경 14[cm], 투과율 80[%]인 구형 글로브 내에서 점등시켰을 때 글로브의 평균 휘도[sb]는 약 얼마인가?

① 0.35　　② 35
③ 350　　④ 3,500

해설

- 광도
$$I = \frac{F}{4\pi} = \frac{3,400}{4\pi}[cd]$$

- 휘도
$$B = \frac{I}{A} \times \tau = \frac{I}{\pi r^2} \times \tau$$
$$= \frac{1}{\pi \times 14^2} \times \frac{3,400}{4\pi} \times 0.8 = 0.35[cd/cm^2] = 0.35[sb]$$

040 ★★★

반사율 60[%], 흡수율 20[%]인 물체에 1,000[lm]의 빛을 비추었을 때 투과되는 광속[lm]은?

① 100　　② 200
③ 300　　④ 400

해설

- $\rho + \tau + \alpha = 1$
- 투과율
$\tau = 1 - \rho - \alpha = 1 - 0.6 - 0.2 = 0.2$
- 투과되는 광속
$F' = F \times \tau = 1,000 \times 0.2 = 200[lm]$

041 ★★★

반사율 10[%], 흡수율 20[%]인 5.6[m²]의 유리면에 광속 1,000[lm]인 광원을 균일하게 비추었을 때 그 이면의 광속 발산도[rlx]는?(단, 전동 기구 효율은 80[%]이다.)

① 25　　② 50
③ 100　　④ 125

해설

- 투과율
$\tau = 1 - \rho - \alpha = 1 - 0.1 - 0.2 = 0.7$
- 광속 발산도
$$R = \frac{\tau F}{S}\eta = \frac{0.7 \times 1,000}{5.6} \times 0.8 = 100[rlx]$$

042 ★★☆

반사율 ρ, 투과율 τ, 반지름 r인 완전 확산성 구형 글로브의 중심에 광도 I의 점광원을 켰을 때, 광속 발산도는?

① $\dfrac{\tau I}{r^2(1-\rho)}$　　② $\dfrac{\rho I}{r^2(1-\tau)}$

③ $\dfrac{4\pi\rho I}{r^2(1-\tau)}$　　④ $\dfrac{\rho\pi}{r^2(1-\rho)}$

해설

광속 발산도 $R = \dfrac{\eta F}{S}$

$$= \dfrac{\dfrac{\tau \times 4\pi I}{1-\rho}}{4\pi r^2} = \dfrac{\tau I}{r^2(1-\rho)}$$

| 정답 | 039 ① 040 ② 041 ③ 042 ①

043 ★★★

200[W] 전구를 우유색 구형 글로브에 넣었을 경우 우유색 유리 반사율은 30[%], 투과율은 50[%]라고 할 때 글로브의 효율은 약 몇 [%]인가?

① 71
② 76
③ 83
④ 88

해설

글로브의 효율 $\eta = \dfrac{\tau}{1-\rho}$

$= \dfrac{0.5}{1-0.3} = 0.71\ (\therefore 71[\%])$

044 ★★★

지름 40[cm]인 완전 확산성 구형 글로브의 중심에 모든 방향의 광도가 균일하게 110[cd]이 되는 전구를 넣고 탁상 2[m]의 높이에서 점등하였다. 탁상 위의 조도는 약 몇 [lx]인가?(단, 글로브 내면의 반사율은 40[%], 투과율은 50[%]이다.)

① 23
② 33
③ 49
④ 53

해설

• 글로브의 효율

$\eta = \dfrac{\tau}{1-\rho} = \dfrac{0.5}{1-0.4} = 0.833$

• 조도

$E = \dfrac{I}{r^2} \times \eta = \dfrac{110}{2^2} \times 0.833 = 22.91[\text{lx}]$

045 ★★★

100[W] 전구를 유백색 구형 글로브에 넣었을 경우 글로브의 효율[%]은 약 얼마인가?(단, 유백색 유리의 반사율은 30[%], 투과율은 40[%]이다.)

① 25
② 43
③ 57
④ 81

해설

글로브의 효율 $\eta = \dfrac{\tau}{1-\rho}$

$= \dfrac{0.4}{1-0.3} = 0.5714\ (\therefore 57.14[\%])$

046 ★★★

200[W]의 전구를 우유색 구형 글로브에 넣었을 경우 우유색 유리 반사율을 30[%], 투과율을 60[%]라고 할 때 글로브의 효율은 약 몇 [%]인가?

① 75
② 85.7
③ 116.7
④ 133.3

해설

글로브의 효율 $\eta = \dfrac{\tau}{1-\rho} = \dfrac{0.6}{1-0.3} = 0.857\ (\therefore 85.7[\%])$

047 ★★★

루소 선도가 다음과 같이 표시될 때, 배광 곡선의 식은?

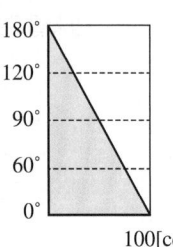

① $I_\theta = \dfrac{\theta}{\pi} \times 100$ ② $I_\theta = \dfrac{\pi - \theta}{\pi} \times 100$

③ $I_\theta = 100\cos\theta$ ④ $I_\theta = 50(1+\cos\theta)$

해설

- $\theta = 0° \rightarrow I_\theta = 100[\text{cd}]$
- $\theta = 90° \rightarrow I_\theta = 50[\text{cd}]$
- $\theta = 180° \rightarrow I_\theta = 0[\text{cd}]$

위 조건을 만족하는 배광 곡선의 식

∴ $I_\theta = 50(1+\cos\theta)$

048 ★★★

루소 선도가 아래 그림과 같을 때, 배광 곡선의 식은?

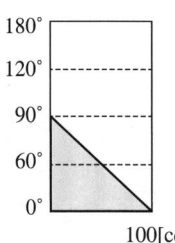

① $I_\theta = 100\cos\theta$ ② $I_\theta = 50(1+\cos\theta)$

③ $I_\theta = \dfrac{2\theta}{\pi} \times 100$ ④ $I_\theta = \dfrac{\pi - 2\theta}{\pi} \times 100$

해설

- $\theta = 0° \rightarrow I_\theta = 100[\text{cd}]$
- $\theta = 60° \rightarrow I_\theta = 50[\text{cd}]$
- $\theta = 90° \rightarrow I_\theta = 0[\text{cd}]$

위 조건을 만족하는 배광 곡선의 식

∴ $I_\theta = 100\cos\theta$

049 ★☆☆

그림과 같은 배광 곡선과 루소 선도에서 반사갓이 없는 형광등의 루소 선도는 어느 것인가?

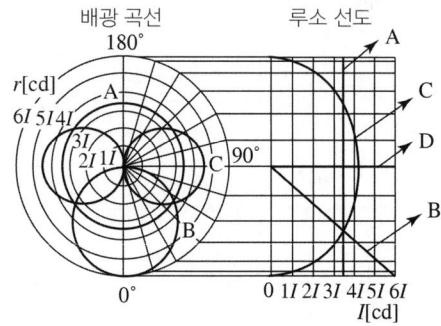

① A ② B
③ C ④ D

해설

반사갓이 없는 형광등은 원통 광원의 형태가 되므로 광원의 배광 곡선과 루소 선도는 다음과 같다.

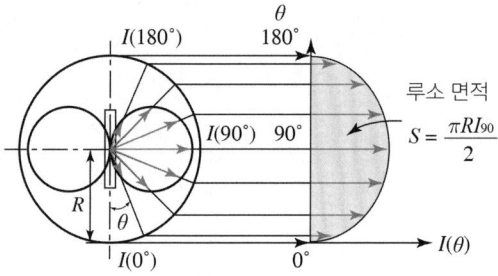

050 ★★★

루소 선도가 그림과 같이 표시되는 광원의 전광속[lm]은 약 얼마인가?

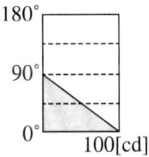

① 314
② 628
③ 942
④ 1,256

해설

$F = \dfrac{2\pi}{r}S = \dfrac{2\pi}{r} \times \dfrac{100 \times r}{2} = 314[\text{lm}]$

051 ★★☆

루소 선도에서 광원의 전광속 F의 식은?(단, F: 전광속, R: 반지름, S: 루소 선도의 면적이다.)

① $F = \dfrac{\pi}{R} \times S$
② $F = \dfrac{2\pi}{R} \times S$
③ $F = \dfrac{\pi}{R^2} \times S$
④ $F = \dfrac{2\pi}{R} \times S^2$

해설

루소 선도에서 전광속 F와 루소 선도의 면적 S 사이에는 $F = \dfrac{2\pi}{R}S[\text{lm}]$의 관계식이 성립한다.

052 ★★☆

루소 선도가 그림과 같이 표시되는 광원의 하반구 광속은 약 몇 [lm]인가?(단, 곡선 BC는 4분원이다.)

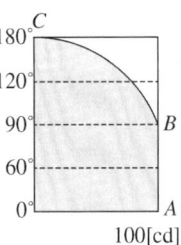

① 245
② 493
③ 628
④ 1,120

해설

- 하반구 광속(0°~90°)에 대한 루소 선도 면적
  $S = 100 \times r$

∴ $F = \dfrac{2\pi}{r}S = \dfrac{2\pi}{r} \times (100 \times r) = 628[\text{lm}]$

053 ★★☆

절대 온도 $T[\text{K}]$인 흑체의 복사 발산도(전방사 에너지)는? (단, σ는 스테판-볼츠만의 상수이다.)

① σT
② $\sigma T^{1.6}$
③ σT^2
④ σT^4

해설 스테판-볼츠만 법칙

- $W = \sigma T^4 [\text{W/m}^2]$
- 흑체의 복사량과 절대 온도와의 관계를 나타낸 법칙이다.
- 흑체의 복사 발산량 $W[\text{W/m}^2]$는 절대 온도 $T[\text{K}]$의 네 제곱에 비례한다.

054 ★☆☆

흑체 복사의 최대 에너지의 파장 λ_m은 절대 온도 T와 어떤 관계인가?

① T^4에 비례
② $\dfrac{1}{T}$에 비례
③ $\dfrac{1}{T^2}$에 비례
④ $\dfrac{1}{T^4}$에 비례

해설 빈의 변위 법칙
- 흑체의 분광 방사 발산도가 최대가 되는 파장은 흑체의 절대 온도에 반비례한다는 법칙이다.
- 분광 방사 발산도가 최대가 되는 파장
$$\lambda_m \propto \frac{1}{T}$$
(단, λ_m: 최대 파장[m], T: 절대 온도[K])

055 ★☆☆

시감도가 최대인 파장 $555[\text{nm}]$의 온도[K]는 약 얼마인가? (단, 빈의 법칙의 상수는 $2,896[\mu\text{m} \cdot \text{K}]$이다.)

① 5,218
② 5,318
③ 5,418
④ 5,518

해설
최대 파장 $\lambda_m = \dfrac{b}{T}[\mu\text{m}]$

$\therefore T = \dfrac{b}{\lambda_m} = \dfrac{2,896 \times 10^{-6}}{555 \times 10^{-9}} = 5,218[\text{K}]$

056 ★☆☆

파이로 루미네선스(Pyro-luminescence)를 이용한 것은?

① 형광등
② 수은등
③ 화학 분석
④ 텔레비전 영상

해설
파이로 루미네선스는 염색 반응에 의한 화학 분석, 스펙트럼 분석에 주로 적용된다.

057 ★★☆

기체 또는 금속 증기 내의 방전에 따른 발광 현상을 이용한 것으로 수은등, 네온관등에 이용된 루미네선스는?

① 열 루미네선스
② 결정 루미네선스
③ 화학 루미네선스
④ 전기 루미네선스

해설 루미네선스(Luminescence)
백열등과 같이 물체의 온도를 높여 빛을 발생시키는 온도 복사 이외의 모든 발광을 루미네선스라고 한다.
- 전기 루미네선스: 기체 중의 방전(네온관등, 수은등)
- 복사 루미네선스: 자외선, X선 등의 조사(형광등)
- 파이로 루미네선스: 불꽃 속의 기체의 발광(발염 방전등)
- 열 루미네선스: 고온에 의한 흑체보다 강한 복사(금강석, 대리석)
- 화학 루미네선스: 화학 변화 및 산화(황인의 완만한 산화)
- 생물 루미네선스: 특수 산화에 의한 루미네선스

058 ★★☆

형광판, 야광도료 및 형광 방전등에 이용되는 루미네선스는?

① 열 루미네선스
② 전기 루미네선스
③ 복사 루미네선스
④ 파이로 루미네선스

해설 복사 루미네선스
형광판, 형광 방전등에 주로 이용되는 루미네선스이다.

| 정답 | 054 ② | 055 ① | 056 ③ | 057 ④ | 058 ③ |

059 ★☆☆
광원 중 루미네선스(Luminescence)에 의한 발광 현상을 이용하지 않는 것은?

① 형광 램프 ② 수은 램프
③ 네온 램프 ④ 할로겐 램프

해설
할로겐 램프는 소량의 할로겐 화합물을 넣은 텅스텐 전구로서 루미네선스에 의한 발광과 거리가 멀다.

060 ★★☆
평등 전계에서 기체의 온도가 일정한 경우, 방전 개시 전압은 기체의 압력과 전극 간격의 곱의 함수로 결정된다. 이것을 표현한 법칙은?

① 파센의 법칙 ② 스토크의 법칙
③ 플랑크의 법칙 ④ 스테판–볼츠만의 법칙

해설 파센의 법칙
- 방전에 관한 법칙으로서 평등 자계하에서 방전 개시 전압은 기체의 압력과 전극 거리의 곱에 비례한다는 법칙이다.
- 파센의 법칙에 의한 방전 개시 전압은 다음과 같다.
  $V = kpd\,[\text{V}]$
  (단, k: 고유 상수, p: 기압[mmHg], d: 전극 거리[m])

061 ★★☆
방전 개시 전압을 나타내는 것은?

① 빈의 변위 법칙
② 스테판–볼츠만의 법칙
③ 톰슨의 법칙
④ 파센의 법칙

해설 파센의 법칙
- 방전에 관한 법칙으로서 평등 자계하에서 방전 개시 전압은 기체의 압력과 전극 거리의 곱에 비례한다는 법칙이다.
- 파센의 법칙에 의한 방전 개시 전압은 다음과 같다.
  $V = kpd\,[\text{V}]$
  (단, k: 고유 상수, p: 기압[mmHg], d: 거리[m])

062 ★☆☆
아크의 전압과 전류의 관계를 그래프로 나타낸 것으로 맞는 것은?

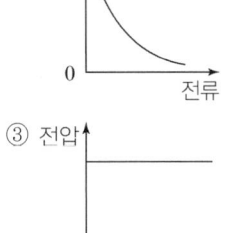
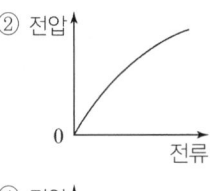
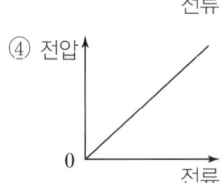

해설
아크 방전은 저전압–대전류로서, 대표적인 부(−) 저항의 특성을 나타낸다. 아크 방전의 부(−) 저항 특성은 전류가 커지면 저항이 작아져 전압도 같이 낮아지는 현상으로, 전류값이 100[A] 이하에서 나타난다.

| 정답 | 059 ④ 060 ① 061 ④ 062 ①

THEME 02 광원의 종류

063 ★★★
백열전구에서 사용되는 필라멘트 재료의 구비 조건으로 틀린 것은?

① 용융점이 높을 것
② 고유 저항이 클 것
③ 선팽창 계수가 클 것
④ 높은 온도에서 증발이 적을 것

해설 필라멘트의 구비 조건
- 용융점(융해점)이 높을 것
- 고유 저항이 클 것
- 선팽창 계수가 작을 것
- 높은 온도에서 증발이 적을 것
- 가는 선으로 가공이 용이할 것
- 점화 온도에서 주위의 물질과 화합하지 않을 것
- 재료가 풍부하고 가격이 저렴할 것

064 ★★★
필라멘트 재료가 갖추어야 할 조건 중 틀린 것은?

① 가는 선으로 가공이 용이할 것
② 고유 저항이 작을 것
③ 선팽창 계수가 작을 것
④ 높은 온도에서 증발이 적을 것

해설 필라멘트의 구비 조건
- 용융점(융해점)이 높을 것
- 고유 저항이 클 것
- 선팽창 계수가 작을 것
- 높은 온도에서 증발이 적을 것
- 가는 선으로 가공이 용이할 것
- 점화 온도에서 주위의 물질과 화합하지 않을 것
- 재료가 풍부하고 가격이 저렴할 것

065 ★★★
필라멘트 재료의 구비 조건에 해당되지 않는 것은?

① 융해점이 낮을 것
② 고유 저항이 클 것
③ 선팽창 계수가 작을 것
④ 점화 온도에서 주위의 물질과 화합하지 않을 것

해설 필라멘트의 구비 조건
- 용융점(융해점)이 높을 것
- 고유 저항이 클 것
- 선팽창 계수가 작을 것
- 높은 온도에서 증발이 적을 것
- 가는 선으로 가공이 용이할 것
- 점화 온도에서 주위의 물질과 화합하지 않을 것
- 재료가 풍부하고 가격이 저렴할 것

066 ★☆☆
백열전구의 앵커에 사용되는 재료는?

① 철
② 크롬
③ 망간
④ 몰리브덴

해설 백열전구의 도입선
- 외부 도입선: 구리선(동선)
- 내부 도입선: 철-니켈 합금선에 동피복을 한 것
- 앵커(지지선): 몰리브덴
- 봉입 가스: 아르곤, 질소

| 정답 | 063 ③ 064 ② 065 ① 066 ④

067 ★☆☆
전구에 게터(Getter)를 사용하는 목적은?

① 광속을 많게 한다.
② 전력을 적게 한다.
③ 진공도를 $10^{-2}[\text{mmHg}]$로 낮춘다.
④ 수명을 길게 한다.

해설 게터(Getter)
- 전구 내에 남아 있는 미량의 공기와 결합하여 필라멘트의 산화 및 유리구의 흑화(Blackening)를 방지하고 전구의 수명을 길게 한다.
- 게터를 필라멘트나 스템에 도포하여 점등 시 전구 내에 잔재하는 산소와 결합하게 함으로써 진공도를 상승시켜 필라멘트의 산화를 억제한다.

068 ★☆☆
새로 제작한 전구의 최초의 점등에서 필라멘트의 특성을 안정화시키는 작업을 무엇이라고 하는가?

① 초 특성
② 동정 특성
③ 전압 특성
④ 에이징(Aging)

해설 에이징(Aging)
새로 제작한 전구를 최초의 점등에서 필라멘트의 특성을 안정화시키는 작업을 말한다.

069 ★☆☆
$300[\text{W}]$ 이상의 백열전구에 사용되는 베이스의 크기는?

① E10
② E17
③ E26
④ E39

해설
$300[\text{W}]$ 이상의 백열전구에 사용되는 베이스 규격은 E39이다.

070 ★★☆
백열전구의 동정 곡선은 다음 중 어느 것을 결정하는 중요한 요소가 되는가?

① 전류, 광속, 전압
② 전류, 광속, 효율
③ 전류, 광속, 휘도
④ 전류, 광도, 전압

해설 동정 곡선
- 전구를 사용할수록 필라멘트가 증발하여 가늘어지고 필라멘트의 저항은 점점 커지게 된다.
- 필라멘트의 저항이 커지면 전류는 감소하고, 광속은 저하되고, 효율도 저하된다.
- 이러한 변화 상태를 그린 곡선을 동정 곡선이라고 한다.

| 정답 | 067 ④ 068 ④ 069 ④ 070 ②

071 ★☆☆
전원을 넣자마자 곧바로 점등되는 형광등용의 안정기는?

① 점등관식
② 래피드 스타트식
③ 글로우 스타트식
④ 필라멘트 단락식

해설 래피드 스타트식
- 필라멘트가 예열되는 회로를 가진 구조로, 전극을 가열하면서 동시에 전극 사이에 자기 누설 변압기에 의한 고전압을 가하여, 단시간 내에 형광 램프를 시동시키는 방식이다.
- 전원을 넣자마자 곧바로 점등되는 형광등용의 안정기 방식이다.

072 ★☆☆
다음 중 형광체로 쓰이지 않는 것은?

① 텅스텐산 칼슘
② 규산 아연
③ 붕산 카드뮴
④ 황산 나트륨

해설 형광체의 종류에 따른 광색
- 텅스텐산 칼슘: 청색
- 텅스텐산 마그네슘: 청백색
- 규산 아연: 녹색
- 규산 카드뮴: 주광색
- 붕산 카드뮴: 분홍색

073 ★☆☆
형광등은 형광체의 종류에 따라 여러 가지 광색을 얻을 수 있다. 형광체가 규산 아연일 때의 광색은?

① 녹색
② 백색
③ 청색
④ 황색

해설 형광체의 종류에 따른 광색
- 텅스텐산 칼슘: 청색
- 텅스텐산 마그네슘: 청백색
- 규산 아연: 녹색
- 규산 카드뮴: 주광색
- 붕산 카드뮴: 분홍색

074 ★★☆
형광등은 주위 온도가 몇 $[℃]$일 때 가장 효율이 높은가?

① $5 \sim 10[℃]$
② $10 \sim 15[℃]$
③ $20 \sim 25[℃]$
④ $35 \sim 40[℃]$

해설 형광등의 최대 효율 운전 조건
- 주위 온도: $20 \sim 25[℃]$
- 관벽 온도: $40 \sim 45[℃]$

075 ★★☆
형광 방전등의 효율이 가장 좋으려면 주위 온도$[℃]$와 관벽 온도$[℃]$는 각각 어느 정도가 적당한가?

① 주위 온도: $40[℃]$, 관벽 온도: $40 \sim 45[℃]$
② 주위 온도: $25[℃]$, 관벽 온도: $40 \sim 45[℃]$
③ 주위 온도: $40[℃]$, 관벽 온도: $20 \sim 30[℃]$
④ 주위 온도: $25[℃]$, 관벽 온도: $20 \sim 30[℃]$

해설 형광 램프의 최대 효율 운전 조건
- 주위 온도: $20 \sim 25[℃]$
- 관벽 온도: $40 \sim 45[℃]$

| 정답 | 071 ② 072 ④ 073 ① 074 ③ 075 ②

076 ★☆☆
청색 형광 방전등의 램프에 사용되는 형광체는?

① 규산 아연
② 규산 카드뮴
③ 붕산 카드뮴
④ 텅스텐산 칼슘

해설 텅스텐산 칼슘
청색 형광 방전등의 램프에 사용되는 형광체이다.

077 ★☆☆
형광등의 광색이 주광색일 때 색 온도[K]는 약 얼마인가?

① 3,000
② 4,500
③ 5,000
④ 6,500

해설 형광 방전관의 색 온도

색	색 온도[K]
주광색	6,500
은백색	3,000

078 ★★☆
광질과 특색이 고휘도이고 광색은 적색 부분이 많고 배광 제어가 용이하며 흑화가 거의 일어나지 않는 램프는?

① 수은램프
② 형광램프
③ 크세논램프
④ 할로겐램프

해설 할로겐등의 특징
- 단위 광속이 크다.
- 수명이 일반 백열전구에 비해 길다.
- 열 충격에 강하다.
- 배광 제어가 용이하다.
- 연색성이 좋다.
- 휘도가 매우 높다.
- 흑화 발생이 없다.

079 ★★☆
할로겐 전구의 특징이 아닌 것은?

① 휘도가 낮다.
② 열 충격에 강하다.
③ 단위 광속이 크다.
④ 연색성이 좋다.

해설 할로겐등의 특징
- 단위 광속이 크다.
- 수명이 일반 백열전구에 비해 길다.
- 열 충격에 강하다.
- 배광 제어가 용이하다.
- 연색성이 좋다.
- 휘도가 매우 높다.
- 흑화 발생이 없다.

080 ★★★
램프 효율이 우수하고 단색광이므로 안개 지역에서 가장 많이 사용되는 광원은?

① 수은등
② 나트륨등
③ 크세논등
④ 메탈 핼라이드등

해설 나트륨등의 특징
- 등의 효율이 대단히 높다.
- 빛의 직진성 및 투과성이 우수하다.
- 안개가 많은 강변 지역의 가로등, 터널 내의 등으로 많이 사용된다.
- 연색성이 나쁘다.
- 점등 후 10분 정도 후에 방전이 안정된다.
- 실용적인 유일한 단색 광원(등황색)으로 589[nm]의 파장을 낸다.
- 열음극이 설치된 발광관과 외관으로 되어 있다.

| 정답 | 076 ④ 077 ④ 078 ④ 079 ① 080 ②

081 ★★★

방전등의 일종으로 빛의 투과율이 크고 등황색의 단색광이며 안개 속을 잘 투과하는 등은?

① 나트륨등 ② 할로겐등
③ 형광등   ④ 수은등

해설 나트륨등의 특징
- 등의 효율이 대단히 높다.
- 빛의 직진성 및 투과성이 우수하다.
- 안개가 많은 강변 지역의 가로등, 터널 내의 등으로 많이 사용된다.
- 연색성이 나쁘다.
- 점등 후 10분 정도 후에 방전이 안정된다.
- 실용적인 유일한 단색 광원(등황색)으로 589[nm]의 파장을 낸다.
- 열음극이 설치된 발광관과 외관으로 되어 있다.

082 ★★★

저압 나트륨등의 특성에 대한 설명으로 틀린 것은?

① 증기압은 4×10^{-3}[mmHg]이다.
② 광원의 광색이 단일색광이다.
③ 요철 식별이 우수하고 연색성이 좋다.
④ 간선도로, 터널 등의 도로 조명에 주로 사용된다.

해설 나트륨등의 특징
- 등의 효율이 대단히 높다.
- 빛의 직진성 및 투과성이 우수하다.
- 안개가 많은 강변 지역의 가로등, 터널 내의 등으로 많이 사용된다.
- 연색성이 나쁘다.
- 점등 후 10분 정도 후에 방전이 안정된다.
- 실용적인 유일한 단색 광원(등황색)으로 589[nm]의 파장을 낸다.
- 열음극이 설치된 발광관과 외관으로 되어 있다.

083 ★★★

가로 조명, 도로 조명 등에 사용되는 저압 나트륨등의 설명으로 틀린 것은?

① 효율은 높고 연색성은 나쁘다.
② 점등 후 10분 정도 후에 방전이 안정된다.
③ 냉음극이 설치된 발광관과 외관으로 되어 있다.
④ 실용적인 유일한 단색 광원으로 589[nm]의 파장을 낸다.

해설 나트륨등의 특징
- 등의 효율이 대단히 높다.
- 빛의 직진성 및 투과성이 우수하다.
- 안개가 많은 강변 지역의 가로등, 터널 내의 등으로 많이 사용된다.
- 연색성이 나쁘다.
- 점등 후 10분 정도 후에 방전이 안정된다.
- 실용적인 유일한 단색 광원(등황색)으로 589[nm]의 파장을 낸다.
- 열음극이 설치된 발광관과 외관으로 되어 있다.

084 ★☆☆

발광에 양광주를 이용하는 조명등은?

① 네온전구 ② 네온관등
③ 탄소아크등 ④ 텅스텐아크등

해설 네온관등
- 양광주가 빛을 낸다.
- 네온전구는 음극 글로우를 이용한다.

| 정답 | 081 ① 082 ③ 083 ③ 084 ②

085

네온방전등에 대한 설명으로 틀린 것은? ★☆☆

① 네온방전등에 공급하는 전로의 대지 전압은 300[V] 이하로 하여야 한다.
② 네온변압기 2차 측은 병렬로 접속하여 사용하여야 한다.
③ 관등 회로의 배선은 애자 공사로 시설하여야 한다.
④ 관등 회로의 배선에서 전선 상호 간의 간격(이격거리)은 60[mm] 이상으로 하여야 한다.

해설 네온방전등
- 네온방전등에 공급하는 전로의 대지 전압은 300[V] 이하로 하여야 한다.
- 네온변압기는 2차 측을 직렬 또는 병렬로 접속하여 사용하지 말 것. 다만, 조광 장치 부착과 같이 특수한 용도에 사용되는 것은 적용하지 않는다.
- 관등 회로의 배선은 애자 공사로 다음에 따라 시설하여야 한다.
  - 전선은 네온관용 전선을 사용할 것
  - 전선 상호 간의 간격(이격거리)은 60[mm] 이상일 것
  - 전선 지지점 간의 거리는 1[m] 이하로 할 것
  - 애자는 절연성·난연성 및 내수성이 있는 것일 것

086

음극만 발광하므로 직류 극성을 판별하는 데 이용되는 것은? ★☆☆

① 네온 램프   ② 크립톤 램프
③ 크세논 램프   ④ 나트륨 램프

해설 네온등(네온 램프)
- 소비 전력이 적으므로 배전반의 표시등에 적합하다.
- 부 글로우를 이용하고 있어 직류의 극성 판별에 사용된다.
- 일정한 전압 이상에서 점등되므로 검전기, 교류 파고값의 측정에 이용할 수 있다.
- 네온 전구는 전극 간의 길이가 짧으므로 부 글로우를 발광으로 이용한 것이다.
- 광도가 전류에 비례한다.
- 음극에서 발광하므로 직류 극성 판별에 사용한다.
- 빛의 관성이 없다.

087

네온사인(neon sign)용으로 사용되는 네온관등(neon tube lamp)에 봉입하는 기체 중 청색을 내는 기체는? ★☆☆

① Ne(네온)
② Ar(아르곤)
③ Ar+Hg(아르곤+수은)
④ He(헬륨)

해설

봉입 가스	유리관색	관등의 색
Ne(네온)	투명	등적색
	청색	등색
Ar(아르곤)+Hg(수은)	투명	청색
	황록색	녹색

088

방전등에 속하지 않는 것은? ★☆☆

① 할로겐등   ② 형광수은등
③ 고압나트륨등   ④ 메탈 헬라이드등

해설
- 방전 발광
  - 형광등
  - 고압수은등
  - 메탈 헬라이드등
  - 크세논등
  - 나트륨등
- 온도 복사
  - 백열등
  - 할로겐등

| 정답 | 085 ② 086 ① 087 ③ 088 ①

089 ★☆☆
백색 LED의 발광 원리가 아닌 것은?

① GaN계 적색 LED와 청색 발광 형광체를 조합한 형태
② GaN계 청색 LED와 황색 발광 형광체를 조합한 형태
③ GaN계 자외선 LED와 적·녹·청색 발광의 혼합형광체를 조합한 형태
④ 3색(적·녹·청)의 개별 LED 칩을 1개의 패키지 안에 조합한 멀티칩 형태

해설 백색 LED 발광 원리
- 3색 LED(적색, 녹색, 청색)의 조합 형태
- GaN계 청색 LED와 황색 발광 형광체 조합 형태
- 형광등과 비슷한 원리를 응용하여 UV LED와 백색 형광체(적색, 녹색, 청색 형광체의 혼합물)를 조합한 형태

090 ★☆☆
HID 램프의 종류가 아닌 것은?

① 고압 수은 램프
② 고압 옥소 램프
③ 고압 나트륨 램프
④ 메탈 핼라이드 램프

해설 고휘도 방전 램프(HID 램프)의 종류
- 고압 수은 램프
- 고압 나트륨 램프
- 메탈 핼라이드 램프

091 ★★☆
다음 중 등(램프) 종류별 기호가 옳은 것은?

① 형광등: F
② 수은등: N
③ 나트륨등: T
④ 메탈 핼라이드등: H

해설 램프의 명칭 및 기호
- 형광등: F
- 수은등: H
- 나트륨등: N
- 메탈 핼라이드등: M

092 ★★☆
다음 광원 중 발광 효율이 가장 좋은 것은?

① 형광등
② 크세논등
③ 저압 나트륨등
④ 메탈 핼라이드등

해설 램프의 효율이 좋은 순서
나트륨등 > 메탈 핼라이드등 > 형광등 > 수은등 > 할로겐등 > 백열등

| 정답 | 089 ① 090 ② 091 ① 092 ③

THEME 03 조명의 설계

093 ★★☆
상향 광속과 하향 광속이 거의 동일하므로 하향 광속으로 직접 작업면에 직사시키고 상향 광속의 반사광으로 작업면의 조도를 증가시키는 조명 기구는?

① 간접 조명 기구
② 직접 조명 기구
③ 반직접 조명 기구
④ 전반 확산 조명 기구

해설 전반 확산 조명 기구
하향 광속으로 직접 작업면에 직사시키고 상향 광속의 반사광으로 작업면의 조도를 증가시키는 조명 기구이다.

094 ★★★
발산 광속이 상향으로 90~100[%] 정도 발산하며 직사 눈부심이 없고 낮은 휘도를 얻을 수 있는 조명 방식은?

① 직접 조명
② 간접 조명
③ 국부 조명
④ 전반 확산 조명

해설 간접 조명
• 등의 상향 방향의 광속이 90[%] 이상이고 하향 광속은 10[%] 이하인 조명 방식이다.
• 거의 대부분의 발산 광속을 조명의 윗방향 천장 쪽으로 조사시키는 방식이다.

095 ★★☆
직접 조명의 장점이 아닌 것은?

① 설비비가 저렴하며, 설계가 단순하다.
② 그늘이 생기므로 물체의 식별이 입체적이다.
③ 조명률이 크므로 소비 전력은 간접 조명의 1/2~1/3이다.
④ 등기구의 사용을 최소화하여 조명 효과를 얻을 수 있다.

해설
④는 간접 조명의 장점이다.

참고 직접 조명의 장점
• 조명률이 크므로 소비 전력은 간접 조명의 1/2~1/3이다.
• 설비비가 저렴하며, 설계가 단순하다.
• 그늘이 생겨 물체의 식별이 입체적이다.

096 ★☆☆
무대 조명의 배치별 구분 중 무대 상부 배치 조명에 해당되는 것은?

① Foot light
② Tower light
③ Ceiling spot light
④ Suspension spot light

해설 서스펜션 스포트 라이트(Suspension spot light)
• 전등 기구를 천장에서 밑으로 내려뜨려 부분 조명하는 방식이다.
• 무대 상부 배치 조명에 많이 적용한다.

| 정답 | 093 ④ 094 ② 095 ④ 096 ④

097 ★☆☆

연속열 등기구를 천장에 매입하거나 들보에 설치하는 조명 방식으로, 일반적으로 사무실에 설치되는 건축화 조명 방식은?

① 밸런스 조명 ② 광량 조명
③ 코브 조명   ④ 코퍼 조명

해설
- 밸런스(Valance) 조명
  광원의 전면에 밸런스 판을 설치하여 천장면이나 벽면으로 반사시키는 조명 방식이다.
- **광량(Luminous beam) 조명**
  광량은 매우 긴 조명 기구를 보의 형태로 보이게 한 것이므로 매입 기구를 천장에 일렬로 매입하는 조명 방식이다.
- 코브(Cove) 조명
  벽에 조명을 감추어 천장이나 벽 상부를 간접 조명하고 그의 반사광으로 채광하는 조명 방식이다.
- 코퍼(Coffer) 조명
  대형 Down light의 일종으로 천장에 원형·사각형 등의 구멍을 뚫어 단차를 주고 시공한 후 단차 내부에 매입 기구를 설치하는 조명 방식이다.

098 ★☆☆

조명 기구나 소형 전기기구에 전력을 공급하는 것으로 상점이나 백화점, 전시장 등에서 조명 기구의 위치를 빈번하게 바꾸는 곳에 사용되는 것은?

① 라이팅 덕트 ② 다운라이트
③ 코퍼라이트   ④ 스포트라이트

해설 라이팅 덕트
- 조명 기구나 소형 전기기구에 전력을 공급하는 것이다.
- 상점이나 백화점, 전시장 등에서 조명 기구의 위치를 빈번하게 바꾸는 곳에 사용한다.

099 ★★☆

직접 조명 시 벽면을 이용할 경우 등기구와 벽면 사이의 간격 S_0는?

① $S_0 \leq \dfrac{H}{2}$ ② $S_0 \leq \dfrac{H}{3}$
③ $S_0 \leq 1.5H$ ④ $S_0 \leq 2H$

해설
- 등기구와 등기구 사이의 간격
  $S \leq 1.5H$
- 등기구와 벽면의 간격
  – 벽면을 사용할 경우 $S_0 \leq \dfrac{H}{3}$
  – 벽면을 사용하지 않을 경우 $S_0 \leq \dfrac{H}{2}$

100 ★★☆

지름 $2[\mathrm{m}]$의 작업면의 중심 바로 위 $1[\mathrm{m}]$의 높이에서 각 방향의 광도가 $100[\mathrm{cd}]$ 되는 광원 1개로 조명할 때의 조명률은 약 몇 $[\%]$인가?

① 10   ② 15
③ 48   ④ 65

해설
- 입체각
  $$\omega = 2\pi(1-\cos\theta) = 2\pi\left(1-\dfrac{1}{\sqrt{2}}\right)[\mathrm{sr}]$$
- 조명률
  $$U = \dfrac{\text{피조면의 유효 광속}[\mathrm{lm}]}{\text{광원의 전광속}[\mathrm{lm}]}$$
  $$= \dfrac{2\pi(1-\cos\theta)I}{4\pi I} = \dfrac{1-\dfrac{1}{\sqrt{2}}}{2}$$
  $$= 0.146 (\therefore 14.6[\%])$$

| 정답 | 097 ② 098 ① 099 ② 100 ②

101 ★★☆

실내 조도 계산에서 조명률 결정에 영향을 미치는 요소가 아닌 것은?

① 실지수
② 반사율
③ 조명 기구의 종류
④ 감광 보상률

해설 조명률 결정에 영향을 미치는 요소
- 실지수
- 반사율
- 조명 기구의 종류

102 ★★★

1,000[lm]인 광속을 발산하는 전등 10개를 500[m²] 방에 점등하였다. 평균 조도는 약 몇 [lx]인가?(단, 조명률은 0.5이고, 감광 보상률은 1.5이다.)

① 1.67
② 2.52
③ 6.67
④ 60

해설
$FUN = EAD$
(단, F: 광속[lm], U: 조명률, N: 사용하는 등의 개수, E: 조도[lx], A: 면적[m²], D: 감광 보상률 $\left(=\dfrac{1}{M}\right)$, M: 보수율)

조도 $E = \dfrac{FUN}{AD}$
$= \dfrac{1{,}000 \times 0.5 \times 10}{500 \times 1.5} = 6.67[\text{lx}]$

103 ★★★

평균 구면 광도 100[cd]의 전구 5개를 지름 10[m]인 원형의 방에 점등할 때 조명률을 0.5, 감광 보상률을 1.5로 하면 방의 평균 조도[lx]는 약 얼마인가?

① 18
② 23
③ 27
④ 32

해설
- 점광원의 광속
  $F = 4\pi I = 4\pi \times 100 = 1{,}256.64[\text{lm}]$
- 조도
  $E = \dfrac{FUN}{AD} = \dfrac{1{,}256.64 \times 0.5 \times 5}{(\pi \times 5^2) \times 1.5} = 26.67[\text{lx}]$

104 ★★★

가로 30[m], 세로 40[m] 되는 실내 작업장에 광속이 2,800[lm]인 형광등 21개를 점등하였을 때, 이 작업장의 평균 조도[lx]는 약 얼마인가?(단, 조명률은 0.4이고, 감광 보상률이 1.5이다.)

① 17
② 16
③ 13
④ 11

해설
조도 $E = \dfrac{FUN}{AD}$
$= \dfrac{2{,}800 \times 0.4 \times 21}{(30 \times 40) \times 1.5} = 13.07[\text{lx}]$

105 ★★★

폭 6[m], 길이 10[m], 높이 4[m]인 교실에 32[W] 형광등 20개를 점등하였다. 교실의 평균 조도는 약 몇 [lx]인가? (단, 조명률 0.45, 감광 보상률 1.3, 32[W] 형광등의 광속은 1,500[lm]이다.)

① 153
② 163
③ 173
④ 183

해설

조도 $E = \dfrac{FUN}{AD}$

$= \dfrac{1,500 \times 0.45 \times 20}{(6 \times 10) \times 1.3} = 173[\text{lx}]$

106 ★★★

폭 10[m], 길이 20[m]의 교실에 총 광속 3,000[lm]인 32[W] 형광등 24개를 점등하였다. 조명률 50[%], 감광 보상률 1.5라 할 때 이 교실의 공사 후 초기 조도[lx]는?

① 90
② 120
③ 152
④ 180

해설

조도 $E = \dfrac{FUN}{AD}$

$= \dfrac{3,000 \times 0.5 \times 24}{(10 \times 20) \times 1.5} = 120[\text{lx}]$

107 ★★★

가로 12[m], 세로 20[m]인 사무실에 평균 조도 400[lx]를 얻고자 32[W] 전광속 3,000[lm]인 형광등을 사용하였을 때 필요한 등수는?(단, 조명률은 0.5, 감광 보상률은 1.25이다.)

① 50
② 60
③ 70
④ 80

해설

등수 $N = \dfrac{EAD}{FU}$

$= \dfrac{400 \times (12 \times 20) \times 1.25}{3,000 \times 0.5} = 80[\text{등}]$

108 ★★★
다음 ( ) 안에 들어갈 말이 순서대로 되어 있는 것은?

> 곡선 도로에서 조명 기구를 한쪽 열에만 배치할 경우 ( )에만 배치하며, 곡선의 경우 곡선 반지름(곡률 반경)이 작을수록 조명 기구의 배치 간격을 ( ) 한다.

① 안쪽, 짧게
② 안쪽, 길게
③ 바깥쪽, 길게
④ 바깥쪽, 짧게

해설 곡선 도로 조명 배치 방법
- 양측 배치의 경우는 대칭식으로 한다.
- 한쪽만 배치하는 경우는 곡선 바깥쪽에 배치한다.
- 직선 도로에서보다 등 간격을 짧게 한다.
- 곡선 도로의 곡률 반지름이 클수록 등 간격을 길게 한다.
- 곡선 도로의 곡률 반지름이 작을수록 등 간격을 짧게 한다.

109 ★★☆
폭 15[m]의 무한히 긴 가로 양측에 10[m]의 간격을 두고 수많은 가로등이 점등되고 있다. 1등당 전광속은 3,000[lm]이고, 이의 60[%]가 가로 전면에 투사한다고 하면 가로면의 평균 조도는 약 몇 [lx]인가?

① 36
② 24
③ 18
④ 9

해설
- 양측 배치인 가로등 1개가 비추는 도로 면적
$$A = \frac{SB}{2} = \frac{10 \times 15}{2} = 75[m^2]$$
- 조도
$$E = \frac{FUN}{AD} = \frac{3{,}000 \times 0.6 \times 1}{75 \times 1} = 24[lx]$$

110 ★☆☆
KS C 8000 감전 보호와 관련하여 조명 기구의 종류(등급)를 나누고 있다. 각 등급에 따른 기구에 대한 설명으로 틀린 것은?

① 등급 0 기구: 기초 절연으로 일부분을 보호한 기구로서 접지 단자를 가지고 있는 기구
② 등급 Ⅰ 기구: 기초 절연만으로 전체를 보호한 기구로서 보호 접지 단자를 가지고 있는 기구
③ 등급 Ⅱ 기구: 2중 절연을 한 기구
④ 등급 Ⅲ 기구: 정격 전압이 교류 30[V] 이하인 전압의 전원에 접속하여 사용하는 기구

해설 조명 기구의 종류(등급)
- 등급 0 기구: 기본 예방 조치로 기초 절연과 고장 예방용 조치가 없는 기구
- 등급 Ⅰ 기구: 기초 절연만으로 전체를 보호한 기구로서 보호 접지 단자를 가지고 있는 기구
- 등급 Ⅱ 기구: 2중 절연을 한 기구
- 등급 Ⅲ 기구: 정격 전압이 교류 30[V] 이하인 전압의 전원에 접속하여 사용하는 기구

| 정답 | 108 ④ 109 ② 110 ①

PART 01 전기응용

전열

1. 전열 공학의 기초
2. 전기 가열
3. 공업용 온도계 및 전기 용접기

CBT 완벽대비 가능한 유형마스터 학습!

THEME	유형분석	관련 번호
THEME 01 전열 공학의 기초	열량의 단위 환산을 확실하게 암기하셔야 합니다. 또한 열전도율에 관해 묻는 문제가 자주 출제됩니다.	111~131
THEME 02 전기 가열	다양한 전기 가열 방식의 종류를 세분화하여 이해하고 암기하는 것이 중요합니다. 문제를 풀며 확실하게 이해하고 넘어가길 바랍니다.	132~172
THEME 03 공업용 온도계 및 전기 용접기	저항 용접에 관해 묻는 문제가 많이 출제됩니다. 겹치기 저항 용접, 맞대기 저항 용접에 어떤 용접이 각각 속하는지 암기하여야 합니다.	173~198

학습 효과를 높이는 N제 3회독 시스템

챕터별 전체 1회독이 끝났다면 회독 체크표에 날짜를 기입하고 체크표시를 해주세요.

회독 체크표	1회독	월 일	2회독	월 일	3회독	월 일

CHAPTER 02 전열

THEME 01 전열 공학의 기초

111 ★★☆
200[W]는 약 몇 [cal/s]인가?

① 0.24
② 0.86
③ 47.8
④ 71.7

해설
$1[\text{W}] = 1[\text{J/sec}] = 0.24[\text{cal/sec}]$
$\therefore 200[\text{W}] = 200 \times 0.24 = 48[\text{cal/sec}]$

112 ★★☆
344[kcal]를 [kWh]의 단위로 표시하면?

① 0.4
② 407
③ 400
④ 0.0039

해설
$1[\text{kWh}] = 860[\text{kcal}]$
$\therefore 344[\text{kcal}] = \dfrac{344}{860} = 0.43[\text{kWh}]$

113 ★☆☆
단면적 $0.5[\text{m}^2]$, 길이 $10[\text{m}]$인 원형 봉상도체의 한쪽을 $400[℃]$로 하고 이로부터 $100[℃]$의 다른 단자로 매시간 $40[\text{kcal}]$의 열이 전도되었다면 이 도체의 열전도율은 약 몇 $[\text{kcal/m}\cdot\text{h}\cdot℃]$인가?

① 267
② 26.7
③ 2.67
④ 0.267

해설
열전도율 $k = \dfrac{q \times L}{A \times \Delta T}$
$= \dfrac{40 \times 10}{0.5 \times (400 - 100)} = 2.67[\text{kcal/m}\cdot\text{h}\cdot℃]$
(단, 열전도율 $k[\text{kcal/m}\cdot\text{h}\cdot℃]$, 온도차 $\Delta T = (T_2 - T_1)$, 도체 단면적 $A[\text{m}^2]$, 도체 길이 $L[\text{m}]$)

114 ★☆☆
1[BTU]는 몇 [kcal]인가?

① 0.252
② 0.035
③ 4.18
④ 3.968

해설 BTU(British Thermal Unit)
$1[\text{BTU}] = 0.252[\text{kcal}]$

115 ★★☆
트랜지스터 정합 온도(T_j)의 최대 정격값이 $75[℃]$, 주위 온도(T_a)가 $35[℃]$이다. 컬렉터 손실 P_c의 최대 정격값을 $10[\text{W}]$라고 할 때 열저항$[℃/\text{W}]$은?

① 40
② 4
③ 2.5
④ 0.2

해설
$R_T = \dfrac{T_j - T_a}{P_c} = \dfrac{75 - 35}{10} = 4[℃/\text{W}]$

| 정답 | 111 ③ 112 ① 113 ③ 114 ① 115 ②

116
열전도율을 표시하는 단위는?

① [J/℃]
② [℃/W]
③ [W/m·℃]
④ [m·℃/W]

해설
- [kcal/h]: 발열량 단위
- [m·h·℃/kcal]: 열전도 비저항 단위
- [kcal/kg·℃]: 비열 단위
- [kcal/m·h·℃] 또는 [W/m·℃]: 열전도율 단위

117
열전도율을 표시하는 단위는?

① [J/kg·deg]
② [W/m²·deg]
③ [W/m·deg]
④ [J/m²·deg]

해설 열전도율의 단위
- [kcal/m·h·℃]
- [W/m·℃]
※ [deg] = [℃]를 의미한다.

118
열전도율이 가장 좋은 것은?

① 철
② 은
③ 니크롬
④ 알루미늄

해설
은은 열전도율이 매우 크다.

119
전기 회로와 열 회로의 대응 관계로 틀린 것은?

① 전류 – 열류
② 전압 – 열량
③ 도전율 – 열전도율
④ 정전 용량 – 열용량

해설 전기 회로와 열 회로의 대응 관계
- 전기 ↔ 열
- 전압 ↔ 온도차
- 전류 ↔ 열류
- 전기량 ↔ 열량
- 도전율 ↔ 열전도율
- 저항 ↔ 열저항
- 정전 용량 ↔ 열용량

120
전기 회로와 열 회로의 대응 관계로 틀린 것은?

① 저항 – 열저항
② 전압 – 온도차
③ 도전율 – 열전도율
④ 전류 – 열용량

해설 전기 회로와 열 회로의 대응 관계
- 전기 ↔ 열
- 전압 ↔ 온도차
- 전류 ↔ 열류
- 전기량 ↔ 열량
- 도전율 ↔ 열전도율
- 저항 ↔ 열저항
- 정전 용량 ↔ 열용량

121
$5[\Omega]$의 전열선을 $100[V]$에 사용할 때의 발열량은 약 몇 $[kcal/h]$인가?

① 1,720
② 2,770
③ 3,745
④ 4,728

해설
- 소비 전력
$$P = \frac{V^2}{R} = \frac{100^2}{5} = 2,000[W] = 2,000[J/\text{sec}]$$
- 발열량
$$Q = 2,000 \times 0.24 \times 3,600 \times 10^{-3} = 1,728[kcal/h]$$
(∵ $1[J] = 0.24[cal]$, $1[h] = 3,600[\text{sec}]$)

122 ★★★

전열기에서 5분 동안에 900,000[J]의 일을 했다고 한다. 이 전열기에서 소비한 전력은 몇 [W]인가?

① 500
② 1,500
③ 2,000
④ 3,000

해설

$W = Pt$ [J]에서

소비 전력 $P = \dfrac{W}{t}$

$= \dfrac{900,000}{5 \times 60} = 3,000[\text{J/s}] = 3,000[\text{W}]$

123 ★★★

20[Ω]의 전열선 1개를 100[V]에 사용할 때 몇 [W]의 전력이 소비되는가?

① 400
② 500
③ 650
④ 750

해설

소비 전력 $P = VI = \dfrac{V^2}{R}$

$= \dfrac{100^2}{20} = 500[\text{W}]$

124 ★★☆

500[W]의 전열기의 정격 상태에서 1시간 사용할 때 발생하는 열량은 약 몇 [kcal]인가?

① 430
② 520
③ 610
④ 860

해설

- 소비 전력
  $P = 0.5[\text{kW}]$
- 발열량
  $Q = 0.5 \times 1 \times 860 = 430[\text{kcal}]$
  (∵ $1[\text{kWh}] = 860[\text{kcal}]$)

125 ★★★

물 7[L]를 14[℃]에서 100[℃]까지 1시간 동안 가열하고자 할 때, 전열기의 용량[kW]은?(단, 전열기의 효율은 70[%]이다.)

① 0.5
② 1
③ 1.5
④ 2

해설

전열기 용량 $P = \dfrac{mc(T_2 - T_1)}{860t\eta}$

$= \dfrac{7 \times 1 \times (100 - 14)}{860 \times 1 \times 0.7} = 1[\text{kW}]$

(단, m: 질량[kg], c: 비열[kcal/g·℃], T_1: 초기 온도[℃], T_2: 나중 온도[℃])

126 ★★★

25[℃]의 물 10[L]를 그릇에 넣고 2[kW]의 전열기로 가열하여 물의 온도를 80[℃]로 올리는 데 20분이 소요되었다. 이 전열기의 효율[%]은 약 얼마인가?

① 59.5
② 68.8
③ 84.9
④ 95.9

해설

$P = \dfrac{mc(T_2 - T_1)}{860t\eta}[\text{kW}]$

$\eta = \dfrac{mc(T_2 - T_1)}{860Pt} \times 100 = \dfrac{10 \times 1 \times (80 - 25)}{860 \times 2 \times \dfrac{20}{60}} \times 100 = 95.93[\%]$

| 정답 | 122 ④ 123 ② 124 ① 125 ② 126 ④

127 ★★★

$1[\text{kW}]$의 전열기를 이용하여 $20[℃]$의 물 $5[\text{L}]$를 $70[℃]$까지 올리는 데 요하는 시간$[\text{min}]$은 약 얼마나 되겠는가?

① 14.6
② 12.1
③ 17.4
④ 25.6

해설

$P = \dfrac{mc(T_2 - T_1)}{860 t \eta}[\text{kW}]$

$t = \dfrac{mc(T_2 - T_1)}{860 P \eta} = \dfrac{5 \times 1 \times (70 - 20)}{860 \times 1 \times 1}$

$= 0.29[\text{h}] = 0.29 \times 60 = 17.4[\text{min}]$

128 ★★★

$600[\text{W}]$의 전열기로서 $3[\text{L}]$의 물을 $15[℃]$로부터 $100[℃]$까지 가열하는 데 필요한 시간은 약 몇 분인가?(단, 전열기의 발생열은 모두 물의 온도 상승에 사용되고 물의 증발은 없다.)

① 30
② 35
③ 40
④ 45

해설

$P = \dfrac{mc(T_2 - T_1)}{860 t \eta}[\text{kW}]$

$t = \dfrac{mc(T_2 - T_1)}{860 P \eta} = \dfrac{3 \times 1 \times (100 - 15)}{860 \times 0.6 \times 1}$

$= 0.49[\text{h}] = 0.49 \times 60 = 29.4[\text{min}]$

129 ★★★

$20[℃]$의 물 $5[\text{L}]$를 용기에 넣어 $1[\text{kW}]$의 전열기로 가열하여 $90[℃]$로 하는 데 40분 걸렸다. 이 전열기의 효율은 약 몇 $[\%]$인가?

① 46
② 51
③ 56
④ 61

해설

$P = \dfrac{mc(T_2 - T_1)}{860 t \eta}[\text{kW}]$

$\eta = \dfrac{mc(T_2 - T_1)}{860 P t} = \dfrac{5 \times 1 \times (90 - 20)}{860 \times 1 \times \dfrac{40}{60}} = 0.6105 (\therefore 61.05[\%])$

130 ★★☆

$2[\text{g}]$의 알루미늄을 $60[℃]$ 높이는 데 필요한 열량은 약 몇 $[\text{cal}]$인가?(단, 알루미늄 비열은 $0.2[\text{cal/g} \cdot ℃]$이다.)

① 24
② 20.64
③ 860
④ 20,640

해설

$Q = mc\theta = 2 \times 0.2 \times 60 = 24[\text{cal}]$

131 ★☆☆

겨울철에 심야 전력을 사용하여 20[kWh] 전열기로 40[℃]의 물 100[L]를 95[℃]로 데우는 데 사용되는 전기 요금은 약 얼마인가?(단, 가열 장치의 효율 90[%], 1[kWh]당 단가는 겨울철 56.10[원], 기타 계절 37.90[원]이며, 계산 결과는 원 단위 절삭한다.)

① 260원 ② 290원
③ 360원 ④ 390원

해설
- 사용 전력량
$$W = Pt = \frac{mc(T_2 - T_1)}{860\eta} = \frac{100 \times 1 \times (95-40)}{860 \times 0.9}$$
$$= 7.11[kWh]$$
- 전기 요금
  $7.11 \times 56.1 = 399[원]$
  ∴ 원 단위 절사하여 390[원]이다.

THEME 02 전기 가열

132 ★★☆

간접식 저항 가열에 사용되는 발열체의 필요 조건이 아닌 것은?

① 내열성이 클 것
② 내식성이 클 것
③ 저항률이 비교적 크고 온도 계수가 작을 것
④ 발열체의 최고 온도가 가열 온도보다 낮을 것

해설 발열체의 구비 조건
- 내열성이 클 것
- 내식성이 클 것
- 알맞은 고유 저항을 가질 것
- 저항률이 클 것
- 저항의 온도 계수가 양(+)의 성질로서 작을 것
- 압연성이 충분하고, 가공이 용이할 것
- 선 팽창 계수가 작을 것
- 대량 생산이 가능하여 가격이 저렴할 것
- 용융, 연화, 산화 온도가 높을 것

133 ★★☆

다음 중 발열체의 구비 조건이 아닌 것은?

① 내열성이 클 것
② 용융, 연화, 산화 온도가 낮을 것
③ 저항률이 크고 온도 계수가 작을 것
④ 연성 및 전성이 풍부하여 가공이 용이할 것

해설 발열체의 구비 조건
- 내열성이 클 것
- 내식성이 클 것
- 알맞은 고유 저항을 가질 것
- 저항률이 클 것
- 저항의 온도 계수가 양(+)의 성질로서 작을 것
- 압연성이 충분하고, 가공이 용이할 것
- 선 팽창 계수가 작을 것
- 대량 생산이 가능하여 가격이 저렴할 것
- 용융, 연화, 산화 온도가 높을 것

134 ★★☆

열 절연 재료로 사용되는 내화물의 구비 조건으로 틀린 것은?

① 사용 온도에 견딜 것
② 열간 하중에 견딜 것
③ 급열, 급냉에 견딜 것
④ 내식성이 작을 것

해설 내화 단열재의 구비 조건
- 내식성이 클 것
- 급열, 급냉에 견딜 것
- 열전도율이 작을 것
- 피열물 간에 화학 작용이 없을 것
- 사용 온도에 견딜 것
- 열간 하중에 견딜 것

| 정답 | 131 ④ 132 ④ 133 ② 134 ④

135 ★☆☆
전기로에 사용되는 전극 재료의 구비 조건이 아닌 것은?

① 열 전도율이 클 것
② 전기 전도율이 클 것
③ 고온에 견디며 기계적 강도가 클 것
④ 피열물과 화학 작용을 일으키지 않을 것

해설 전극 재료의 구비 조건
- 열 전도율이 작을 것
- 전기 전도율이 클 것
- 고온에 견디고 고온에서의 기계적 강도가 클 것
- 피열물과 화학 작용을 일으키지 않을 것

136 ★★☆
니크롬 전열선에서 제1종의 최고 사용 온도[℃]는?

① 700
② 900
③ 1,100
④ 1,300

해설 합금 발열체 종류별 최고 온도
- 니크롬 제1종: 1,100[℃]
- 니크롬 제2종: 900[℃]
- 철크롬 제1종: 1,200[℃]
- 철크롬 제2종: 1,100[℃]

137 ★★☆
최고 사용 온도가 1,100[℃]이고 고온 강도가 크며 냉간 가공이 용이한 고온용 발열체는?

① 니크롬 제1종
② 니크롬 제2종
③ 철크롬 제1종
④ 철크롬 제2종

해설 발열체 종류별 최고 온도
- 니크롬 제1종: 1,100[℃]
- 니크롬 제2종: 900[℃]
- 철크롬 제1종: 1,200[℃]
- 철크롬 제2종: 1,100[℃]

참고
고온 강도가 크며 냉간 가공이 용이한 발열체는 니크롬이다.

138 ★☆☆
고유 저항(20[℃]에서)이 가장 큰 것은?

① 텅스텐
② 백금
③ 은
④ 알루미늄

해설 여러 가지 물질의 고유 저항

물질	20[℃]에서 고유 저항[$\times 10^{-8} \Omega \cdot m$]
납	22
백금	10.6
텅스텐	5.6
알루미늄	2.65
금	2.44
은	1.59

139 ★★★
다음 중 전기로의 가열 방식이 아닌 것은?

① 저항 가열 ② 유전 가열
③ 유도 가열 ④ 아크 가열

해설 전기로 가열 방식
- 저항 가열
- 유도 가열
- 아크 가열

140 ★★★
흑연화로, 카보런덤로, 카바이드로 등의 가열 방식은?

① 아크 가열 ② 유도 가열
③ 간접 저항 가열 ④ 직접 저항 가열

해설 직접 저항 가열 방식
- 흑연화로
- 카보런덤로
- 카바이드로
- 알루미늄 융해로

141 ★★☆
다음 전기로 중 열효율이 가장 좋은 것은?

① 저주파 유도로 ② 흑연화로
③ 고압 아크로 ④ 카보런덤로

해설
카보런덤로는 전기로 중 열효율이 가장 좋은 형식이다.

142 ★★★
형태가 복잡하게 생긴 금속 제품을 균일한 온도로 가열하는데 가장 적합한 전기로는?

① 염욕로 ② 흑연화로
③ 요동식 아크로 ④ 저주파 유도로

해설 저항 가열 방식
- 직접 저항 가열 방식
  - 열효율이 가장 우수하다.
  - 흑연화로, 카보런덤로, 카바이드로, 알루미늄 용해로
- 간접 저항 가열 방식
  - 복잡한 형태의 물질을 균일하게 가열한다.
  - 크립톨로, 염욕로, 발열체로

143 ★★★
피열물에 직접 통전하여 발열시키는 직접식 저항로가 아닌 것은?

① 염욕로 ② 흑연화로
③ 카바이드로 ④ 카보런덤로

해설 저항 가열 방식
- 직접 저항 가열 방식
  - 열효율이 가장 우수하다.
  - 흑연화로, 카보런덤로, 카바이드로, 알루미늄 용해로
- 간접 저항 가열 방식
  - 복잡한 형태의 물질을 균일하게 가열한다.
  - 크립톨로, 염욕로, 발열체로

144 ★☆☆
전압과 전류의 관계에서 수하 특성을 이용한 가열 방식은?

① 저항 가열 ② 유도 가열
③ 유전 가열 ④ 아크 가열

해설 아크 가열
- 전극 사이에 발생하는 고온의 아크열을 이용하여 가열하는 방식으로, 직접식과 간접식이 있다.
- 수하 특성은 정전류 특성이므로 아크 가열은 정전류 특성이 필요하다.

| 정답 | 139 ② 140 ④ 141 ④ 142 ① 143 ① 144 ④

145
고압 아크로의 종류가 아닌 것은? ★☆☆

① 로킹(Rocking)로
② 센헬(Schonherr)로
③ 포오링(Pauling)로
④ 비라케란드 아이데(Birkeland-Eyde)로

해설 고압 아크로의 종류
- 센헬(Schonherr)로
- 포오링(Pauling)로
- 비라케란드 아이데(Birkeland-Eyde)로

146
노 바닥의 하부 전극은 탄소 덩어리로 되어 있으며 세로형이고, 선철, 페로알로이, 카바이드 등의 제조에 사용되는 전기로는? ★☆☆

① 제선로
② 아크로
③ 유도로
④ 지로식 전기로

해설 지로식 전기로(Girod type furnace)
- 직접식 아크로
- 로(노)의 바닥에 하나의 흑연 전극이 있는 단상 수직 전극 형태
- 선철, 페로알로이(Ferroalloy), 카바이드 등의 제조에 사용

147
다음 중 유도 가열은 어떤 것을 이용한 것인가? ★★★

① 복사열
② 아크열
③ 와전류손
④ 유전체손

해설 유도 가열
- 와전류손 및 히스테리시스손을 이용한 가열 방법
- 교번 자계 중 도전성의 물체 중에 생기는 와류에 의한 줄열로 가열하는 방식
- 표면 가열(담금질), 반도체 정련 및 국부 가열에 적당한 방식

148
용해, 용접, 담금질, 가열 등에 가장 적합한 가열 방식은? ★★★

① 복사 가열
② 유도 가열
③ 저항 가열
④ 유전 가열

해설 유도 가열
- 와전류손 및 히스테리시스손을 이용한 가열 방법
- 교번 자계 중 도전성의 물체 중에 생기는 와류에 의한 줄열로 가열하는 방식
- 표면 가열(담금질), 반도체 정련 및 국부 가열에 적당한 방식

149
교번 자계 중에서 도전성 물질 내에 생기는 와류손과 히스테리시스손에 의한 가열 방식은? ★★★

① 저항 가열
② 유도 가열
③ 유전 가열
④ 아크 가열

해설 유도 가열
- 와전류손 및 히스테리시스손을 이용한 가열 방법
- 교번 자계 중 도전성의 물체 중에 생기는 와류에 의한 줄열로 가열하는 방식
- 표면 가열(담금질), 반도체 정련 및 국부 가열에 적당한 방식

150
금속의 표면 열처리에 이용하며 도체에 고주파 전류를 통하면 전류가 표면에 집중하는 현상은? ★★☆

① 표피 효과
② 톰슨 효과
③ 핀치 효과
④ 제벡 효과

해설 표피 효과
- 도체에 고주파의 교류를 인가하면 전류가 도체의 표면쪽으로 집중되어 흐르는 표피 현상이 생긴다.
- 이 표피 현상을 이용하여 금속의 표면 열처리에 적용한다.

151
고주파 유도 가열에 사용되는 전원이 아닌 것은? ★☆☆

① 동기 발전기
② 진공관 발진기
③ 고주파 전동 발전기
④ 불꽃 간극식 고주파 발진기

해설 고주파 유도 가열에 사용되는 전원
- 진공관 발진기
- 고주파 전동 발전기
- 불꽃 간극식 고주파 발진기

152
전기 가열 방식 중 전기적 절연물에 교번 전계를 가할 때 물체 내부의 전기 쌍극자의 회전에 의해 발열하는 가열 방식은? ★★☆

① 저항 가열
② 유도 가열
③ 유전 가열
④ 전자빔 가열

해설 유전 가열(고주파 가열)
- 교번 전계 중 절연성의 피열물에 생기는 유전체 손실에 의한 가열 방식
- 절연체(유전체)에서 어느 정도의 열을 이용한 예
  - 합성수지의 가열 성형
  - 베니어판(합판)의 건조
  - 고무의 유화
  - 비닐막 접착, 목재 접착
  - 플라스틱 성형

153
평행 평판 전극 사이에 유전체인 피열물을 삽입하고 고주파 전계를 인가하면 피열물 내 유전체손이 발생하여 가열되는 방식은? ★★☆

① 저항 가열
② 유도 가열
③ 유전 가열
④ 원자 수소 가열

해설 유전 가열(고주파 가열)
- 교번 전계 중 절연성의 피열물에 생기는 유전체 손실에 의한 가열 방식
- 절연체(유전체)에서 어느 정도의 열을 이용한 예
  - 합성수지의 가열 성형
  - 베니어판(합판)의 건조
  - 고무의 유화
  - 비닐막 접착, 목재 접착
  - 플라스틱 성형

154
합판 및 비닐막의 접착에 적당한 가열 방식은? ★★★

① 유도 가열
② 적외선 가열
③ 직접 저항 가열
④ 고주파 유전 가열

해설 유전 가열(고주파 가열)
- 교번 전계 중 절연성의 피열물에 생기는 유전체 손실에 의한 가열 방식
- 절연체(유전체)에서 어느 정도의 열을 이용한 예
  - 합성수지의 가열 성형
  - 베니어판(합판)의 건조
  - 고무의 유화
  - 비닐막 접착, 목재 접착
  - 플라스틱 성형

| 정답 | 151 ① 152 ③ 153 ③ 154 ④

155 ★★★
목재 건조에 적합한 가열 방식은?

① 저항 가열　　② 적외선 가열
③ 유전 가열　　④ 유도 가열

해설 유전 가열(고주파 가열)
- 교번 전계 중 절연성의 피열물에 생기는 유전체 손실에 의한 가열 방식
- 절연체(유전체)에서 어느 정도의 열을 이용한 예
  - 합성수지의 가열 성형
  - 베니어판(합판)의 건조
  - 고무의 유화
  - 비닐막 접착, 목재 접착
  - 플라스틱 성형

156 ★★★
목재의 건조, 베니어판 등의 합판에서의 접착 건조, 약품의 건조 등에 적합한 전기 건조 방식은?

① 아크 건조　　② 고주파 건조
③ 적외선 건조　　④ 자외선 건조

해설 유전 가열(고주파 가열)
- 교번 전계 중 절연성의 피열물에 생기는 유전체 손실에 의한 가열 방식
- 절연체(유전체)에서 어느 정도의 열을 이용한 예
  - 합성수지의 가열 성형
  - 베니어판(합판)의 건조
  - 고무의 유화
  - 비닐막 접착, 목재 접착
  - 플라스틱 성형

157 ★★★
전기 가열 방식 중에서 고주파 유전 가열의 응용으로 틀린 것은?

① 목재의 건조　　② 비닐막 접착
③ 목재의 접착　　④ 공구의 표면 처리

해설 유전 가열(고주파 가열)
- 교번 전계 중 절연성의 피열물에 생기는 유전체 손실에 의한 가열 방식
- 절연체(유전체)에서 어느 정도의 열을 이용한 예
  - 합성수지의 가열 성형
  - 베니어판(합판)의 건조
  - 고무의 유화
  - 비닐막 접착, 목재 접착
  - 플라스틱 성형

158 ★★★
고주파 유전 가열의 용도로 적합하지 않은 것은?

① 목재의 접착　　② 플라스틱 성형
③ 비닐의 접착　　④ 금속의 열처리

해설 유전 가열(고주파 가열)
- 교번 전계 중 절연성의 피열물에 생기는 유전체 손실에 의한 가열 방식
- 절연체(유전체)에서 어느 정도의 열을 이용한 예
  - 합성수지의 가열 성형
  - 베니어판(합판)의 건조
  - 고무의 유화
  - 비닐막 접착, 목재 접착
  - 플라스틱 성형

참고
금속의 열처리는 유도 가열로 한다.

| 정답 | 155 ③　156 ②　157 ④　158 ④

159 ★★★
고주파 유전 가열을 응용한 사항으로 틀린 것은?

① 고무의 가황
② 합판의 건조, 접착
③ 플라스틱의 성형과 비닐막 접착
④ 강재의 표면 담금질

해설 유전 가열(고주파 가열)
- 교번 전계 중 절연성의 피열물에 생기는 유전체 손실에 의한 가열 방식
- 절연체(유전체)에서 어느 정도의 열을 이용한 예
  - 합성수지의 가열 성형
  - 베니어판(합판)의 건조
  - 고무의 유화
  - 비닐막 접착, 목재 접착
  - 플라스틱 성형

160 ★★☆
유전체 자신을 발열시키는 유전 가열의 특징으로 틀린 것은?

① 열이 유전체 손에 의해 피열물 자체 내에서 발생한다.
② 온도 상승 속도가 빠르다.
③ 표면의 소손과 균열이 없다.
④ 전 효율이 좋고, 설비비가 저렴하다.

해설 유전 가열의 특징
- 열이 유전체 손에 의해 피가열물 자체 내에서 발생한다.
- 온도 상승 속도가 빠르고 속도가 임의 제어된다.
- 내부 발열의 방식인 경우 표면이 과열될 우려가 없다.
- 전 효율이 나쁘고 설비비가 고가이다.

161 ★☆☆
유도 가열과 유전 가열의 공통된 특성은?

① 도체만을 가열한다.
② 선택 가열이 가능하다.
③ 절연체만을 가열한다.
④ 직류를 사용할 수 없다.

해설 유도 가열과 유전 가열의 특징
- 유도 가열의 특징
  - 피가열물 내에서 직접 열을 발생시키므로 열원이 필요 없다.
  - 전원으로 직류는 사용할 수 없다.
  - 표면층 가열만이 가능하다.
  - 가열시킬 물체의 필요한 부분만 선택하여 가열이 가능하다.
  - 온도 제어가 정확하고 제어하기가 용이하다.
  - 가열된 제품의 품질이 우수하다.
- 유전 가열의 특징
  - 유전체 내의 유전체손에 의해 피열물체 자체에 발생한다.
  - 온도 상승 속도가 빠르고 온도 제어가 자유롭다.
  - 전원으로 직류는 사용할 수 없다.
  - 전원을 끊으면 가열은 즉시 멈춰지고 축적된 열에 의한 과열이 없다.
  - 설비가 고가이고 효율이 낮은 편이다.
  - 피열물의 형상에 따라 내부 전체가 균일하게 가열될 수 없다.
  - 가열 중의 전파에 의해 통신 장해를 일으킬 수 있다.

| 정답 | 159 ④ 160 ④ 161 ④

162 ★★☆
전기 가열 방식에 대한 설명으로 틀린 것은?

① 저항 가열은 줄열을 이용한 가열 방식이다.
② 유도 가열은 표면 담금질 등의 열처리에 이용되는 방식이다.
③ 유전 가열은 와전류손과 히스테리시스손에 의한 가열 방식이다.
④ 아크 가열은 전극 사이에 발생하는 아크열을 이용한 가열 방식이다.

해설
- 저항 가열: 저항이 큰 도선에 전류를 흘리면 줄열에 의한 고열이 발생하는데 이 열을 이용하여 대상물을 가열시키는 것
- 아크 가열: 전극을 설치하고 이 전극 사이에 아크 전류가 흐를 때 발생되는 열을 이용하여 대상물을 가열시키는 것
- 유전 가열
  - 유전체손을 이용하여 가열하는 원리
  - 절연체(유전체)에서 어느 정도의 열을 이용한 합성수지의 가열 성형, 베니어판의 건조, 고무의 유화, 비닐막 접착에 주로 적용
  - 사용 전원: 1~200[MHz] 정도의 교류 인가(직류는 사용 불가)
- 유도 가열
  - 와전류손 및 히스테리시스손을 이용한 가열 방법
  - 교번 자계 중 도전성의 물체 중에 생기는 와류에 의한 줄열로 가열하는 방식
  - 주로 표면 가열, 반도체 정련 등에 적용

163 ★☆☆
고주파 유전 가열에서 피열물의 단위 체적당 소비 전력 [W/cm^3]은?

① $\dfrac{5}{9} E f \varepsilon_s \tan\delta \times 10^{-9}$

② $\dfrac{5}{9} E f \varepsilon_s \tan\delta \times 10^{-10}$

③ $\dfrac{5}{9} E^2 f \varepsilon_s \tan\delta \times 10^{-8}$

④ $\dfrac{5}{9} E^2 f \varepsilon_s \tan\delta \times 10^{-12}$

해설
- 유전체 손실: $W_d = VI\tan\delta \, [\text{W}]$
- 어떤 유전체의 면적을 $S[\text{cm}^2]$, 두께를 $d[\text{cm}]$, 유전율을 $\varepsilon = \varepsilon_0 \varepsilon_s \, [\text{F/m}]$, 각주파수를 $\omega = 2\pi f \, [\text{rad/s}]$라 하면,
  $E = \dfrac{V}{d} \, [\text{V/cm}]$인 경우에
  $W_d = V \times \omega CV \tan\delta$
  $= (Ed)^2 \times 2\pi f \times \dfrac{\varepsilon_0 \varepsilon_s S \times 10^{-4}}{d \times 10^{-2}} \tan\delta \, [\text{W}]$ 이다.

따라서 단위 체적당 손실은
$W_d = \dfrac{5}{9} E^2 f \varepsilon_s \tan\delta \times 10^{-12} \, [\text{W/cm}^3]$ 이다.
($\varepsilon_0 = \dfrac{10^{-9}}{36\pi} [\text{F/m}]$)

164
적외선 가열의 특징이 아닌 것은? ★★☆

① 표면 가열이 가능하다.
② 신속하고 효율이 좋다.
③ 조작이 복잡하여 온도 조절이 어렵다.
④ 구조가 간단하다.

해설 적외선 가열의 특징
- 적외선 전구에 의해 발생하는 복사열을 이용하여 피열물체를 가열, 건조하는 방법이다.
- 구조와 조작이 간단하다.
- 손실이 적고 작업 시간이 단축된다.
- 효율이 좋다.
- 설비비가 저렴하고 유지비도 적게 든다.
- 설치 공간을 적게 차지한다.
- 도장 등의 표면 건조에 적당한 가열 방식이다.
- 건조 재료의 감시가 용이하고 청결하며, 사용이 안전하다.

165
적외선 가열과 관계없는 것은? ★★☆

① 설비비가 적다.
② 구조가 간단하다.
③ 두꺼운 목재의 건조에 적당하다.
④ 공산품(工産品)의 표면 건조에 적당하다.

해설 적외선 가열의 특징
- 적외선 전구에 의해 발생하는 복사열을 이용하여 피열물체를 가열, 건조하는 방법이다.
- 구조와 조작이 간단하다.
- 손실이 적고 작업 시간이 단축된다.
- 효율이 좋다.
- 설비비가 저렴하고 유지비도 적게 든다.
- 설치 공간을 적게 차지한다.
- 도장 등의 표면 건조에 적당한 가열 방식이다.
- 건조 재료의 감시가 용이하고 청결하며, 사용이 안전하다.

참고
목재의 건조는 유전 가열과 관계가 있다.

166
적외선 건조에 대한 설명으로 틀린 것은? ★★☆

① 효율이 좋다.
② 온도 조절이 쉽다.
③ 대류열을 이용한다.
④ 소요되는 면적이 작다.

해설 적외선 가열의 특징
- 적외선 전구에 의해 발생하는 복사열을 이용하여 피열물체를 가열, 건조하는 방법이다.
- 구조와 조작이 간단하다.
- 손실이 적고 작업 시간이 단축된다.
- 효율이 좋다.
- 설비비가 저렴하고 유지비도 적게 든다.
- 설치 공간을 적게 차지한다.
- 도장 등의 표면 건조에 적당한 가열 방식이다.
- 건조 재료의 감시가 용이하고 청결하며, 사용이 안전하다.

167
다음 중 적외선의 기능은? ★★☆

① 살균 작용   ② 온열 작용
③ 발광 작용   ④ 표백 작용

해설
- 적외선: 온열 작용
- 자외선: 살균 작용

| 정답 | 164 ③　165 ③　166 ③　167 ②

168 ★★★
전자빔 가열의 특징이 아닌 것은?

① 고융점 재료 및 금속박 재료의 용접이 쉽다.
② 진공 중에서 가열이 가능하다.
③ 에너지의 밀도나 분포를 자유로이 조절할 수 있다.
④ 신속하고 효율이 좋으며 표면 가열이 가능하다.

해설 전자빔 가열의 특징
- 진공 중에서 가열이 가능하다.(전자빔 가열 자체가 진공 중에서 가열하는 방식)
- 효율이 좋으며, 부분적인 국부 가열이 가능하다.
- 고융점 재료 및 금속박 재료의 용접이 가능하다.
- 에너지의 밀도나 분포를 자유로이 조절할 수 있다.
- 용접, 용해 및 천공 작업 등에 응용된다.
- 빔의 파워와 조사 위치를 정확하게 제어할 수 있다.

참고
④는 적외선 가열에 대한 설명이다.

169 ★★★
전자빔 가열의 특징이 아닌 것은?

① 용접, 용해 및 천공 작업 등에 응용된다.
② 에너지의 밀도나 분포를 자유로이 조절할 수 있다.
③ 진공 중에서 가열이 불가능하다.
④ 고융점 재료 및 금속박 재료의 용접이 쉽다.

해설 전자빔 가열의 특징
- 진공 중에서 가열이 가능하다.(전자빔 가열 자체가 진공 중에서 가열하는 방식)
- 효율이 좋으며, 부분적인 국부 가열이 가능하다.
- 고융점 재료 및 금속박 재료의 용접이 가능하다.
- 에너지의 밀도나 분포를 자유로이 조절할 수 있다.
- 용접, 용해 및 천공 작업 등에 응용된다.
- 빔의 파워와 조사 위치를 정확하게 제어할 수 있다.

170 ★★★
전자빔 가열의 특징이 아닌 것은?

① 에너지 밀도를 높게 할 수 있다.
② 진공 중 가열로 산화 등의 영향이 크다.
③ 필요한 부분에 고속으로 가열시킬 수 있다.
④ 빔의 파워와 조사 위치를 정확히 제어할 수 있다.

해설 전자빔 가열의 특징
- 진공 중에서 가열이 가능하다.(전자빔 가열 자체가 진공 중에서 가열하는 방식)
- 효율이 좋으며, 부분적인 국부 가열이 가능하다.
- 고융점 재료 및 금속박 재료의 용접이 가능하다.
- 에너지의 밀도나 분포를 자유로이 조절할 수 있다.
- 용접, 용해 및 천공 작업 등에 응용된다.
- 빔의 파워와 조사 위치를 정확하게 제어할 수 있다.

171 ★★☆
레이저 가열의 특징으로 틀린 것은?

① 파장이 짧은 레이저는 미세 가공에 적합하다.
② 에너지 변환 효율이 높아 원격 가공이 가능하다.
③ 필요한 부분에 집중하여 고속으로 가열할 수 있다.
④ 레이저의 파워와 조사 면적을 광범위하게 제어할 수 있다.

해설 레이저 가열의 특징
- 파장이 짧아 미세 가공에 적합하다.
- 필요한 부분에 집중하여 고속으로 가열할 수 있다.
- 레이저의 파워와 조사 면적을 광범위하게 제어할 수 있다.
- 에너지 밀도를 높게 할 수 있다.

172
레이저 가열의 특징이 아닌 것은? ★★☆

① 에너지 변환 효율이 높아 원격 가공이 가능하다.
② 필요한 부분에 집중하여 고속으로 가열할 수 있다.
③ 레이저의 파워와 조사 면적을 광범위하게 제어할 수 있다.
④ 에너지 밀도를 높게 할 수 있다.

해설 레이저 가열의 특징
- 파장이 짧아 미세 가공에 적합하다.
- 필요한 부분에 집중하여 고속으로 가열할 수 있다.
- 레이저의 파워와 조사 면적을 광범위하게 제어할 수 있다.
- 에너지 밀도를 높게 할 수 있다.

THEME 03 공업용 온도계 및 전기 용접기

173
서미스터(Thermistor)의 주된 용도는? ★☆☆

① 온도 보상용
② 잡음 제거용
③ 전압 증폭용
④ 출력 전류 조절용

해설 서미스터
- 온도가 상승하면 전기 저항이 감소하는 부(−) 특성을 갖는 반도체 열저항 소자이다.
- 온도 보상용으로 많이 적용한다.

174
열전 온도계의 원리는? ★★☆

① 홀 효과
② 핀치 효과
③ 톰슨 효과
④ 제벡 효과

해설 열전 온도계의 특징
- 제벡 효과의 동작 원리를 이용한 것이다.
- 열전대를 보호할 수 있는 보호관을 필요로 한다.
- 온도가 열기전력으로서 검출되므로 피측온점의 온도를 알 수 있다.
- 적절한 열전대를 선정하면 0~1,600[℃] 온도 범위의 측정이 가능하다.

175
서로 관계 깊은 것들끼리 짝지은 것으로 틀린 것은? ★☆☆

① 유도 가열 : 와전류손
② 표면 가열 : 표피 효과
③ 형광등 : 스토크스 정리
④ 열전 온도계 : 톰슨 효과

해설
열전 온도계는 제벡 효과를 이용한 것이다.

176
열전 온도계의 특징에 대한 설명으로 틀린 것은? ★★☆

① 제벡 효과의 동작 원리를 이용한 것이다.
② 열전대를 보호할 수 있는 보호관을 필요로 하지 않는다.
③ 온도가 열기전력으로서 검출되므로 피측온점의 온도를 알 수 있다.
④ 적절한 열전대를 선정하면 0~1,600[℃] 온도 범위의 측정이 가능하다.

해설 열전 온도계의 특징
- 제벡 효과의 동작 원리를 이용한 것이다.
- 열전대를 보호할 수 있는 보호관을 필요로 한다.
- 온도가 열기전력으로서 검출되므로 피측온점의 온도를 알 수 있다.
- 적절한 열전대를 선정하면 0~1,600[℃] 온도 범위의 측정이 가능하다.

177 ★★☆
금속이나 반도체에 전류를 흘리고 이것과 직각 방향으로 자계를 가하면 전류와 자계가 이루는 면에 직각 방향으로 기전력이 발생하는데 이러한 현상을 무엇이라고 하는가?

① 홀(Hall) 효과
② 핀치(Pinch) 효과
③ 제벡(Seebeck) 효과
④ 펠티에(Peltier) 효과

해설 홀 효과
- 금속이나 반도체에 전류를 흘리고 이것과 직각 방향으로 자계를 가하면 전류와 자계가 이루는 면에 직각 방향으로 기전력이 발생하는 현상이다.
- 자속계 등에 응용하여 사용한다.

178 ★★☆
두 도체로 이루어진 폐회로에서 두 접점에 온도차를 주었을 때 전류가 흐르는 현상은?

① 홀 효과
② 광전 효과
③ 제벡 효과
④ 펠티에 효과

해설 열전 현상
- 홀 효과
  금속이나 반도체에 전류를 흘리고, 이것과 직각 방향으로 자계를 가하면 전류와 자계가 이루는 면에 직각 방향으로 기전력이 발생하는 현상
- 광전 효과
  반도체에 빛이 가해지면 전기 저항이 변화되는 현상
- 제벡 효과
  열전 효과의 가장 기본적인 현상으로 서로 다른 금속체를 접합하여 폐회로를 만들고 두 접합점에 온도차를 두면 전류가 흐르는 현상
- 펠티에 효과
  제벡 효과의 역효과 현상으로 서로 다른 금속체를 접합하여 폐회로를 만들고 이 폐회로에 전류를 흘려주면 그 폐회로의 접합점에서 열의 흡수 및 발열이 일어나는 현상

179 ★★☆
2종의 금속이나 반도체를 접합하여 열전대를 만들고 기전력을 공급하면 각 접점에서 열의 흡수, 발생이 일어나는 현상은?

① 제벡(Seebeck) 효과
② 펠티에(Peltier) 효과
③ 톰슨(Thomson) 효과
④ 핀치(Pinch) 효과

해설 펠티에 효과
제벡 효과의 역효과 현상으로 서로 다른 금속체를 접합하여 폐회로를 만들고 이 폐회로에 전류를 흘려주면 그 폐회로의 접합점에서 열의 흡수 및 발열이 일어나는 현상

180 ★★☆
열전 온도계에 사용되는 열전대의 조합은?

① 백금 – 철
② 아연 – 백금
③ 구리 – 콘스탄탄
④ 아연 – 콘스탄탄

해설 열전대 조합의 예
- 크로멜 – 알루멜
- 구리 – 콘스탄탄
- 철 – 콘스탄탄
- 백금 – 백금로듐

181 ★★☆
다음 중 열전대의 조합이 아닌 것은?

① 크롬 – 콘스탄탄 ② 구리 – 콘스탄탄
③ 철 – 콘스탄탄   ④ 크로멜 – 알루멜

해설 열전대 조합의 예
- 크로멜 – 알루멜
- 구리 – 콘스탄탄
- 철 – 콘스탄탄
- 백금 – 백금로듐

182 ★☆☆
공업용 온도계로서 가장 높은 온도를 측정할 수 있는 것은?

① 철 – 콘스탄탄   ② 동 – 콘스탄탄
③ 크로멜 – 알루멜 ④ 백금 – 백금 로듐

해설 열전대 종류별 측정 온도 범위
- 크로멜 – 알루멜: $-200 \sim 1,000[℃]$
- 철 – 콘스탄탄: $-200 \sim 700[℃]$
- 동(구리) – 콘스탄탄: $-200 \sim 400[℃]$
- 백금 – 백금 로듐: $0 \sim 1,400[℃]$

183 ★☆☆
순금속 발열체의 종류가 아닌 것은?

① 백금(Pt)   ② 텅스텐(W)
③ 몰리브덴(Mo)   ④ 탄화규소(SiC)

해설 발열체
- 금속 발열체
  - 순금속 발열체: 몰리브덴(Mo), 텅스텐(W), 백금(Pt), 탄탈륨(Ta)
  - 합금 발열체: Fe-Cr, Ni-Cr, Fe-Cr-Al
- 비금속 발열체
  - 탄화규소(SiC), 지르코니아

184 ★☆☆
플랑크의 방사 법칙을 이용하여 온도를 측정하는 것은?

① 광고온계   ② 방사 온도계
③ 열전 온도계 ④ 저항 온도계

해설 온도계의 종류 및 원리
- 광고온계: 플랑크의 방사 법칙 이용
- 방사 온도계: 스테판-볼츠만의 법칙 이용
- 열전 온도계: 제벡 효과 이용
- 저항 온도계: 측온체의 저항값의 변화 이용

185 ★★★
저항 용접에 속하지 않은 것은?

① 맞대기 저항 용접 ② 아크 용접
③ 심 용접   ④ 점 용접

해설 저항 용접
- 모재의 접합부에 대전류를 흘려 발생하는 저항열에 의해 접합부를 반용융 상태로 하고 이것에 압력을 가하여 접합하는 용접
- 겹치기 저항 용접
  - 점 용접(스폿 용접): 전구의 필라멘트 용접이나 열전대 용접에 이용
  - 돌기 용접(프로젝션 용접)
  - 심 용접(이음매 용접)
- 맞대기 저항 용접
  - 업셋 맞대기 용접
  - 플래시 맞대기 용접
  - 충격 용접: 고유 저항이 작고 열전도율이 큰 것을 이용

| 정답 | 181 ① 182 ④ 183 ④ 184 ① 185 ②

186 ★★★
저항 용접에 속하는 것은?

① TIG 용접
② 탄소 아크 용접
③ 유니온 벨트 용접
④ 프로젝션 용접

해설 저항 용접
- 모재의 접합부에 대전류를 흘려 발생하는 저항열에 의해 접합부를 반용융 상태로 하고 이것에 압력을 가하여 접합하는 용접
- 겹치기 저항 용접
  - 점 용접(스폿 용접): 전구의 필라멘트 용접이나 열전대 용접에 이용
  - 돌기 용접(프로젝션 용접)
  - 심 용접(이음매 용접)
- 맞대기 저항 용접
  - 업셋 맞대기 용접
  - 플래시 맞대기 용접
  - 충격 용접: 고유 저항이 작고 열전도율이 큰 것을 이용

187 ★★★
용접의 종류 중 저항 용접이 아닌 것은?

① 점 용접
② 심 용접
③ TIG 용접
④ 프로젝션 용접

해설 저항 용접
- 모재의 접합부에 대전류를 흘려 발생하는 저항열에 의해 접합부를 반용융 상태로 하고 이것에 압력을 가하여 접합하는 용접
- 겹치기 저항 용접
  - 점 용접(스폿 용접): 전구의 필라멘트 용접이나 열전대 용접에 이용
  - 돌기 용접(프로젝션 용접)
  - 심 용접(이음매 용접)
- 맞대기 저항 용접
  - 업셋 맞대기 용접
  - 플래시 맞대기 용접
  - 충격 용접: 고유 저항이 작고 열전도율이 큰 것을 이용

188 ★★★
저항 용접에 속하지 않는 것은?

① 심 용접
② 아크 용접
③ 스폿 용접
④ 프로젝션 용접

해설 저항 용접
- 모재의 접합부에 대전류를 흘려 발생하는 저항열에 의해 접합부를 반용융 상태로 하고 이것에 압력을 가하여 접합하는 용접
- 겹치기 저항 용접
  - 점 용접(스폿 용접): 전구의 필라멘트 용접이나 열전대 용접에 이용
  - 돌기 용접(프로젝션 용접)
  - 심 용접(이음매 용접)
- 맞대기 저항 용접
  - 업셋 맞대기 용접
  - 플래시 맞대기 용접
  - 충격 용접: 고유 저항이 작고 열전도율이 큰 것을 이용

189 ★★☆
저항 용접의 특징으로 틀린 것은?

① 잔류 응력이 작다.
② 용접부의 온도가 높다.
③ 전원에는 상용 주파수를 사용한다.
④ 대전류가 필요하기 때문에 설비비가 고가이다.

해설 저항 용접
- 용접 부분의 접촉 저항에 의한 줄열을 이용한 용접 방법이다.
- 아크 용접에 비해 용접 부위의 온도가 낮은 편이다.

190 ★★☆
방전 용접 중 불활성 가스 용접에 쓰이는 불활성 가스는?

① 아르곤
② 수소
③ 산소
④ 질소

해설 불활성 가스
- 다른 원소와 화학 작용을 거의 일으키지 않는 가스이다.
- 아르곤, 헬륨, 네온 등이 대표적인 불활성 가스이다.

191 ★★☆
알루미늄 및 마그네슘의 용접에 가장 적합한 용접 방법은?

① 탄소 아크 용접
② 원자수소 용접
③ 유니온멜트 용접
④ 불활성 가스 아크 용접

해설 불활성 가스 아크 용접
- 텅스텐 전극과 모재의 사이에 방전을 발생시켜 그 방전의 주위에 아르곤, 헬륨 등과 같은 불활성 가스를 주입하여 용접부의 산화를 방지하도록 한 용접 방법이다.
- 별도의 용재가 불필요하다.
- 알루미늄, 마그네슘, 스테인리스강, 특수강의 용접에 주로 사용한다.

192 ★☆☆
아크등 용접기의 2차 전류가 100[A] 이하일 때 정격 사용률이 50[%]인 경우 용접용 케이블 또는 기타의 케이블 굵기는 몇 [mm²]를 시설하여야 하는가?

① 16
② 25
③ 35
④ 70

해설
16[mm²] 단상 케이블의 허용 전류는 94[A]이다.
따라서 100[A]×0.5 = 50[A]이므로 케이블 굵기는 16[mm²]이면 충분하다.

193 ★☆☆
아크 용접에 주로 사용되는 가스는?

① 산소
② 헬륨
③ 질소
④ 오존

해설 아크 용접
- 불활성 가스를 사용해야 한다.
- 아르곤, 헬륨, 네온 등이 대표적인 불활성 가스이다.

194 ★☆☆
전기 용접부의 비파괴 검사와 관계없는 것은?

① X선 검사
② 자기 검사
③ 고주파 검사
④ 초음파 탐상 시험

해설 전기 용접의 비파괴 검사
- 용접 부위에 아무런 손상을 가하지 않고 검사하는 것을 말한다.
- 비파괴 검사
  - X선 투과 시험
  - γ선 투과 시험
  - 자기 검사
  - 초음파 탐상 시험

195 ★☆☆
진공도가 $10^{-4} \sim 10^{-5}$[mmHg] 정도의 진공 중에서 가열된 텅스텐 합금의 음극으로부터 튀어나온 전자를 직류 고전압으로 가속해서 피용접물에 집중하여 용접하는 방법은?

① 전자빔 용접
② 플라즈마 용접
③ 레이저 용접
④ 초음파 용접

해설 전자빔 용접
- 고진공 중 고속의 전자빔을 모아 그 에너지를 피용접물에 조사하여 충격열을 이용하는 용접법이다.
- 진공 중에서 용접이 되므로 높은 순도의 용접이 가능
- X선 피해에 대한 특수 보호장치가 요구된다.

| 정답 | 191 ④ 192 ① 193 ② 194 ③ 195 ①

196

초음파 용접의 특징으로 틀린 것은?

① 전기 저항 용접에 비해 표면의 전처리가 간단하다.
② 가열을 필요로 하지 않는다.
③ 냉간 압접 등에 비해 접합부 표면의 변형이 적다.
④ 고체 상태에서의 용접이므로 열적 영향이 크다.

해설 초음파 용접
- 서로 다른 금속의 용접도 가능하다.
- 고체 상태의 용접이므로 열적 영향이 적고 주조 조직의 변형이 발생하지 않는다.
- 가열이 필요하지 않다.
- 가압 하중이 적으므로 변형이 적다.
- 가는 선이나 얇은 금속의 용접도 가능하다.
- 전기 저항 용접에 비해 표면의 전처리가 간단하다.

197

전자빔으로 용해하는 고융점 활성 금속 재료는?

① 탄화규소 ② 니크롬 제2종
③ 탄탈, 니오브 ④ 철-크롬 제1종

해설 고융점 활성 금속
- 금속의 녹는점의 온도가 철(1,539[℃])보다 높은 금속
- 종류
  - 텅스텐(3,400[℃])
  - 레늄(3,200[℃])
  - 탄탈(3,000[℃])
  - 몰리브덴(2,600[℃])
  - 니오브(2,500[℃])
  - 지르코늄(1,900[℃])
  - 티타늄(1,600[℃])

198

플라즈마 용접의 특징이 아닌 것은?

① 비드(Bead) 폭이 좁고 용입이 깊다.
② 용접 속도가 빠르고 균일한 용접이 된다.
③ 가스의 보호가 충분하며 토치의 구조가 간단하다.
④ 플라즈마 아크의 에너지 밀도가 커 안정도가 높다.

해설 풀라즈마 용접
- 토치 내에 전극을 설치해야 하므로 토치 구조는 복잡하다.
- 플라즈마 아크의 에너지 밀도가 커 안정도가 높고 보유 열량이 크다.
- 비드(Bead) 폭이 좁고 용입이 깊다.
- 용접 속도가 빠르고 균일한 용접이 된다.

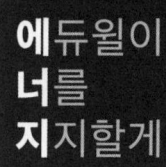

절대 어제를 후회하지 마라.
인생은 오늘의 나 안에 있고
내일은 스스로 만드는 것이다.

- L. 론 허바드(L. Ron Hubbard)

PART 01 전기응용

전동기

1. 전동기 운동 역학
2. 전동기의 종류
3. 전동기의 기동
4. 전동기의 속도 제어 및 제동
5. 전동기의 형식 및 용량 계산

CBT 완벽대비 가능한 유형마스터 학습!

THEME	유형분석	관련 번호
THEME 01 전동기 운동 역학	운동 에너지와 토크를 구하는 문제가 자주 출제됩니다. 문제를 많이 풀이하며 연습하시길 바랍니다.	199~208
THEME 02 전동기의 종류	직류 전동기, 동기 전동기, 3상 유도 전동기 등 전기기기 과목에서 학습하였던 내용이 주로 등장합니다.	209~217
THEME 03 전동기의 기동	전동기의 안정 운전 조건을 묻는 문제가 출제됩니다. 그래프도 함께 이해하면 수월하게 문제를 해결하실 수 있습니다.	218~223
THEME 04 전동기의 속도 제어 및 제동	전동기 각각의 제동 특징을 반드시 암기하여야 합니다. 특히 회생 제동에 관련된 문제가 자주 출제됩니다.	224~234
THEME 05 전동기의 형식 및 용량 계산	전동기 절연물의 최고 허용 온도에 관한 문제가 자주 출제됩니다. 또한 전동기 용량을 구하는 과정을 많이 연습하시길 바랍니다.	235~246

학습 효과를 높이는 N제 3회독 시스템

챕터별 전체 1회독이 끝났다면 회독 체크표에 날짜를 기입하고 체크표시를 해주세요.

| 회독 체크표 | ☐ 1회독 | 월   일 | ☐ 2회독 | 월   일 | ☐ 3회독 | 월   일 |

CHAPTER 03 전동기

THEME 01 전동기 운동 역학

199 ★★☆
플라이 휠의 직경을 D[m], 중량을 G[kg]라고 할 때, 플라이 휠 효과(Fly-wheel effect)를 구하는 식은?

① $\frac{1}{2}GD^2$ ② $\frac{1}{4}GD^2$
③ $\frac{1}{8}GD^2$ ④ GD^2

해설 플라이 휠 효과
플라이 휠은 회전체의 속도 변동을 줄이기 위해 회전 에너지를 축적해두기 위한 원판으로 관성 모멘트를 크게 하는 역할을 한다. 플라이휠 효과를 구하는 방법은 다음과 같다.
플라이 휠 효과 = GD^2[kg·m²]
(단, G: 휠의 질량[kg], D: 회전자 지름[m])

200 ★★☆
회전축에 대한 관성 모멘트가 150[kg·m²]인 회전체의 플라이 휠 효과(GD^2)는 몇 [kg·m²]인가?

① 450 ② 600
③ 900 ④ 1,000

해설
관성 모멘트 $J = Gr^2 = \frac{GD^2}{4}$[kg·m²]
$GD^2 = 4J = 4 \times 150 = 600$[kg·m²]

201 ★★★
플라이 휠 효과가 GD^2[kg·m²]인 전동기의 회전자가 N_2[rpm]에서 N_1[rpm]으로 감속할 때 방출한 에너지[J]는?

① $\frac{GD^2(N_2-N_1)^2}{730}$ ② $\frac{GD^2(N_2^2-N_1^2)}{730}$
③ $\frac{GD^2(N_2-N_1)^2}{375}$ ④ $\frac{GD^2(N_2^2-N_1^2)}{375}$

해설
- 원래의 에너지: $W_1 = \frac{GD^2 \times N_2^2}{730}$[J]
- 속도가 저하한 후의 에너지: $W_2 = \frac{GD^2 \times N_1^2}{730}$[J]

따라서 에너지의 차인 방출 에너지는
$\triangle W = W_1 - W_2$
$= \frac{GD^2 \times N_2^2}{730} - \frac{GD^2 \times N_1^2}{730} = \frac{GD^2(N_2^2-N_1^2)}{730}$[J]

202 ★☆☆
플라이 휠 효과 1[kg·m²]인 플라이 휠 회전 속도가 $1,500$[rpm]에서 $1,200$[rpm]으로 떨어졌다. 방출 에너지는 약 몇 [J]인가?

① 1.11×10^3 ② 1.11×10^4
③ 2.11×10^3 ④ 2.11×10^4

해설
- 원래의 에너지
$W_1 = \frac{GD^2 \times N_1^2}{730} = \frac{1 \times 1,500^2}{730} = 3,082.2$[J]
- 속도가 저하한 후의 에너지
$W_2 = \frac{GD^2 \times N_2^2}{730} = \frac{1 \times 1,200^2}{730} = 1,972.6$[J]

따라서 에너지의 차인 방출 에너지는
$\triangle W = W_1 - W_2$
$= 3,082.2 - 1,972.6 = 1,109.6$[J] $= 1.11 \times 10^3$[J]

| 정답 | 199 ④ 200 ② 201 ② 202 ①

203 ★☆☆
유도 전동기를 기동하여 각속도 ω_s에 이르기까지 회전자에서의 발열 손실 $Q[J]$를 나타낸 식은?(단, J는 관성 모멘트이다.)

① $Q = \frac{1}{2}J\omega_s$
② $Q = \frac{1}{2}J\omega_s^2$
③ $Q = \frac{1}{2}J^2\omega_s$
④ $Q = \frac{1}{2}J^2\omega_s^2$

해설

$Q = \frac{1}{2}mv^2 = \frac{1}{2}m(r\omega_s)^2 = \frac{1}{2}J\omega_s^2 [J]$

(단, $J = mr^2[kg \cdot m^2]$, m: 질량[kg], v: 속도[m/s])

204 ★☆☆
$1.5[kW]$의 전동기를 정격 상태에서 30분간 사용했을 때 발생하는 열량은?

① $2,700[kcal]$
② $2,160[kcal]$
③ $648[kcal]$
④ $430[kcal]$

해설

$H = 0.24Pt = 0.24 \times (1.5 \times 10^3) \times (30 \times 60)$
$= 648,000[cal] = 648[kcal]$

205 ★★☆
출력 $P[kW]$, 속도 $N[rpm]$인 3상 유도 전동기의 토크 $[kg \cdot m]$는?

① $0.25\frac{P}{N}$
② $0.716\frac{P}{N}$
③ $0.956\frac{P}{N}$
④ $0.975\frac{P}{N}$

해설 유도 전동기의 토크

$T = 0.975\frac{P}{N}[kg \cdot m]$

206 ★★☆
전동기의 출력 $15[kW]$, 속도 $1,800[rpm]$으로 회전하고 있을 때 발생되는 토크$[kg \cdot m]$는 약 얼마인가?

① 6.2
② 7.4
③ 8.1
④ 9.8

해설

토크 $T = 0.975\frac{P}{N}$

$= 0.975 \times \frac{15 \times 10^3}{1,800} = 8.125[kg \cdot m]$

| 정답 | 203 ② 204 ③ 205 ④ 206 ③

207 ★☆☆

극수 P의 3상 유도 전동기가 주파수 $f[\text{Hz}]$, 슬립 s, 토크 $T[\text{N}\cdot\text{m}]$로 회전하고 있을 때의 기계적 출력[W]은?

① $\dfrac{4\pi fT}{P}$ ② $T\dfrac{2\pi f}{P}(1-s)$

③ $T\dfrac{4\pi f}{P}(1-s)$ ④ $T\dfrac{\pi f}{P}(1-s)$

해설

$T = \dfrac{P_o}{\omega} = \dfrac{P_o}{2\pi\dfrac{N}{60}} = \dfrac{P_o}{\dfrac{2\pi}{60}(1-s)N_s} = \dfrac{P_o}{\dfrac{2\pi}{60}(1-s)\dfrac{120f}{P}}[\text{N}\cdot\text{m}]$

∴ 기계적 출력 $P_o = T\dfrac{4\pi f}{P}(1-s)[\text{W}]$

208 ★☆☆

전동기의 손실 중 직접 부하손에 해당하는 것은?

① 풍손
② 베어링 마찰손
③ 브러시 마찰손
④ 전기자 권선의 저항손

해설

전기자 권선의 저항손은 직접 부하손에 해당한다.

THEME 02   전동기의 종류

209 ★☆☆

전동기의 정격(Rate)에 해당되지 않는 것은?

① 연속 정격   ② 반복 정격
③ 단시간 정격   ④ 중시간 정격

해설 전동기의 정격
- 연속 정격: 전동기를 장시간 동안 연속으로 운전 시에도 규정된 온도 상승 한도를 초과하지 않는 정격
- 단시간 정격: 전동기를 단시간 동안 잠깐 운전 시에도 규정된 온도 상승 한도를 초과하지 않는 정격
- 반복 정격: 전동기를 일정한 운전, 정지를 반복하는 운전 시에도 규정된 온도 상승 한도를 초과하지 않는 정격

210 ★☆☆

직류 전동기 중 공급 전원의 극성이 바뀌면 회전 방향이 바뀌는 것은?

① 분권기   ② 평복권기
③ 직권기   ④ 타여자기

해설

타여자 전동기는 계자 회로와 전기자 권선이 별도의 구조로 된 전동기이므로 전기자 권선에 공급되는 직류의 극성을 바꾸어 공급하면 회전 방향이 반대로 바뀌게 된다.

| 정답 | 207 ③ 208 ④ 209 ④ 210 ④

211

엘리베이터에 사용되는 전동기의 특징이 아닌 것은?

① 소음이 적어야 한다.
② 기동 토크가 작아야 한다.
③ 회전 부분의 관성 모멘트는 작아야 한다.
④ 가속도의 변화 비율이 일정 값이 되도록 선택한다.

해설 엘리베이터에 사용되는 전동기에 요구되는 특성
- 소음이 적어야 한다.
- 기동 토크가 커야 한다.
- 회전 부분의 관성 모멘트는 작아야 한다.
- 가속도의 변화 비율이 일정 값이 되도록 선택한다.

212

엘리베이터용 전동기에 대한 설명으로 틀린 것은?

① 관성 모멘트가 작아야 한다.
② 기동 토크가 큰 것이 요구된다.
③ 플라이 휠 효과(GD^2)가 커야 한다.
④ 가속도의 변화율이 작아야 한다.

해설 엘리베이터에 사용되는 전동기에 요구되는 특성
- 소음이 적어야 한다.
- 기동 토크가 커야 한다.
- 회전 부분의 관성 모멘트는 작아야 한다.
- 가속도의 변화 비율이 일정 값이 되도록 선택한다.

213

직류 방식 전차용 전동기로 적당한 전동기는?

① 분권형
② 직권형
③ 가동 복권형
④ 차동 복권형

해설 직권 전동기
- 특징
  - 계자와 전기자가 직렬로 연결되어 있으며 부하가 증가할 때 부하 전류와 계자 전류의 크기가 동일($I_a = I = I_s \propto \phi$)하므로 기동 토크가 크고 이에 따라 속도 변동도 크기 때문에 가변속도 특성을 지닌다.
  - 정격 전압 상태에서 무부하 운전 시 무한대(위험) 속도에 도달하여 원심력에 의해 기계가 파손될 우려가 있다.
    → 방지 대책: 벨트 운전을 금지하고 톱니 바퀴식으로 부하를 직결
- 용도
  - 전동차(전철)
  - 권상기, 크레인 등 매우 큰 기동 토크가 필요한 곳

214

토크가 증가할 때 가장 급격히 속도가 낮아지는 전동기는?

① 직류 분권 전동기
② 직류 복권 전동기
③ 직류 직권 전동기
④ 3상 유도 전동기

해설 직류 직권 전동기의 토크(T)와 속도(N)의 특성

$T \propto I^2 \propto \dfrac{1}{N^2}$

토크는 회전수의 제곱에 반비례하므로 토크가 증가할 때 가장 급격히 속도가 낮아진다.

215

하역 기계에서 무거운 것은 저속으로, 가벼운 것은 고속으로 작업하여 고속이나 저속에서 다 같이 동일한 동력이 요구되는 부하는?

① 정토크 부하
② 정동력 부하
③ 정속도 부하
④ 제곱토크 부하

해설 정동력(출력) 부하
하역 기계에서 무거운 것은 저속으로, 가벼운 것은 고속으로 작업하여 고속이나 저속에서 다 같이 동일한 동력이 요구되는 부하이다.

216 ★☆☆
단상 유도 전동기 중 기동 토크가 가장 큰 것은?

① 반발 기동형 ② 분상 기동형
③ 콘덴서 기동형 ④ 셰이딩 코일형

해설 단상 유도 전동기의 기동 토크가 큰 순서
반발 기동형 > 콘덴서 기동형 > 분상 기동형 > 셰이딩 코일형

암기
반콘분셰

217 ★☆☆
교류 3상 직권 정류자 전동기는 다음에 분류하는 전동기 중 어디에 속하는가?

① 정속도 전동기 ② 다속도 전동기
③ 변속도 전동기 ④ 가감속도 전동기

해설
- 정속도 전동기
  부하에 관계없이 회전속도가 완전히 일정하거나 거의 일정한 전동기
- 다속도 전동기
  정속도 전동기의 일종으로 속도를 몇 단으로 바꿀 수 있고, 각 속도에 있어서는 무부하에서 전부하까지의 속도가 거의 일정한 전동기
- 가감속도 전동기
  정속도 전동기의 일종으로 속도를 광범위하게 가감할 수 있고, 다속도 전동기와 마찬가지로 각 속도마다 무부하에서 전부하까지의 속도가 거의 일정한 전동기
- 변속도 전동기
  - 공급 전압을 일정하게 유지할 때 속도가 부하에 의해 광범위하게 변화하는 전동기
  - 부하의 증가와 더불어 속도가 감소

참고 각종 전동기의 토크-속도 특성

토크-속도 특성		전동기	
		직류	교류
정속도 전동기	완전 일정	-	동기 전동기
	거의 일정	분권 전동기	유도 전동기
다속도 전동기		분권 전동기의 계자 조정, 워드 레오너드 장치	다속도 유도 전동기 (극수 변환)
가감속도 전동기		분권 전동기의 계자 조정, 워드 레오너드 장치	권선형 유도 전동기의 2차 저항 제어, 분권 정류자 전동기
변속도 전동기		직권 전동기	직권 정류자 전동기

THEME 03 전동기의 기동

218 ★★☆
전동기 부하를 운전할 때 운전이 안정하기 위해서는 전동기 및 부하의 각속도(ω)-토크(T)특성에 만족해야 할 조건은?(단, M: 전동기, L: 부하를 표시한다.)

① $\left(\dfrac{dT}{d\omega}\right)_M > \left(\dfrac{dT}{d\omega}\right)_L$

② $\left(\dfrac{dT}{d\omega}\right)_M = \left(\dfrac{dT}{d\omega}\right)_L$

③ $\left(T\dfrac{dT}{d\omega}\right)_M > \left(T\dfrac{dT}{d\omega}\right)_L$

④ $\left(\dfrac{dT}{d\omega}\right)_M < \left(\dfrac{dT}{d\omega}\right)_L$

해설 전동기의 안정 운전 조건
$\left(\dfrac{dT}{d\omega}\right)_M > \left(\dfrac{dT}{d\omega}\right)_L$

219 ★★☆
전동기의 안정한 정상 운전의 조건은?(단, 부하 토크는 L, 전동기 토크는 M이다.)

①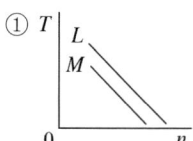
②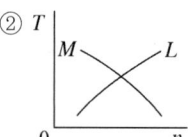
③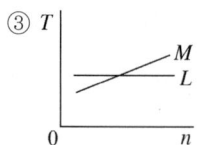
④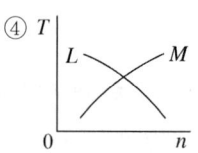

해설 전동기의 안정 운전 조건

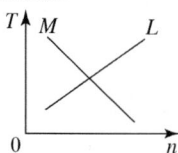

속도가 상승함에 따라 $\left(\dfrac{dT}{d\omega}\right)_M > \left(\dfrac{dT}{d\omega}\right)_L$을 만족한다.

| 정답 | 216 ① 217 ③ 218 ① 219 ②

220 ★★☆
일반적인 농형 유도 전동기의 기동법이 아닌 것은?

① $Y-\triangle$ 기동
② 전전압 기동
③ 2차 저항 기동
④ 기동 보상기에 의한 기동

해설 3상 농형 유도 전동기의 기동 방식
- 전전압 기동(직입 기동)
  - 정지하고 있는 전동기에 정격 전압을 인가하여 기동하는 방식이다.
  - 5[kW] 이하의 소용량 또는 기동 전류가 특히 작게 설계된 특수 농형 전동기에 적용한다.
- $Y-\triangle$ 기동
  - 기동 시에는 1차 권선을 Y접속으로 기동하고 정격 속도에 가까워지면 $\triangle$접속으로 교체 운전하는 방식이다.
  - 기동할 때에는 1차 각 상의 권선에는 정격 전압의 $1/\sqrt{3}$ 전압, 기동 전류는 직입 기동의 1/3배, 기동 토크도 1/3로 감소한다.
  - 5~15[kW]급 농형 유도 전동기에 적합하다.
- 기동 보상기에 의한 기동
  - 기동 보상기로서 3상 단권 변압기를 이용하여 기동 전압을 낮추는 방식이다.(약 15[kW] 이상의 전동기에 적용)
  - 기동 전류를 0.5~0.8 정도로 저감시킨다.
- 리액터 기동
  - 리액터를 고정자 권선에 직렬로 삽입하여 단자 전압을 저감하여 기동한 후 일정 시간이 지나면 리액터를 단락시킨다.
  - 리액터의 크기는 보통 정격 전압의 50~80[%]가 되는 값을 선택한다.

2차 저항 기동법은 권선형 유도 전동기의 기동 방법이다.

221 ★★☆
단상 유도 전동기의 기동 방법이 아닌 것은?

① 분상 기동법
② 전압 제어법
③ 콘덴서 기동법
④ 셰이딩 코일형

해설 단상 유도 전동기의 기동 방법
- 반발 기동형
- 콘덴서 기동형
- 분상 기동형
- 셰이딩 코일형

222 ★☆☆
전동기 운전 시 발생하는 진동 중 전자력적인 원인에 의한 것은?

① 회전자의 정적 및 동적 불균형
② 베어링의 불균형
③ 상대 기계와의 연결 불량 및 설치 불량
④ 회전 시 공극의 변동

해설
- 전자적인 진동 원인
  - 회전 시 공극의 변동: 전동기에 고조파 전류가 포함되면 타원형 회전 자계가 발생하여, 이것이 공극의 변동의 원인이 되어 전동기는 결국 진동을 일으키게 된다.
- 기계적인 진동 원인
  - 회전자의 정적 및 동적 불균형
  - 베어링의 불균형
  - 상대 기계와의 연결 불량 및 설치 불량

223 ★☆☆
전동기의 진동 원인 중 전자적 원인이 아닌 것은?

① 베어링의 불평형
② 고정자 철심의 자기적 성질 불평등
③ 회전자 철심의 자기적 성질 불평등
④ 고조파 자계에 의한 자기력의 불평등

해설 전동기의 진동 원인
- 기계적 원인
  - 회전자의 불평형
  - 베어링의 불평형
  - 설치 불량
- 전자적 원인
  - 고정자 철심의 자기적 성질 불평등
  - 회전자 철심의 자기적 성질 불평등
  - 고조파 자계에 의한 자기력의 불평등

| 정답 | 220 ③ 221 ② 222 ④ 223 ①

THEME 04 전동기의 속도 제어 및 제동

224 ★☆☆
플라이 휠을 이용하여 변동이 심한 부하에 사용되고 가역 운전에 알맞은 속도 제어 방식은?

① 일그너 방식
② 워드 레오너드 방식
③ 극수를 바꾸는 방식
④ 전원 주파수를 바꾸는 방식

해설
- 일그너 방식: 부하 변동이 심할 경우 사용한다.
- 워드 레오너드 방식: 정부하 시 사용한다.

225 ★★☆
직류 전동기 속도 제어에서 일그너 방식이 채용되는 것은?

① 제지용 전동기
② 특수한 공작기계용
③ 제철용 대형 압연기
④ 인쇄기

해설 일그너 방식
플라이 휠을 사용하여 관성 모멘트를 크게 한 것으로 대형 부하나 부하가 급변하는 장소에 사용한다.(제철용 대형 압연 전동기 등)

226 ★★☆
직류 전동기의 속도 제어 중 가장 효율이 낮은 것은?

① 전압 제어
② 저항 제어
③ 계자 제어
④ 워드 레오너드 제어

해설 직류 전동기의 속도 제어
- 전압 제어
  - 전동기의 외부 단자에서 공급 전압을 조절하여 속도를 제어하는 방법이다.
  - 효율이 좋고 광범위한 속도 제어가 가능하다.
  - 워드 레오너드 방식: 정부하 시 사용한다.(광범위한 속도 제어 가능)
  - 일그너 방식: 부하 변동이 심할 경우 사용한다.(플라이휠 설치)
  - 직·병렬 제어법: 직권 전동기에만 사용한다.
- 저항 제어
  - 전기자 회로에 삽입한 기동 저항으로 속도 제어하는 방법이다.
  - 손실이 커 잘 사용하지 않는다.
- 계자 제어
  - 계자 저항을 조절하여 계자 자속을 변화시켜 속도를 제어하는 방법이다.
  - 전력 손실이 적고 간단하지만 속도 제어 범위가 작다.
  - 출력을 변화시키지 않고도 속도를 제어할 수 있어 정출력 제어라고도 한다.

227 ★★☆
직류 전동기의 속도 제어법에서 정출력 제어에 속하는 것은?

① 계자 제어
② 전압 제어
③ 전기자 저항 제어
④ 워드 레오너드 제어

해설 계자 제어
- 전동기 회전수 $N = \dfrac{E}{k\phi} = \dfrac{V - R_a I_a}{k\phi}$ [rpm]
- 토크 $T = \dfrac{P}{\omega}$ [N·m]
- 출력 $P = \omega T = 2\pi \dfrac{N}{60} k\phi I_a$

따라서 ϕ가 증가할 때 N은 감소하므로 항상 정출력을 내는 제어이다.

| 정답 | 224 ① 225 ③ 226 ② 227 ①

228 ★★★
3상 농형 유도 전동기의 속도 제어 방법이 아닌 것은?

① 극수 변환
② 주파수 제어
③ 전압 제어
④ 2차 저항 제어

해설 농형 유도 전동기의 속도 제어
- 주파수 변환
  - 인버터로서 교류 입력의 주파수를 변환시켜 회전수를 제어하는 방법
  - 방직 공장의 포트 모터, 선박의 추진용으로 사용
- 극수 변환
  - 연속적인 속도 제어가 아닌 승강기와 같이 단계적 속도 제어에 사용
- 전압 제어
  - 유도 전동기의 토크가 전압의 제곱에 비례하는 성질을 이용한 것

2차 저항 제어는 권선형 유도 전동기의 속도 제어이다.

229 ★★☆
유도 전동기를 동기 속도보다 높은 속도에서 발전기로 동작시켜 발생된 전력을 전원으로 반환하여 제동하는 방식은?

① 역전 제동
② 발전 제동
③ 회생 제동
④ 와전류 제동

해설 회생 제동
- 전동기에 전원을 투입한 상태에서 전동기에 유기되는 역기전력을 전원 전압보다 높게 하여 제동하는 방법이다.
- 회전 운동 에너지로서 발생하는 전력을 전원 측에 반환하면서 제동하는 방법이다.

230 ★★☆
기중기 등으로 물건을 내릴 때 또는 전차가 언덕을 내려가는 경우 전동기가 갖는 운동 에너지를 전기 에너지로 변환하고, 이것을 전원에 반환하면서 속도를 점차로 감속시키는 제동은?

① 발전 제동
② 회생 제동
③ 역상 제동
④ 와전류 제동

해설 회생 제동
- 전동기에 전원을 투입한 상태에서 전동기에 유기되는 역기전력을 전원 전압보다 높게 하여 제동하는 방법이다.
- 회전 운동 에너지로서 발생하는 전력을 전원 측에 반환하면서 제동하는 방법이다.

231 ★★★
3상 유도 전동기를 급속히 정지 또는 감속시킬 경우나 과속을 급히 막을 수 있는 가장 쉽고 효과적인 제동은?

① 발전 제동
② 회생 제동
③ 역전 제동
④ 와전류 제동

해설 유도 전동기 제동 방법
- 발전 제동
  - 전동기의 전기자를 전원에서 끊고, 전동기를 발전기로 동작시켜 제동하는 방법이다.
  - 회전 운동 에너지로서 발생하는 전력을 그 단자에 접속한 저항에서 열로 소비시켜 제동시킨다.
- 회생 제동
  - 전동기에 전원을 투입한 상태에서 전동기에 유기되는 역기전력을 전원 전압보다 높게 하여 제동하는 방법이다.
  - 회전 운동 에너지로서 발생하는 전력을 전원 측에 반환하면서 제동하는 방법이다.
- 와전류 제동
  - 와전류의 원리를 이용해 제동하는 방법이다.
  - 전동기 축에 동심으로 설치한 구리 원판을 자계 내에서 회전시켜 구리 원판에 유기되는 와전류에 의해 제동력을 얻는다.
- 역상(역전) 제동
  - 전동기의 3선 중 2선을 바꾸어 접속시켜 역상 토크를 발생시켜 제동하는 방법이다.
  - 역전 제동 또는 플러깅이라고도 한다.
  - 가장 쉽고 효과적인 제동 방법이다.

232 ★★★
전동기의 전원 접속을 바꾸어 역 토크를 발생시켜 급정지시키는 방법은?

① 역전 제동 ② 발전 제동
③ 와전류식 제동 ④ 회생 제동

해설 유도 전동기 제동 방법
- 발전 제동
  - 전동기의 전기자를 전원에서 끊고 전동기를 발전기로 동작시켜 제동하는 방법이다.
  - 회전 운동 에너지로서 발생하는 전력을 그 단자에 접속한 저항에서 열로 소비시켜 제동시킨다.
- 회생 제동
  - 전동기에 전원을 투입한 상태에서 전동기에 유기되는 역기전력을 전원 전압보다 높게 하여 제동하는 방법이다.
  - 회전 운동 에너지로서 발생하는 전력을 전원 측에 반환하면서 제동하는 방법이다.
- 와전류 제동
  - 와전류의 원리를 이용해 제동하는 방법이다.
  - 전동기 축에 동심으로 설치한 구리 원판을 자계 내에서 회전시켜 구리 원판에 유기되는 와전류에 의해 제동력을 얻는다.
- 역상(역전) 제동
  - 전동기의 3선 중 2선을 바꾸어 접속시켜 역상 토크를 발생시켜 제동하는 방법이다.
  - 역전 제동 또는 플러깅이라고도 한다.
  - 가장 쉽고 효과적인 제동 방법이다.

233 ★★☆
3상 유도 전동기에서 플러깅의 설명으로 가장 옳은 것은?

① 단상 상태로 기동할 때 일어나는 현상
② 플러그를 사용하여 전원을 연결하는 방법
③ 고정자와 회전자의 상수가 일치하지 않을 때 일어나는 현상
④ 고정자 측의 3단자 중 2단자를 서로 바꾸어 접속하여 제동하는 방법

해설 역상(역전) 제동
- 전동기의 3선 중 2선을 바꾸어 접속하여 역상 토크를 발생시켜 제동하는 방법이다.
- 역전 제동 또는 플러깅이라고도 한다.
- 가장 쉽고 효과적인 제동 방법이다.

암기
역상 제동 = 플러깅

234 ★☆☆
인견 공업에 쓰이는 포트모터의 속도 제어에 적합한 것은?

① 저항에 의한 제어
② 극수 변환에 의한 제어
③ 1차 측 회전에 의한 제어
④ 주파수 변환에 의한 제어

해설 포트모터
주파수 변환에 의한 제어이다.

THEME 05 전동기의 형식 및 용량 계산

235 ★★☆
부식성의 산, 알칼리 또는 유해 가스가 있는 장소에서 실용상 지장 없이 사용할 수 있는 구조의 전동기는?

① 방적형 ② 방진형
③ 방수형 ④ 방식형

해설 전동기의 형식에 따른 분류
- 방수형: 지정된 조건에서 1~3분 동안 주수하여도 전동기 사용에 지장이 없도록 물이 침입할 수 없는 구조
- 방적형: 연직에서 15° 이내의 각도로 낙하하는 물방울이 기기 내부에 들어가 전기 절연물이나 전기 권선용 철심에 접촉하는 일이 없도록 하는 구조
- 방진형: 먼지의 침입을 최대한 방지하고 먼지가 침입하더라도 전동기 운전에 아무런 지장이 없는 구조
- 방식(방부)형: 지정된 부식성의 산, 알칼리 또는 유해 가스가 존재하는 장소에서 실용상 지장이 없도록 사용할 수 있는 구조
- 수중형: 전동기가 수중에서 지정 압력으로 지정 시간 동안 계속 사용하더라도 아무런 이상이 없는 구조
- 내산형: 바닷가나 염분이 많은 지역에서 사용할 수 있는 전동기 구조

236 ★★☆
전동기의 사용 장소에 따른 보호방식 중 연직면에서 15° 이내에 각도로 낙하하는 물방울이나 이 물체가 직접 내부로 침입함이 없는 구조는?

① 방수형 ② 방적형
③ 방진형 ④ 방식형

해설 전동기의 형식에 따른 분류
- 방수형: 지정된 조건에서 1~3분 동안 주수하여도 전동기 사용에 지장이 없도록 물이 침입할 수 없는 구조
- 방적형: 연직에서 15° 이내의 각도로 낙하하는 물방울이 기기 내부에 들어가 전기 절연물이나 전기 권선용 철심에 접촉하는 일이 없도록 하는 구조
- 방진형: 먼지의 침입을 최대한 방지하고 먼지가 침입하더라도 전동기 운전에 아무런 지장이 없는 구조
- 방식(방부)형: 지정된 부식성의 산, 알칼리 또는 유해 가스가 존재하는 장소에서 실용상 지장이 없도록 사용할 수 있는 구조
- 수중형: 전동기가 수중에서 지정 압력으로 지정 시간 동안 계속 사용하더라도 아무런 이상이 없는 구조
- 내산형: 바닷가나 염분이 많은 지역에서 사용할 수 있는 전동기 구조

237 ★★★
전동기 절연물의 종별에서 허용 온도 상승 한도가 $120[℃]$인 것은?

① Y종 ② A종
③ E종 ④ B종

해설 전동기 절연물의 최고 허용 온도

절연 계급	Y	A	E	B	F	H	C
허용 온도[℃]	90	105	120	130	155	180	180 초과

238 ★★★
전기기기의 절연의 종류와 허용 최고 온도가 잘못 연결된 것은?

① A종 – $105[℃]$ ② E종 – $120[℃]$
③ B종 – $130[℃]$ ④ H종 – $155[℃]$

해설 전동기 절연물의 최고 허용 온도

절연 계급	Y	A	E	B	F	H	C
허용 온도[℃]	90	105	120	130	155	180	180 초과

239 ★★★
다음 중 절연의 종류가 아닌 것은?

① A종 ② B종
③ D종 ④ H종

해설 전동기 절연물의 최고 허용 온도

절연 계급	Y	A	E	B	F	H	C
허용 온도[℃]	90	105	120	130	155	180	180 초과

240 ★★☆

풍량 $6{,}000[\text{m}^3/\text{min}]$, 전 풍압 $120[\text{mmAq}]$의 주배기용 팬을 구동하는 전동기의 소요 동력[kW]은 약 얼마인가?(단, 팬의 효율 $\eta = 60[\%]$, 여유 계수 $k = 1.2$)

① 200 ② 235
③ 270 ④ 305

해설

송풍기 출력 $P = \dfrac{QH}{6{,}120\eta}k[\text{kW}]$

(단, k: 여유 계수, Q: 풍량[m³/min], H: 풍압[mmAq], η: 효율)

$\therefore P = \dfrac{QH}{6{,}120\eta}k = \dfrac{6{,}000 \times 120}{6{,}120 \times 0.6} \times 1.2 = 235.29[\text{kW}]$

암기 송풍기용 전동기

$P = \dfrac{QH}{6{,}120\eta}k[\text{kW}]$

241 ★☆☆

풍압 $500[\text{mmAq}]$, 풍량 $0.5[\text{m}^3/\text{s}]$인 송풍기용 전동기의 용량[kW]은 얼마인가?(단, 여유 계수는 1.23, 팬의 효율은 0.6이다.)

① 5 ② 7
③ 9 ④ 11

해설

$P = \dfrac{QH}{6{,}120\eta}k = \dfrac{0.5 \times 60 \times 500}{6{,}120 \times 0.6} \times 1.23 = 5.02[\text{kW}]$

242 ★★★

양수량 $30[\text{m}^3/\text{min}]$, 총 양정 $10[\text{m}]$를 양수하는 데 필요한 펌프용 전동기의 소요 출력[kW]은 약 얼마인가?(단, 펌프의 효율은 $75[\%]$, 여유 계수는 1.1이다.)

① 59 ② 64
③ 72 ④ 78

해설

$P = \dfrac{QH}{6.12\eta}k = \dfrac{30 \times 10}{6.12 \times 0.75} \times 1.1 = 71.9[\text{kW}]$

243 ★★★

양수량 $5[\text{m}^3/\text{min}]$, 총양정 $10[\text{m}]$인 양수용 펌프 전동기의 용량은 약 몇 [kW]인가?(단, 펌프 효율 $85[\%]$, 여유 계수 $k = 1.1$이다.)

① 9.01 ② 10.56
③ 16.60 ④ 17.66

해설

$P = \dfrac{QH}{6.12\eta}k = \dfrac{5 \times 10}{6.12 \times 0.85} \times 1.1 = 10.56[\text{kW}]$

244 ★★★

권상 하중 10[t], 매분 24[m/min]의 속도로 물체를 올리는 권상용 전동기의 용량[kW]은 약 얼마인가? (단, 전동기를 포함한 기중기의 효율은 65[%]이다.)

① 41
② 73
③ 60
④ 97

해설

$P = \dfrac{mv}{6.12\eta}k[\text{kW}] = \dfrac{10 \times 24}{6.12 \times 0.65} \times 1 = 60.33[\text{kW}]$

(단, m: 권상 하중[t], v: 권상 속도[m/min], η: 효율, k: 여유 계수)

245 ★★★

5층 빌딩에 설치된 적재 중량 1,000[kg]의 엘리베이터를 승강 속도 50[m/min]로 운전하기 위한 전동기의 출력은 약 몇 [kW]인가?(단, 권상기의 기계 효율은 0.9이고, 균형추의 불평형률은 1이다.)

① 4
② 6
③ 7
④ 9

해설

$P = \dfrac{mv}{6.12\eta}k = \dfrac{1,000 \times 10^{-3} \times 50}{6.12 \times 0.9} \times 1 = 9.1[\text{kW}]$

246 ★★★

권상 하중이 100[t]이고 권상 속도가 3[m/min]인 권상기용 전동기를 설치하였다. 전동기의 출력[kW]은 약 얼마인가? (단, 전동기의 효율은 70[%]이다.)

① 40
② 50
③ 60
④ 70

해설

$P = \dfrac{mv}{6.12\eta}k = \dfrac{100 \times 3}{6.12 \times 0.7} \times 1 = 70.03[\text{kW}]$

PART 01 전기응용

전기철도

1. 전기철도의 종류
2. 전기철도의 선로
3. 전차 선로
4. 급전 방식
5. 전기철도에 의한 전기부식 현상
6. 전기철도의 운전
7. 전동차용 전동기
8. 보안 설비

CBT 완벽대비 가능한 유형마스터 학습!

THEME	유형분석	관련 번호
THEME 01 전기철도의 종류	직류 전기철도와 교류 전기철도의 특징을 비교하여 암기하시길 바랍니다.	247~251
THEME 02 전기철도의 선로	캔트(고도)를 구하는 문제가 자주 출제됩니다.	252~265
THEME 03 전차 선로	팬터그래프, 귀선 등 전기철도에 관한 생소한 용어들을 확실하게 이해하고 있어야 합니다.	266~268
THEME 04 급전 방식	흡상 변압기와 단권 변압기에 관련된 문제가 자주 출제됩니다. 또한 스코트 전선연결(결선)의 특징을 반드시 암기하여야 합니다.	269~279
THEME 05 전기철도에 의한 전기부식 현상	전기부식의 의미를 이해하고, 전기부식 방지 대책에는 무엇이 있는지 학습하시길 바랍니다.	280~282
THEME 06 전기철도의 운전	열차 저항과 표정 속도와의 관계식에 대해 학습하여야 합니다.	283~289
THEME 07 전동차용 전동기	최대 견인력을 구하는 문제가 자주 출제됩니다. 공식을 암기하고 여러 번 연습하면 쉽게 맞힐 수 있습니다.	290~298
THEME 08 보안 설비	임피던스 본드와 크로스 본드의 정의를 알고 어디에 이용되는지 이해하여야 합니다.	299

학습 효과를 높이는 N제 3회독 시스템

챕터별 전체 1회독이 끝났다면 회독 체크표에 날짜를 기입하고 체크표시를 해주세요.

회독 체크표	☐ 1회독	월 일	☐ 2회독	월 일	☐ 3회독	월 일

CHAPTER 04 전기철도

THEME 01 전기철도의 종류

247 ★★☆
교류식 전기철도가 직류식 전기철도보다 유리한 점은?

① 전철용 변전소에 정류 장치를 설치한다.
② 전선의 굵기가 굵다.
③ 차 내에서 전압의 선택이 가능하다.
④ 변전소 간의 간격이 짧다.

해설
- 직류 방식의 특징
  - 절연이 용이하다.
  - 전기차 설비가 간단하다.
  - 통신선 유도 장해가 적다.
  - 전선의 굵기가 굵다.
  - 전철용 변전소에 정류 장치를 설치해야 하므로 건설 비용이 많이 든다.
  - 전력 손실, 전압 강하가 크므로 변전소의 간격을 짧게 하여야 한다.
  - 전기부식(전식)에 의한 피해가 있다.
- 단상 교류 방식의 특징
  - 전선의 굵기가 가늘다.
  - 차 내에서 전압의 선택이 가능하다.
  - 전력 손실이 적으므로 변전소 간격을 길게 할 수 있다.
  - 전기부식(전식)에 의한 피해가 없다.
  - 통신선 유도 장해가 크다.

248 ★★☆
전기철도에서 통신 유도 장해의 경감 대책으로 통신선의 케이블화, 전차선과 통신선의 간격(이격거리) 증대 등의 방법은 어느 측에 하는 대책인가?

① 전철   ② 통신선
③ 전기차   ④ 지중 매설관

해설 통신선 측에서의 유도 장해 방지 대책
- 통신선의 케이블 포설
- 전차선과 통신선의 간격(이격거리) 증대
- 배류 코일, 중화 코일, 절연 변압기 설치
- 통신선에 고성능 피뢰기 설치

249 ★☆☆
다음 중 전기차량의 대차에 대한 분류가 아닌 것은?

① 4륜차   ② 전동차
③ 보기차   ④ 연결차

해설 전기차량의 분류

분류 기준	종류
대차 구조	• 사륜차 • 보기차 • 관절차(연결차)
전원의 전기 방식	• 직류 전기차 • 교류 전기차 • 교직 병용 전기차
전동기의 유무 및 성능	• 제어 부수차 • 전동차 • 부수차 • 전기기관차

250 ★☆☆
무궤도 전차가 노면 전차보다 좋은 점이 아닌 것은?

① 기동성이 풍부하다.
② 궤도가 필요하지 않아 건설비가 적다.
③ 간격(이격거리)의 염려가 없다.
④ 마찰 계수가 없으므로 가감속을 쉽게 할 수 있다.

해설
무궤도 전차는 트롤리선으로부터 집전하여 자동차와 같은 바퀴로 도로를 주행하는 전차이다. 따라서 마찰 계수가 노면 전차에 비해 크다.

| 정답 | 247 ③ 248 ② 249 ② 250 ④

251 ★☆☆
다음 중 유닛 쿨러(unit cooler)를 주로 사용하는 곳은?

① 중거리 전기차 ② 장거리 전기차
③ 시내 전차   ④ 시간 전차

해설
장거리 전기차에 주로 유닛 쿨러를 사용한다.

THEME 02 전기철도의 선로

252 ★★☆
모노레일의 특징이 아닌 것은?

① 소음이 좋다.
② 승차감이 좋다.
③ 가속, 감속도를 크게 할 수 있다.
④ 단위 차량의 수송력이 크다.

해설 모노레일의 특징
- 소음이 적다.
- 승차감이 좋다.
- 가속, 감속도를 크게 할 수 있다.
- **단위 차량의 수송 능력이 적다.**

253 ★★★
전기철도에서 궤도(Track)의 3요소가 아닌 것은?

① 레일   ② 침목
③ 도상   ④ 기울기(구배)

해설 궤도의 구성 요소
- 레일
  - 전기철도의 하중을 직접적으로 지탱하는 부분이다.
  - 전기철도가 고속으로 안전하게 운행하도록 한다.
- 침목
  - 레일 밑의 목재 지지대를 말한다.
  - 레일 궤간을 유지시켜 주고 레일의 위치를 잡아주어 레일의 좌우 요동을 막아 준다.
- 도상
  - 전기철도의 하중을 대지면에 고르게 전달해주는 부분이다.
  - 전기철도의 안정성을 높여 준다.

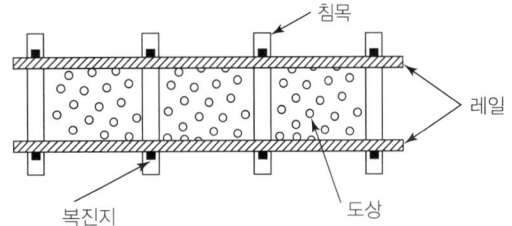

254 ★★★
온도의 변화로 인한 궤조의 신축에 대응하기 위한 것은?

① 궤간   ② 곡선
③ 유간   ④ 확도

해설 유간
궤조(Rail)는 열차 운행이나 주위 온도 상승에 따라 선팽창을 하므로 안전 운행을 위해 적당히 레일의 간격을 두는 것을 유간이라고 한다.

255 ★★★

바깥쪽 레일은 원심력의 작용으로 지나친 하중이 걸려 탈선하기 쉬우므로 안쪽 레일보다 얼마간 높게 한다. 이 바깥쪽 레일과 안쪽 레일의 높이 차를 무엇이라고 하는가?

① 편위
② 확도
③ 캔트
④ 궤간

해설 고도(캔트)
- 운전의 안정성을 확보하기 위해 곡선 시 안쪽 레일보다 바깥쪽 레일을 조금 높게 하는 것을 말한다.
- 차량이 곡선부를 달릴 때 원심력을 고려하여 고도를 두게 된다.

256 ★★★

반지름이 $1,500[\text{m}]$인 곡선 궤도를 시속 $120[\text{km/h}]$인 열차가 주행하기 위한 고도[mm]는 약 얼마인가?(단, 궤간은 $1,435[\text{mm}]$이다.)

① 25.4
② 51.5
③ 84.0
④ 108.5

해설 캔트(고도)
$$h = \frac{GV^2}{127R} = \frac{1,435 \times 120^2}{127 \times 1,500} = 108.47[\text{mm}]$$
(단, G: 궤간[mm], V: 열차 속도[km/h], R: 곡률 반지름[m])

257 ★★★

시속 $45[\text{km/h}]$의 열차가 곡률 반지름 $1,000[\text{m}]$인 곡선 궤도를 주행할 때 고도(Cant)는 약 몇 [mm]인가?(단, 궤간은 $1,067[\text{mm}]$이다.)

① 10
② 13
③ 17
④ 20

해설 캔트(고도)
$$h = \frac{GV^2}{127R} = \frac{1,067 \times 45^2}{127 \times 1,000} = 17.013[\text{mm}]$$
(단, G: 궤간[mm], V: 열차 속도[km/h], R: 곡률 반지름[m])

258 ★★★

궤간이 $1[\text{m}]$이고 반경이 $1,270[\text{m}]$인 곡선 궤도를 $64[\text{km/h}]$로 주행하는 데 적당한 고도는 약 몇 [mm]인가?

① 13.4
② 15.8
③ 18.6
④ 25.4

해설 캔트(고도)
$$h = \frac{GV^2}{127R} = \frac{1,000 \times 64^2}{127 \times 1,270} = 25.4[\text{mm}]$$
(단, G: 궤간[mm], V: 열차 속도[km/h], R: 곡률 반지름[m])

259 ★★★

고도(Cant)가 $20[\text{mm}]$이고 반지름이 $800[\text{m}]$인 곡선 궤도를 주행할 때 열차가 낼 수 있는 최대 속도는 약 몇 [km/h]인가?(단, 궤간은 $1,067[\text{mm}]$이다.)

① 34.94
② 38.94
③ 43.64
④ 83.64

해설 캔트(고도)
$$h = \frac{GV^2}{127R}[\text{mm}]$$
$$V_m = \sqrt{\frac{127Rh}{G}} = \sqrt{\frac{127 \times 800 \times 20}{1,067}} = 43.64[\text{km/h}]$$

260 ★★★
열차가 곡선 궤도를 운행할 때 차바퀴(차륜)의 플랜지와 레일 사이의 측면 마찰을 피하기 위해 내측 레일의 궤간을 넓히는 것은?

① 고도 ② 유간
③ 확도 ④ 철차각

해설 확도(Slack)
열차가 곡선 궤도를 운행할 때 차바퀴(차륜)의 플랜지와 레일 사이의 측면 마찰을 피하기 위해(원활한 통과를 위해) 내측 레일의 궤간을 넓히는 것을 말한다.
$S = \dfrac{l^2}{8R}[m]$
(단, l: 고정자축 거리[m], R: 곡선 반지름[m])

261 ★★★
궤도의 확도(slack)를 표시하는 식은?(단, R: 곡선 반지름 [m], l: 고정차축 거리[m])

① $\dfrac{l^2}{5R}$ ② $\dfrac{l^2}{R}$
③ $\dfrac{l^2}{8R}$ ④ $\dfrac{l^2}{2.5R}$

해설 확도(Slack)
열차가 곡선 궤도를 운행할 때 차바퀴(차륜)의 플랜지와 레일 사이의 측면 마찰을 피하기 위해(원활한 통과를 위해) 내측 레일의 궤간을 넓히는 것을 말한다.
$S = \dfrac{l^2}{8R}[m]$
(단, l: 고정차축 거리[m], R: 곡선 반지름[m])

262 ★★★
궤도의 확도(Slack)는 약 몇 [mm]인가?(단, 곡선의 반지름 100[m], 고정차축 거리 5[m]이다.)

① 21.25 ② 25.68
③ 29.35 ④ 31.25

해설 확도(Slack)
$S = \dfrac{l^2}{8R} = \dfrac{5^2}{8 \times 100} = 0.03125[m] = 31.25[mm]$

263 ★☆☆
차바퀴(차륜)의 탈선을 막기 위해 분기 반대쪽 레일에 설치한 레일은?

① 전철기 ② 완화 곡선
③ 호륜 궤조 ④ 도입 궤조

해설 호륜 궤조
- 차체를 분기 선로로 유도하기 위해 설치한다.
- 궤도의 분기 개소에서 철차가 있는 곳은 궤조가 중단되므로 원활하게 차체를 분기 선로로 유도하기 위해 반대 궤조 측에 호륜 궤조를 설치해야 한다.

| 정답 | 260 ③ 261 ③ 262 ④ 263 ③

264 ★★☆

2개의 곡선 반경 중심이 선로에 대해 서로 반대 측에 위치하는 선로 곡선은?

① 단심 곡선 ② 복심 곡선
③ 반향 곡선 ④ 완화 곡선

해설 곡선부
- 연직 곡선
  - 종단 곡선
  - 횡단 곡선
- 수평 곡선
  - 단곡선(단심 곡선): 1개의 원으로 이루어지는 기본적인 곡선이다.
  - 복곡선(복심 곡선): 반경이 다른 2개의 단곡선이 그 접속점에서 공통 접선을 갖고 중심이 공통 접선과 같은 방향에 있을 때 이를 복곡선이라고 한다. 철도에서 복곡선을 사용하면 접속점에서 곡률이 급격하게 변화하여 차량에 동요를 일으킬 우려가 있다.
  - 반향 곡선(S 곡선): 반경이 다른 2개의 원곡선이 그 접속점에서 공통 접선을 갖고 이들의 중심이 공통 접선의 반대쪽에 있을 때 이를 반향 곡선이라고 한다.
  - 완화 곡선: 원심력에 의한 영향을 감소시키기 위해 직선부와 곡선부 사이에 완만한 곡선을 설치하는데, 이를 완화 곡선이라고 한다.

265 ★★☆

철도 차량이 운행하는 곡선부의 종류가 아닌 것은?

① 단곡선 ② 복곡선
③ 반향 곡선 ④ 완화 곡선

해설
- 연직 곡선
  - 종단 곡선
  - 횡단 곡선
- 수평 곡선
  - 단곡선(단심 곡선): 1개의 원으로 이루어지는 기본적인 곡선이다.
  - 복곡선(복심 곡선): 반경이 다른 2개의 단곡선이 그 접속점에서 공통 접선을 갖고 중심이 공통 접선과 같은 방향에 있을 때 이를 복곡선이라고 한다. 철도에서 복곡선을 사용하면 접속점에서 곡률이 급격하게 변화하여 차량에 동요를 일으킬 우려가 있다.
  - 반향 곡선(S 곡선): 반경이 다른 2개의 원 곡선이 그 접속점에서 공통 접선을 갖고 이들의 중심이 공통 접선의 반대쪽에 있을 때 이를 반향 곡선이라고 한다.
  - 완화 곡선: 원심력에 의한 영향을 감소시키기 위해 직선부와 곡선부 사이에 완만한 곡선을 설치하는데, 이를 완화 곡선이라고 한다.

THEME 03 전차 선로

266 ★☆☆

단면적 $500[mm^2]$ 이상의 절연 트롤리선을 시설할 경우, 굴곡 반지름이 $3[m]$ 이하의 곡선 부분에서 지지점 간 거리$[m]$는?

① 1 ② 1.2
③ 2 ④ 3

해설 절연 트롤리선의 직선부 지지점 간 거리

단면적의 구분	지지점 간의 거리
$500[mm^2]$ 미만	$2[m]$ 이하 (굴곡 반지름이 $3[m]$ 이하의 곡선 부분에서는 $1[m]$)
$500[mm^2]$ 이상	$3[m]$ 이하 (굴곡 반지름이 $3[m]$ 이하의 곡선 부분에서는 $1[m]$)

267 ★☆☆

우리나라 전기철도에 주로 사용하는 집전 장치는?

① 뷔겔 ② 집전슈
③ 트롤리봉 ④ 팬터그래프

해설 팬터그래프
전기철도의 대표적인 집전 장치(전기를 수집하는 장치)로서 우리나라와 전세계적으로 사용한다.

268 ★★☆

전철 전선로의 전선 설치(가선) 방식에서 스팬션이 사용되는 것은?

① 직접 전선 설치(가선)식
② 커티너리 전선 설치(가선)식
③ 제3궤조
④ 급전선

해설
전철 전선로의 전선 설치(가선) 방식에서 스팬션이 사용되는 것은 직접 전선 설치(가선)식이다.

| 정답 | 264 ③ 265 ② 266 ① 267 ④ 268 ①

THEME 04 급전 방식

269 ★★☆
전철의 급전선의 구간은?

① 전동기에서 레일까지
② 변전소에서 트롤리선까지
③ 트롤리선에서 집전 장치까지
④ 집전장치에서 주전동기까지

해설 급전선(Feeder)
- 철도 차량에 사용할 전기를 변전소로부터 합성전차선에 공급하는 전선이다.
- 급전용 변전소에서 전차선에 전력을 공급하기 위해 전기철도에서는 주로 가공식으로 설비되어 있는 전선을 말하며, 통상 전차선과 병행하여 설비되어 일정 구간마다 전차선 쪽으로 분기선을 설치하여 전력을 공급한다.
- 전차선에 비해 단위 길이당 전기 저항이 작으며 선종은 경동 연선과 경알루미늄 연선이 사용된다.
- 변전소에서 트롤리선까지의 구간이다.

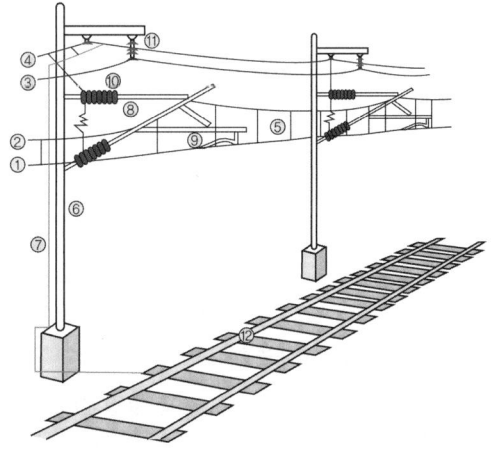

① 전차선 ② 조가선 ③ 급전선
④ 보급선 ⑤ 드롭퍼 ⑥ 전철주
⑦ 보호선용 접속선 ⑧ 가동브래킷 ⑨ 곡선당김금구
⑩ 장간 애자 ⑪ 현수 애자 ⑫ 접지선

270 ★★☆
전기철도의 전기차에 대한 직류 방식의 특징이 아닌 것은?

① 직류 변환 장치가 필요하다.
② 교류에 비해 전압 강하가 크다.
③ 사고 시 선택 차단이 용이하다.
④ 교류에 비해 절연 계급을 낮출 수 있다.

해설
사고 시 선택 차단은 직류 방식의 특징이 아니라 전차선의 문제이다.

271 ★★☆
전기철도의 전기 차량용으로 교류 전동기를 사용할 때 장점으로 틀린 것은?

① 제한된 공간에서 소형·경량으로 할 수 있고 대출력화가 가능하다.
② 브러시 및 정류가 있어 구조가 간단하고 제작 및 유지 보수가 간단하다.
③ 속도 제어 범위가 넓기 때문에 고속 운전에 적합하다.
④ 인버터 제어 방식으로 주 회로를 무접점화할 수 있다.

해설
교류 전동기 중 유도 전동기는 직류 전동기와 달리 브러시 및 정류자가 없어 유지 보수가 간단하다.

272 ★★☆
전기철도에서 흡상 변압기의 용도는?

① 궤도용 신호 변압기
② 전자 유도 경감용 변압기
③ 전기 기관차의 보조 변압기
④ 전원의 불평형을 조정하는 변압기

해설 흡상 변압기(BT: Booster Transformer) 방식
- 대지로 누설되는 귀로 전류를 BT(흡상 변압기)를 설치하여 강제적으로 부급전선에 흡상하는 방식이다.
- 전차선 근처의 통신선에 대한 유도 장해를 경감하고 전압 변동 및 전압 불평형을 억제한다.
- 부하 전류 개폐로 인한 아크 발생이 있고 열차가 고속화될 경우에 운전 및 유지 보수가 어렵다.

273 ★★☆
유도 장해를 경감할 목적으로 하는 흡상 변압기의 약호는?

① PT   ② CT
③ BT   ④ AT

해설
- PT: 계기용 변압기
- CT: 변류기
- AT: 단권 변압기
- BT: 흡상 변압기

274 ★★☆
전기철도의 교류 급전 방식 중 AT 급전 방식은 어떤 변압기를 사용하여 급전하는 방식을 말하는가?

① 단권 변압기   ② 흡상 변압기
③ 스코트 변압기   ④ 3권선 변압기

해설 단권 변압기(AT: Auto Transformer) 급전 방식
- 단권 변압기를 사용한 급전 방식이다.
- 권선비 1:1의 단권 변압기를 급전선과 전차선 사이에 병렬로 설치하고 변압기 권선의 중성점을 철도 레일에 접속하는 급전 방식이다.
- 교류 전기 방식에 적용한다.

275 ★★★
교류식 전기철도에서 전압 불평형을 경감시키기 위해 사용되는 급전용 변압기는?

① 흡상 변압기
② 단권 변압기
③ 크로스 전선연결(결선) 변압기
④ 스코트 전선연결(결선) 변압기

해설 3상 입력에서 2상 출력을 내는 전선연결법
- 우드브리지 전선연결(결선)
- 메이어 전선연결(결선)
- 스코트 전선연결(결선)(T 전선연결(결선))
  - 2상 서보 모터 구동용으로 사용
  - 교류식 전기 철도에서 전압 불평형을 경감시키기 위해 사용
  - 변압비: $a_T = a \times \dfrac{\sqrt{3}}{2}$

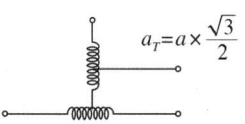

▲ 스코트 전선연결(결선)법

276 ★★★
교류식 전기철도에서 전압 불평형을 경감시키기 위해 사용하는 변압기 전선연결(결선) 방식은?

① Y-전선연결(결선)   ② Δ-전선연결(결선)
③ V-전선연결(결선)   ④ 스코트 전선연결(결선)

해설 3상 입력에서 2상 출력을 내는 전선연결(결선)법
- 우드브리지 전선연결(결선)
- 메이어 전선연결(결선)
- 스코트 전선연결(결선)(T 전선연결(결선))
  - 2상 서보 모터 구동용으로 사용
  - 교류식 전기 철도에서 전압 불평형을 경감시키기 위해 사용
  - 변압비: $a_T = a \times \dfrac{\sqrt{3}}{2}$

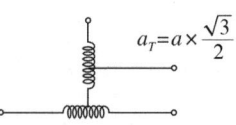

▲ 스코트 전선연결(결선)법

277 ★★☆
자심 재료의 구비 조건으로 틀린 것은?

① 저항률이 클 것
② 투자율이 작을 것
③ 히스테리시스 면적이 작을 것
④ 잔류 자기가 크고 보자력이 작을 것

해설 자심 재료의 구비 조건
- 저항률이 클 것
- 투자율이 클 것
- 히스테리시스 면적이 작을 것
- 잔류 자기가 크고 보자력이 작을 것

278 ★★☆
변압기의 부속품이 아닌 것은?

① 철심　　② 권선
③ 부싱　　④ 정류자

해설 변압기
- 1차 측의 전압을 전자 유도 작용의 원리를 이용하여 패러데이의 법칙을 적용하여 2차 측의 전압으로 변성하는 전력 기기
- 주요 구성 요소
  - 철심
  - 1차 측, 2차 측 권선
  - 부싱

279 ★★☆
변압기 철심용 강판의 두께는 대략 몇 [mm]인가?

① 0.1　　② 0.35
③ 2　　　④ 3

해설 변압기 규소 강판
- 변압기의 철손인 히스테리시스손을 감소시키기 위해 규소를 함유시킨 철심
- 규소 강판의 두께: 0.35~0.5[mm]

THEME 05 전기철도에 의한 전기부식 현상

280 ★★☆
전기철도에서 귀선의 누설 전류에 의한 전기부식(전식)은 어디에서 발생하는가?

① 궤도로 전류가 유입하는 곳
② 궤도에서 전류가 유출하는 곳
③ 지중 관로로 전류가 유입하는 곳
④ 지중 관로에서 전류가 유출하는 곳

해설 전기부식(전식)
- 레일을 귀선으로 사용하는 경우 대지에 유출되는 누설 전류의 전기 분해 작용에 의해 부식되는 일이 있는데, 이를 전기부식(전식)이라고 한다.
- 지중 매설된 금속체에는 전지(電池) 작용에 의해 전류를 유출하며 그 부분은 부식이 되는 전기부식(전식)을 발생시키는 원인으로 작용되고 있다.
- 금속체 지중 관로의 전기부식(전식)은 주로 귀선의 부(-) 절연 부분으로부터 대지로 유출되는 누설 전류에 원인이 있고 전기부식(전식)은 금속체의 한 부분에서 집중적으로 발생되는 것이 특징이다.

281 ★★★
전기철도의 매설관 측에서 시설하는 전식 방지 방법은?

① 임피던스 본드 설치　② 보조 귀선 설치
③ 이선율 유지　　　　④ 강제 배류법 사용

해설 전기철도의 매설관 측 전기부식(전식) 방지 대책
- 배류 장치 설치
- 절연 코팅
- 매설 금속체 접속부 절연
- 저준위 금속체를 접속
- 궤도와의 간격(이격거리) 증대
- 금속판 등의 도체로 차폐
- 강제 배류법 사용

282 ★★☆
전기철도에서 전기부식(전식) 방지법이 아닌 것은?

① 변전소 간격을 짧게 한다.
② 대지에 대한 레일의 절연 저항을 크게 한다.
③ 귀선의 극성을 정기적으로 바꿔주어야 한다.
④ 귀선 저항을 크게 하기 위해 레일에 본드를 시설한다.

해설 전기철도의 전기 부식 방지 대책
- 레일에 본드를 시설하여 귀선 저항을 작게 한다.
- 레일을 따라 보조 귀선을 설치한다.
- 변전소 간 간격을 짧게 한다.
- 귀선의 극성을 정기적으로 바꾼다.
- 3선식 배전법을 채용한다.
- 절연 음극 궤전선을 설치하여 레일과 접속한다.
- 대지에 대한 레일의 절연 저항을 크게 한다.
- 가장 먼 (−) 궤전선에 음극 승압기를 설치한다.

THEME 06 전기철도의 운전

283 ★★☆
열차 저항이 커지고 속도가 떨어져 표정 속도가 낮아지는 원인은?

① 건축 한계를 초과한 경우
② 차량 한계를 초과한 경우
③ 곡선이 있고 기울기(구배)가 심한 경우
④ 표준 궤간을 채택하지 않은 경우

해설
$$표정\ 속도 = \frac{운전\ 거리}{정차\ 시간 + 순주행\ 시간}$$
곡선이 있고 기울기(구배)가 심한 경우 열차 저항이 커져 속도가 떨어지고 주행 시간이 길어져 표정 속도가 낮아진다.

284 ★★☆
다음 중 열차 저항의 종류와 관계가 없는 것은?

① 복선 저항   ② 출발 저항
③ 곡선 저항   ④ 기울기(구배) 저항

해설 열차 저항
- 출발(기동) 저항: 정지 상태의 열차가 출발할 때 생기는 저항
- 기울기(구배) 저항: 열차가 경사면을 올라갈 때 중력에 의해 발생하는 저항
- 곡선 저항: 열차가 곡선 부분을 통과할 때 레일과의 마찰이 증가하면서 발생하는 저항
- 주행 저항: 열차가 정상적인 속도로 평평한 직선 경로를 운행할 때의 저항

285 ★★☆
열차 저항에 대한 설명으로 틀린 것은?

① 주행 저항은 베어링 부분의 기계적 마찰, 공기 저항 등으로 이루어진다.
② 열차가 곡선 구간을 주행할 때 곡선의 반지름에 비례하여 받는 저항을 곡선 저항이라고 한다.
③ 경사 궤도를 운전 시 중력에 의해 발생하는 저항을 기울기(구배) 저항이라고 한다.
④ 열차 가속 시 발생하는 저항을 가속 저항이라고 한다.

해설 곡선 저항
열차가 곡선 부분을 통과할 때 레일과의 마찰이 증가하면서 발생하는 저항으로, 그 크기는 다음과 같다.
$$R_c = \frac{600 \sim 800}{r}[\text{kg}]$$
(단, r: 곡선 반지름[m])
따라서 곡선 저항은 곡선의 반지름에 반비례한다.

286
자기 부상식 철도에서 자석에 의해 부상하는 방법으로 틀린 것은?

① 영구 자석 간의 흡인력에 의한 자기 부상 방식
② 고온 초전도체와 영구 자석의 조합에 의한 자기 부상 방식
③ 자석과 전기코일 간의 유도 전류를 이용하는 유도식 자기 부상 방식
④ 전자석의 흡인력을 제어하여 일정한 간격을 유지하는 흡인식 자기 부상 방식

해설 자기 부상식 철도의 부상 방식
- 흡인식
  열차 위의 전자석이 레일쪽으로 흡인력이 발생하여 전자석과 함께 차체가 위쪽 방향으로 부상하면 갭을 검출한 후 간격이 일정하도록 전류를 제어하는 상전도 전자석 흡인식
- 반발식
  - 열차에 장착한 자석과 궤도에 연속적으로 배치한 코일의 유도 전류에 의한 자장의 반발력에 의해 부상되는 유도 반발식
  - 영구 자석을 이용한 영구 자석 반발식
  - 초전도체를 이용하여 만든 초전도 전자석 반발식

287
전차의 경제적인 운전 방법이 아닌 것은?

① 가속도를 크게 한다.
② 감속도를 크게 한다.
③ 표정 속도를 작게 한다.
④ 가속도·감속도를 작게 한다.

해설 전차의 경제적인 운전법
- 가속도를 크게 한다.
- 감속도를 크게 한다.
- 표정 속도를 작게 한다.

288
열차의 설비에 의한 전력 소비량을 감소시키는 방법이 아닌 것은?

① 회생 제동을 한다.
② 직병렬 제어를 한다.
③ 기어비를 크게 한다.
④ 차량의 중량을 경감한다.

해설 열차의 설비에 의한 전력 소비량을 감소시키는 방법
- 회생 제동을 한다.
- 직병렬 제어를 한다.
- 차량의 중량을 경감한다.

289
열차가 정지 신호를 무시하고 운행할 경우 또는 정해진 신호에 따른 속도 이상으로 운행할 경우, 설정 시간 이내에 제동 또는 지정 속도로 감속 조작을 하지 않으면 자동으로 열차를 안전하게 정지시키는 장치는?

① ATC
② ATS
③ ATO
④ CTC

해설 자동 열차 장치
- ATC(Automatic Train Control: 자동 열차 제어)
  - 열차가 제한 속도 이상으로 운행하면 1차적으로 경보를 알려 경고를 한다.
  - 열차 운전자가 제동을 하지 않으면 자동적으로 제동을 걸어 열차를 제한 속도 이하로 자동 감속시키는 장치이다.
- ATS(Automatic Train Stop: 자동 열차 정지)
  - 열차가 정지 신호를 무시하고 운행할 경우 열차 운전자에게 제동을 하도록 경보한다.
  - 열차 운전자가 제동을 하지 않으면 자동적으로 열차를 안전하게 정지시키는 장치이다.
- ATO(Automatic Train Operation: 자동 열차 운전)
  - 열차가 연속적으로 지령을 받아 열차를 지령 받은 속도로 운전되도록 하는 장치이다.
  - 열차의 자동 가감속 운전, 정속도 운전 제어가 되도록 자동 열차 운전 제어한다.

| 정답 | 286 ① 287 ④ 288 ③ 289 ②

THEME 07 전동차용 전동기

290 ★★★
자체중량(자중) 100[t]이고 바퀴 위의 무게가 75[t]인 기관차의 최대 견인력[kg]은 얼마인가?(단, 바퀴와 레일의 점착 계수는 0.2이다.)

① 7,500
② 10,000
③ 15,000
④ 20,000

해설
최대 견인력 $F_m = 1{,}000\mu W[\text{kg}]$
(단, μ: 점착 계수, W: 동륜상의 중량[t])
∴ $F_m = 1{,}000\mu W = 1{,}000 \times 0.2 \times 75 = 15{,}000[\text{kg}]$

291 ★★★
40[t]의 전차가 40/1,000의 구배를 올라가는 데 필요한 견인력[kg]은?(단, 열차 저항은 무시한다.)

① 1,000
② 1,200
③ 1,400
④ 1,600

해설
최대 견인력 $F_m = 1{,}000\mu W[\text{kg}]$
∴ $F_m = 1{,}000 \times \dfrac{40}{1{,}000} \times 40 = 1{,}600[\text{kg}]$

292 ★★★
열차의 차중이 120[t]이고 동륜상의 중량이 90[t]인 기관차의 최대 견인력[kg]은?(단, 레일의 점착 계수는 0.2로 한다.)

① 1,800
② 2,160
③ 18,000
④ 21,600

해설
최대 견인력 $F_m = 1{,}000\mu W[\text{kg}]$
∴ $F_m = 1{,}000 \times 0.2 \times 90 = 18{,}000[\text{kg}]$

293 ★★★
열차의 자체 중량이 75[ton]이고 동륜상의 중량이 50[ton]인 기관차의 최대 견인력은 몇 [kg]인가?(단, 궤조의 점착 계수는 0.3으로 한다.)

① 10,000
② 15,000
③ 22,500
④ 1,125,000

해설
최대 견인력 $F_m = 1{,}000\mu W[\text{kg}]$
∴ $F_m = 1{,}000 \times 0.3 \times 50 = 15{,}000[\text{kg}]$

294 ★★★
열차의 자체중량(자중)이 100[t]이고, 동륜상의 중량이 90[t]인 기관차의 최대 견인력[kg]은?(단, 레일의 점착 계수는 0.2로 한다.)

① 15,000
② 16,000
③ 18,000
④ 21,000

해설
최대 견인력 $F_m = 1{,}000\mu W[\text{kg}]$
∴ $F_m = 1{,}000 \times 0.2 \times 90 = 18{,}000[\text{kg}]$

295 ★★☆
총 중량이 50[t]이고, 전동기 6대를 가진 전동차가 기울기(구배) 20[‰]의 직선 궤도를 올라가고 있다. 주행 속도 40[km/h]일 때 각 전동기의 출력[kW]은 약 얼마인가?(단, 가속 저항은 1,550[kg], 중량당 주행 저항은 8[kg/t], 전동기 효율은 0.9이다.)

① 52
② 60
③ 66
④ 72

해설
견인력 = 총 중량 × (주행 저항 + 경사 저항 + 가속 저항)
중량당 주행 저항 = 8[kg/t]
중량당 경사 저항 = 20[kg/t]
중량당 가속 저항 = $\dfrac{1{,}550}{50} = 31[\text{kg/t}]$
∴ 견인력 $F = 50 \times (8 + 20 + 31) = 2{,}950[\text{kg}]$
전동기 용량 $P = \dfrac{Fv}{367N\eta} = \dfrac{2{,}950 \times 40}{367 \times 6 \times 0.9} = 59.54[\text{kW}]$
(단, N: 전동기 수, v: 전동차의 운전 속도[km/h], η: 효율[%])

| 정답 | 290 ③ 291 ④ 292 ③ 293 ② 294 ③ 295 ②

296 ★★★

전차를 시속 $100[\text{km}]$로 운전하려할 때, 전동기의 출력$[\text{kW}]$은 약 얼마인가?(단, 차륜상의 견인력은 $400[\text{kg}]$이다.)

① 95 ② 10
③ 109 ④ 121

해설

전동기 용량 $P = \dfrac{Fv}{367\eta}[\text{kW}]$

$= \dfrac{400 \times 100}{367 \times 1.0} = 108.99[\text{kW}]$

297 ★★★

전기철도의 전동기 속도 제어 방식 중 주파수와 전압을 가변시켜 제어하는 방식은?

① 저항 제어 ② 초퍼 제어
③ 위상 제어 ④ VVVF 제어

해설 VVVF 제어 시스템

- 가변 전압 가변 주파수 제어이다.
- 유도 전동기에 공급하는 전원의 주파수와 전압을 같이 가변하여 전동기의 속도를 제어하는 방법이다.

298 ★★★

전기철도에 적용하는 직류 직권 전동기의 속도 제어 방법이 아닌 것은?

① 저항 제어
② 초퍼 제어
③ VVVF 인버터 제어
④ 사이리스터 위상 제어

해설 직류 직권 전동기의 속도 제어법

- 전압 제어법
  - 전동기의 외부 단자에서 공급 전압을 조절하여 속도를 제어하는 방법이다.
  - 효율이 좋고 광범위한 속도 제어가 가능하다.
  - 워드 레오너드 방식: 정부하 시 사용한다.(광범위한 속도 제어 가능)
  - 일그너 방식: 부하 변동이 심할 경우 사용한다.(플라이 휠 설치)
- 직·병렬 제어법: 직권 전동기에만 사용한다.
- 초퍼 제어: 사이리스터의 on, off 시간을 조절하여 평균 전압을 제어하는 방법이다.
- 사이리스터 위상 제어: 교류를 직류로 변환하는 정류 회로의 소자에 사이리스터를 사용하여 출력 전압을 제어하는 방법이다.

참고
VVVF 제어는 교류 전동기의 속도 제어법이다.

THEME 08 보안 설비

299 ★☆☆

직류 전차 선로에서 전압 강하 및 레일의 전위 상승이 현저한 경우 귀선의 전기 저항을 감소시켜 전식의 피해를 줄이기 위해 설치하는 것으로 옳은 것은?

① 레일 본드 ② 보조 귀선
③ 크로스 본드 ④ 압축 본드

해설
- 귀선의 전기 저항이 큰 경우 문제점
  - 전압 강하 및 전력 손실 증가
  - 대지의 누설 전류 증가로 전식 발생
- 귀선의 전기 저항 감소 대책
  - 보조 귀선 설치(가장 효과적인 방법)
  - 레일 본드 설치

PART 01 전기응용

전기화학

1. 전기화학의 기본 용어
2. 전지의 종류
3. 축전지의 충전
4. 전기화학의 이용

CBT 완벽대비 가능한 유형마스터 학습!

THEME	유형분석	관련 번호
THEME 01 전기화학의 기본 용어	전기 분해에 관련된 문제가 주로 출제됩니다. 물이 전기 분해되는 과정을 확실하게 이해하시길 바랍니다.	300~307
THEME 02 전지의 종류	다양한 전지의 특징을 묻는 문제가 자주 출제됩니다. 시험에서 많이 나오는 부분이므로 문제들을 많이 풀어보시길 바랍니다.	308~329
THEME 03 축전지의 충전	부동 충전 방식, 세류 충전 방식 등의 특징을 제시하고 어떤 충전 방식인지 묻는 문제가 주로 출제됩니다.	330~335
THEME 04 전기화학의 이용	전기화학의 이용에서는 다양한 문제가 출제되는 편입니다. 본문과 관련된 문제를 풀어보시길 바랍니다.	336~343

학습 효과를 높이는 N제 3회독 시스템

챕터별 전체 1회독이 끝났다면 회독 체크표에 날짜를 기입하고 체크표시를 해주세요.

회독 체크표	☐ 1회독	월 일	☐ 2회독	월 일	☐ 3회독	월 일

CHAPTER 05 전기화학

THEME 01 전기화학의 기본 용어

300 ★★☆
전해질 용액의 도전율에 가장 큰 영향을 미치는 것은?

① 전해질 용액의 양
② 전해질 용액의 농도
③ 전해질 용액의 빛깔
④ 전해질 용액의 유효 단면적

해설 전해질
- 용액 속에서 양(+)이온과 음(−)이온으로 전리되는 물질을 말한다.
- 양(+), 음(−)이온 이동에 의해 전류가 흐를 수 있는 액체이다.
- 도전율은 전해액의 농도에 비례한다.

301 ★★☆
물을 전기 분해할 때 음극에서 발생하는 가스는?

① 황산
② 산소
③ 염산
④ 수소

해설 물의 전기 분해
- 물의 전기 분해에 따른 화학 반응
  - 음극: $2H^+ + 2e^- \rightarrow H_2$
  - 양극: $2OH^- \rightarrow \frac{1}{2}O_2 + H_2O + 2e^-$
- (+)극에서는 산화 반응으로 산소를 얻을 수 있고, (−)극에서는 환원 반응으로 수소를 얻을 수 있다.

302 ★★★
전기 분해에 의해 전극에 석출되는 물질의 양은 전해액을 통과하는 총 전기량에 비례하며 그 물질의 화학당량에 비례하는 법칙은?

① 줄(Joule)의 법칙
② 암페어(Ampere)의 법칙
③ 톰슨(Thomson)의 법칙
④ 패러데이(Faraday)의 법칙

해설 패러데이의 법칙
전기 분해에 의해 일정한 전하량을 통과했을 때 얻어지는 물질의 양은 화학당량에 비례한다.
$W = KIt$ [g]
(단, K: 화학당량[g/C], I: 전류[A], t: 시간[sec])

303 ★★★
다음 중 전기 화학당량의 단위는?

① [C/g]
② [g/C]
③ [g/k]
④ [Ω/m]

해설 전기 화학당량
전기량 1[C]을 가해 물체의 음극에서 석출물이 몇 [g]이 되는지의 정도이므로, 단위는 [g/C]이 되어야 한다.

304 ★★★
구리의 원자량은 63.54이고 원자가가 2일 때, 전기 화학당량은 약 얼마인가?(단, 구리 화학당량과 전기 화학당량의 비는 약 96,494이다.)

① 0.3292[mg/C]
② 0.03292[mg/C]
③ 0.3292[g/C]
④ 0.03292[g/C]

해설 전기 화학당량
1[A]의 전류가 1초 동안 흘렀을 때 전극에 석출되는 물질의 질량을 말한다.
- 화학당량 $= \dfrac{\text{원자량}}{\text{원자가}} = \dfrac{63.54}{2} = 31.77$ [g]
- 전기 화학당량 $= \dfrac{\text{화학당량}}{96,494} = \dfrac{31.77}{96,494} = 0.0003292$ [g/C]
  $= 0.3292$ [mg/C]

| 정답 | 300 ② 301 ④ 302 ④ 303 ② 304 ①

305 ★★★

동의 원자량은 63.54이고 원자가가 2라면 전기 화학당량은 약 몇 [mg/C]인가?

① 0.229
② 0.329
③ 0.429
④ 0.529

해설 전기 화학당량

1[A]의 전류가 1초 동안 흘렀을 때 전극에 석출되는 물질의 질량을 말한다.

- 화학당량 = $\dfrac{\text{원자량}}{\text{원자가}} = \dfrac{63.54}{2} = 31.77$[g]

- 전기 화학당량 = $\dfrac{\text{화학당량}}{96,500} = \dfrac{31.77}{96,500} = 0.0003292$[g/C]
  $= 0.3292$[mg/C]

306 ★★☆

다음 중 금속의 이온화 경향이 가장 큰 것은?

① Ag
② Pb
③ Na
④ Sn

해설 이온화 경향이 큰 순서

K > Ba > Ca > Na > Mg > Al > Mn > Fe > Sn > Pb > Cu > Hg > Ag > Pt > Au

307 ★★☆

금속 중 이온화 경향이 가장 큰 물질은?

① K
② Fe
③ Zn
④ Na

해설 이온화 경향이 큰 순서

K > Ba > Ca > Na > Mg > Al > Mn > Fe > Sn > Pb > Cu > Hg > Ag > Pt > Au

---

THEME 02 전지의 종류

308 ★★★

망간 건전지에서 분극 작용에 의한 전압 강하를 방지하기 위해 사용되는 감극제는?

① O_2
② HgO
③ MnO_2
④ $H_2Cr_2O_7$

해설 망간 전지

- 감극제: 이산화망간(MnO_2)
- 양극: 탄소, 음극: 아연(Zn)
- 전해액: 염화암모늄(NH_4Cl) + 염화아연($ZnCl_2$)의 수용액
- 제조가 쉽고, 안정성이 뛰어나다.
- 휴대용 라디오, 손전등, 완구, 시계 등 매우 광범위하게 이용된다.

309 ★★★

음극에 아연, 양극에 탄소봉, 전해액은 염화암모늄을 사용하는 1차 전지는?

① 수은 전지
② 리튬 전지
③ 망간 건전지
④ 알칼리 건전지

해설 망간 전지

- 감극제: 이산화망간(MnO_2)
- 양극: 탄소, 음극: 아연(Z_n)
- 전해액: 염화암모늄(NH_4Cl) + 염화아연($ZnCl_2$)의 수용액
- 제조가 쉽고 안정성이 뛰어나다.
- 휴대용 라디오, 손전등, 완구, 시계 등 매우 광범위하게 이용된다.

310 ★★★
망간 건전지에 대한 설명으로 틀린 것은?

① 1차 전지이다.
② 공칭 전압이 1.5[V]이다.
③ 음극으로 아연이 사용된다.
④ 양극으로 이산화망간이 사용된다.

해설 망간 전지
- 감극제: 이산화망간(MnO_2)
- **양극: 탄소**, 음극: 아연(Zn)
- 전해액: 염화암모늄(NH_4Cl) + 염화아연($ZnCl_2$)의 수용액
- 제조가 쉽고, 안정성이 뛰어나다.
- 휴대용 라디오, 손전등, 완구, 시계 등 매우 광범위하게 이용된다.

암기
1차 전지는 보통 건전지 또는 망간 전지라고 부른다.

311 ★★★
1차 전지 중 휴대용 라디오, 손전등, 완구, 시계 등에 매우 광범위하게 이용되고 있는 건전지는?

① 망간 건전지　　② 공기 건전지
③ 수은 건전지　　④ 리튬 건전지

해설 망간 전지
- 감극제: 이산화망간(MnO_2)
- 양극: 탄소, 음극: 아연(Zn)
- 전해액: 염화암모늄(NH_4Cl) + 염화아연($ZnCl_2$)의 수용액
- 제조가 쉽고 안정성이 뛰어나다.
- **휴대용 라디오, 손전등, 완구, 시계 등 매우 광범위하게 이용된다.**

312 ★☆☆
공기 전지의 특징이 아닌 것은?

① 방전 시에 전압 변동이 적다.
② 온도차에 의한 전압 변동이 적다.
③ 내열, 내한, 내습성을 가지고 있다.
④ 사용 중의 자기 방전이 크고 오랫동안 보존할 수 없다.

해설 공기 전지의 특징
- 방전 시에 전압 변동이 적다.
- 온도차에 의한 전압 변동이 적다.
- 내열, 내한, 내습성을 가지고 있다.
- **사용 중의 자기 방전이 적어 오랫동안 보존할 수 있다.**

313 ★★☆
수은 전지의 특징이 아닌 것은?

① 소형이고 수명이 길다.
② 방전 전압의 변화가 적다.
③ 전해액은 염화암모늄(NH_4Cl) 용액을 사용한다.
④ 양극에 산화수은(HgO), 음극에 아연(Zn)을 사용한다.

해설 수은 전지의 특징
- 양극: 산화수은(HgO)
- 음극: 아연(Zn)
- **전해액: 수산화칼륨(KOH) + 산화아연(ZnO)**
- 소형이고 고성능으로, 용량 및 중량당의 전기 용량이 크다.
- 동작 전압은 매우 안정되어 변화가 적다.
- 보존 수명이 길다.
- 광범위한 온도에서 동작하고, 특히 고온에서 특성이 좋다.

314
리튬 전지의 특징이 아닌 것은? ★★☆

① 자기 방전이 크다.
② 에너지 밀도가 높다.
③ 기전력이 약 3[V] 정도로 높다.
④ 동작 온도 범위가 넓고 장기간 사용이 가능하다.

해설 리튬 전지의 특징
- 자기 방전이 작다.
- 에너지 밀도가 높다.
- 전지의 기전력이 3[V] 정도이다.
- 동작 온도 범위가 넓다.
- 전지의 장기간 사용이 가능하다.

315
리튬 1차 전지의 부극 재료로 사용되는 것은? ★★☆

① 리튬염   ② 금속리튬
③ 불화카본   ④ 이산화망간

해설 리튬 1차 전지
- 정(+)극 물질: MnO_2(이산화망간)
- 부(−)극 물질: Li(리튬)

316
2차 전지에 속하는 것은? ★★★

① 공기 전지   ② 망간 전지
③ 수은 전지   ④ 연 축전지

해설
- 1차 전지: 한 번 사용 후 재충전이 되지 않는 전지
- 2차 전지: 사용 후에도 여러 번 충전하여 재사용이 가능한 전지(알칼리 축전지, 납(연) 축전지)

317
납 축전지에 대한 설명으로 틀린 것은? ★★☆

① 주요 구성 부분은 극판, 격리판, 전해액, 케이스로 되어 있다.
② 전해액은 비중이 1.2 ~ 1.3인 묽은 황산이다.
③ 양극은 이산화납을 극판에 입힌 것이고, 음극은 해면 모양의 납이다.
④ 공칭 전압은 1.2[V]이다.

해설 납(연) 축전지
- 공칭 전압은 2[V], 공칭 용량은 10[Ah]이다.
- 전해액으로 묽은 황산을 사용한다.
- 주요 구성 부분은 극판, 격리판, 전해액, 케이스로 이루어져 있다.
- 양극은 이산화납을 극판에 입힌 것이고 음극은 해면 모양의 납이다.
- 양극(+): PbO_2, 음극(−): Pb, 전해액 H_2SO_4(전해액의 비중: 1.2~1.3)
- 납 축전지의 기전력은 황산의 농도(비중)의 증가에 따라 비례해서 증가한다.
- 전해액의 비중에 의해 충·방전 상태를 추정할 수 있다.

318
납 축전지의 특징으로 옳은 것은? ★★☆

① 저온 특성이 좋다.
② 극판의 기계적 강도가 강하다.
③ 과방전, 과전류에 대해 강하다.
④ 전해액의 비중에 의해 충·방전 상태를 추정할 수 있다.

해설 납(연) 축전지
- 공칭 전압은 2[V], 공칭 용량은 10[Ah]이다.
- 전해액으로 묽은 황산을 사용한다.
- 주요 구성 부분은 극판, 격리판, 전해액, 케이스로 이루어져 있다.
- 양극은 이산화납을 극판에 입힌 것이고, 음극은 해면 모양의 납이다.
- 양극(+): PbO_2, 음극(−): Pb, 전해액 H_2SO_4(전해액의 비중: 1.2~1.3)
- 납 축전지의 기전력은 황산의 농도(비중)의 증가에 따라 비례해서 증가한다.
- 전해액의 비중에 의해 충·방전 상태를 추정할 수 있다.

319 ★★☆
연 축전지(납 축전지)의 방전이 끝나면 그 양극(+극)은 어느 물질로 되는가?

① Pb
② PbO
③ PbO_2
④ $PbSO_4$

해설 납(연) 축전지의 화학 반응

방전: $PbO_2 + 2H_2SO_4 + Pb \rightarrow PbSO_4 + 2H_2O + PbSO_4$

즉, 방전이 끝난 후 양극은 $PbSO_4$ 로 바뀐다.

320 ★★★
알칼리 축전지에 대한 설명으로 옳은 것은?

① 전해액의 농도 변화는 거의 없다.
② 전해액은 묽은 황산 용액을 사용한다.
③ 진동에 약하고 급속 충·방전이 어렵다.
④ 음극에 Ni 산화물, Ag 산화물을 사용한다.

해설 알칼리 축전지
- 양극: 수산화니켈
- 음극
  - 융그너 알칼리 축전지: 카드뮴
  - 에디슨 알칼리 축전지: 철
- 전해액: 수산화칼륨(KOH)
- 축전지 수명이 긴 편이다.
- 급격한 충·방전 특성이 좋다.
- 진동에 강하다.
- 전해액의 농도 변화는 거의 없는 편이다.
- 연 축전지에 비해 크기가 작다.

321 ★★★
알칼리 축전지의 전해액은?

① KOH
② PbO_2
③ H_2SO_4
④ NiOOH

해설 알칼리 축전지
- 양극: 수산화니켈
- 음극
  - 융그너 알칼리 축전지: 카드뮴
  - 에디슨 알칼리 축전지: 철
- 전해액: 수산화칼륨(KOH)
- 축전지 수명이 긴 편이다.
- 급격한 충·방전 특성이 좋다.
- 진동에 강하다.
- 전해액의 농도 변화는 거의 없는 편이다.
- 연 축전지에 비해 크기가 작다.

322 ★★★
알칼리 축전지의 양극에 쓰이는 것은?

① 납
② 철
③ 카드뮴
④ 수산화니켈

해설 알칼리 축전지
- 양극: 수산화니켈
- 음극
  - 융그너 알칼리 축전지: 카드뮴
  - 에디슨 알칼리 축전지: 철
- 전해액: 수산화칼륨(KOH)
- 축전지 수명이 긴 편이다.
- 급격한 충·방전 특성이 좋다.
- 진동에 강하다.
- 전해액의 농도 변화는 거의 없는 편이다.
- 연 축전지에 비해 크기가 작다.

323 ★★☆
니켈 카드뮴(Ni-Cd) 축전지에 대한 설명으로 틀린 것은?

① 1차 전지이다.
② 전해액으로 수산화칼륨이 사용된다.
③ 양극에 수산화니켈, 음극에 카드뮴이 사용된다.
④ 탄광의 안전등 및 조명등용으로 사용된다.

해설 니켈 카드뮴(Ni-Cd) 축전지
- 재사용이 가능한 2차 전지
- 양극: $Ni(OH)_2$(수산화니켈)
- 음극: Cd(카드뮴)
- 전해액: KOH(수산화칼륨)

324 ★★☆
알칼리 축전지에서 소결식에 해당하는 초급방전형은?

① AM형
② AMH형
③ AL형
④ AH-S형

해설 납·알칼리 축전지의 종류

구분			방전형
납(연) 축전지	CS형		완방전형
	HS형		급방전형
알칼리 축전지	포켓식	AL형	완방전형
		AM형	표준형
		AMH형	급방전형
		AH-P형	초급방전형
	소결식	AH-S형	초급방전형
		AHH형	초초급방전형

325 ★☆☆
대표적인 물리 전지로서 반도체 pn접합을 이용하여 광전 효과에 의해 태양광 에너지를 직접 전기에너지로 전환하는 전지는?

① 열 전지
② 태양 전지
③ 리튬 전지
④ 반도체 접합형 원자력 전지

해설 태양 전지
반도체의 pn 접합면을 이용하여 광기전력 효과에 의해 태양광 에너지를 직접 직류 전기 에너지로 변환하는 전지로, 대표적인 물리 전지이다.

326 ★★☆
기전 반응을 하는 화학 에너지를 전지 밖에서 연속적으로 공급하면 연속 방전을 계속할 수 있는 전지는?

① 2차 전지
② 물리 전지
③ 연료 전지
④ 생물 전지

해설 연료 전지
기전 반응을 하는 화학 에너지를 전지 밖에서 연속적으로 공급하면 연속 방전을 계속할 수 있는 전지이다.

327 ★☆☆
연료는 수소 H_2와 메탄올 CH_3OH가 사용되며 전해액은 KOH가 사용되는 연료 전지는?

① 산성 전해액 연료 전지
② 고체 전해액 연료 전지
③ 알칼리 전해액 연료 전지
④ 용융염 전해액 연료 전지

해설 알칼리 연료 전지
- 전해질로 수산화칼륨(KOH) 수용액을 사용한다.
- 연료는 수소(H_2), 산화제는 산소(O_2)를 사용한다.
- 상온 100[℃] 이하에서 작동한다.

328 ★☆☆

부식의 문제가 없고 전류 밀도가 높아 자동차나 군사용의 특수 목적으로 사용되는 연료 전지는?

① 인산형(PAFC) 연료 전지
② 고체전해질형(SOFC) 연료 전지
③ 용융탄산염형(MCFC) 연료 전지
④ 고체고분자형(SPEFC) 연료 전지

해설 고체고분자형(SPEFC) 연료 전지

부식의 문제가 없고 전류 밀도가 높아 자동차나 군사용의 특수 목적으로 사용되는 연료 전지이다.

329 ★☆☆

공해 방지의 측면에서 대기 중에 부유하는 먼지(분진) 입자를 포집하는 정화 장치로 화력 발전소, 시멘트 공장, 용광로, 쓰레기 소각장 등에 널리 이용되는 것은?

① 정전기
② 정전 도장
③ 전해 연마
④ 전기 집진기

해설 집진기

- 역할: 화력 발전소에서는 석탄을 연료로 사용한다. 따라서 배출 가스에서 환경 저해 물질이 방출되므로 먼지(분진)를 포집하는 역할을 하는 것이 집진기이다.
- 전기식 집진기(코트렐 집진기): 코로나 방전을 이용하여 연도 속에 (+), (−)의 전극을 두고, 이것에 직류 고전압을 인가하여 먼지(분진)를 포집시킨다.

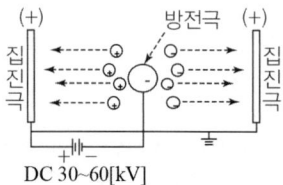

▲ 전기식 집진기

THEME 03 축전지의 충전

330 ★★☆

축전지의 용량을 표시하는 단위는?

① [J]
② [Wh]
③ [Ah]
④ [VA]

해설 축전지의 용량

충전한 축전지를 방전했을 때 규정 전압으로 내려갈 때까지 낼 수 있는 전기량으로, 보통 암페어시[Ah]로 나타낸다.

$C = \dfrac{1}{L} KI \, [\text{Ah}]$

(단, C: 축전지 용량[Ah], L: 보수율, K: 용량 환산 시간 계수, I: 방전 전류[A])

331 ★★★

축전지의 충전 방식 중 전지의 자기 방전을 보충함과 동시에 상용 부하에 대한 전력 공급은 충전기가 부담하도록 하되, 충전기가 부담하기 어려운 일시적인 대전류 부하는 축전지로 하여금 부담하게 하는 충전 방식은?

① 보통 충전
② 과부하 충전
③ 세류 충전
④ 부동 충전

해설 부동 충전 방식

- 축전지의 자기 방전을 보충하는 충전 방식이다.
- 상용 부하에 대한 전력 공급은 충전기가 부담하고, 충전기가 공급하기 어려운 일시적인 대전류 사용 부하에 대해서는 축전지로 하여금 부담하게 하는 방식이다.

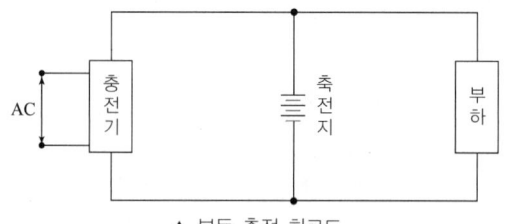

▲ 부동 충전 회로도

332 ★★★

자기 방전량만을 항시 충전하는 부동 충전 방식의 일종인 충전 방식은?

① 세류 충전
② 보통 충전
③ 급속 충전
④ 균등 충전

해설 축전지의 충전 방식

- 세류 충전
  - 자기 방전량만을 항시 충전시키는 방식
  - 부동 충전 방식의 일종
- 보통 충전
  - 일반적인 충전 방식
  - 필요할 때마다 표준 시간율로 소정의 전류로 충전하는 방식
- 급속 충전
  - 규격의 전류값보다 큰 전류를 흐르게 하여 짧은 시간에 충전하는 방식
- 균등 충전
  - 단전지의 단자 전압이나 전해액 비중의 불균형 등을 고칠 목적으로 보통의 충전이 종료한 다음에도 계속해서 2~5시간 동안 과충전하는 방식

333 ★★☆

일정한 전압을 가진 전지에 부하를 걸면 단자 전압이 저하되는 원인은?

① 주위 온도
② 분극 작용
③ 이온화 경향
④ 전해액의 변색

해설 분극 작용

- 전지를 사용하면서 수소 가스가 발생되는데, 이 수소 가스가 전극에 부착되면서 저항이 증가된다. 이때 역기전력이 발생하여 전지의 기전력이 저하되는 현상이다.
- 일정한 전압을 가진 전지에 부하를 걸면 단자 전압이 저하되는 원인으로 작용한다.

334 ★★☆

전지의 자기 방전이 일어나는 국부 작용의 방지 대책으로 틀린 것은?

① 순환 전류를 발생시킨다.
② 고순도의 전극 재료를 사용한다.
③ 전극에 수은도금(아말감)을 한다.
④ 전해액에 불순물 혼입을 억제시킨다.

해설 국부 작용의 방지 대책

- 고순도의 전극 재료 사용
- 전극에 수은도금(아말감) 처리
- 전해액에 불순물 혼입 억제

335 ★★☆

전기 화학 반응을 실제로 일으키기 위해 필요한 전극 전위에서 그 반응의 평형 전위를 뺀 값을 과전압이라고 한다. 과전압의 원인으로 틀린 것은?

① 농도 분극
② 화학 분극
③ 전류 분극
④ 활성화 분극

해설 과전압의 원인이 되는 분극의 종류

- 농도 분극
- 화학 분극
- 활성화 분극

| 정답 | 332 ① 333 ② 334 ① 335 ③

THEME 04 전기화학의 이용

336 ★★☆
다음 ( )에 들어갈 도금의 종류로 옳은 것은?

> "( ) 도금은 철, 구리, 아연 등의 장식용과 내식용으로 사용되며, 대부분 그 위에 얇은 크롬도금을 입혀 사용한다."

① 동 ② 은
③ 니켈 ④ 카드뮴

해설 니켈 도금
철, 구리, 아연 등의 장식용과 내식용으로 사용되며 대부분 그 위에 얇은 크롬 도금을 입혀 사용한다.

337 ★★☆
전기 도금에 의해 원형과 같은 모양의 복제품을 만드는 것은?

① 용융염 전해 ② 전주
③ 전해 정련 ④ 전해 연마

해설 전기 주조(전주)
- 전기 도금으로 원형을 복제하는 주조법이다.
- 레코드 원반, 인쇄용 요판과 철판, 조소품 따위를 만드는 데 쓴다.

338 ★★☆
금속을 양극으로 하고 음극은 불용성의 탄소 전극을 사용한 다음 전기 분해하면 금속 표면의 돌기 부분이 다른 표면 부분에 비해 선택적으로 용해되어 평활하게 되는 것은?

① 전주 ② 전기 도금
③ 전해 정련 ④ 전해 연마

해설 전해 연마
- 금속을 양극으로 사용하고, 음극은 불용성의 탄소 전극을 사용한다.
- 표면이 거칠한 대상물을 전기 분해하면 금속 표면의 돌기 부분이 다른 표면 부분에 비해 선택적으로 용해되어 평활하게 연마된다.

339 ★★☆
전해 정제법이 이용되고 있는 금속 중 최대 규모로 행하여지는 대표 금속은?

① 철 ② 납
③ 구리 ④ 망간

해설 전해 정제법
- 금속의 순도를 높인다.
- 전기 분해를 이용하여 순수한 금속만을 음극에서 얻는 방법이다.
- 주석, 금, 은, 구리 등을 정제하는데, 구리가 가장 많다.

| 정답 | 336 ③ 337 ② 338 ④ 339 ③

340 ★★☆
광석에 함유되어 있는 금속을 산 등으로 용해시킨 전해액으로 사용하여 캐소드에 순수한 금속을 전착시키는 방법은?

① 전해 정제 ② 전해 채취
③ 식염 전해 ④ 용융점 전해

해설 전해 채취
광석에 함유되어 있는 금속을 산 등으로 용해시킨 전해액으로 사용하여 캐소드(음극)에 순수한 금속을 전착시키는 방법이다.

342 ★★☆
전기 화학용 직류 전원의 요구 조건이 아닌 것은?

① 저전압 대전류일 것
② 전압 조정이 가능할 것
③ 일정한 전류로서 연속 운전에 견딜 것
④ 저전류에 의한 저항손의 감소에 대응할 것

해설 전기 화학용 직류 전원 장치
- 저전압 대전류일 것
- 전압 조정이 가능하며 효율이 좋을 것
- 일정한 전류로서 연속 운전에 견딜 것
- 전력의 공급이 안정적일 것

341 ★☆☆
직류 아크 용접에서 용접봉을 용접기의 양(+)극에, 모재를 음(−)극에 연결하는 경우의 극성은?

① 정극성 ② 역극성
③ 자극성 ④ 용극성

해설
- 정극성(DCEN)
  (+)극: 모재
  (−)극: 용접봉
- 역극성(DCEP)
  (+)극: 용접봉
  (−)극: 모재

343 ★★☆
전기 화학 공업에서 직류 전원으로 요구되는 사항이 아닌 것은?

① 일정한 전류로서 연속 운전에 견딜 것
② 효율이 높을 것
③ 고전압 소전류일 것
④ 전압 조정이 가능할 것

해설 전기 화학용 직류 전원 장치
- 저전압 대전류일 것
- 전압 조정이 가능하며 효율이 좋을 것
- 일정한 전류로서 연속 운전에 견딜 것
- 전력의 공급이 안정될 것

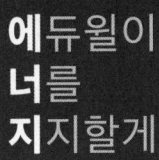

에듀윌이 너를 지지할게

ENERGY

사소한 것에 목숨을 걸기에는
인생이 너무 짧고,
하찮은 것에 기쁨을 빼앗기기에는
오늘이 소중합니다.

– 조정민, 『인생은 선물이다』, 두란노

PART 01 전기응용

자동제어 및 전력용 반도체

1. 제어계의 종류
2. 제어 장치의 분류
3. 제어 시스템에서의 전달 함수
4. 회로망에서의 전달 함수
5. 블록 선도에서의 전달 함수
6. 전력 변환 기기

CBT 완벽대비 가능한 유형마스터 학습!

THEME	유형분석	관련 번호
THEME 01 제어계의 종류	제어공학 과목에서 학습한 내용들이 주로 나옵니다. 폐루프 제어계의 특징을 이해하여야 합니다.	344~347
THEME 02 제어 장치의 분류	이 테마도 마찬가지로 제어공학 과목에서 학습한 내용이 나옵니다. 시험에서 자주 출제되므로 꼼꼼하게 암기하여야 합니다.	348~360
THEME 03 제어 시스템에서의 전달 함수	비례 요소, 미분 요소, 적분 요소의 특징을 알아야 합니다. 전달 함수의 성질도 함께 학습하도록 합니다.	361~362
THEME 04 회로망에서의 전달 함수	회로 요소의 임피던스 표현을 알고, 회로망에서 전달 함수를 산출할 수 있어야 합니다.	363~365
THEME 05 블록 선도에서의 전달 함수	피드백 회로에서 전달 함수 구하는 문제가 출제됩니다.	366
THEME 06 전력 변환 기기	다이오드, SCR의 특징을 완벽하게 학습하여야 합니다. 또한 정류 회로의 특성 및 사이리스터 종류에 관해 묻는 문제도 많이 출제되므로 반드시 암기하시길 바랍니다.	367~412

학습 효과를 높이는 N제 3회독 시스템

챕터별 전체 1회독이 끝났다면 회독 체크표에 날짜를 기입하고 체크표시를 해주세요.

회독 체크표	☐ 1회독	월 일	☐ 2회독	월 일	☐ 3회독	월 일

CHAPTER 06 자동제어 및 전력용 반도체

THEME 01 제어계의 종류

344 ★★☆
피드백(Feedback) 제어계의 특징이 아닌 것은?

① 외부 조건의 변화에 대한 영향을 줄일 수 있다.
② 제어계의 특성을 향상시킬 수 있다.
③ 목표값을 정확히 달성할 수 있다.
④ 제어계가 단순하고 제작 비용이 낮아질 수 있다.

해설 피드백 제어계
- 출력 신호를 다시 검출하여 부궤환시켜 입력과 비교한 후 제어 요소에서 오차를 보정한 뒤 출력으로 내보내는 제어계이다.
- 구조는 다소 복잡하지만 오차가 적다.

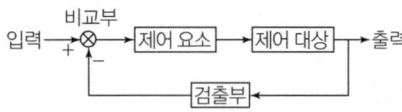

- 피드백 제어계(부궤환 제어계)에서는 오차를 보정하기 위해 입력과 출력을 비교하는 비교부가 필수적인 구성 요소이다. 따라서 제작 비용이 높아진다.

345 ★★☆
피드백 제어(Feedback control)에 꼭 있어야 할 장치는?

① 출력을 검출하는 장치
② 안정도를 좋게 하는 장치
③ 응답 속도를 빠르게 하는 장치
④ 입력과 출력을 비교하는 장치

해설 피드백 제어계
- 출력 신호를 다시 검출하여 부궤환시켜 입력과 비교한 후 제어 요소에서 오차를 보정한 후 출력으로 내보내는 제어계이다.
- 구조는 다소 복잡하지만 오차가 적다.

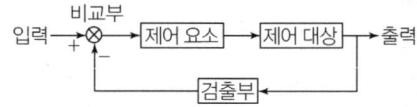

- 피드백 제어계(부궤환 제어계)에서는 오차를 보정하기 위해 입력과 출력을 비교하는 비교부가 필수적인 구성 요소이다. 따라서 제작 비용이 높아진다.

346 ★★☆
제어 대상을 제어하기 위해 입력에 가하는 양을 무엇이라고 하는가?

① 외란   ② 변환부
③ 목표값   ④ 조작량

해설 폐루프 제어계의 구성 요소

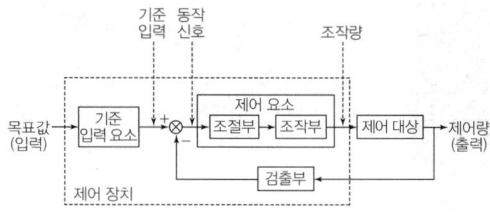

- 제어 요소: 조절부와 조작부
- 비교부: 입력과 출력 값을 비교하여 오차량을 측정하는 부분
- 조작량: 제어 요소가 제어 대상에 주는 양
- 동작 신호: 기준 입력 요소가 제어 요소에 주는 신호로 기준 입력 신호와 검출부가 만나 동작 신호를 만듦

347 ★★☆
제어기의 요소 중 기계적 요소에 포함되지 않는 것은?

① 스프링
② 벨로즈
③ 래더 다이어그램
④ 노즐 플래퍼

해설 제어기의 요소
- 기계적 요소: 스프링, 다이어프램, 벨로즈, 노즐, 드로틀, 대시포트, 파이트, 피스톤 등과 조립된 것으로는 노즐 플래퍼, 다이어프램 밸브, 유압분사관, 서보 전동기 등
- 전기적 요소: 전자석, 코일, 계전기, 열전대, 진공관, 전동기, 래더 다이어그램

THEME 02 제어 장치의 분류

348 ★★★
프로세스(공정) 제어에 속하지 않는 것은?

① 방위
② 유량
③ 압력
④ 온도

해설 제어량의 종류에 의한 분류
- 서보 기구
  - 기계적 변위를 제어량으로 해서 목표값의 변화에 추종하는 제어
  - 물체의 위치, 방위, 각도, 자세 등을 제어
- 프로세스 제어
  - 생산 공정에서 주로 사용하는 제어
  - 온도, 압력, 유량, 밀도 등을 제어
- 자동 조정 제어
  - 주로 전기적 신호나 기계적인 양을 제어
  - 전압, 전류, 주파수, 회전수, 힘(토크) 등을 제어

349 ★★★
생산 공정이나 기계 장치 등에 이용하는 자동 제어의 필요성이 아닌 것은?

① 노동 조건의 향상
② 제품의 생산 속도 증가
③ 제품의 품질 향상, 균일화, 불량품 감소
④ 생산 설비에 일정한 힘을 가하므로 수명 감소

해설
생산 공정 등의 제품을 제조하는 공장의 제어는 수시로 변동하는 힘을 가하는 제어 방식을 적용하여야 한다.

350 ★★★
서보 전동기는 서보 기구에서 주로 어느 부의 기능을 맡는가?

① 검출부
② 제어부
③ 비교부
④ 조작부

해설 서보 전동기
위치와 속도를 조절할 수 있는 전동기로, 제어기기의 조작부에 속한다.

351 ★★★
자동 제어에서 제어량에 의한 분류인 것은?

① 정치 제어
② 연속 제어
③ 불연속 제어
④ 프로세스 제어

해설 제어량의 종류에 의한 분류
- 서보 기구
  - 기계적 변위를 제어량으로 해서 목표값의 변화에 추종하는 제어
  - 물체의 위치, 방위, 각도, 자세 등을 제어
- 프로세스 제어
  - 생산 공정에서 주로 사용하는 제어
  - 온도, 압력, 유량, 밀도 등을 제어
- 자동 조정 제어
  - 주로 전기적 신호나 기계적인 양을 제어
  - 전압, 전류, 주파수, 회전수, 힘(토크) 등을 제어

352 ★★★
물체의 위치, 방위, 자세 등의 기계적 변위를 제어량으로 하는 것은?

① 서보 기구 ② 자동 조정
③ 프로그램 제어 ④ 프로세스 제어

해설 제어량의 종류에 의한 분류
- 서보 기구
  - 기계적 변위를 제어량으로 해서 목표값의 변화에 추종하는 제어
  - 물체의 위치, 방위, 각도, 자세 등을 제어
- 프로세스 제어
  - 생산 공정에서 주로 사용하는 제어
  - 온도, 압력, 유량, 밀도 등을 제어
- 자동 조정 제어
  - 주로 전기적 신호나 기계적인 양을 제어
  - 전압, 전류, 주파수, 회전수, 힘(토크) 등을 제어

353 ★★★
기계적 변위를 제어량으로 하는 기기로서 추적용 레이더 등에 응용되는 것은?

① 서보 기구 ② 자동 조정
③ 프로세스 제어 ④ 프로그램 제어

해설 제어량의 종류에 의한 분류
- 서보 기구
  - 기계적 변위를 제어량으로 해서 목표값의 변화에 추종하는 제어
  - 물체의 위치, 방위, 각도, 자세 등을 제어
- 프로세스 제어
  - 생산 공정에서 주로 사용하는 제어
  - 온도, 압력, 유량, 밀도 등을 제어
- 자동 조정 제어
  - 주로 전기적 신호나 기계적인 양을 제어
  - 전압, 전류, 주파수, 회전수, 힘(토크) 등을 제어

354 ★★★
목표값이 시간에 따라 변화하지 않는 제어는?

① 정치 제어 ② 비율 제어
③ 추종 제어 ④ 프로그램 제어

해설 제어목적에 의한 분류
- 정치 제어: 제어량을 주어진 일정목표로 유지시키기 위한 제어로, 시간이 지나도 목표값이 변하지 않고 일정한 대상을 제어한다. 프로세스 제어, 자동 조정 제어가 이에 해당한다.(예: 연속식 압연기, 항온조 온도 제어)
- 추치 제어: 목표값이 변할 때 그것에 제어량을 추종시키기 위한 제어를 말하며, 이에 속하는 제어는 다음과 같다.
  - 추종 제어: 목표치가 시간에 따라 변화하는 제어
  - 프로그램 제어: 목표치가 프로그램대로 변하는 제어(예: 열차의 무인 운전, 엘리베이터 운전)
  - 비율 제어: 목표값이 서로 다른 어떤 양과 일정한 비율 관계를 가지는 제어
  - 시퀀스 제어: 미리 정해진 순서에 따라 각 단계가 순차적으로 진행하는 제어

355 ★★★
연속식 압연기용의 전동기에 대한 자동 제어는?

① 정치 제어 ② 추종 제어
③ 프로그래밍 제어 ④ 비율 제어

해설 제어목적에 의한 분류
- 정치 제어: 제어량을 주어진 일정목표로 유지시키기 위한 제어로, 시간이 지나도 목표값이 변하지 않고 일정한 대상을 제어한다. 프로세스 제어, 자동 조정 제어가 이에 해당한다.(예: 연속식 압연기, 항온조 온도 제어)
- 추치 제어: 목표값이 변할 때 그것에 제어량을 추종시키기 위한 제어를 말하며, 이에 속하는 제어는 다음과 같다.
  - 추종 제어: 목표치가 시간에 따라 변화하는 제어
  - 프로그램 제어: 목표치가 프로그램대로 변하는 제어(예: 열차의 무인 운전, 엘리베이터 운전)
  - 비율 제어: 목표값이 서로 다른 어떤 양과 일정한 비율 관계를 가지는 제어
  - 시퀀스 제어: 미리 정해진 순서에 따라 각 단계가 순차적으로 진행하는 제어

| 정답 | 352 ① | 353 ① | 354 ① | 355 ① |

356
무인 엘리베이터의 자동 제어는? ★★★

① 정치 제어
② 추종 제어
③ 비율 제어
④ 프로그램 제어

해설 제어목적에 의한 분류
- 정치 제어: 제어량을 주어진 일정목표로 유지시키기 위한 제어로, 시간이 지나도 목표값이 변하지 않고 일정한 대상을 제어한다. 프로세스 제어, 자동 조정 제어가 이에 해당한다.(예: 연속식 압연기, 항온조 온도 제어)
- 추치 제어: 목표값이 변할 때 그것에 제어량을 추종시키기 위한 제어를 말하며, 이에 속하는 제어는 다음과 같다.
  - 추종 제어: 목표치가 시간에 따라 변화하는 제어
  - 프로그램 제어: 목표치가 프로그램대로 변하는 제어(예: 열차의 무인 운전, 엘리베이터 운전)
  - 비율 제어: 목표값이 서로 다른 어떤 양과 일정한 비율 관계를 가지는 제어
  - 시퀀스 제어: 미리 정해진 순서에 따라 각 단계가 순차적으로 진행하는 제어

357
열차의 무인 운전과 같이 미리 정해진 시간적 변화에 따라 정해진 순서대로 제어하는 방식은? ★★★

① 추종 제어
② 비율 제어
③ 정치 제어
④ 프로그램 제어

해설 제어목적에 의한 분류
- 정치 제어: 제어량을 주어진 일정목표로 유지시키기 위한 제어로, 시간이 지나도 목표값이 변하지 않고 일정한 대상을 제어한다. 프로세스 제어, 자동 조정 제어가 이에 해당한다.(예: 연속식 압연기, 항온조 온도 제어)
- 추치 제어: 목표값이 변할 때 그것에 제어량을 추종시키기 위한 제어를 말하며, 이에 속하는 제어는 다음과 같다.
  - 추종 제어: 목표치가 시간에 따라 변화하는 제어
  - 프로그램 제어: 목표치가 프로그램대로 변하는 제어(예: 열차의 무인 운전, 엘리베이터 운전)
  - 비율 제어: 목표값이 서로 다른 어떤 양과 일정한 비율 관계를 가지는 제어
  - 시퀀스 제어: 미리 정해진 순서에 따라 각 단계가 순차적으로 진행하는 제어

358
자동 제어에서 검출 장치로 소형 직류 발전기를 사용하여 무엇을 검출하는가? ★☆☆

① 속도
② 온도
③ 위치
④ 방향

해설 자동 제어에서 속도 검출 방법
- 소형 직류 발전기
- 주파수 검출기
- 스피더

359
조절부의 전달 특성이 비례적인 특성을 가진 제어 시스템으로서 조절부의 입력이 주어지고, 그 결과로 조절부의 출력을 만들어내는 동작은? ★☆☆

① 비례 동작
② 적분 동작
③ 미분 동작
④ 불연속 동작

해설
- 연속 동작
  - 비례 동작(P 동작): 입력인 편차에 대하여 조작량의 출력 변화가 일정한 비례 관계가 있는 동작
  - 적분 동작(I 동작): 조작량이 동작 신호의 적분값에 비례하는 동작
  - 미분 동작(D 동작): 조작량이 동작 신호의 미분값에 비례하는 동작
- 불연속 동작: 2위치 동작(On/Off 동작): 조작량이 2개의 정해진 값 중 어느 하나를 택하는 동작

| 정답 | 356 ④ 357 ④ 358 ① 359 ①

360
잔류 편차가 발생하는 제어 방식은? ★★☆

① 비례 제어
② 적분 제어
③ 비례 적분 제어
④ 비례 적분 미분 제어

해설 연속 제어
- 비례 제어(P 제어): 잔류 편차 발생
- 적분 제어(I 제어): 잔류 편차 제거
- 미분 제어(D 제어): 오차가 커지는 것을 미리 방지
- 비례 적분 제어(PI 제어): 잔류 편차 제거, 제어 결과가 진동적
- 비례 미분 제어(PD 제어): 응답 속응성 개선
- 비례 적분 미분 제어(PID 제어): 잔류 편차 제거, 응답 속응성 개선, 응답 오버슈트 감소

THEME 03　제어 시스템에서의 전달 함수

361
전달 함수의 정의는? ★★☆

① 출력 신호가 입력 신호의 곱이다.
② 모든 초기값을 0으로 한다.
③ 모든 초기값을 고려한다.
④ 모든 초기값이 ∞일 때의 입력과 출력의 비이다.

해설
전달 함수는 모든 초기값을 0으로 하였을 때 출력을 라플라스 변환한 값과 입력을 라플라스 변환한 값의 비이다.

362
적분 요소의 전달 함수는? ★★☆

① K
② Ks
③ $\dfrac{K}{s}$
④ $\dfrac{K}{1+Ts}$

해설 전달 함수의 종류
- 비례 요소: 입력 신호 $R(s)$에 대해 출력 신호 $C(s)$가 어떤 이득 상수 K에 비례해서 나타나는 제어 장치의 전달 함수 요소이다.
$$C(s) = R(s) \cdot G(s) \to \therefore G(s) = \dfrac{C(s)}{R(s)} = K$$
- 미분 요소: 입력 신호 $R(s)$에 대해 출력 신호 $C(s)$가 어떤 미분 동작 Ks에 의해 나타나는 제어 장치의 전달 함수 요소이다.
$$G(s) = \dfrac{C(s)}{R(s)} = Ks$$
- 적분 요소: 입력 신호 $R(s)$에 대해 출력 신호 $C(s)$가 어떤 적분 동작 $\dfrac{K}{s}$에 의해 나타나는 제어 장치의 전달 함수 요소이다.
$$G(s) = \dfrac{C(s)}{R(s)} = \dfrac{K}{s}$$
- 1차 지연 요소: 입력 신호 $R(s)$에 대해 출력 신호 $C(s)$가 $\dfrac{K}{Ts+1}$만큼 1차 함수적으로 지연되어 나타나는 제어 장치의 전달 함수 요소이다.
$$G(s) = \dfrac{C(s)}{R(s)} = \dfrac{K}{Ts+1}$$
- 부동작 시간 요소: 입력 신호 $R(s)$에 대해 출력 신호 $C(s)$가 어떤 영향도 받지 않는 제어 장치의 전달 함수 요소이다.
$$G(s) = \dfrac{C(s)}{R(s)} = Ke^{-Ls}$$

THEME 04 회로망에서의 전달 함수

363 ★★☆

다음 회로에서 입력 전압 $e_i[V]$와 출력 전압 $e_o[V]$ 사이의 전달 함수 $G(s)$는?

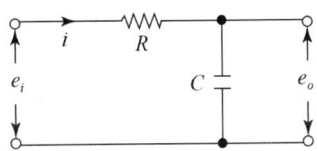

① $1 + \dfrac{R}{Cs}$ ② $1 + \dfrac{1}{Rs}$

③ $\dfrac{1}{RCs+1}$ ④ $\dfrac{1}{RCs^2+1}$

해설

전압비 전달 함수는 임피던스의 비이므로

전달 함수 $G(s) = \dfrac{E_o(s)}{E_i(s)} = \dfrac{\dfrac{1}{Cs}}{R + \dfrac{1}{Cs}} = \dfrac{1}{RCs+1}$

364 ★★☆

그림과 같은 회로에서 전달 함수 $\dfrac{E_o(s)}{I(s)}$는?

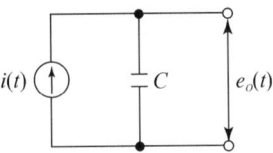

① Cs ② $\dfrac{1}{Cs}$

③ $\dfrac{C}{Cs+1}$ ④ $\dfrac{s}{Cs+1}$

해설

전달 함수 $= \dfrac{E_o(s)}{I(s)} = \dfrac{I_s \dfrac{1}{Cs}}{I_s} = \dfrac{1}{Cs}$

365 ★☆☆

$t\sin\omega t$ 의 라플라스 변환은?

① $\dfrac{\omega}{s^2+\omega^2}$ ② $\dfrac{\omega^2}{s^2+\omega^2}$

③ $\dfrac{\omega s}{(s^2+\omega^2)^2}$ ④ $\dfrac{2\omega s}{(s^2+\omega^2)^2}$

해설

$\mathcal{L}[t\sin\omega t] = (-1)\dfrac{d}{ds}[\mathcal{L}(\sin\omega t)] = -\dfrac{d}{ds}\left(\dfrac{\omega}{s^2+\omega^2}\right)$

$= -\dfrac{-2\omega s}{(s^2+\omega^2)^2} = \dfrac{2\omega s}{(s^2+\omega^2)^2}$

참고

$\mathcal{L}[t^n f(t)] = (-1)^n \dfrac{d^n F(s)}{ds^n}$ (단, $\mathcal{L}[f(t)] = F(s)$)

THEME 05 블록 선도에서의 전달 함수

366 ★★☆

그림과 같은 블록 선도에서 종합 전달 함수 $\dfrac{C}{R}$는?

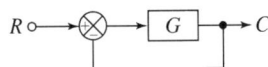

① $\dfrac{G}{1+G}$ ② $\dfrac{G}{1-G}$

③ $1+G$ ④ $1-G$

해설

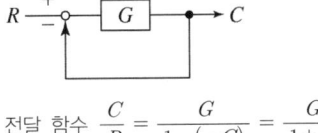

전달 함수 $\dfrac{C}{R} = \dfrac{G}{1-(-G)} = \dfrac{G}{1+G}$

THEME 06 전력 변환 기기

367 ★★☆
인버터(Inverter)의 용도는?

① 교류를 교류로 변환
② 직류를 직류로 변환
③ 교류를 직류로 변환
④ 직류를 교류로 변환

해설 전력 변환 기기

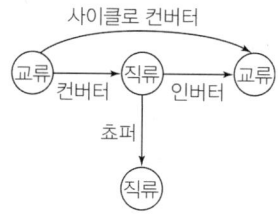

▲ 전력 변환 장치의 종류

- 컨버터: 교류(AC)를 직류(DC)로 변환하는 장치
- 인버터: 직류(DC)를 교류(AC)로 변환하는 장치
- 쵸퍼: 직류(DC)를 직류(DC)로 직접 제어하는 장치
- 사이클로 컨버터: 교류(AC)를 교류(AC)로 주파수 변환하는 장치

368 ★★☆
반도체에 빛이 가해지면 전기 저항이 변화되는 현상은?

① 홀 효과
② 광전 효과
③ 제벡 효과
④ 열진동 효과

해설 광전 효과
반도체에 광이 가해지면 전기 저항이 감소되는 현상이다.

369 ★☆☆
다음 중 터널 다이오드의 용도로 가장 널리 사용되는 것은?

① 검파 회로
② 스위칭 회로
③ 정류기
④ 정전압 소자

해설 다이오드의 종류
- 제너 다이오드: 제너 항복 특성을 응용한 대표적인 정전압 다이오드이다.
- 터널 다이오드: 터널 효과에 의한 부(−)성 특성으로 증폭이나 발진 및 스위칭 회로 등에 응용한다.
- 포토 다이오드: 빛에 따라 전압−전류 특성이 변하는 것을 이용한 광소자로 주로 사용한다.
- 발광 다이오드: 일렉트로 루미네센스를 이용하여 주로 디지털 표시 계기 등에 응용한다.

370 ★★☆
제너 다이오드(Zener diode)의 용도로 옳은 것은?

① 검파용
② 정전압용
③ 고압 정류용
④ 전파 정류용

해설 다이오드의 종류
- 제너 다이오드: 제너 항복 특성을 응용한 대표적인 정전압 다이오드이다.
- 터널 다이오드: 터널 효과에 의한 부(−)성 특성으로 증폭이나 발진 및 스위칭 회로 등에 응용한다.
- 포토 다이오드: 빛에 따라 전압−전류 특성이 변하는 것을 이용한 광소자로 주로 사용한다.
- 발광 다이오드: 일렉트로 루미네센스를 이용하여 주로 디지털 표시 계기 등에 응용한다.

| 정답 | 367 ④ 368 ② 369 ② 370 ②

371

제너 다이오드에 관한 설명으로 틀린 것은?

① 정전압 소자이다.
② 전압 조정기에 사용된다.
③ 인가되는 전압의 크기에 따라 전류 방향이 달라진다.
④ 제너 항복이 발생되면 전압은 거의 일정하게 유지되나 전류는 급격하게 증가한다.

해설 제너 다이오드
- 정전압 소자이다.
- 전압 조정기에 사용된다.
- 인가되는 전압의 크기에 따라 전류의 크기가 변한다.(전류의 방향은 일정)
- 제너 항복이 발생되면 전압은 거의 일정하게 유지되나 전류는 급격하게 증가한다.

372

다이오드 클램퍼(Clamper)의 용도는?

① 전압 증폭   ② 전류 증폭
③ 전압 제한   ④ 전압 레벨 이동

해설 다이오드 클램퍼
전압의 파고값을 크게 증대시킨다.(전압 레벨 이동)

373

PN 접합 다이오드에서 Cut-in Voltage란?

① 순방향에서 전류가 현저히 증가하기 시작하는 전압
② 순방향에서 전류가 현저히 감소하기 시작하는 전압
③ 역방향에서 전류가 현저히 감소하기 시작하는 전압
④ 역방향에서 전류가 현저히 증가하기 시작하는 전압

해설 Cut-in Voltage
PN 접합 다이오드의 전압-전류 특성은 비선형적이며 순방향 전압이 인가되면 다이오드 전류는 지수함수적으로 급격히 증가한다. 여기서 다이오드 전류가 급격히 증가하기 시작하는 순방향 임계 전압(V_r)을 말하며, 턴-온(Turn-on) 전압이라고도 한다.

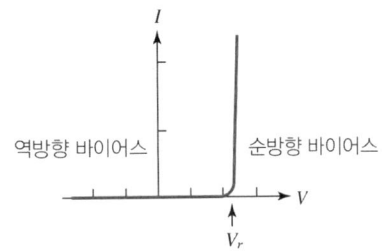

374

정류 방식 중 정류 효율이 가장 높은 것은?(단, 저항 부하를 사용한 경우이다.)

① 단상 반파 방식   ② 단상 전파 방식
③ 3상 반파 방식   ④ 3상 전파 방식

해설 각 정류 회로의 특성 비교

종류	직류 출력	정류 효율	맥동률
단상 반파	$E_d = \dfrac{\sqrt{2}}{\pi}E = 0.45E$	40.5[%]	121[%]
단상 전파 (중간탭)	$E_d = \dfrac{2\sqrt{2}}{\pi}E = 0.9E$	57.5[%]	48[%]
단상 전파 (브리지)	$E_d = \dfrac{2\sqrt{2}}{\pi}E = 0.9E$	81.1[%]	48[%]
3상 반파	$E_d = \dfrac{3\sqrt{6}}{2\pi}E = 1.17E$	96.7[%]	17[%]
3상 전파 (브리지)	$E_d = \dfrac{3\sqrt{6}}{\pi}E = 2.34E$ 또는 $E_d = 1.35E_l$	99.8[%]	4[%]

3상 전파 방식이 99.8[%]로서 정류 효율이 가장 좋다.

375 ★★★

같은 크기의 교류 전압을 실리콘, 정류기로 정류하여 직류 전압을 얻는 경우 가장 높은 직류 전압을 얻을 수 있는 정류 방식은?(단, 필터는 없는 것으로 하고, 부하는 순저항 부하이다.)

① 단상 반파   ② 3상 반파
③ 단상 전파   ④ 3상 전파

해설 각 정류 회로의 특성 비교

종류	직류 출력	정류 효율	맥동률
단상 반파	$E_d = \frac{\sqrt{2}}{\pi}E = 0.45E$	40.5[%]	121[%]
단상 전파 (중간탭)	$E_d = \frac{2\sqrt{2}}{\pi}E = 0.9E$	57.5[%]	48[%]
단상 전파 (브리지)	$E_d = \frac{2\sqrt{2}}{\pi}E = 0.9E$	81.1[%]	48[%]
3상 반파	$E_d = \frac{3\sqrt{6}}{2\pi}E = 1.17E$	96.7[%]	17[%]
3상 전파 (브리지)	$E_d = \frac{3\sqrt{6}}{\pi}E = 2.34E$ 또는 $E_d = 1.35E_l$	99.8[%]	4[%]

376 ★★★

정류 방식 중 맥동률이 가장 적은 것은?(단, 저항 부하인 경우이다.)

① 3상 반파 방식   ② 3상 전파 방식
③ 단상 반파 방식   ④ 단상 전파 방식

해설 각 정류 회로의 특성 비교

종류	직류 출력	정류 효율	맥동률
단상 반파	$E_d = \frac{\sqrt{2}}{\pi}E = 0.45E$	40.5[%]	121[%]
단상 전파 (중간탭)	$E_d = \frac{2\sqrt{2}}{\pi}E = 0.9E$	57.5[%]	48[%]
단상 전파 (브리지)	$E_d = \frac{2\sqrt{2}}{\pi}E = 0.9E$	81.1[%]	48[%]
3상 반파	$E_d = \frac{3\sqrt{6}}{2\pi}E = 1.17E$	96.7[%]	17[%]
3상 전파 (브리지)	$E_d = \frac{3\sqrt{6}}{\pi}E = 2.34E$ 또는 $E_d = 1.35E_l$	99.8[%]	4[%]

377 ★★☆

단상 반파 정류 회로에서 직류 전압의 평균값 150[V]를 얻으려면 정류 소자의 피크 역전압(PIV)은 약 몇 [V]인가?(단, 부하는 순저항 부하이고, 정류 소자의 전압 강하(평균값)는 7[V]이다.)

① 247   ② 349
③ 493   ④ 698

해설 단상 반파 정류

직류 측 전압 $E_d = \frac{\sqrt{2}}{\pi}E - e = 0.45E - e = 150[V]$

교류 측 전압 $E = \frac{E_d + e}{0.45} = \frac{150 + 7}{0.45} = 348.89[V]$

∴ 피크 역전압 $PIV = \sqrt{2}E = \sqrt{2} \times 348.89 = 493.4[V]$

378 ★★☆

전원 전압 100[V]인 단상 전파 제어 정류에서 점호각이 30[°]일 때 직류 전압은 약 몇 [V]인가?

① 84   ② 87
③ 92   ④ 98

해설

$E_d = 0.9E\left(\frac{1+\cos\alpha}{2}\right) = 0.9 \times 100 \times \left(\frac{1+\cos 30°}{2}\right)$

$= 83.97[V]$

379 ★★★

200[V]의 단상 교류 전압을 반파 정류하였을 경우, 직류 출력 전압의 평균값[V]은?

① 90   ② 110
③ 180 ④ 200

해설 단상 반파 정류 회로의 직류 평균 전압

$E_d = \frac{\sqrt{2}}{\pi}E = 0.45E[V]$

∴ $E_d = 0.45E = 0.45 \times 200 = 90[V]$

정답 | 375 ④   376 ②   377 ③   378 ①   379 ①

380 ★★★
교류 $200[\text{V}]$, 정류기 전압 강하 $10[\text{V}]$인 단상 반파 정류 회로의 직류 전압$[\text{V}]$은?

① 70 ② 80
③ 90 ④ 100

해설 단상 반파 정류 회로의 직류 평균 전압
$$E_d = \frac{\sqrt{2}}{\pi}E = 0.45E[\text{V}]$$
$\therefore E_d = 0.45E - e = 0.45 \times 200 - 10 = 80[\text{V}]$

381 ★★★
동일한 교류 전압(E)을 다이오드 3상 정류 회로로 3상 전파 정류할 경우 직류 전압(E_d)은?(단, 필터는 없는 것으로 하고 순저항 부하이다.)

① $E_d = 0.45E[\text{V}]$ ② $E_d = 0.9E[\text{V}]$
③ $E_d = 1.17E[\text{V}]$ ④ $E_d = 2.34E[\text{V}]$

해설 3상 전파 정류 회로의 직류 평균 전압
$E_d = \frac{3\sqrt{6}}{\pi}E = 2.34E[\text{V}]$ (단, E: 상전압)

382 ★★★
다이오드를 사용한 단상 전파 정류 회로에서 전원 $220[\text{V}]$, 주파수 $60[\text{Hz}]$일 때 출력 전압의 평균값은 약 몇 $[\text{V}]$인가?

① 100 ② 168
③ 198 ④ 215

해설 단상 전파 정류 회로의 직류 평균 전압
$$E_d = \frac{2\sqrt{2}}{\pi}E = \frac{2\sqrt{2} \times 220}{\pi} = 198[\text{V}]$$

383 ★★☆
3상 반파 정류 회로에서 변압기의 2차 상전압 $220[\text{V}]$를 SCR로써, 제어각 $\alpha = 60°$로 위상 제어할 때, 약 몇 $[\text{V}]$의 직류 전압을 얻을 수 있는가?

① 108.7 ② 118.7
③ 128.7 ④ 138.7

해설 3상 반파 정류 회로
$E_d = 1.17E\cos\alpha = 1.17 \times 220 \times \cos 60° = 128.7[\text{V}]$

384 ★★☆
어떤 정류 회로에서 부하 양단의 평균 전압이 $2,000[\text{V}]$이고 맥동률은 $2[\%]$라 한다. 출력에 포함된 교류분 전압의 크기$[\text{V}]$는?

① 60 ② 50
③ 40 ④ 30

해설
맥동률 = $\frac{\text{교류분}}{\text{직류분}}$ 에서
$\therefore$ 교류분 = 맥동률 $\times$ 직류분 = $0.02 \times 2,000 = 40[\text{V}]$

| 정답 | 380 ② 381 ④ 382 ③ 383 ③ 384 ③

385

SCR 각 단자에 접속되는 전압 극성이 옳게 표기된 것은?

① 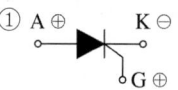   ②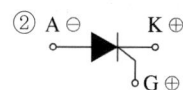

③ 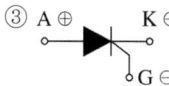   ④

> **해설** SCR의 극성
> - A(애노드): (+) 극성
> - K(캐소드): (−) 극성
> - G(게이트): (+) 극성

386

SCR을 두 개의 트랜지스터 등가 회로로 나타낼 때의 올바른 접속은?

① 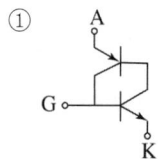   ②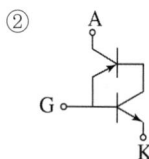

③ 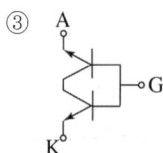   ④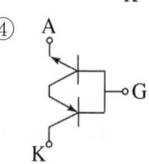

> **해설**
>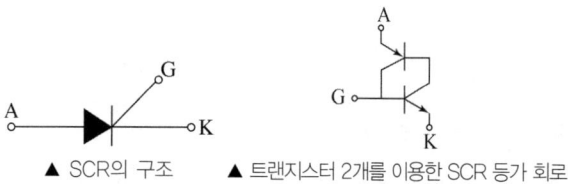
> ▲ SCR의 구조   ▲ 트랜지스터 2개를 이용한 SCR 등가 회로

387

SCR에 대한 설명으로 틀린 것은?

① 위상 제어의 최대 조절 범위는 0°~90°이다.
② 3개 접합면을 가진 4층 다이오드 형태로 되어 있다.
③ 게이트 단자에 펄스 신호가 입력되는 순간부터 도통된다.
④ 제어각이 작을수록 부하에 흐르는 전류 도통각이 커진다.

> **해설** 실리콘 제어 정류기(SCR: Silicon Controlled Rectifier)
> - SCR의 구조 및 원리: 일반적인 다이오드 정류기에 제어 단자인 게이트(Gate) 단자를 부착한 3단자 실리콘 반도체 정류기로서 가장 널리 사용되는 정류기이다.
> - SCR의 특징
>   - 아크가 생기지 않으므로 발열이 작다.
>   - 대전류용이고 동작 시간이 짧다.
>   - 작은 게이트 신호로 대전력을 제어한다.
>   - 교류 및 직류 모두를 제어할 수 있다.
>   - 역방향 내전압이 가장 크다.
>   - 과전압에 약하다.
>   - 위상 제어의 최대 조절 범위는 $\theta = 0° \sim 180°$이다. (θ: 역률각)

388

SCR에 대한 설명으로 옳은 것은?

① 제어 기능을 갖는 쌍방향성의 3단자 소자이다.
② 정류 기능을 갖는 단일 방향성의 3단자 소자이다.
③ 증폭 기능을 갖는 단일 방향성의 3단자 소자이다.
④ 스위칭 기능을 갖는 쌍방향성의 3단자 소자이다.

> **해설** 실리콘 제어 정류기(SCR: Silicon Controlled Rectifier)
> 일반적인 다이오드 정류기에 제어 단자인 게이트(Gate) 단자를 부착한 3단자 실리콘 반도체 정류기로서 가장 널리 사용되는 정류기이다.
>

389 ★★★
다음 중 사이리스터를 이용하여 얻을 수 있는 결과로 적당하지 않은 것은?

① 교류 전력 제어
② 주파수 변환
③ 직류 위상 변환
④ 직류 전압 변환

해설 실리콘 제어 정류기(SCR: Silicon Controlled Rectifier)
- 아크가 생기지 않으므로 발열이 작다.
- 대전류용이고 동작 시간이 짧다.
- 작은 게이트 신호로 대전력을 제어한다.
- 교류 및 직류 모두를 제어할 수 있다.
- 역방향 내전압이 가장 크다.
- 과전압에 약하다.
- 위상 제어의 조절 범위는 0°~180°이다. (θ: 역률각)
- 직류에는 위상이 존재하지 않으므로 직류 위상 변환은 불가능하다.

390 ★★★
SCR 사이리스터에 대한 설명으로 틀린 것은?

① 게이트 전류에 의해 턴온시킬 수 있다.
② 게이트 전류에 의해 턴오프시킬 수 없다.
③ 오프 상태에서는 순방향 전압과 역방향 전압 중 역방향 전압에 대해서만 차단 능력을 가진다.
④ 턴오프된 후 다시 게이트 전류에 의해 턴온시킬 수 있는 상태로 회복할 때까지 일정한 시간이 필요하다.

해설
SCR은 ON 상태에서 순방향 시 도통, 역방향 시 차단 능력을 가진다.

391 ★☆☆
SCR의 애노드 전류가 20[A]로 흐르고 있을 때 게이트 전류를 반으로 줄이면 애노드 전류는 몇 [A]가 되는가?

① 0
② 10
③ 20
④ 40

해설
SCR은 턴온(Turn on) 시 전류가 감소하더라도 계속 턴온(Turn on) 상태를 유지하므로 20[A]가 계속해서 흐른다.

392 ★★★
전력용 반도체 소자의 종류 중 스위칭 소자가 아닌 것은?

① GTO
② Diode
③ TRIAC
④ SSS

해설 전력용 반도체 소자
- SCR(3단자 단방향 사이리스터)
- GTO(3단자 단방향 사이리스터)
- TRIAC(3단자 쌍방향 사이리스터)
- DIAC(2단자 쌍방향 사이리스터)
- SSS(2단자 쌍방향 사이리스터)

393 ★★★
다음의 소자 중 쌍방향성 사이리스터가 아닌 것은?

① DIAC
② TRIAC
③ SSS
④ SCR

해설 사이리스터의 종류
- 단방향 사이리스터
  SCR(3단자), LASCR(3단자), GTO(3단자), SCS(4단자)
- 쌍방향 사이리스터
  DIAC(2단자), SSS(2단자), TRIAC(3단자)

394

다음 중 쌍방향 2단자 사이리스터는? ★★★

① SCR   ② TRIAC
③ SSS   ④ SCS

해설 사이리스터의 종류
- 단방향 사이리스터
  SCR(3단자), LASCR(3단자), GTO(3단자), SCS(4단자)
- 쌍방향 사이리스터
  DIAC(2단자), SSS(2단자), TRIAC(3단자)

395

반도체 소자의 동작 방향성에 따른 분류 중 단방향 전압 저지 소자가 아닌 것은? ★☆☆

① BJT   ② IGBT
③ 다이오드   ④ MOSFET

해설
IGBT는 절연 게이트 양방향성 소자이다.

396

2개의 SCR을 역병렬로 접속한 것과 같은 특성의 소자는? ★★★

① GTO   ② TRIAC
③ 광 사이리스터   ④ 역전용 사이리스터

해설 TRIAC
- 직류, 교류에 모두 사용할 수 있는 3단자 스위칭 소자이다.
- 2개의 SCR을 역병렬로 접속한 구조이다.
- 무접점 스위치, 위상 제어 회로, 전기로의 온도 조절, 전동기의 속도 제어 등에 널리 응용된다.

397

역병렬로 된 2개의 SCR과 유사한 양방향성 3단자 사이리스터로서 AC 전력의 제어에 사용하는 것은? ★★★

① SCS   ② GTO
③ TRIAC   ④ LASCR

해설 TRIAC
- 직류, 교류에 모두 사용할 수 있는 3단자 스위칭 소자이다.
- 2개의 SCR을 역병렬 접속한 구조이다.
- 무접점 스위치, 위상 제어 회로, 전기로의 온도 조절, 전동기의 속도 제어 등에 널리 응용된다.

398

TRIAC에 대한 설명으로 틀린 것은? ★★★

① DC 전력의 제어용이다.
② 쌍방향성 3단자 사이리스터이다.
③ 역병렬의 2개의 보통 SCR과 유사하다.
④ AC 전력의 제어용이다.

해설
TRIAC(Triode switch for AC)은 양방향 3단자 소자로서 SCR 역병렬 구조를 가진다. 교류(AC) 전력 제어용으로 사용되며, 과전압에 의해 파괴되지 않는 특성이 있다.

399

양방향 전압 저지 소자가 아닌 것은? ★★☆

① MOSFET   ② SCR 사이리스터
③ GTO 사이리스터   ④ IGBT

해설
스위치를 Off 시 스위치가 저지할 수 있는 전압의 극성에 따라 단방향과 양방향 전압 저지 소자로 구분된다.
- 단방향 전압 저지 소자(Unipolar voltage-blocking device)
  – 다이오드, BJT, MOSFET
- 양방향 전압 저지 소자(Bipolar voltage-blocking device)
  – 오프 상태에서 인가되는 양방향 극성의 전압에 대하여 견딜 수 있는 소자
  – SCR, GTO, IGBT, MCT

| 정답 | 394 ③ 395 ② 396 ② 397 ③ 398 ① 399 ①

400 ★★☆
반도체 소자 중 게이트-소스 간 전압으로 드레인 전류를 제어하는 전압 제어 스위치로 스위칭 속도가 빠른 소자는?

① GTO ② SCR
③ IGBT ④ MOSFET

해설 MOSFET
- 게이트와 소스의 전압으로 드레인 전류를 제어하는 전압 제어 소자이다.
- 고속 스위칭 동작이 가능하다.

401 ★★☆
FET에 대한 설명으로 틀린 것은?

① 제조 기술에 따라 MOS형과 접합형이 있다.
② 극성이 2개 존재하는 쌍극성 접합 트랜지스터이다.
③ 다수 캐리어인 자유 전자나 정공 중 어느 하나에 의해 전류의 흐름이 제어된다.
④ 게이트에 역전압을 인가하여 드레인 전류를 제어하는 전압 제어 소자이다.

해설 FET(Field Effect Transistor: 전계 효과 트랜지스터)
- 3단자 단방향성 소자이다.(소스, 게이트, 드레인)
- 스위칭 속도가 빠르다.
- 단극성 소자로 다수 캐리어로 동작한다.

402 ★☆☆
FET에서 핀치 오프(Pinch off) 전압이란?

① 채널 폭이 막힌 때의 게이트의 역방향 전압
② FET에서 애벌런치 전압
③ 드레인과 소스 사이의 최대 전압
④ 채널 폭이 최대로 되는 게이트의 역방향 전압

해설 핀치 오프(Pinch off) 전압
FET(전계효과 트랜지스터)에 있어 역바이어스 전압을 점차 증가시켜 나가면 두 전극으로부터 채널에 공핍층이 생겨 결국 채널이 폐쇄되고 드레인 전류가 차단(Cut-off)되는 현상을 말하며, 이 핀치 오프 현상에 의해 전류가 흐르지 않게 되는 게이트의 역방향 전압을 핀치 오프 전압이라고 한다.

403 ★☆☆
트랜지스터의 안정도가 제일 좋은 바이어스법은?

① 고정 바이어스
② 조합 바이어스
③ 전압 궤환 바이어스
④ 전류 궤환 바이어스

해설 조합 바이어스
트랜지스터의 안정도가 제일 좋은 바이어스 방법이다.

404 ★★☆
최근 많이 사용되는 전력용 반도체 소자 중 IGBT의 특성이 아닌 것은?

① 게이트 구동 전력이 매우 높다.
② 용량은 일반 트랜지스터와 동등한 수준이다.
③ 소스에 대한 게이트의 전압으로 도통과 차단을 제어한다.
④ 스위칭 속도는 FET와 트랜지스터의 중간 정도로 빠른 편에 속한다.

해설 IGBT(게이트 절연 양극성 트랜지스터) 특성
- MOSFET, BJT, GTO의 이점을 조합한 전력용 반도체 소자이다.
- 대전력의 고속 스위칭이 가능한 소자이다.
- 게이트 구동 전력이 매우 낮다.
- 용량은 일반 트랜지스터 정도의 수준이다.

| 정답 | 400 ④ 401 ② 402 ① 403 ② 404 ①

405 ★★☆
IGBT의 설명으로 틀린 것은?

① GTO 사이리스터처럼 역방향 전압 저지 특성을 갖는다.
② 오프 상태에서 SCR 사이리스터처럼 양방향 전압 저지 능력을 갖는다.
③ 게이트와 에미터 간 입력 임피던스가 매우 높아 BJT보다 구동하기 쉽다.
④ BJT처럼 온드롭(On-drop)이 전류에 관계없이 낮고 거의 일정하여 MOSFET보다 큰 전류를 흘릴 수 있다.

해설 IGBT
- GTO 사이리스터처럼 역방향 전압 저지 특성을 갖는다.(양방향 전압 저지, 단방향 전류 특성)
- SCR 사이리스터는 on 상태에서는 제어 가능, off 상태에서는 제어 불가하다.
- 전력용 MOSFET처럼 전압 제어 소자이며 게이트와 에미터 간 입력 임피던스가 매우 높아 BJT보다 구동이 쉽지만 스위칭 속도는 MOSFET보다 떨어진다.
- BJT처럼 On-drop이 전류에 관계없이 낮고 거의 일정하여 MOSFET보다 훨씬 큰 전류를 흘릴 수 있다.

406 ★★☆
자기 소호 기능이 가장 좋은 소자는?

① GTO   ② SCR
③ DIAC   ④ TRIAC

해설 GTO(Gate Turn-off Thyristor)
- 게이트 단자에 점호 때와 반대의 전류를 가하면 소호(Turn-off)가 쉽게 되는 소자이다.
- 자기 소호 기능이 다른 소자에 비해 가장 좋다.

407 ★★☆
반도체 소자의 종류 중 게이트에 의한 턴온을 이용하지 않는 소자는?

① SSS   ② SCR
③ GTO   ④ SCS

해설 SSS
P-N 반도체 5층 구조의 2단자 소자이다. 게이트가 없는 전력전자 소자로서 게이트의 턴-온 동작이 아닌 SSS에 가한 전압이 일정량 이상일 때에만 도통이 되는 특성을 가진 소자이다.

408 ★★☆
바리스터(Varistor)의 주된 용도는?

① 전압 증폭
② 온도 보상
③ 출력 전류 조절
④ 스위칭 과도 전압에 대한 회로 보호

해설 바리스터(Varistor)
- 비직선 전압, 전류 특성을 갖는 2단자 반도체 소자
- 과도 전압 및 이상 전압에 대한 회로 보호용
- 피뢰기, 전기 접점 간의 불꽃 제거 장치에 적용

409 ★★☆
바리스터(Varistor)를 옳게 설명한 것은?

① 비직선적인 전류-전압 특성을 갖는 2단자 반도체
② 비직선적인 전류-전압 특성을 갖는 4단자 반도체
③ 직선적인 전류-전압 특성을 갖는 4단자 반도체
④ 직선적인 전류-전압 특성을 갖는 리액턴스 소자

해설 바리스터(Varistor)
- 비직선 전압, 전류 특성을 갖는 2단자 반도체 소자
- 과도 전압 및 이상 전압에 대한 회로 보호용
- 피뢰기, 전기 접점 간의 불꽃 제거 장치에 적용

410 ★☆☆
광전소자의 구조와 동작에 대한 설명으로 틀린 것은?

① 포토 트랜지스터는 모든 빛에 감응하지 않으며 일정 파장 범위 내의 빛에 감응한다.
② 포토 커플러는 전기적으로 절연되어 있지만 광학적으로 결합되어 있는 발광부와 수광부를 갖추고 있다.
③ 포토 사이리스터는 빛에 의해 개방된 두 단자 사이를 도통시킬 수 있어 전류의 On-Off 제어에 쓰인다.
④ 포토 다이오드는 일반적으로 포토 트랜지스터에 비해 반응 속도가 느리다.

해설 광전소자
- 포토 트랜지스터는 모든 빛에 감응하지 않으며 일정 파장 범위 내의 빛에 감응한다.
- 포토 커플러는 전기적으로 절연되어 있지만 광학적으로 결합되어 있는 발광부와 수광부를 갖추고 있다.
- 포토 사이리스터는 빛에 의해 개방된 두 단자 사이를 도통시킬 수 있어 전류의 On-Off 제어에 쓰인다.
- 포토 다이오드는 일반적으로 포토 트랜지스터에 비해 반응 속도가 빠르다.

411 ★☆☆
n형 반도체에 대한 설명으로 옳은 것은?

① 순수 실리콘 내에 정공의 수를 늘리기 위해 As, P, Sb과 같은 불순물 원자를 첨가한 것
② 순수 실리콘 내에 정공의 수를 늘리기 위해 Al, B, Ga과 같은 불순물 원자를 첨가한 것
③ 순수 실리콘 내에 전자의 수를 늘리기 위해 As, P, Sb과 같은 불순물 원자를 첨가한 것
④ 순수 실리콘 내에 전자의 수를 늘리기 위해 Al, B, Ga과 같은 불순물 원자를 첨가한 것

해설 n형 반도체
순수 실리콘 내에 전자의 수를 늘리기 위해 As, P, Sb과 같은 불순물 원자를 첨가한 것이다.

412 ★☆☆
다음 그림은 UJT를 사용한 기본 이상 발진 회로이다. R_E의 역할에 대한 설명으로 옳은 것은?

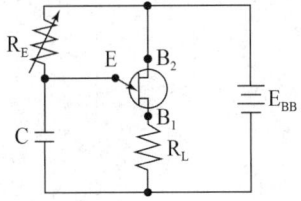

① 콘덴서(C)의 방전 시간을 결정한다.
② B_1과 B_2에 걸리는 전압을 결정한다.
③ 콘덴서(C)에 흐르는 과전류를 보호한다.
④ 콘덴서(C)의 충전 전류를 제어하여 펄스 주기를 조정한다.

해설
UJT를 사용한 이상 발진 회로는 콘덴서(C)의 충전 전류를 제어하여 펄스 주기를 조정한다.

PART 02 공사재료

전선 및 케이블

1. 전선
2. 케이블

CBT 완벽대비 가능한 유형마스터 학습!

THEME	유형분석	관련 번호
THEME 01 전선	나전선, 단선, 연선 등 전선에 대해 이해하고 규격을 알아야 합니다.	413~420
THEME 02 케이블	다양한 케이블의 약호를 반드시 암기하여야 합니다. 약호를 묻는 문제가 자주 출제됩니다.	421~427

학습 효과를 높이는 N제 3회독 시스템

챕터별 전체 1회독이 끝났다면 회독 체크표에 날짜를 기입하고 체크표시를 해주세요.

| 회독 체크표 | ☐ 1회독 | 월 일 | ☐ 2회독 | 월 일 | ☐ 3회독 | 월 일 |

CHAPTER 07 전선 및 케이블

THEME 01 전선

413 ★★★
전선의 구비 조건으로 틀린 것은?

① 비중이 클 것
② 도전율이 클 것
③ 내구성이 클 것
④ 기계적 강도가 클 것

해설 전선의 구비 조건
- 도전율이 클 것(고유 저항이 작을 것)
- 기계적 강도가 클 것(내구성이 클 것)
- 가요성이 풍부할 것
- 비중이 작을 것(중량이 가벼울 것)
- 가격이 저렴하고 대량 생산이 가능할 것

414 ★★★
전선 재료의 구비 조건으로 틀린 것은?

① 접속이 쉬울 것
② 도전율이 작을 것
③ 가요성이 풍부할 것
④ 내구성이 크고 비중이 작을 것

해설 전선의 구비 조건
- 도전율이 클 것(고유 저항이 작을 것)
- 기계적 강도가 클 것(내구성이 클 것)
- 가요성이 풍부할 것
- 비중이 작을 것(중량이 가벼울 것)
- 가격이 저렴하고 대량 생산이 가능할 것

415 ★★☆
옥외용 비닐 절연 전선의 약호 명칭은?

① DV
② CV
③ OW
④ OC

해설 절연 전선의 종류
- DV: 인입용 비닐 절연 전선
- CV: 가교 폴리에틸렌 절연 비닐 시스 케이블
- OW: 옥외용 비닐 절연 전선
- OC: 옥외용 가교 폴리에틸렌 절연 전선

416 ★★★
한국전기설비규정에 따른 상별 전선의 색상으로 틀린 것은?

① L1: 흰색(백색)
② L2: 검은색(흑색)
③ L3: 회색
④ N: 파란색(청색)

해설

상(문자)	색상
L1	갈색
L2	검은색(흑색)
L3	회색
N	파란색(청색)
보호 도체	녹색 – 노란색

| 정답 | 413 ① 414 ② 415 ③ 416 ①

417 ★☆☆
일정 전류를 통하는 도체의 온도 상승 θ와 반지름 r의 관계는?

① $\theta = kr^{-2}$
② $\theta = kr^{-3}$
③ $\theta = kr^{-\frac{2}{3}}$
④ $\theta = kr^{-\frac{3}{2}}$

해설 발열선의 도선의 둘레와 표면적
- 도선의 둘레: $p = 2\pi r \, [\text{m}]$
- 도선의 단면적: $A = \pi r^2 \, [\text{m}^2]$
- 도선의 표면적: $S = pl = 2\pi r l \, [\text{m}^2]$
- 발열선의 온도 상승을 구하면

$$\theta = \frac{I^2 R}{hpl} = \frac{I^2 \times \rho \frac{l}{A}}{h \times 2\pi r l} = \frac{I^2 \times \rho}{h \times 2\pi r A}$$

$$= \frac{I^2 \times \rho}{h \times 2\pi r \times \pi r^2} = k\frac{1}{r^3} = kr^{-3}$$

(단, 임의 상수 $k = \frac{I^2 \rho}{h \times 2\pi^2}$)

418 ★☆☆
가교폴리에틸렌(XLPE) 절연물의 최대 허용 온도[℃]는?

① 70
② 90
③ 105
④ 120

해설 절연 전선 케이블의 허용 온도

절연물의 종류	허용 온도[℃]	비고
염화비닐(PVC)	70	도체
가교폴리에틸렌(XLPE) 및 에틸렌프로필렌고무혼합물(EPR)	90	도체
무기질 (PVC피복 또는 나도체가 인체에 접촉할 우려가 있는 것)	70	시스
무기질 (접촉하지 않고 가연성 물질과 접촉할 우려가 없는 나도체)	105	시스

419 ★★☆
테이블 탭에는 단면적 $1.5 \, [\text{mm}^2]$ 이상의 코드를 사용하고 플러그를 부속시켜야 한다. 이 경우 코드의 최대 길이[m]는?

① 1
② 2
③ 3
④ 4

해설
코드의 최대 길이: 3[m]

420 ★☆☆
구리선(동전선)의 접속 방법이 아닌 것은?

① 교차 접속
② 직선 접속
③ 분기 접속
④ 종단 접속

해설 구리선(동전선)의 접속 방법
- 직선 접속
- 분기 접속
- 종단 접속
- 슬리브 접속

| 정답 | 417 ② 418 ② 419 ③ 420 ①

THEME 02 케이블

421 ★★☆
케이블의 약호 중 EE의 품명은?

① 미네랄 인슈레이션 케이블
② 폴리에틸렌 절연 비닐 시스 케이블
③ 형광방전등용 비닐 전선
④ 폴리에틸렌 절연 폴리에틸렌 시스 케이블

해설
케이블 약호에서 E는 폴리에틸렌, V는 비닐의 재료를 의미한다. EE는 절연체로서 E(폴리에틸렌)를 사용하고, 시스층도 E(폴리에틸렌)를 사용하므로 EE는 폴리에틸렌 절연 폴리에틸렌 시스 케이블이다.

422 ★★☆
솔리드 케이블이 아닌 것은?

① H 케이블
② SL 케이블
③ OF 케이블
④ 벨트 케이블

해설 솔리드 케이블(절연지 케이블)
- 벨트 케이블
- H 케이블
- SL 케이블

423 ★★☆
도체의 재료로 주로 사용되는 구리와 알루미늄의 물리적 성질을 비교한 것으로 옳은 것은?

① 구리가 알루미늄보다 비중이 작다.
② 구리가 알루미늄보다 저항률이 크다.
③ 구리가 알루미늄보다 도전율이 작다.
④ 구리와 같은 저항을 갖기 위해서는 알루미늄 전선의 지름을 구리보다 굵게 한다.

해설
구리와 알루미늄 중에서 알루미늄 도체가 고유 저항이 더 크다. 따라서 구리와 같은 저항 값을 갖기 위해서는 알루미늄 전선의 굵기를 더 굵게 하여 사용하여야 한다.

424 ★★☆
다음 중 절연성, 내온성, 내유성이 풍부하며 연피케이블에 사용하는 전기용 테이프는?

① 면테이프
② 비닐테이프
③ 리노테이프
④ 고무테이프

해설 리노테이프
면테이프의 양면에 니스를 칠하여 건조시킨 것으로, 절연성, 내온성, 내유성이 풍부하며, 연피케이블에 사용한다.

| 정답 | 421 ④ 422 ③ 423 ④ 424 ③

425 ★★☆
가선 전압에 의하여 정해지고 대지와 통신선 사이에 유도되는 것은?

① 전자 유도
② 정전 유도
③ 자기 유도
④ 전해 유도

해설 정전 유도
- 가선 전압에 의해 근처에 있는 통신선에 유도되는 현상이다.
- 가선 전압의 크기, 트롤리선과 통신선 간의 간격(이격거리) 등에 의해 결정된다.
- 연피 케이블을 사용하여 정전 유도를 차폐한다.

426 ★★☆
석유류 등의 위험물을 제조하거나 저장하는 장소에 저압 옥내 전기설비를 시설하고자 할 때 사용 가능한 이동 전선은? (단, 이동 전선은 접속점이 없다.)

① 0.6/1[kV] EP 고무 절연 클로로프렌 캡타이어 케이블
② 0.6/1[kV] EP 고무 절연 클로로프렌 시스 케이블
③ 0.6/1[kV] EP 고무 절연 비닐 시스 케이블
④ 0.6/1[kV] 비닐 절연 비닐 시스 케이블

해설 0.6/1[kV] EP 고무 절연 클로로프렌 캡타이어 케이블
석유류 등의 위험물을 제조하거나 저장하는 장소에 저압 옥내 전기설비를 시설하고자 할 때 사용하는 전선

427 ★★☆
캡타이어 케이블 상호 및 캡타이어 케이블과 박스, 기구와의 접속 개소와 지지점 간의 거리는 접속 개소에서 최대 몇 [m] 이하로 하는 것이 바람직한가?

① 0.75
② 0.55
③ 0.25
④ 0.15

해설
캡타이어 케이블과 박스의 접속 개소와 지지점 간의 거리는 접속 개소에서 0.15[m] 이하이다.

| 정답 | 425 ② 426 ① 427 ④

PART 02 공사재료

배관·배선 공사

1. 배선 기구
2. 분전함
3. 누전 차단기(ELB)
4. 전기설비에 관련된 공구 및 측정 도구
5. 애자 사용 공사 방법
6. 금속관 공사 방법
7. 버스 덕트 공사 방법
8. 그 외 공사

CBT 완벽대비 가능한 유형마스터 학습!

THEME	유형분석	관련 번호
THEME 01 배선 기구	여러 종류의 스위치에 대한 내용을 숙지하고 있어야 합니다. 주어진 설명이 어떤 스위치에 관한 내용인지 묻는 문제가 주로 출제됩니다.	428~431
THEME 02 분전함	배전반 및 분전반의 설치 기준을 반드시 암기하여야 합니다. 설치 장소 및 설치 기준에 관한 구체적인 설명이 출제됩니다.	432~442
THEME 03 누전 차단기(ELB)	누전 차단기의 동작 시간에 따른 분류가 주로 출제됩니다.	443~444
THEME 04 전기설비에 관련된 공구 및 측정 도구	다양한 공구 및 측정 도구가 문제에 등장합니다. 따라서 문제를 많이 풀어보시길 바랍니다.	445~450
THEME 05 애자 사용 공사 방법	다양한 공사 방법 중 하나로 한국전기설비규정(KEC)에 관한 문제가 출제됩니다.	451~452
THEME 06 금속관 공사 방법	금속관의 종류 및 규격을 암기하시면 문제를 쉽게 풀 수 있습니다.	453~459
THEME 07 버스 덕트 공사 방법	버스 덕트의 최대 폭과 최소 두께를 묻는 문제가 주로 출제됩니다.	460~461
THEME 08 그 외 공사	합성수지 몰드 공사, 금속 덕트 공사, 플로어 덕트 공사 등 다양한 공사를 문제를 풀이하며 학습하시길 바랍니다.	462~467

학습 효과를 높이는 N제 3회독 시스템

챕터별 전체 1회독이 끝났다면 회독 체크표에 날짜를 기입하고 체크표시를 해주세요.

회독 체크표	☐ 1회독	월 일	☐ 2회독	월 일	☐ 3회독	월 일

CHAPTER 08 배관·배선 공사

THEME 01 배선 기구

428 ★★☆
배선 기구라 함은 다음 중 어느 것인가?
① 전선을 접속하는 데 필요한 와이어 접속기(커넥터)
② 스위치(텀블러) 및 콘센트류의 기구
③ 전선 및 케이블을 단말 처리할 때 필요한 눌러붙임(압착) 터미널류의 기구
④ 전선 및 케이블을 전선관에 입선할 때 필요한 공구

해설 배선 기구
스위치(텀블러) 및 콘센트류의 기구를 총칭해서 배선 기구라고 한다.

429 ★★☆
손잡이를 상반되는 두 방향에 조작함으로써 접촉자를 개폐하는 스위치는?
① 로터리 스위치
② 텀블러 스위치
③ 누름 버튼 스위치
④ 코드 스위치

해설 로터리 스위치
손잡이를 상반되는 두 방향에 조작함으로써 접촉자를 개폐하는 스위치이다.

430 ★★☆
KS C 8309에 따른 옥내용 소형 스위치 중 텀블러 스위치의 정격 전류가 아닌 것은?
① 5[A]
② 10[A]
③ 15[A]
④ 20[A]

해설 옥내용 소형 스위치의 정격 전류
0.5, 1, 3, 4, 6, 7, 10, 12, 15, 18, 20[A]

431 ★★☆
리드 스위치(Reed switch)의 특성이 아닌 것은?
① 회로 구성이 복잡하다.
② 사용 온도 범위가 넓다.
③ 내전압 특성이 우수하다.
④ 소형, 경량이다.

해설 리드 스위치(Reed switch)의 특성
• 회로 구성이 간단하다.
• 사용 온도 범위가 넓다.
• 내전압 특성이 우수하다.
• 소형, 경량이다.

| 정답 | 428 ② 429 ① 430 ① 431 ①

THEME 02 분전함

432 ★★★
배전반 및 분전반에 대한 설명 중 틀린 것은?

① 개폐기를 쉽게 개폐할 수 있는 장소에 시설하여야 한다.
② 옥측 또는 옥외 시설하는 경우는 방수형을 사용하여야 한다.
③ 노출하여 시설되는 분전반 및 배전반의 재료는 불연성의 것이어야 한다.
④ 난연성 합성수지로 된 것은 두께가 최소 2[mm] 이상으로 내아크성인 것이어야 한다.

해설 배전반 및 분전반 설치기준
- 개폐기를 쉽게 개폐할 수 있는 장소에 시설하여야 한다.
- 옥측 또는 옥외 시설하는 경우는 방수형을 사용하여야 한다.
- 노출하여 시설되는 분전반 및 배전반의 재료는 불연성의 것이어야 한다.
- 난연성 합성수지로 된 것은 두께가 최소 1.5[mm] 이상으로 내(耐)아크성인 것이어야 한다.
- 절연 저항 측정 및 전선 접속 단자의 점검이 용이한 구조이어야 한다.
- 기구 및 전선은 쉽게 점검할 수 있어야 한다.
- 한 개의 분전반에는 한 가지 전원(1회선의 간선)만 공급하여야 한다.

433 ★★★
배전반 및 분전반의 설치 장소로 적합하지 않은 곳은?

① 안정된 장소
② 노출되어 있지 않은 장소
③ 개폐기를 쉽게 개폐할 수 있는 장소
④ 전기회로를 쉽게 조작할 수 있는 장소

해설 배전반 및 분전반 설치기준
- 개폐기를 쉽게 개폐할 수 있는 장소에 시설하여야 한다.
- 옥측 또는 옥외 시설하는 경우는 방수형을 사용하여야 한다.
- 노출하여 시설되는 분전반 및 배전반의 재료는 불연성의 것이어야 한다.
- 난연성 합성수지로 된 것은 두께가 최소 1.5[mm] 이상으로 내(耐)아크성인 것이어야 한다.
- 절연 저항 측정 및 전선 접속 단자의 점검이 용이한 구조이어야 한다.
- 기구 및 전선은 쉽게 점검할 수 있어야 한다.
- 한 개의 분전반에는 한 가지 전원(1회선의 간선)만 공급하여야 한다.

434 ★★★
배전반 및 분전반에 대한 설명으로 틀린 것은?

① 기구 및 전선은 쉽게 점검할 수 있어야 한다.
② 옥외에 시설할 때는 방수형을 사용해야 한다.
③ 모든 분전반은 최소 간선 용량보다는 작은 정격의 것이어야 한다.
④ 한 개의 분전반에는 한 가지 전원(1회선의 간선)만 공급하여야 한다.

해설 배전반 및 분전반 설치기준
- 개폐기를 쉽게 개폐할 수 있는 장소에 시설하여야 한다.
- 옥측 또는 옥외 시설하는 경우는 방수형을 사용하여야 한다.
- 노출하여 시설되는 분전반 및 배전반의 재료는 불연성의 것이어야 한다.
- 난연성 합성수지로 된 것은 두께가 최소 1.5[mm] 이상으로 내(耐)아크성인 것이어야 한다.
- 절연 저항 측정 및 전선 접속 단자의 점검이 용이한 구조이어야 한다.
- 기구 및 전선은 쉽게 점검할 수 있어야 한다.
- 한 개의 분전반에는 한 가지 전원(1회선의 간선)만 공급하여야 한다.

| 정답 | 432 ④ 433 ② 434 ③

435 ★★★

배전반 및 분전반을 넣은 함이 내아크성, 난연성의 합성수지로 되어 있을 때 함의 최소 두께[mm]는?

① 1.2
② 1.5
③ 1.8
④ 2.0

해설
배전반 및 분전반을 넣은 함이 내아크성, 난연성의 합성수지로 되어 있을 때 함의 최소 두께는 1.5[mm] 이상이어야 한다.

436 ★★★

배전반 및 분전반을 넣는 함을 강판제로 만들 경우, 함의 최소 두께[mm]는?(단, 가로 또는 세로의 길이가 30[cm]를 초과하는 경우이다.)

① 1.0
② 1.2
③ 1.4
④ 1.6

해설 배전반 및 분전반을 넣은 함의 요건
- 반의 옆쪽 또는 뒤쪽에 설치하는 분·배전반의 소형 덕트는 강판제이어야 한다.
- 난연성 합성수지로 된 것은 두께가 최소 1.5[mm] 이상으로 내아크성인 것이어야 한다.
- 강판제의 것은 두께 1.2[mm] 이상이어야 한다. 다만, 가로 또는 세로의 길이가 30[cm] 이하인 것은 두께 1.0[mm] 이상으로 할 수 있다.
- 절연 저항 측정 및 전선 접속 단자의 점검이 용이한 구조이어야 한다.

437 ★★★

다음 중 배전반 및 분전반을 넣은 함의 요건으로 적합하지 않은 것은?

① 반의 옆쪽 또는 뒤쪽에 설치하는 분·배전반의 소형 덕트는 강판제이어야 한다.
② 난연성 합성수지로 된 것은 두께가 최소 1.6[mm] 이상으로 내(耐)수지성인 것이어야 한다.
③ 강판제의 것은 두께 1.2[mm] 이상이어야 한다. 다만, 가로 또는 세로의 길이가 30[cm] 이하인 것은 두께 1.0[mm] 이상으로 할 수 있다.
④ 절연 저항 측정 및 전선 접속 단자의 점검이 용이한 구조이어야 한다.

해설 배전반 및 분전반을 넣은 함의 요건
- 반의 옆쪽 또는 뒤쪽에 설치하는 분·배전반의 소형 덕트는 강판제이어야 한다.
- 난연성 합성수지로 된 것은 두께가 최소 1.5[mm] 이상으로 내아크성인 것이어야 한다.
- 강판제의 것은 두께 1.2[mm] 이상이어야 한다. 다만, 가로 또는 세로의 길이가 30[cm] 이하인 것은 두께 1.0[mm] 이상으로 할 수 있다.
- 절연 저항 측정 및 전선 접속 단자의 점검이 용이한 구조이어야 한다.

438 ★★☆

전선의 굵기가 95[mm^2] 이하인 경우 배전반과 분전반의 소형 덕트의 폭은 최소 몇 [cm]인가?

① 8
② 10
③ 15
④ 20

해설
전선의 굵기가 95[mm^2] 이하인 경우 배전반과 분전반의 소형 덕트의 폭은 최소 10[cm]이다.

| 정답 | 435 ② 436 ② 437 ② 438 ②

439 ★★☆
전선관 접속재가 아닌 것은?

① 유니버셜 엘보
② 콤비네이션 커플링
③ 새들
④ 유니온 커플링

해설
- 유니버셜 엘보: 노출 배관 공사에 관을 직각으로 굽혀 공사할 때 또는 관 상호 접속 또는 관을 분기해야 할 곳에 사용
- 콤비네이션 커플링: 금속관과 가요 전선관과 같이 다른 종류, 다른 직경의 전선관을 접속할 때 사용
- 새들: 금속관을 조영재에 고정시키는 데 사용
- 유니온 커플링: 관이 고정되어 있을 때 또는 관의 양측을 돌려 접속할 수 없는 경우 사용

440 ★★☆
기계기구의 단자와 전선의 접속에 사용되는 자재는?

① 터미널 러그
② 슬리브
③ 와이어접속기(커넥터)
④ T형 접속기(커넥터)

해설
- 터미널 러그: 기계기구의 단자와 전선의 접속 시 사용
- 슬리브: 연선 접속 시 사용
- 와이어접속기(커넥터): 전선과 전선을 연결 시 사용

441 ★★☆
장력이 걸리지 않는 개소의 알루미늄선 상호 간 또는 알루미늄선과 구리선(동선)의 압축 접속에 사용하는 분기 슬리브는?

① 알루미늄 전선용 압축 슬리브
② 알루미늄 전선용 보수 슬리브
③ 알루미늄 전선용 분기 슬리브
④ 분기 접속용 동 슬리브

해설 알루미늄 전선용 분기 슬리브
가공 배전선로 알루미늄 전선의 장력이 걸리지 않는 개소에서 알루미늄선 상호 간 또는 알루미늄선과 구리선(동선)의 압축 접속에 사용한다.

442 ★★☆
점유 면적이 좁고 운전·보수가 안전하여 공장 및 빌딩 등의 전기실에 많이 사용되는 배전반은?

① 데드 프런트형
② 수직형
③ 큐비클형
④ 라이브 프런트형

해설 큐비클형 배전반
- 큐비클 자체의 점유 면적이 좁고 운전·보수가 안전한 구조의 큐비클이다.
- 공장 및 빌딩 등의 전기실에 많이 사용되는 배전반 형태이다.

| 정답 | 439 ③ 440 ① 441 ③ 442 ③

THEME 03 누전 차단기(ELB)

443 ★★☆
누전 차단기의 동작 시간에 따른 분류가 틀린 것은?

① 고속형　　② 저감도형
③ 시연형　　④ 반한시형

해설 누전 차단기의 동작 시간에 의한 분류
- 고감도형(정격 감도 전류 5, 10, 15, 30[mA])
  - 고속형: 정격 감도 전류에서 0.1초 이내, 인체 감전 보호용은 0.03초 이내
  - 시연형: 정격 감도 전류에서 0.1초를 초과하고 2초 이내
  - 반한시형: 정격 감도 전류에서 0.2초를 초과하고 1초 이내
- 중감도형(정격 감도 전류 50, 100, 200, 500, 1,000[mA])
  - 고속형: 정격 감도 전류에서 0.1초 이내
  - 시연형: 정격 감도 전류에서 0.1초를 초과하고 2초 이내
- 저감도형(정격 감도 전류 3,000, 5,000, 10,000, 20,000[mA])
  - 고속형: 정격 감도 전류에서 0.1초 이내
  - 시연형: 정격 감도 전류에서 0.1초를 초과하고 2초 이내

444 ★★☆
누전 차단기의 동작 시간으로 틀린 것은?

① 고감도 고속형: 정격 감도 전류에서 0.1초 이내
② 중감도 고속형: 정격 감도 전류에서 0.2초 이내
③ 고감도 고속형: 인체 감전 보호용은 0.03초 이내
④ 중감도 시연형: 정격 감도 전류에서 0.1초를 초과하고 2초 이내

해설 누전 차단기의 동작 시간에 의한 분류
- 고감도형(정격 감도 전류 5, 10, 15, 30[mA])
  - 고속형: 정격 감도 전류에서 0.1초 이내, 인체 감전 보호용은 0.03초 이내
  - 시연형: 정격 감도 전류에서 0.1초를 초과하고 2초 이내
  - 반한시형: 정격 감도 전류에서 0.2초를 초과하고 1초 이내
- 중감도형(정격 감도 전류 50, 100, 200, 500, 1,000[mA])
  - 고속형: 정격 감도 전류에서 0.1초 이내
  - 시연형: 정격 감도 전류에서 0.1초를 초과하고 2초 이내
- 저감도형(정격 감도 전류 3,000, 5,000, 10,000, 20,000[mA])
  - 고속형: 정격 감도 전류에서 0.1초 이내
  - 시연형: 정격 감도 전류에서 0.1초를 초과하고 2초 이내

THEME 04 전기설비에 관련된 공구 및 측정 도구

445 ★★☆
박스에 금속관을 연결시키고자 할 때 박스의 노크아웃 지름이 금속관의 지름보다 큰 경우 박스에 사용되는 것은?

① 링 리듀서　　② 엔트런스 캡
③ 부싱　　　　④ 엘보우

해설 링 리듀서
박스에 금속관을 연결시키고자 할 때 박스의 노크아웃(녹아웃) 지름이 금속관의 지름보다 큰 경우, 박스에 사용되는 부속 자재이다.

446 ★★☆
옥내 배선용 공구 중 리머의 사용 목적으로 옳은 것은?

① 로크너트 또는 부싱을 견고히 조일 때
② 접속기(커넥터) 또는 터미널을 눌러 붙이는 공구
③ 금속관 절단에 따른 절단면 다듬기
④ 금속관의 굽힘

해설 리머
금속 파이프를 절단하고 나면 그 절단면이 날카로워 전선 피복이 손상을 받을 수 있는데, 이 금속관 끝의 날카로운 부분을 다듬는 공구이다.

| 정답 | 443 ② 444 ② 445 ① 446 ③

447 ★★☆
무거운 조명 기구를 파이프로 매달 때 사용하는 것은?

① 노멀 밴드 ② 파이프 행거
③ 엔트런스 캡 ④ 픽스쳐 스터드와 하키

해설 금속관 공사용 부속품 용도
- 노멀밴드: 배관의 직각 굴곡에 사용
- 파이프행거: 배관 파이프를 천장에 매달리도록 고정용으로 사용
- 엔트런스 캡: 인입구, 인출구의 관단에 설치하여 금속관에 접속하여 옥외의 빗물을 막는 데 사용
- 픽스쳐 스터드와 하키(픽스쳐 스터드와 히키): 아웃렛 박스에 조명 기구를 부착시킬 때 사용, 무거운 기구 취부용

448 ★☆☆
플로어 덕트 설치 그림(약식) 중 블랭크 와셔가 사용되어야 할 부분은?

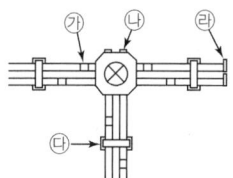

① 가 ② 나
③ 다 ④ 라

해설 블랭크 와셔(Blank washer)
플로어 덕트의 정션 박스에 덕트를 접속하지 않은 곳을 막기 위해 사용하는 부속품이다.
㉯ 부분은 플로어 덕트가 설치되는 개소가 아니므로 블랭크 와셔로 막아야 한다.

449 ★★☆
녹 아웃 펀치와 같은 목적으로 사용하는 공구의 명칭은?

① 히키 ② 리머
③ 호울 소우 ④ 드라이브이트

해설 호울 소우
- 철판 등에 전선관을 넣기 위한 구멍을 뚫는 공구이다.
- 녹 아웃 펀치와 같은 목적으로 사용한다.

450 ★★☆
저압 가공 인입선에서 금속관 공사로 옮겨지는 곳 또는 금속관으로부터 전선을 뽑아 전동기 단자 부분에 접속할 때 사용하는 것은?

① 엘보 ② 터미널 캡
③ 접지 클램프 ④ 엔트런스 캡

해설 접속재 공구 및 자재
- 엘보: 노출 배관 공사 시 전선관을 직각으로 구부릴 때 사용하는 공구
- 터미널 캡
  - 저압 가공 인입선에서 금속관 공사로 옮겨지는 곳에 사용
  - 금속관으로부터 전선을 인출하여 전동기 단자 부분에 접속할 때 사용
- 접지 클램프: 금속관 공사에서 전선관을 접지할 필요가 있는 곳에 사용
- 엔트런스 캡: 인입구, 인출구의 금속관 관 끝에 설치하는 빗물 침입을 막는 자재

| 정답 | 447 ④ 448 ② 449 ③ 450 ②

THEME 05 애자 사용 공사 방법

451 ★☆☆
$50[\text{mm}^2]$, $500[\text{V}]$ 내열성 고무절연 전선에 알맞은 애자는?
① 대노브 애자 ② 중노브 애자
③ 소노브 애자 ④ 2선용 클리이트

해설 애자의 종류에 따른 전선의 최대 굵기

애자의 종류	사용하는 전선의 최대 굵기[mm²]
소놉(놉애자)	16
중놉	50
대놉	95
특대놉	240

452 ★☆☆
애자 공사의 절연 전선이 조영재를 관통하는 경우 그 관통 부분에 사용할 수 없는 것은?
① 애관 ② 금속관
③ 합성수지관 ④ 연질비닐관

해설 애자 공사(KEC 232.56)
전선이 조영재를 관통하는 경우에는 그 관통하는 부분의 전선을 전선마다 각각 별개의 난연성 및 내수성이 있는 절연관에 넣을 것. 다만, 사용 전압이 $150[\text{V}]$ 이하인 전선을 건조한 장소에 시설하는 경우로서 관통하는 부분의 전선에 내구성이 있는 절연 테이프를 감을 때에는 그러하지 아니하다.

THEME 06 금속관 공사 방법

453 ★☆☆
내선 규정에서 정하는 용어의 정의로 틀린 것은?
① 케이블이란 통신용 케이블 이외의 케이블 및 캡타이어 케이블을 말한다.
② 애자란 놉 애자, 잡아 당김형(인류) 애자, 핀 애자와 같이 전선을 부착하여, 이것을 다른 것과 절연하는 것을 말한다.
③ 전기용품이란 전기설비의 부분이 되거나 또는 여기에 접속하여 사용되는 기계기구 및 재료 등을 말한다.
④ 불연성이란 불꽃, 아크 또는 고열에 의하여 착화하기 어렵거나 착화하여도 쉽게 연소하지 않는 성질을 말한다.

해설 용어의 정의
- 케이블: 통신용 케이블 이외의 케이블 및 캡타이어 케이블을 말한다.
- 애자: 놉 애자, 잡아 당김형(인류) 애자, 핀 애자와 같이 전선을 부착하여, 이것을 다른 것과 절연하는 것을 말한다.
- 전기용품: 전기설비의 부분이 되거나 또는 여기에 접속하여 사용되는 기계기구 및 재료 등을 말한다.
- 불연성: 불꽃, 아크 또는 고열에 의해 연소하지 않는 것을 말한다.

454 ★☆☆
후강 전선관에 대한 설명으로 틀린 것은?
① 관의 호칭은 바깥지름의 크기에 가깝다.
② 후강 전선관의 두께는 박강 전선관의 두께보다 두껍다.
③ 콘크리트에 매입할 경우 관의 두께는 $1.2[\text{mm}]$ 이상으로 해야 한다.
④ 관의 호칭은 $16[\text{mm}]$에서 $104[\text{mm}]$까지 10종이다.

해설 금속관의 종류 및 규격

종류	관의 규격[mm]
후강 전선관(안지름)	(짝수) 16, 22, 28, 36, 42, 54, 70, 82, 92, 104
박강 전선관 (바깥지름)	(홀수) 19, 25, 31, 39, 51, 63, 75

| 정답 | 451 ② 452 ② 453 ④ 454 ①

455 ★★☆
콘크리트 매입 금속관 공사에 사용하는 금속관의 두께는 최소 몇 [mm] 이상이어야 하는가?

① 1.0
② 1.2
③ 1.5
④ 2.0

해설
콘크리트 매입 금속관 공사에 사용하는 금속관의 두께는 최소 1.2[mm] 이상이어야 한다.

456 ★★☆
금속관(규격품) 1본의 길이는 약 몇 [m]인가?

① 4.44
② 3.66
③ 3.56
④ 3.3

해설
금속관 1본의 길이는 3.66[m]가 규격품이다.

457 ★★☆
금속관 공사에서 절연 부싱을 쓰는 목적은?

① 관의 끝이 터지는 것을 방지
② 관의 단구에서 전선 손상을 방지
③ 박스 내에서 전선의 접속을 방지
④ 관의 단구에서 조영재의 접속을 방지

해설 부싱
금속관 공사에서 전선관 끝에 설치하여 전선 피복이 손상되는 것을 방지하는 배관 자재이다.

458 ★★☆
전선관의 산화 방지를 위해 하는 도금은?

① 납
② 니켈
③ 아연
④ 페인트

해설
전선관은 녹이 슬거나 산화 방지를 위해 표면을 아연 도금이나 에나멜 등으로 피복한다.

459 ★☆☆
강제 전선관에 대한 설명으로 틀린 것은?

① 후강 전선관과 박강 전선관으로 나누어진다.
② 폭발성 가스나 부식성 가스가 있는 장소에 적합하다.
③ 녹이 스는 것을 방지하기 위해 건식 아연도금법이 사용된다.
④ 주로 강으로 만들고 알루미늄이나 황동, 스테인리스 등은 강제관에서 제외된다.

해설 강제 전선관 공사
• 후강 전선관과 박강 전선관으로 나누어진다.
• 폭발성 가스나 부식성 가스가 있는 장소에 적합하다.
• 녹이 스는 것을 방지하기 위해 건식 아연도금법이 사용된다.
• 주로 강으로 만들고 알루미늄이나 황동, 스테인리스 등도 강제관으로 사용이 가능하다.

| 정답 | 455 ② 456 ② 457 ② 458 ③ 459 ④

THEME 07 버스 덕트 공사 방법

460 ★★☆
버스 덕트 공사에서 덕트 최대 폭[mm]에 따른 덕트 판의 최소 두께[mm]로 틀린 것은?(단, 덕트는 강판으로 제작된 것이다.)

① 덕트 최대 폭 100[mm]: 최소 두께 1.0[mm]
② 덕트 최대 폭 200[mm]: 최소 두께 1.4[mm]
③ 덕트 최대 폭 600[mm]: 최소 두께 2.0[mm]
④ 덕트 최대 폭 800[mm]: 최소 두께 2.6[mm]

해설 버스 덕트의 최대 폭

덕트의 최대 폭[mm]	강판[mm]	알루미늄 판 및 알루미늄 합금 판[mm]
150 이하	1.0(1.6)	1.6
150 초과 300 이하	1.4(1.6)	2.0
300 초과 500 이하	1.6(1.6)	2.3
500 초과 700 이하	2.0(2.0)	2.9
700 초과	2.3(2.3)	3.2

※ ( ) 내의 수치는 내화형의 경우에 적용

461 ★★☆
강판으로 된 금속 버스 덕트 재료의 최소 두께[mm]는?(단, 버스 덕트의 최대 폭은 150[mm] 이하이다.)

① 0.8   ② 1.0
③ 1.2   ④ 1.4

해설 버스 덕트의 최대 폭

덕트의 최대 폭[mm]	강판[mm]	알루미늄 판 및 알루미늄 합금 판[mm]
150 이하	1.0(1.6)	1.6
150 초과 300 이하	1.4(1.6)	2.0
300 초과 500 이하	1.6(1.6)	2.3
500 초과 700 이하	2.0(2.0)	2.9
700 초과	2.3(2.3)	3.2

※ ( ) 내의 수치는 내화형의 경우에 적용

THEME 08 그 외 공사

462 ★☆☆
셀룰러 덕트의 최대 폭이 200[mm] 초과할 때 셀룰러 덕트의 관 두께는 몇 [mm] 이상이어야 하는가?

① 1.2   ② 1.4
③ 1.6   ④ 1.8

해설 셀룰러 덕트의 관 두께

덕트의 최대 폭	덕트의 관 두께
150[mm] 이하	1.2[mm] 이상
150[mm] 초과 200[mm] 이하	1.4[mm] 이상
200[mm] 초과	1.6[mm] 이상

463 ★★☆
합성수지 몰드 공사에 관한 설명으로 틀린 것은?

① 합성수지 몰드 안에는 금속제의 조인트 박스를 사용하여 접속이 가능하다.
② 합성수지 몰드 상호 간 및 합성수지 몰드와 박스 기타의 부속품과는 전선이 노출되지 아니하도록 접속해야 한다.
③ 합성수지 몰드의 내면은 전선의 피복이 손상될 우려가 없도록 매끈한 것이어야 한다.
④ 합성수지 몰드는 홈의 폭 및 깊이가 3.5[cm] 이하로 두께는 2[mm] 이상의 것이어야 한다.

해설 합성수지 몰드 공사
- 전선은 절연 전선(옥외용 비닐 절연 전선을 제외)일 것
- 합성수지 몰드 안에는 전선에 접속점이 없도록 할 것. 다만, 규정에 적합한 합성수지제의 조인트 박스를 사용하여 접속할 경우에는 그러하지 아니하다.
- 합성수지 몰드 상호 간 및 합성수지 몰드와 박스 기타의 부속품과는 전선이 노출되지 아니하도록 접속할 것
- 합성수지 몰드는 홈의 폭 및 깊이가 35[mm] 이하, 두께는 2[mm] 이상의 것일 것. 다만, 사람이 쉽게 접촉할 우려가 없도록 시설하는 경우에는 폭이 50[mm] 이하, 두께 1[mm] 이상의 것을 사용할 수 있다.

| 정답 | 460 ④ 461 ② 462 ③ 463 ①

464 ★★☆

한국전기설비규정에 따른 플로어 덕트 공사의 시설 조건 중 연선을 사용해야만 하는 전선의 최소 단면적 기준은?(단, 전선의 도체는 구리선이며 연선을 사용하지 않아도 되는 예외 조건은 고려하지 않는다.)

① $6[\text{mm}^2]$ 초과
② $10[\text{mm}^2]$ 초과
③ $16[\text{mm}^2]$ 초과
④ $25[\text{mm}^2]$ 초과

해설 플로어 덕트 공사
- 전선은 절연 전선(옥외용 비닐 절연 전선을 제외한다)일 것
- 전선은 연선일 것. 다만, 단면적 $10[\text{mm}^2]$(알루미늄선은 단면적 $16[\text{mm}^2]$) 이하인 것은 그러하지 아니하다.
- 플로어 덕트 안에는 전선에 접속점이 없도록 할 것. 다만, 전선을 분기하는 경우에 접속점을 쉽게 점검할 수 있을 때에는 그러하지 아니하다.

465 ★★☆

합성수지관 상호 간 및 관과 박스 접속 시에 삽입하는 최소 깊이는?(단, 접착제를 사용하는 경우는 제외한다.)

① 관 안지름의 1.2배
② 관 안지름의 1.5배
③ 관 바깥지름의 1.2배
④ 관 바깥지름의 1.5배

해설 관 및 부속품의 연결과 지지
합성수지관 상호 및 관과 박스는 접속 시에 삽입하는 깊이를 관 바깥지름의 1.2배(접착제를 사용할 경우는 0.8배) 이상으로 하고 삽입 접속으로 견고하게 접속하여야 한다.

466 ★★☆

금속 덕트 공사에서 금속 덕트의 설명으로 틀린 것은?

① 덕트 철판의 두께가 $1.2[\text{mm}]$ 이상일 것
② 폭이 $40[\text{mm}]$ 이상인 철판으로 제작할 것
③ 덕트의 바깥면만 산화 방지를 위한 아연도금을 할 것
④ 덕트의 안쪽면만 전선 피복을 손상시키는 돌기가 없을 것

해설 금속 덕트 공사
- 덕트 철판의 두께가 $1.2[\text{mm}]$ 이상일 것
- 폭이 $40[\text{mm}]$ 이상인 철판으로 제작할 것
- 덕트의 바깥면과 안쪽면에 산화 방지를 위한 아연도금을 할 것
- 덕트의 안쪽면은 전선 피복을 손상시키는 돌기가 없을 것

467 ★☆☆

옥내에서 전선을 병렬로 사용할 때의 시설 방법으로 틀린 것은?

① 전선은 동일한 도체이어야 한다.
② 전선은 동일한 굵기, 동일한 길이이어야 한다.
③ 전선의 굵기는 구리(동) $40[\text{mm}^2]$ 이상 또는 알루미늄 $90[\text{mm}^2]$ 이상이어야 한다.
④ 관내에 전류의 불평형이 생기지 아니하도록 시설하여야 한다.

해설 옥내에서 전선을 병렬로 사용하는 경우의 원칙
병렬로 사용하는 각 전선의 굵기는 구리(동) $50[\text{mm}^2]$ 이상 또는 알루미늄 $70[\text{mm}^2]$ 이상이고 동일한 도체, 동일한 굵기, 동일한 길이이어야 한다.

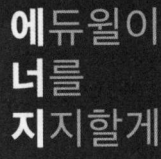

되고 싶은 사람의 모습에
자신의 현재의 모습을 투영하라.

– 에드가 제스트(Edgar Jest)

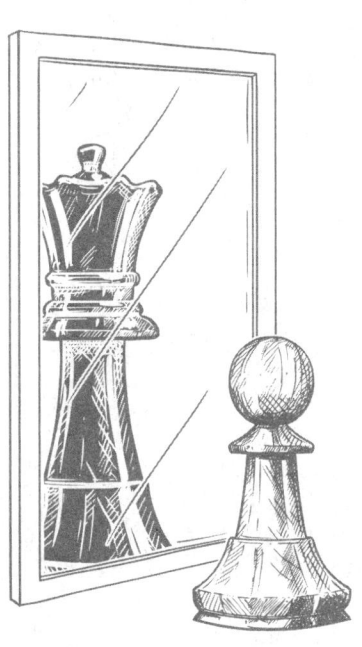

PART 02 공사재료

배전 선로 및 고압·저압 배전반 공사

1. 지지물
2. 완금 및 애자
3. 장주, 건주 및 전선 설치 공사
4. 개폐기
5. 보호 장치

CBT 완벽대비 가능한 유형마스터 학습!

THEME	유형분석	관련 번호
THEME 01 지지물	철주의 주주재, 철탑의 주주재, 기타의 부재의 재료에 따른 두께 표를 확실하게 암기하여야 합니다.	468~474
THEME 02 완금 및 애자	완금의 표준 길이가 시험에 자주 출제됩니다. 또한 애자에 관한 다양한 문제가 많이 출제되므로 개념을 확실하게 이해하고 넘어가야 합니다.	475~488
THEME 03 장주, 건주 및 전선 설치 공사	지지선(지선)에 관한 문제가 주로 출제됩니다.	489~491
THEME 04 개폐기	다양한 개폐기의 영문 약호와 특징을 암기하고 있어야 합니다. 시험에 약호로 자주 출제됩니다.	492~499
THEME 05 보호 장치	PF(전력용 퓨즈), PT(계기용 변압기), MOF(전력 수급용 계기용 변성기), ZCT(영상 변류기)가 주로 출제됩니다.	500~503

학습 효과를 높이는 N제 3회독 시스템

챕터별 전체 1회독이 끝났다면 회독 체크표에 날짜를 기입하고 체크표시를 해주세요.

| 회독 체크표 | ☐ 1회독 | 월 일 | ☐ 2회독 | 월 일 | ☐ 3회독 | 월 일 |

CHAPTER 09 배전 선로 및 고압·저압 배전반 공사

THEME 01 지지물

468 ★★☆
다음 중 지지선(지선)에 전주 버팀대(근가)를 시공할 때 사용되는 콘크리트 전주 버팀대(근가)의 규격(길이)은 몇 [m]인가?(단, 원형 지지선(지선) 전주 버팀대(근가)는 제외한다.)

① 0.5
② 0.7
③ 0.9
④ 1.1

해설 콘크리트의 전주 버팀대(근가)의 규격
0.7[m], 1.0[m], 1.2[m], 1.5[m], 1.8[m]

469 ★★★
한국전기설비규정에 따른 철탑의 주주재로 사용하는 강관의 두께는 몇 [mm] 이상이어야 하는가?

① 1.6
② 2.0
③ 2.4
④ 2.8

해설 철주 또는 철탑의 구성

구분	재료에 따른 두께	
	강판, 형강, 평강, 봉강	강관
철주의 주주재	4[mm]	2.0[mm]
철탑의 주주재	5[mm]	2.4[mm]
기타의 부재	3[mm]	1.6[mm]

470 ★★★
철주의 주주재로 사용하는 강관의 두께는 몇 [mm] 이상이어야 하는가?

① 1.6
② 2.0
③ 2.4
④ 2.8

해설 철주 또는 철탑의 구성

구분	재료에 따른 두께	
	강판, 형강, 평강, 봉강	강관
철주의 주주재	4[mm]	2[mm]
철탑의 주주재	5[mm]	2.4[mm]
기타의 부재	3[mm]	1.6[mm]

471 ★☆☆
철근 콘크리트주로서 전장 16[m]이고, 설계 하중이 8[kN]이라 하면 땅에 묻는 최소 깊이[m]는?(단, 지반이 연약한 곳 이외에 시설한다.)

① 2.0
② 2.4
③ 2.5
④ 2.8

해설 가공전선로 지지물의 기초의 안전율(KEC 331.7)
철근 콘크리트주로서 전체의 길이가 14[m] 이상 20[m] 이하이고 설계 하중이 6.8[kN] 초과 9.8[kN] 이하의 것을 논이나 그 밖의 지반이 연약한 곳 이외에 시설하는 경우, 철근 콘크리트주가 15[m] 이상이라면 그 묻히는 깊이는 기준(2.5[m])보다 30[cm]를 가산하여 시설하여야 한다.
따라서 전주를 땅에 묻는 깊이는 2.5[m]+0.3[m]=2.8[m]이다.

정답 | 468 ② 469 ③ 470 ② 471 ④

472 ★★☆
가공 전선로의 저압주에서 보안 공사의 경우, 목주 위쪽 끝(말구) 굵기의 최소 지름[cm]은?

① 10
② 12
③ 14
④ 15

해설 저압 보안 공사
목주의 굵기는 위쪽 끝(말구)의 지름 0.12[m] 이상이어야 한다.

473 ★★☆
행거 밴드란 무엇인가?

① 완금을 전주에 설치하는 데 필요한 밴드
② 완금에 암타이를 고정시키기 위한 밴드
③ 전주 자체에 변압기를 고정시키기 위한 밴드
④ 전주에 COS 또는 LA를 고정시키기 위한 밴드

해설 행거 밴드
변압기를 전주 자체에 고정시키기 위한 밴드이다.

474 ★★☆
지지선(지선) 밴드에서 2방 밴드의 규격이 아닌 것은?

① 150×203[mm]
② 180×240[mm]
③ 200×260[mm]
④ 240×300[mm]

해설 2방 밴드 규격
150×203[mm], 180×240[mm], 200×260[mm], 250×311[mm]

THEME 02 완금 및 애자

475 ★★★
전선 설치 금속 부속품(가선 금구) 중 완금에 특고압 전선의 조수가 3일 때 완금의 길이[mm]는?

① 900
② 1,400
③ 1,800
④ 2,400

해설 완금의 표준 길이
• 전선 개수 2조
 – 특고압용(1,800[mm])
 – 고압용(1,400[mm])
 – 저압용(900[mm])
• 전선 개수 3조
 – 특고압용(2,400[mm])
 – 고압용(1,800[mm])
 – 저압용(1,400[mm])

476 ★★★
특고압, 고압, 저압에 사용되는 완금(완철)의 표준 길이[mm]에 해당되지 않는 것은?

① 900
② 1,800
③ 2,400
④ 3,000

해설 완금의 표준 길이
• 전선 개수 2조
 – 특고압용(1,800[mm])
 – 고압용(1,400[mm])
 – 저압용(900[mm])
• 전선 개수 3조
 – 특고압용(2,400[mm])
 – 고압용(1,800[mm])
 – 저압용(1,400[mm])

| 정답 | 472 ② 473 ③ 474 ④ 475 ④ 476 ④

477 ★★★

가공 전선로에서 22.9[kV-Y] 특고압 가공 전선 2조를 수평으로 배열하기 위한 완금의 표준 길이[mm]는?

① 1,400 ② 1,800
③ 2,000 ④ 2,400

해설 완금의 표준 길이
- 전선 개수 2조
  - 특고압용(1,800[mm])
  - 고압용(1,400[mm])
  - 저압용(900[mm])
- 전선 개수 3조
  - 특고압용(2,400[mm])
  - 고압용(1,800[mm])
  - 저압용(1,400[mm])

478 ★★☆

가공 전선로에 사용하는 애자가 구비해야 할 조건이 아닌 것은?

① 이상 전압에 견디고, 내부 이상 전압에 대해 충분한 절연 강도를 가질 것
② 전선의 장력, 풍압, 빙설 등의 외력에 의한 하중에 견딜 수 있는 기계적 강도를 가질 것
③ 비, 눈, 안개 등에 대해 충분한 전기적 표면 저항이 있어 누설 전류가 흐르지 못하게 할 것
④ 온도나 습도의 변화에 대해 전기적 및 기계적 특성의 변화가 클 것

해설 애자의 구비 조건
- 충분한 절연 내력을 가질 것
- 충분한 기계적 강도를 가질 것
- 누설 전류가 적을 것
- 온도 변화에 잘 견디고 습기를 흡수하지 말 것
- 가격이 저렴하고 다루기 쉬울 것

479 ★★☆

라인 포스트 애자는 다음 중 어떤 종류의 애자인가?

① 핀 애자 ② 현수 애자
③ 긴 애자(장간애자) ④ 지지 애자

해설 라인 포스트(LP) 애자
22.9[kV] 가공 선로에서 주로 배전선로를 지지하기 위해 사용하는 애자이다.

480 ★★☆

공칭 전압 345[kV]인 경우 현수 애자 일련의 개수는?

① 10~11 ② 18~20
③ 25~30 ④ 40~45

해설 사용 전압별 현수 애자 개수(250[mm] 표준)

전압[kV]	22.9	66	154	345	765
애자 개수	2~3	4~6	9~11	18~23	38~43

481 ★☆☆

송전용 볼 소켓형 현수 애자의 표준형 지름은 약 몇 [mm]인가?

① 220 ② 250
③ 270 ④ 300

해설 현수 애자의 규격
- 250[mm](표준 규격)
- 280[mm]
- 320[mm]

482
저압 핀 애자의 종류가 아닌 것은? ★★☆

① 저압 소형 핀 애자
② 저압 중형 핀 애자
③ 저압 대형 핀 애자
④ 저압 특대형 핀 애자

해설 저압 핀 애자의 종류
- 저압 소형 핀 애자
- 저압 중형 핀 애자
- 저압 대형 핀 애자

483
저압 전선로 등의 중성선 또는 접지 측 전선의 식별에서 애자의 빛깔에 의해 식별하는 경우에는 어떤 색의 애자를 접지 측으로 사용하는가? ★★★

① 파란색(청색) 애자
② 흰색(백색) 애자
③ 노란색(황색) 애자
④ 검은색(흑색) 애자

해설 애자의 색상
- 특고압용 핀 애자: 빨간색(적색)
- 저압용 애자(접지 측 제외): 하얀색(백색)
- 접지 측 애자: 파란색(청색)

484
저압 잡아 당김형(인류) 애자에는 전압선용과 중성선용이 있다. 각 용도별 색깔이 옳게 연결된 것은? ★★★

① 전압선용 – 녹색, 중성선용 – 하얀색(백색)
② 전압선용 – 하얀색(백색), 중성선용 – 녹색
③ 전압선용 – 빨간색(적색), 중성선용 – 하얀색(백색)
④ 전압선용 – 파란색(청색), 중성선용 – 하얀색(백색)

해설 저압 인류 애자
- 전압선용: 하얀색(백색)
- 중성선용: 녹색

485
경완철에 현수 애자를 설치할 경우에 사용되는 자재가 아닌 것은? ★★☆

① 볼 쇄클
② 소켓 아이
③ 인장 클램프
④ 볼크레비스

해설 경완철의 현수 애자 설치 부속 자재

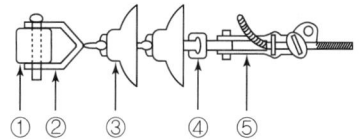

① 경완철   ② 볼 쇄클   ③ 현수 애자
④ 소켓 아이   ⑤ 데드엔드(인장) 클램프

486
그림은 애자 취부용 금속 부속품(금구)을 나타낸 것이다. 앵커 쇄클은 어느 것인가? ★★☆

①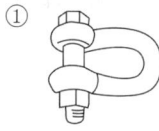
②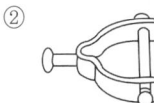
③
④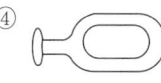

해설
① 앵커 쇄클: 가공 배전선로에서 지지물의 장주용으로 현수 애자를 'ㄱ'형 완철에 장치하는 데 사용
② 볼 쇄클: 가공 배전선로에서 지지물의 장주용으로 현수 애자를 경완철에 장치하는 데 사용
④ 볼 아이: 가공 배전선로에서 전선로의 고저차가 15° 이상일 경우 현수 애자와 결합하여 전선장악용 인장클램프를 연결하는 데 사용
- 소켓 아이: 가공 송배전선로 및 변전소의 현수 애자 취부개소에 사용되는 것으로 현수 애자와 클램프(내장, 압축, 인장, 압축 잡아 당김형(인류)클램프) 사이를 연결하는 금속 부속품(금구류)
- 소켓 크레비스: 현수 애자 설치 시 연결 금속 부속품(금구)
- 볼 크레비스: 현수 애자 설치 시 연결 금속 부속품(금구)

487 ★★☆
가공 배전선로 경완철에 폴리머 현수 애자를 결합하고자 한다. 경완철과 폴리머 현수 애자 사이에 설치되는 자재는?

① 경완철용 아이 쇄클
② 볼 크레비스
③ 인장 클램프
④ 각 암타이

해설 경완철용 아이 쇄클
가공 배전선로 경완철에 폴리머 현수 애자를 결합하고자 경완철과 폴리머 현수 애자 사이에 설치되는 부속 자재이다.

488 ★★☆
옥내 배선의 애자 사용 공사에 많이 사용하는 특대 놉 애자의 높이[mm]는?

① 75
② 65
③ 60
④ 50

해설 애자와 전선의 굵기

애자의 종류		전선의 최대 굵기 [mm²]	나사못		높이(KS에 의한다)	
			지름 [mm]	길이 [mm]	애자의 높이 [mm]	전선홈 하단의 높이[mm]
놉 애자	소	16	5.5	58	42	27
	중	50	5.5	65	50	27
	대	95	6.2	70	57	27
	특대	240	6.2	77	65	27
잡아당김형 (인류) 애자	특대	25	–	–	65	43
핀 애자	소	50	–	–	65	35
	중	95	–	–	70	35
	대	185	–	–	80	40

THEME 03 장주, 건주 및 전선 설치 공사

489 ★★☆
전선 배열에 따라 장주를 구분할 때 수직 배열에 해당되는 장주는?

① 보통 장주
② 래크 장주
③ 창출 장주
④ 편출 장주

해설 전선 배열에 따른 장주의 구분
- 수평 배열
  - 보통 장주
  - 창출 장주
  - 편출 장주
- 수직 배열
  - 래크 장주
  - 편출용 D형 래크 장주

490 ★★☆
지지선(지선)과 지지선(지선)용 전주 버팀대(근가)를 연결하는 금속 부품(금구)은?

① 볼 쇄클
② U 볼트
③ 지지선(지선) 롯드
④ 지지선(지선) 밴드

해설 지지선(지선) 롯드
지지선(지선)과 지지선(지선)용 전주 버팀대(근가)를 연결하는 금속 부속품(금구)이다.

491 ★★☆
지지선(지선)으로 사용되는 전선의 종류는?

① 경동연선
② 중공연선
③ 아연도강연선
④ 강심알루미늄연선

해설
지지선(지선)은 강한 인장력에 견딜 수 있는 아연도강연선으로 하여야 한다.

| 정답 | 487 ① 488 ② 489 ② 490 ③ 491 ③

THEME 04 개폐기

492 ★★★
개폐기 중 부하 전류의 차단 능력이 없는 것은?

① OCB ② OS
③ DS   ④ ACB

해설
- 차단기(Circuit Breaker)
  - 고장 전류(단락, 지락 등)를 신속히 차단하여 기기 보호 및 안전 유지
  - 부하 전류 안전 통전 및 개폐
  - OCB(유입 차단기), ACB(기중 차단기), VCB(진공 차단기), GCB(가스 차단기), ABB(공기 차단기), MBB(자기 차단기)
- 개폐기(Switch)
  - 부하 전류(평상 시)가 흐르는 상태에서 안전하게 개폐(On/Off)
  - 부하 전류를 안전하게 통전
  - ASS(자동 고장 구분 개폐기), OS(유입 개폐기)
- 단로기(DS: Disconnecting Switch)
  - 무부하 전류 개폐, 회로의 접속 변경
  - 부하 전류 및 고장 전류 개폐 불가능

참고 개폐장치의 전류 개폐 능력

종류	무부하	정상 전류			비정상 전류		
		통전	개	폐	통전	투입	차단
차단기	○	○	○	○	○	○	○
단로기	○	○	△	×	○	×	×
퓨즈	○	○	×	×	×	×	○
개폐기	○	○	○	○	○	△	×

(○: 가능 △: 조건부 가능 ×: 불가능)

493 ★★★
차단기 중 자연 공기 내에서 개방할 때 접촉자가 떨어지면서 자연 소호에 의한 소호 방식을 가지는 기능을 이용한 것은?

① 공기 차단기 ② 가스 차단기
③ 기중 차단기 ④ 유입 차단기

해설 소호 원리에 따른 차단기의 종류
- 기중 차단기(ACB): 자연 공기 내에서 개방할 때 접촉자가 떨어지면서 자연 소호
- 유입 차단기(OCB): 소호실에서 아크의 열에 의한 절연유의 분해에 따른 가스의 소호력을 이용
- 공기 차단기(ABB): 압축 공기의 강한 소호력을 이용
- 진공 차단기(VCB): 진공 상태에서의 아크의 급속한 확산 효과를 이용하여 소호
- 자기 차단기(MBB): 자기 회로에서의 자기력에 의해 아크를 끌어당겨 소호
- 가스 차단기(GCB): 절연 특성이 매우 뛰어난 SF_6 가스의 강력한 소호 작용을 이용

494 ★★★
고장 전류 차단 능력이 없는 것은?

① LS   ② VCB
③ ACB ④ MCCB

해설 단로기
- 내부에 소호 장치가 없어 고장의 전류를 끊을 수 없다.
- LS, DS는 단로기의 종류이다.

| 정답 | 492 ③ 493 ③ 494 ①

495 ★★★
저압 배전반의 주 차단기로 주로 사용되는 보호기기는?
① GCB
② VCB
③ ACB
④ OCB

해설 저압 배전반의 주 차단기
- ACB(기중 차단기)
- MCCB(배선 차단기)
- NFB(배선 차단기: No Fuse Breaker)

496 ★★☆
단로기의 구조와 관계가 없는 것은?
① 핀치
② 베이스
③ 플레이트
④ 리클로저

해설 리클로저
22.9[kV-Y] 가공 배전선로에서 사용하는 선로 보호기기 또는 자동 재연결(재폐로) 차단기이다.

497 ★☆☆
수전 설비를 주차단 장치의 구성으로 분류하는 방법이 아닌 것은?
① CB형
② PF-S형
③ PF-CB형
④ PF-PF형

해설 수전 설비의 주차단 장치의 구성에 따른 분류
- CB형: 차단기로만 구성하는 방식
- PF-S형: 전력 퓨즈와 개폐기 조합 방식
- PF-CB형: 전력 퓨즈와 차단기 조합 방식

498 ★☆☆
비포장 퓨즈의 종류가 아닌 것은?
① 실 퓨즈
② 판 퓨즈
③ 고리 퓨즈
④ 플러그 퓨즈

해설
플러그 퓨즈는 포장 퓨즈이다.

499 ★☆☆
접촉자의 합금 재료에 속하지 않는 것은?
① 은
② 니켈
③ 구리
④ 텅스텐

해설 접촉자의 합금 재료
- 텅스텐-은 합금
- 텅스텐-구리 합금

| 정답 | 495 ③　496 ④　497 ④　498 ④　499 ②

THEME 05 보호 장치

500 ★★★
보호 계전기의 종류가 아닌 것은?
① ASS
② RDR
③ DGR
④ OCGR

해설
ASS는 자동 고장 구분 개폐기로서 개폐기의 일종이므로 보호 계전기에 해당하지 않는다.

501 ★★★
고압으로 수전하는 변전소에서 접지 보호용으로 사용되는 계전기의 영상 전류를 검출하는 계전기는?
① CT
② PT
③ ZCT
④ GPT

해설
- CT(변류기): 1차 측의 대전류를 2차 측의 소전류로 변성
- PT(계기용 변압기): 1차 측의 고전압을 2차 측의 저전압으로 변성
- ZCT(영상 변류기): 영상 전류를 검출
- GPT(접지형 계기용 변압기): 영상 전압을 검출

502 ★★★
약호 중 계기용 변성기를 표시하는 것은?
① PF
② PT
③ MOF
④ ZCT

해설
- PF(전력용 퓨즈): 단락 전류를 차단하고, 부하 전류를 통전
- PT(계기용 변압기): 1차 측의 고전압을 2차 측의 저전압으로 변성
- MOF(전력 수급용 계기용 변성기): PT와 CT를 한 케이스 내에 내장한 계기용 변성기
- ZCT(영상 변류기): 영상 전류를 검출

503 ★☆☆
COS(컷아웃 스위치)를 설치할 때 사용되는 부속 재료가 아닌 것은?
① 내장크램프
② 브라켓
③ 내오손용 결합 애자
④ 퓨즈링크

해설 COS(컷아웃 스위치) 구성 요소
퓨즈링크, 내오손용 결합 애자, 브라켓 등이 있다.

| 정답 | 500 ① 501 ③ 502 ③ 503 ①

CHAPTER 10

PART 02 공사재료

피뢰설비 및 접지·공사 재료

1. 피뢰기(LA)
2. 피뢰침
3. 접지 공사
4. 전기 재료

CBT 완벽대비 가능한 유형마스터 학습!

THEME	유형분석	관련 번호
THEME 01 피뢰기(LA)	피뢰기의 구성 요소 및 역할, 정격 전압 등 세부적인 내용도 암기하여야 합니다.	504~506
THEME 02 피뢰침	피뢰침용 인하도선의 재료가 시험에 자주 출제됩니다. 또한 피뢰설비 설치기준을 숙지하고 있어야 합니다.	507~514
THEME 03 접지 공사	접지 공사는 한국전기설비규정과 밀접한 관련이 있는 내용으로 최신 문제를 풀어봐야 합니다.	515~518
THEME 04 전기 재료	절연 계급의 종류 표가 재등장합니다. 다만, 이 테마에서는 사용 재료도 암기하여야 합니다.	519~520

학습 효과를 높이는 N제 3회독 시스템

챕터별 전체 1회독이 끝났다면 회독 체크표에 날짜를 기입하고 체크표시를 해주세요.

회독 체크표	☐ 1회독	월 일	☐ 2회독	월 일	☐ 3회독	월 일

CHAPTER 10 피뢰설비 및 접지·공사 재료

THEME 01 피뢰기(LA)

504 ★★★
번개로 인한 외부 이상 전압이나 개폐 서지로 인한 내부 이상 전압으로부터 전기시설을 보호하는 장치는?

① 피뢰기 ② 피뢰침
③ 차단기 ④ 변압기

해설 피뢰기(LA)
- 구조 및 역할
  - 이상 전압이 침입하면 즉시 방전을 개시해서 전압 상승을 억제
  - 이상 전압이 없어져 단자 전압이 일정값 이하가 되면 즉시 방전을 정지해서 원래의 송전 상태로 복귀
- 구비 조건
  - 충격 방전 개시 전압이 낮을 것
  - 상용 주파 방전 개시 전압이 높을 것
  - 방전 내량이 크면서 제한 전압이 낮을 것
  - 속류의 차단 능력이 충분할 것

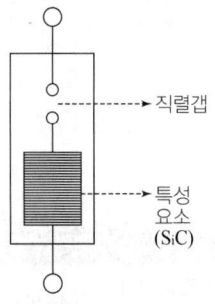

▲ 피뢰기의 구성 요소

505 ★★★
공칭 전압 22.9[kV]인 3상 4선식 다중 접지 방식의 변전소에서 사용하는 피뢰기의 정격 전압[kV]은?

① 20 ② 18
③ 24 ④ 21

해설

전력 계통		피뢰기 정격 전압[kV]	
공칭 전압[kV]	중성점 접지 방식	변전소	배전선로
345	유효 접지	288	-
154	유효 접지	144	-
66	PC 접지 또는 비접지	72	-
22	PC 접지 또는 비접지	24	-
22.9	3상 4선 다중 접지	21	18

※ 전압 22.9[kV-Y] 이하의 배전선로에서 수전하는 설비의 피뢰기 정격 전압[kV]은 배전선로용을 적용한다.

506 ★★★
피뢰기의 접지도체에 사용하는 연동선 굵기는 최소 몇 [mm²] 이상인가?

① 2.5 ② 4
③ 6   ④ 3.2

해설 피뢰기의 접지(KEC 341.14)
공칭단면적 6[mm²] 이상인 연동선 또는 이와 동등 이상의 세기 및 굵기의 쉽게 부식하지 않는 금속선을 사용한다.

| 정답 | 504 ① 505 ④ 506 ③

THEME 02 피뢰침

507 ★★★
피뢰설비 설치에 관한 사항으로 옳은 것은?

① 수뢰부는 구리선(동선)을 기준으로 35[mm²] 이상
② 접지극은 구리선(동선)을 기준으로 50[mm²] 이상
③ 인하도선은 구리선(동선)을 기준으로 16[mm²] 이상
④ 돌침은 건축물의 맨 윗부분으로부터 20[cm] 이상 돌출

해설 피뢰설비 설치 기준
수뢰부, 접지극, 인하도선은 모두 구리선(동선)을 기준으로 50[mm²] 이상이어야 한다.

508 ★★☆
피뢰설비 중 돌침 지지관의 재료로 적합하지 않은 것은?

① 스테인리스 강관 ② 황동관
③ 합성수지관 ④ 알루미늄관

해설 피뢰설비 돌침부
- 뇌 방전을 직접 받아내기 위해 공중으로 돌출시킨 막대기 모양의 금속체 수뢰부
- 구리(동), 알루미늄, 용융아연도금한 철 또는 강 등의 재질

509 ★★★
피뢰시스템의 인하도선 재료로 원형 단선으로 된 알루미늄을 쓰고자 한다. 해당 재료의 단면적[mm²]은 얼마 이상이어야 하는가? (단, KS C IEC 62561-2를 기준으로 한다.)

① 20 ② 30
③ 40 ④ 50

해설
피뢰시스템의 인하도선 재료로 원형 단선으로 된 알루미늄을 사용할 경우의 단면적은 50[mm²] 이상이어야 한다.

510 ★★★
피뢰침을 접지하기 위한 피뢰도선을 구리선(동선)으로 할 경우, 단면적은 최소 몇 [mm²] 이상으로 해야 하는가?

① 14 ② 22
③ 30 ④ 50

해설
- 피뢰설비
피뢰설비의 재료는 최소 단면적이 피복이 없는 구리선(동선)을 기준으로 수뢰부, 인하도선 및 접지극은 50[mm²] 이상이거나 이와 동등 이상의 성능을 갖출 것

- 피뢰도선
  - 뇌격 전류를 대지로 흐르게 하기 위한 수뢰부와 접지극을 접속하는 도선
  - 돌침을 상호 연결하는 도선, 돌침으로부터 접지극으로 인하하는 데 사용되는 인하도선, 본딩 접속에 사용되는 도선

511 ★★☆
피뢰침용 인하도선으로 가장 적당한 전선은?

① 구리선(동선) ② 고무 절연 전선
③ 비닐 절연 전선 ④ 캡타이어 케이블

해설 피뢰침용 인하도선의 재료
- 구리(동)
- 주석 도금한 구리
- 알루미늄
- 알루미늄 합금
- 용융아연도금강
- 스테인리스강

| 정답 | 507 ② 508 ③ 509 ④ 510 ④ 511 ①

512 ★★☆
KS C IEC 62305에 의한 수뢰도체, 피뢰침과 인하도선의 재료로 사용되지 않는 것은?

① 구리
② 순금
③ 알루미늄
④ 용융아연도금강

해설 수뢰도체, 피뢰침과 인하도선의 재료
- 구리
- 알루미늄
- 용융아연도금강

513 ★☆☆
KS C IEC 62305-3에 의해 피뢰침의 재료로 테이프형 단선 형상의 알루미늄을 사용하는 경우 최소 단면적[mm²]은?

① 25
② 35
③ 50
④ 70

해설
KS C IEC 62305-3의 규정에 따르면 피뢰침의 재료로 테이프형 단선 형상의 알루미늄을 사용하는 경우 최소 단면적은 70[mm²]이다.

514 ★☆☆
피뢰를 목적으로 피보호물 전체를 덮은 연속적인 망상도체(금속판도 포함)는?

① 수직 도체
② 인하 도체
③ 케이지
④ 용마루 가설 도체

해설 케이지(Cage) 피뢰 방식
- 피뢰를 목적으로 피보호물 전체를 덮은 연속적인 망상 도체로 피뢰하는 방식이다.
- 고지대의 건물, 골프장, 휴게소 등 노출된 건물이나 시설물을 완전 보호하기 위한 방식이다.
- 어떠한 형태의 뇌격에 대해 완전 보호를 목표로 설계한다.

THEME 03 접지 공사

515 ★★☆
금속관에 넣어 시설하면 안 되는 접지선은?

① 피뢰침용 접지선
② 저압기기용 접지선
③ 고압기기용 접지선
④ 특고압기기용 접지선

해설 접지 공사의 시설 방법(내규 1445-3)
피뢰침, 피뢰기용의 접지선은 금속관에 넣지 말아야 한다.

| 정답 | 512 ② 513 ④ 514 ③ 515 ①

516 ★★★
접지도체에 피뢰 시스템이 접속되는 경우 접지도체의 최소 단면적[mm²]은?(단, 접지도체는 구리로 되어 있다.)
① 16
② 20
③ 24
④ 28

해설 접지도체의 선정(KEC 142.3.1)
- 큰 고장 전류가 접지도체를 통하여 흐르지 않을 경우
  - 구리: 6[mm²] 이상
  - 철제: 50[mm²] 이상
- 접지도체에 피뢰 시스템이 접속되는 경우
  - 구리 16[mm²] 이상
  - 철제 50[mm²] 이상

517 ★★☆
접지 저감제의 구비 조건으로 틀린 것은?

① 안전할 것
② 지속성이 없을 것
③ 전기적으로 양도체일 것
④ 전극을 부식시키지 않을 것

해설 접지 저감제의 구비 조건
- 사용 시 화학적, 기계적으로 안전할 것
- 장시간 동안 접지 저감 효과가 지속될 것
- 전기적으로 양도체일 것
- 전극을 부식시키지 않을 것

518 ★★☆
접지극으로 탄소피복 강봉을 사용하는 경우 최소 규격으로 옳은 것은?

① 지름 8[mm] 이상의 강심, 길이 0.9[m] 이상일 것
② 지름 10[mm] 이상의 강심, 길이 1.2[m] 이상일 것
③ 지름 12[mm] 이상의 강심, 길이 1.4[m] 이상일 것
④ 지름 14[mm] 이상의 강심, 길이 1.6[m] 이상일 것

해설 접지극으로 탄소피복 강봉을 사용하는 경우 최소 규격
지름 8[mm] 이상의 강심, 길이 0.9[m] 이상이어야 한다.

THEME 04 전기 재료

519 ★★☆
3[MVA] 이하 H종 건식 변압기에서 절연 재료로 사용하지 않는 것은?
① 명주
② 마이카
③ 유리섬유
④ 석면

해설 절연 계급의 종류

절연 계급	최고 허용 온도	사용 재료
Y	90[℃]	면, 견, 종이, 요소수지, 폴리아미드섬유 등
A	105[℃]	상기재료와 절연유 혼합
E	120[℃]	에폭시수지, 폴리우레탄, 합성수지 등
B	130[℃]	유리, 마이카, 석면 등과 바니스 조합
F	155[℃]	상기재료와 에폭시수지 등과 조합
H	180[℃]	상기재료와 실리콘수지 등과의 조합
C	180[℃] 초과	열안정 유기재료(200[℃] 이상)

520 ★★★
변압기유로 쓰이는 절연유에 요구되는 특성이 아닌 것은?
① 점도가 클 것
② 절연 내력이 클 것
③ 인화점이 높을 것
④ 비열이 커 냉각 효과가 클 것

해설 절연유 구비 조건
- 점도가 작을 것
- 절연 내력이 클 것
- 인화점은 높고 응고점은 낮을 것
- 비열이 커 냉각 효과가 클 것
- 고온에서 산화되지 않고 석출물이 생기지 않을 것

| 정답 | 516 ① 517 ② 518 ① 519 ① 520 ①

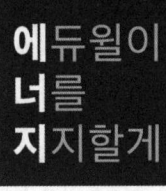

끝이 좋아야 시작이 빛난다.

− 마리아노 리베라(Mariano Rivera)

여러분의 작은 소리
에듀윌은 크게 듣겠습니다.

본 교재에 대한 여러분의 목소리를 들려주세요.
공부하시면서 어려웠던 점, 궁금한 점,
칭찬하고 싶은 점, 개선할 점, 어떤 것이라도 좋습니다.

에듀윌은 여러분께서 나누어 주신 의견을
통해 끊임없이 발전하고 있습니다.

에듀윌 도서몰 book.eduwill.net
- 부가학습자료 및 정오표: 에듀윌 도서몰 → 도서자료실
- 교재 문의: 에듀윌 도서몰 → 문의하기 → 교재(내용, 출간) / 주문 및 배송